U0255891

"十三五"国家重点出版物出版规划项目

面向可持续发展的土建类工程教育丛书

智能建筑概论

主　编　赵望达

副主编　徐志胜

参　编　王飞跃　刘　勇

机械工业出版社

本书是根据全国高等院校土建类专业对于电气信息技术的需求，结合土建类专业的主干课程体系编写的，系统地介绍了智能建筑信息技术基础、建筑物自动化、办公自动化、通信自动化、消防自动化、安防自动化、建筑设备监控、智能建筑综合布线等。本书共分为10章，全面介绍了智能建筑中3A、5A、4C等基本概念，系统构成体系以及系统集成和综合布线实施等关键技术；详细阐述了智能建筑信息技术基础、计算机控制基础，以及工业中常用的几种控制计算机，最后通过工程实例详细阐述了智能建筑在高层建筑及地铁等新型建（构）筑物中的应用。

本书内容新颖，体系全面，理论突出，密切结合实际，内容涉及智能建筑的基本概念、系统集成以及智能建筑实现所涉及的信息技术基础知识。

本书可作为高等院校建筑学、消防工程、土木工程等专业的本科生教材，也可作为相关专业工程技术人员的参考书。

图书在版编目（CIP）数据

智能建筑概论/赵望达主编 . —北京：机械工业出版社，2016.2
（2024.7 重印）
　　（面向可持续发展的土建类工程教育丛书）
　　"十三五"国家重点出版物出版规划项目
　　ISBN 978-7-111-52652-0

Ⅰ.①智…　Ⅱ.①赵…　Ⅲ.①智能化建筑—高等学校—教材
Ⅳ.①TU18

中国版本图书馆 CIP 数据核字（2016）第 001603 号

机械工业出版社（北京市百万庄大街 22 号　邮政编码 100037）
策划编辑：马军平　责任编辑：马军平　韩　静　刘丽敏
版式设计：霍永明　责任校对：刘志文
封面设计：张　静　责任印制：常天培
北京机工印刷厂有限公司印刷
2024 年 7 月第 1 版第 5 次印刷
184mm×260mm · 20.5 印张 · 1 插页 · 502 千字
标准书号：ISBN 978-7-111-52652-0
定价：48.00 元

电话服务　　　　　　　　网络服务
客服电话：010-88361066　机 工 官 网：www.cmpbook.com
　　　　　010-88379833　机 工 官 博：weibo.com/cmp1952
　　　　　010-68326294　金 书 网：www.golden-book.com
封底无防伪标均为盗版　机工教育服务网：www.cmpedu.com

前　言

进入 21 世纪以来，人类社会迈向信息化的步伐越来越快。对于建筑行业，利用信息时代的先进控制技术、通信技术、探测技术、计算机技术和网络技术，不断完善和发展智能建筑各系统形式，提高其智能化水平是智能建筑的发展趋势之一。智能建筑是包含了多学科的一门综合技术。为了满足培育建筑行业信息化技术人才的要求，以及企业对于智能建筑专业技术骨干的需要，作者参照建筑及相关专业教学大纲，并根据多年从事信息化及智能建筑技术研究的经验，编写了这本综合性强、针对性强的教材。

本书的主要特点是图文并茂、系统性强、理论联系实际，注重应用，突出特色。

本书由中南大学土木工程学院负责建筑学与消防工程专业"智能建筑"课程的教学团队来组织编写工作。赵望达教授担任主编并负责统稿，徐志胜教授任副主编，王飞跃副教授、刘勇博士参加编写工作。具体编写分工为：第 1、3、5、7、9 章由赵望达编写，第 4、6 章由徐志胜编写，第 2、8 章由王飞跃编写，第 10 章由刘勇编写。研究生李卫高、韩柯柯、陈火炬、李旭、丁文婷、邹继辉等在书稿资料整理过程中付出了艰苦的劳动，在此表示诚挚的感谢！

本书参考并引用了大量的书刊资料及有关单位的一些科研成果和技术总结，在此谨向这些文献的作者表示衷心的感谢！

本书编写过程中，虽然力图在认真总结智能建筑教学和实践的同时，集理论与应用为一体，按独立的学科体系搭建本书的框架结构，但因本书所涉及学科领域较多，需要的知识面较广，以及限于作者水平及经验，不妥之处在所难免，敬请读者和同行给予批评指正。

编　者

目　　录

第1章 综　　述

1.1　智能建筑的基本概念

智能建筑（Intelligent Building）是现代建筑与高新信息技术相结合的产物，是将结构、系统、服务、管理进行优化组合，获得高效率、高功能与高舒适性的建筑，可为人们提供一个高效和具有经济效益的工作环境。智能建筑的概念在20世纪末诞生于美国，第一幢智能大厦于1984年在美国哈特福德（Hartford）市建成。我国的智能建筑于1990年左右才起步，但其迅猛发展的势头令世人瞩目。

1.1.1　智能建筑的定义

继美国之后，日本、德国、英国、法国等发达国家的智能建筑也相继发展，智能建筑已成为现代化城市的重要标志。然而，对于"智能建筑"这个专有名词，国际上却没有统一的定义，不同的国家对此有不同的解释。

美国智能建筑学会定义：智能建筑是对建筑物的结构、系统、服务和管理这四个基本要素进行最优化组合，为用户提供一个高效率并具有经济效益的环境。

日本智能建筑研究会定义：智能建筑应提供包括商业支持功能、通信支持功能等在内的高度通信服务，并能通过高度自动化的大楼管理体系保证舒适的环境和安全，以提高工作效率。

欧洲智能建筑集团定义：智能建筑是使其用户发挥最高效率，同时又以最低的保养成本最有效地管理本身资源的建筑，能为建筑提供反应快、效率高和有支持力的环境，以使用户达到其业务目标。

我国对于智能建筑的定义来源于智能建筑设计标准。《智能建筑设计标准》（GB/T 50314—2015）对智能建筑定义为"以建筑物为平台，基于对各类智能化信息的综合应用，集架构、系统、应用、管理及优化组合为一体，具有感知、传输、记忆、推理、判断和决策的综合智慧能力，形成以人、建筑、环境互为协调的整合体，为人们提供安全、高效、便利及可持续发展功能环境的建筑"。

原《智能建筑设计标准》（GB/T 50314—2000）对智能建筑定义为"以建筑为平台，兼备建筑自动化设备BA、办公自动化OA及通信网络系统CA，集结构、系统、服务、管理及它们之间的最优化组合，向人们提供一个安全、高效、舒适、便利的建筑环境"。

我国智能建筑专家、清华大学张瑞武教授在1997年6月厦门市建委主办的"首届智能建筑研讨会"上，提出了以下比较完整的定义：

智能建筑是指利用系统集成方法，将智能型计算机技术、通信技术、控制技术、多媒体技术和现代建筑艺术有机结合，通过对设备的自动监控，对信息资源的管理，对使用者的信息服务及其建筑环境的优化组合，所获得的投资合理、适合信息技术需要并且具有安全、高效、舒适、便利和灵活特点的现代化建筑物。这是目前我国智能化研究的理论界所公认的最权威的定义。

建筑智能化的目的是：应用现代 4C 技术（Computer、Control、Communication、CRT）构成智能建筑结构与系统，结合现代化的服务与管理方式给人们提供一个安全、舒适的生活、学习与工作环境空间。

1.1.2 智能建筑的基本结构

建筑智能化工程又称弱电系统工程，以前主要是指通信自动化（CA）、办公自动化（OA）、建筑物自动化（BA），通常被人们称为智能建筑 3A 说法。当时较多的是将电话、计算机数据、会议电视等系统结合起来，近年来智能建筑逐步将建筑设备、空调设备、照明设备的监控、防灾、安全防护等数字自动化通信和办公自动化等系统结合起来，向综合化、宽带化、数字化和个人化方向发展，使之具备宽带、高速、大容量和多媒体为特征的信息传达能力。如今，智能建筑的 5A 说法已经成为主流，主要指通信自动化（CA）、建筑物自动化（BA）、办公自动化（OA）、消防自动化（FA）和保安自动化（SA），简称 5A。智能建筑基本结构图如图 1-1 所示。

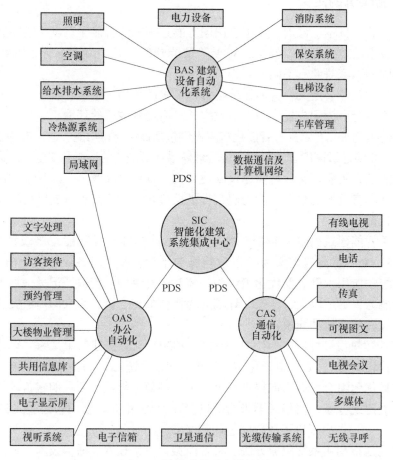

图 1-1　智能建筑基本结构图

智能建筑系统集成（Intelligent Building System Integration）指以搭建建筑主体内的建筑

智能化管理系统为目的，利用综合布线技术、楼宇自控技术、通信技术、网络互联技术、多媒体应用技术、安全防范技术等将相关设备、软件进行集成设计、安装调试、界面定制开发和应用支持。智能建筑系统集成实施的子系统包括综合布线、楼宇自控、电话交换机、机房工程、监控系统、防盗报警、公共广播、门禁系统、楼宇对讲、一卡通、停车管理、消防系统、多媒体显示系统、远程会议系统。对于功能近似、统一管理的多幢住宅楼的智能建筑系统集成，又称为智能小区系统集成。

为了实现智能建筑中提出的安全、高效、舒适、便利的建筑环境，就需要建筑物具有一定的建筑环境并设置智能化系统，其建筑环境一方面要适应 21 世纪绿色和环保的时代主题，另一方面还要满足智能化建筑特殊功能的要求，以适应智能建筑化的动态发展。

智能化系统是根据具体建筑的需求而设置的。从安全性角度考虑，需要设置火灾自动报警与消防联动控制系统及安全防范系统，安全防范系统中应包括防盗报警系统、闭路电视监控系统、出入口控制系统、应急照明系统等各功能子系统；从舒适性角度考虑，需要设置建筑设备监控系统，实现对温度、湿度、照明及卫生度等环境指标的控制，达到节能、高效和延长设备使用寿命的目的；从高效性角度考虑，需要设置通信网络系统和办公自动化系统，以创造一个迅速获取信息、加工信息的良好办公环境，达到高效率工作的目的。

1.1.3 智能建筑系统的组成

按照 3A 说法，智能建筑系统主要是指通信自动化系统（CAS）、办公自动化系统（OAS）、建筑物自动化系统（BAS）。

（1）建筑物自动化系统 建筑物自动化系统是将建筑物或建筑群内的电力、照明、空调、给水排水、防灾、保安、车库管理等设备或系统，以集中监视、控制和管理为目的，构成综合系统。建筑物自动化系统的构成如图 1-2 所示。

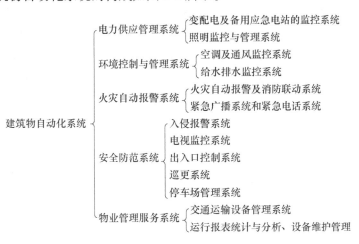

图 1-2 建筑物自动化系统的构成

建筑物自动化系统的功能主要体现在以下几个方面：

1）以最优控制为中心的过程控制自动化。建筑物自动化系统自动监控建筑中的各种机电设备的启停状态，自动检测其运行参数；超限报警可对温度、湿度自动调节，使所有设备达到最佳的工作条件。

2）以可靠、经济为中心的能源管理自动化。在保证建筑物内环境舒适的前提下，提供可靠、经济的最佳能源供应方案。自动实现对电力、供热、供水等能源的调节与管理，从而达到节能的目的。

3）以安全状态监视与灾害控制为中心的防灾自动化。提高建筑物及内部人员与设备的整体安全水平和灾害防御能力，提供可保护建筑物内人员生命与财产安全的保安系统。

4）以运行状态监视和计算为中心的设备管理自动化。及时提供设备运行情况的有关资料、报表，以便于分析，及时进行故障处理。按照设备的累积运行时间提出保养报告，以延长设备的使用寿命。

（2）通信自动化系统 通信自动化系统用来保证建筑内、外各种通信渠道畅通无阻，并提供网络支持能力，实现对语音、数据、文本、图像、电视及控制信号的收信、传输、控制、处理与利用。CAS系统以结构化综合布线系统为基础，以程控用户交换机为核心，以多功能电话、传真等各类终端为主要设备，是建筑物内一体化的公共通信系统。这些设备（包括软件）应用新的信息技术构成智能建筑信息通信的"中枢神经"。它不仅保证建筑物内的语音、数据、图像传输通过专用通信线路和卫星通信系统与建筑物以外的通信网（如公用电话网、数据网及其他计算机网）连接，而且将智能建筑中的三大系统连接成有机的整体，从而成为核心。

智能建筑中的通信自动化系统主要包括语音通信系统、数据通信系统、图文通信系统、卫星通信系统以及数据微波通信系统等。

适用于智能建筑的信息传输网络，目前主要有以下三种技术。

1）程控用户交换机（PABX）。在建筑内安装PABX，以它为中心构成一个星形网，既可以连接模拟电话机，也可以连接计算机、终端、传感器等数字设备和数字电话机，还可以方便地与公用电话网、公用数据网等广域网（WAN）连接。

2）计算机局域网（LAN）。在建筑物内安装LAN，可以实现数字设备间的通信，也可以连接数字电话机，通过LAN上的网关还可实现与公用网和各种广域网的连接。

3）综合业务数字网（ISDN）。综合业务数字网具有高度数字化、智能化和综合化的能力，它将电话网、电报网、传真网、数据网和广播电视网、数字程控交换机和数字传输系统联合起来，以数字方式统一，并综合到一个数字网中传输、交换和处理，实现信息收信、存储、传送、处理和控制一体化。用一个网络就可以为用户提供包括电话、高速传真、智能用户电报、可视图文、电子邮件、会议电视、电子数据交换、数据通信、移动通信等多种电信服务。用户只需要通过一个标准插口就能接入各种终端，传送各种信息，并且只占用一个号码，就可以在一条用户线上同时打电话、发送传真、进行数据检索等。综合业务数字网是信息通信系统的发展方向。

（3）办公自动化系统 办公自动化系统是以行为科学、管理科学、社会学、系统工程学、人机工程学为理论，结合计算机技术、通信技术、自动化技术等，不断使人的部分办公业务活动物化于人以外的各种设备中，并由这些设备与办公人员构成服务于某种目标的人机信息处理系统。即在办公室工作中，借助先进的办公设备取代人工操作，进行办公业务处理、管理各类信息，辅助领导决策。办公自动化的目的是尽可能充分利用信息资源，最大限度地提高办公效率、办公质量，从而产生更高价值的信息。

办公自动化系统按其功能可分为事务型办公自动化系统、管理型办公自动化系统和辅助决策型办公自动化系统三种模式。

1）事务型办公自动化系统由计算机软硬件设备、基本办公设备、简单通信设备和处理事务的数据库组成。主要处理日常的办公操作，是直接面向办公人员的，如文字管理、电子文档管理、办公日程管理、个人数据库等。

2）管理型办公自动化系统是指在事务型办公自动化系统的基础上建立综合数据库，把事务型办公系统紧密结合构成的一体化办公信息处理系统。管理型办公自动化系统由事务型办公自动化系统支持，以管理控制活动为主要目的，除了具有事务型办公自动化系统的全部功能之外，主要增加了信息管理功能，能对大量的各类信息进行综合管理，使数据信息、设备资源共享，优化日常工作，提高办公效率和质量。

3）辅助决策型办公自动化系统是在前两者的基础上增加了决策和辅助决策功能的办公自动化系统。它不仅有数据库的支持，还具有模型库和方法库，使用由综合数据库所提供的信息，针对需要做出决策的课题，构造或选用决策模型，结合有关内、外部条件，由计算机执行决策程序，给决策者提供支持。

1.2 智能建筑的优点

进入信息时代以后，人们的脑力劳动急剧增加，相当多的人长期生活、学习与工作，除要求舒适宜人的生活环境外，更要求具备现代化办公与通信环境，真正做到足不出门，便可知国内外政治、经济、科技与文化领域的最新信息，手不提笔，便可利用上述信息，完成科研、设计甚至重大的国际商贸交易。同计算机技术得以高速发展和广泛应用一样，智能建筑不是凭空杜撰出来，它是发展经济和改善生活条件的必然产物。因此，智能建筑具有以下突出优点：

（1）安全舒适 创造了安全健康、舒适宜人的智能工作环境和生活环境。随着智能小区不断开发，使人们生活居住环境不断向安全、舒适、方便方向提升。建筑的智能化设计及建筑物本身与自然环境之间的交互关系，为智能建筑的设计理念带来了全新的灵感，其3A/5A体系利用先进信息技术这个成果，有力地保证了智能建筑的安全性和舒适性的要求。

（2）节约能源 传统建筑的能源浪费一直是不容忽视的问题，尤其是空调和照明的能耗最为严重，约占总能耗的70%。而智能建筑可以通过其"智慧"，主要运用自动控制技术来控制建筑内采暖、通风、空调、照明等能耗很大的电器，将能源消耗、碳排放指标和生活需求都能够被打通变成数据。这些数据的获得，使得能耗管理的计量更全面、更精确。能耗管理系统可根据不同能源用途进行分时分段计量和分项计量，分别计算电、水、油、气等能源的使用，并且对能耗进行预测，管理者可以了解不同的能源使用情况和用户对能源的需求，及时对能源进行有效分配。利用自动控制技术使空调，照明等能耗很大的智能建筑在满足使用者对环境要求的前提下，最大程度地减少能耗。通过最优控制和参数满意控制，保证使用者的总体满意度。

（3）多功能 能满足各种用户对不同环境功能要求，支持3A功能，开放式、大跨度框架结构，允许用户迅速方便地改变建筑物使用功能。室内的通信与电力供应也具有极大的灵活性，通过结构化综合布线系统，在室内可分布多种标准化的弱点与强电插座，只要改变跳接线，就可快速改变插座功能，如变程控电话为计算机通信接口等。

（4）高度信息化 智能建筑与 BIM（Building Information Modeling）技术相结合，使得智慧城市建设"如虎添翼"。BIM 技术是一种应用于工程设计、建造、管理的数据化工具。通过对建筑的数据化、信息化模型整合，在项目策划、运行和维护的全生命周期过程中进行共享和传递，使用户能正确掌握建筑的实时信息并做出最佳应对。BIM 技术为建设主体和用户提供协同工作的基础，在提高生产效率、节约成本和缩短工期，以及使用管理等方面发挥重要作用。用户足不出户，便可通过国际直拨电话、可视电话、电子邮件、音像邮件、电视会议、信息检索与统计分析等多种手段，及时获得全球性金融商业信息、科技信息及各种数据库系统中的最新信息；通过国际计算机通信网络，可以随时与世界各地进行各种业务合作。

1.3 智能建筑的发展

据统计，2012 年智能建筑的投资约占建筑总投资的 5%～8%，有的可达 10%，主要包括住宅小区智能化系统投资、公共建筑智能化系统投资两大块。2012 年，智能建筑占新建建筑的比例，美国为 70%，日本为 60%，中国不到 40%，按 2012 年智能建筑的市场规模为 860 亿元计算，未来数年内即使没有增长，2012—2020 年 8 年内的市场规模也将达 1 万亿元。

1.3.1 智能建筑的发展状况

1. 发展现状

在我国，由于智能建筑的理念契合了可持续发展的生态和谐发展理念，所以我国的智能建筑更多凸显出的是智能建筑的节能环保性、实用性、先进性及可持续升级发展等特点。和其他国家的智能建筑相比，我国更加注重智能建筑的节能减排，更加追求的是智能建筑的高效和低碳。这一切对于节能减排、降低能源消耗等都具有非常积极的促进作用。

随着我国社会生产力水平的不断进步，随着我国计算机网络技术、现代控制技术、智能卡技术、可视化技术、无线局域网技术、数据卫星通信技术等高科技技术水平的不断提升，智能建筑将会在未来我国的城市建设中发挥更加重要的作用，将会作为现代建筑甚至未来建筑的一个有机组成部分，不断吸收并采用新的可靠性技术，不断实现设计和技术上的突破，为传统的建筑概念赋予新的内容，稳定且持续不断改进才是其今后的发展方向。

2. 存在困境

相对于智能家居在中国的发展，智能建筑的历史还要更长，就基础功能而言，大型公共建筑的智能化已经进入普及阶段。全国各大中城市的新建办公楼宇和商业楼宇等基本都已是智能建筑，这也就意味着公共建筑的智能化已经成为现代建筑的标准配置。然而，智能建筑在国内的发展状况也并不让人满意，系统稳定性差、功能实现率低、智能化水平参差不齐，一直是智能建筑屡遭诟病的问题。近些年，智能一体化设计逐渐在智能建筑行业兴起。简单来说，智能建筑一体化，就是将庞杂的智能控制系统集成在一起，做到标准统一、施工方统一。这样一来，系统的稳定性、可靠性都将大大增加。

建筑设计院专业配套，人才济济，但主要集中于建筑、结构、水、电、暖五个专业，能从事建筑智能化系统工程设计的人员缺少。系统集成商的智能化系统设计人员大大多于建筑设计院，且大多对智能化系统各子系统技术比较了解，对设备产品也比较熟悉。问题在于这部分人员走出校门后未经设计培训，对建筑设计不够了解，施工图设计质量较差。而且由于建筑设计中建筑、结构、水、电、暖各专业均由设计院设计，系统集成商只搞智能化设计，与各专业配合困难。

建筑智能化系统工程的设计依据主要是国家现行标准规范和建设单位的投资情况、功能需求。目前国内关于智能化系统技术的规范很多，但这些规范功能论述较多，做什么谈得较多，但对于怎么做介绍得不够具体。智能化系统设计人员手头缺少一本类似《民用建筑电气设计规范》这样一册工具书。

有关部门规定，建筑设计施工图必须经具有审图资格的审图公司审查，经审查合格才能取得施工许可证。建筑智能化系统工程施工图经审图公司审查的极少，这是一个被遗忘的角落。一方面部分工程项目在土建施工开始后才进行智能化系统工程设计，由系统集成商设计的工程项目施工图更不会送审；部分建筑设计院设计的智能化系统工程施工图如果送审也由于审图公司未配备相应智能化设计审图人员以致走过场。施工图设计质量未得到有效监督。

建筑设计一般有三个阶段：方案设计、初步和施工图设计。前两个阶段一般要经过规划部门、建设部门组织的评审。由于建筑智能化系统工程设计未与建筑设计一道委托，以致滞后未参加评审。部分工程项目的智能化设计与建筑设计同步进行，但由于参加评审者为有关主管部门，如规划、建设、环保、消防、交通、市政、电力等，连电信、广电部门也未参与，以致智能化部分无人评审。

3. 未来之路

影响智能建筑今后发展的因素较多，但值得特别关注的是，在接下来的发展之路上，智能建筑必须融入智慧城市建设，这也可认为是智能建筑的"梦"。

随着新一代信息技术急剧发展的推动和国家新四化的演变，特别是在新型城镇化目标的指导下，为了破解城镇化带来的各种"城市病"，智慧城市建设时不可待。而智能建筑作为智慧城市的重要组成元素，随着国家智慧城市建设广度和深度的展开，智能建筑必须融入智慧城市建设，这是智能建筑今后发展的大方向。

与此同时，智能建筑融入智慧城市应从智能建筑体系架构确定、设计理念更新、标准与规范完善、B/S访问模式确立、集成融合平台建设、云计算服务平台建设以及嵌入式控制器系统架构等方面来考虑。

绿色智能建筑是构建智慧城市（物联网）的基本单元，许多行业如智能交通、市政管理、应急指挥、安防消防、环保监测等业务中，智能建筑都是其"物联"的基本单元。国内外许多企业都在从事智能建筑业务，如华为、Honeywell、Johnson Controls 等，在物联网、智慧城市热潮的推动下，以 CISCO 为代表的企业提出了"智能互联建筑"的口号。绿色智能建筑业务包含建筑智能化和建筑节能两大部分。

1.3.2　智能建筑发展的时代要求

1. 系统集成

建筑物自动化系统（BAS）对整个建筑的所有公用机电设备，包括建筑的中央空调系统、给水排水系统、供配电系统、照明系统、电梯系统，进行集中监测和遥控来提高建筑的管理水平，降低设备故障率，减少维护及营运成本。系统集成功能说明：

1）对弱电子系统进行统一的监测、控制和管理——集成系统将分散的、相互独立的弱电子系统，用相同的网络环境、相同的软件界面进行集中监视。

2）实现跨子系统的联动，提高大厦的控制流程自动化——弱电系统实现集成以后，原本各自独立的子系统在集成平台的角度来看，就如同一个系统一样，无论信息点和受控点是否在一个子系统内都可以建立联动关系。

3）提供开放的数据结构，共享信息资源——随着计算机和网络技术的高度发展，信息环境的建立及形成已不是一件困难的事。

4）提高工作效率，降低运行成本——集成系统的建立充分发挥了各弱电子系统的功能。

智能化集成系统（Intelligent Integration System，IIS）：将不同功能的建筑智能化系统，通过统一的信息平台实现集成，以形成具有信息汇集、资源共享及优化管理等综合功能的系统。

信息设施系统（Information Technology System Infrastructure，ITSI）：为确保建筑物与外部信息通信网的互联及信息畅通，对语音、数据、图像和多媒体等各类信息予以接收、交换、传输、存储、检索和显示等进行综合处理的多种类信息设备系统加以组合，提供实现建筑物业务及管理等应用功能的信息通信基础设施。

信息化应用系统（Information Technology Application System，ITAS）：以建筑物信息设施系统和建筑设备管理系统等为基础，为满足建筑物各类业务和管理功能的多种类信息设备与应用软件而组合的系统。

建筑设备管理系统（Building Management System，BMS）：对建筑设备监控系统和公共安全系统等实施综合管理的系统。

公共安全系统（Public Security System，PSS）：为维护公共安全，综合运用现代科学技术，以应对危害社会安全的各类突发事件而构建的技术防范系统或保障体系。

机房工程（Engineering of Electronic Equipment Plant，EEEP）：为提供智能化系统的设备和装置等安装条件，以确保各系统安全、稳定和可靠地运行与维护的建筑环境而实施的综合工程。

2. 防御措施

智能建筑在一、二类建筑物中采用较多，防雷等级通常为一、二级，一级防雷的冲击接地电阻应小于 10Ω，二级防雷的冲击接地电阻不大于 20Ω，公用接地系统的接地电阻应小于或等于 1Ω。在工程中，将屋面避雷带、避雷网、避雷针或混合组成的接闪器作为接闪装置，利用建筑物的结构柱内钢筋作为引下线，以建筑物基础地梁钢筋、承台钢筋或桩基主筋为接地装置，并用接地线将它们良好焊接。与此同时将屋面金属管道、金属构件、金属设备外壳等与接闪装置进行连接，将建筑物外墙金属构件或钢架、建筑物外圈梁与引下线进行连接，从而形成闭合可靠的"法拉第笼"。在建筑物内，将智能系统中的设备外壳、金属配线架、敷线桥架、穿线金属管道等与总等电位或局部等电位相连。在配电系统中的高压柜、低压柜安装避雷器的同时，在智能系统电源箱及信号线箱中安装电涌保护器（SPD）。从而达到综合防御雷击的目的，确保智能建筑的安全。

3. 安保措施

安全防范系统必须对建筑物的主要环境，包括内部环境和周边环境进行全面有效地全天候的监视，对建筑物内部的人身、财产、文件资料、设备等的安全起到重要的保障作用。

现代建筑的高层化、大型化以及功能的多样化，向安保系统提出了更新、更高的要求。

新时代的安保系统应该在保证安全可靠的同时，具有较高的自动化水平及完善的功能。

伴随着科技的发展和通信技术水平的提高，安保系统也得到了迅猛发展。由于应用计算机技术、网络通信技术以及自动控制技术，安保系统正不断向集成化、信息化、数字化、智能化方向发展，自动化程度和可靠性程度越来越高。

4. 节能趋势

智能建筑节能是世界性的大潮流和大趋势，同时也是我国改革和发展的迫切需求，这是不以人的主观意志为转移的客观必然性，是 21 世纪中国建筑事业发展的一个重点和热点。节能和环保是实现可持续发展的关键，可持续建筑应遵循节约化、生态化、人性化、无害化、集约化等基本原则，这些原则服务于可持续发展的最终目标。

从可持续发展理论出发，建筑节能的关键又在于提高能量效率，因此无论制定建筑节能标准还是从事具体工程项目的设计，都应把提高能量效率作为建筑节能的着眼点。智能建筑也不例外，业主建设智能化大楼的直接动因就是在高度现代化、高度舒适的同时能实现能源消耗大幅度降低，以达到节省大楼营运成本的目的。依据我国可持续建筑原则和现阶段国情特点，能耗低且运行费用最低的可持续建筑设计包含了以下技术措施：①节能；②减少有限资源的利用，开发，利用可再生资源；③室内环境的人道主义；④场地影响最小化；⑤艺术与空间的新主张；⑥智能化。

20 世纪 70 年代爆发能源危机以来，发达国家单位面积的建筑能耗已有大幅度的降低。与我国北京地区采暖度日数相近的一些发达国家，新建建筑每年采暖能耗已从能源危机时的 $300kW \cdot h/m^2$ 降低至现在的 $150kW \cdot h/m^2$ 左右。在其后不会很长的时间内，建筑能耗还将进一步降低至 $30 \sim 50kW \cdot h/m^2$。

创造健康、舒适、方便的生活环境是人类的共同愿望，也是建筑节能的基础和目标，为此，21 世纪的智能型节能建筑应该是：①冬暖夏凉；②通风良好；③光照充足，尽量采用自然光，天然采光与人工照明相结合；④智能控制：采暖、通风、空调、照明、家电等均可由计算机自动控制，既可按预定程序集中管理，又可局部手动控制，既满足不同场合下人们不同的需要，又可少用资源。

1.4 智能建筑与信息学科的关系

智能建筑是信息时代的必然产物，建筑物智能化程度随科学技术的发展而逐步提高。当今世界科学技术发展的主要标志是 4C 技术，即 Computer（计算机）技术、Control（控制）技术、Communication（通信）技术、CRT（图形显示）技术。将 4C 技术综合应用于建筑物之中，在建筑物内建立一个计算机综合网络，使建筑物智能化。

1.4.1 计算机技术

计算机技术的内容非常广泛，可粗分为计算机系统技术、计算机器件技术、计算机部件技术和计算机组装技术等几个方面。计算机技术包括：运算方法的基本原理与运算器设计、指令系统、中央处理器（CPU）设计、流水线原理及其在 CPU 设计中的应用、存储体系、总线与输入输出。

计算机作为一个完整系统所运用的技术，主要包括系统结构技术、系统管理技术、系统维护技术和系统应用技术等。

（1）系统结构技术 它的作用是使计算机系统获得良好的解题效率和合理的性能价格比。电子元器件的改进、微程序设计和固体工程技术的进步、虚拟存储器技术以及操作系统、程序语言等方面的发展，均对计算机系统结构技术产生了重大影响。它已成为计算机硬件、固件、软件紧密结合，并涉及电气工程、微电子工程和计算机科学理论等多学科的技术。

（2）系统管理技术 计算机系统管理自动化是由操作系统实现的。操作系统的基本目的在于最有效地利用计算机的软件、硬件资源，以提高机器的吞吐能力、解题时效，方便操作使用，改善系统的可靠性，降低算题费用等。

（3）系统维护技术 它是计算机系统实现自动维护和诊断的技术。实施维护诊断自动化的主要软件为功能检查程序和自动诊断程序。功能检查程序针对计算机系统各种部件各自的全部微观功能，以严格的数据图形或动作重试进行考查测试并比较其结果的正误，确定部件工作是否正常。

（4）系统应用技术 计算机系统的应用十分广泛。程序设计自动化和软件工程技术是与应用有紧密联系的两个方面。程序设计自动化，即用计算机自动设计程序，是使计算机得以推广的必要条件。早期的计算机靠人工以机器指令编写程序，费时费力，容易出错，阅读和调试修改均十分困难。

1.4.2 控制技术

控制技术将电气控制技术、可编程序控制技术、液压传动控制技术等知识进行整合，重点讲授基本电气元件、基本控制环节、可编程序控制器等知识，同时有侧重地介绍了典型电气设备控制技术，可编程序控制器的工作原理和设计，常用液压元件的基本结构、工作原理和应用等。

智能控制技术是控制技术的分支，也是智能建筑的核心技术。智能控制技术是以控制理论、计算机科学、人工智能、运筹学等学科为基础，扩展了相关的理论和技术，其中应用较多的有模糊逻辑、神经网络、专家系统、遗传算法等理论和自适应控制、自组织控制、自学习控制等技术。

（1）专家系统 专家系统是利用专家知识对专门的或困难的问题进行描述。用专家系统所构成的专家控制，无论是专家控制系统还是专家控制器，其相对工程费用较高，而且还涉及自动获取知识困难、无自学能力、知识面太窄等问题。尽管专家系统在解决复杂的高级推理中获得了较为成功的应用，但是专家控制的实际应用相对还是比较少。

（2）模糊逻辑 模糊逻辑用模糊语言描述系统，既可以描述应用系统的定量模型也可以描述其定性模型，可适用于任意复杂的对象控制。但在实际应用中模糊逻辑实现简单的应用控制比较容易，简单控制是指单输入单输出系统（SISO）或多输入单输出系统（MISO）的控制。因为随着输入输出变量的增加，模糊逻辑的推理将变得非常复杂。

（3）遗传算法 遗传算法作为一种非确定的拟自然随机优化工具，具有并行计算、快速寻找全局最优解等特点，它可以和其他技术混合使用，用于智能控制的参数、结构或环境的最优控制。

（4）神经网络 神经网络是由大量的人工神经元按一定的拓扑结构广泛互连形成的、

采用一定的学习调整方法的、进行分布式并行信息处理的数学模型。通过利用大量样本数据进行学习和训练，神经网络把掌握的"知识"以神经元之间的连接权值和阈值的形式储存下来，利用这些"知识"可以实现类似人脑的功能。它能表现出丰富的特性：并行计算、分布存储、可变结构、高度容错、非线性运算、自我组织、学习或自学习等，这些特性是人们长期追求和期望的系统特性。它在智能控制的参数、结构或环境的自适应、自组织、自学习等控制方面具有独特的能力。

神经网络可以和模糊逻辑一样适用于任意复杂对象的控制，但它与模糊逻辑不同的是擅长单输入多输出系统和多输入多输出系统的多变量控制。在模糊逻辑表示的 SIMO 系统和 MIMO 系统中，其模糊推理、解模糊过程以及学习控制等功能常用神经网络来实现。模糊逻辑和神经网络作为智能控制的主要技术已被广泛应用，两者既有相同性又有不同性。其相同性为：两者都可作为万能逼近器解决非线性问题，并且两者都可以应用到控制器设计中。不同的是：模糊逻辑可以利用语言信息描述系统，而神经网络则不行；模糊逻辑应用到控制器设计中，其参数定义有明确的物理意义，因而可提出有效的初始参数选择方法；神经网络的初始参数（如权值等）只能随机选择。但在学习方式下，神经网络经过各种训练，其参数设置可以达到满足控制所需的行为。模糊逻辑和神经网络都是模仿人类大脑的运行机制，可以这样认为：神经网络技术模仿人类大脑的硬件，模糊逻辑技术模仿人类大脑的软件。根据模糊逻辑和神经网络的各自特点，所结合的技术即为模糊神经网络技术和神经模糊逻辑技术。模糊逻辑、神经网络和它们的混合技术适用于各种学习方式智能控制的相关技术与控制方式结合或综合交叉结合，构成风格和功能各异的智能控制系统和智能控制器，这是智能控制技术方法的一个主要特点。

1.4.3 通信技术

现代通信技术主要包括综合业务数字网、光纤通信、卫星通信、高速传真、微波接力通信、HF/UHF 移动通信以及短波通信等技术。

1.4.4 CRT 图形显示技术

CRT 图形显示技术的发展表现在显示器件的发展上，显示器件总体上是向大信息量、平板化、彩色化、低压、微功耗、实时显示化方向发展。目前显示技术主要分为显像管显示（CRT）和平板显示两大类。平板显示又包括液晶显示（LCD）、发光二极管显示（LED）、等离子显示（PDP）、荧光显示（VFD）等。近年来，CRT 通过不断地自我更新，从不同角度克服了自身的一些弱点，质量、性能不断提高，使自身的缺点不断被克服；与此同时，液晶显示（LCD）异军突起，引起了图形显示技术的又一个发展高峰；然而图形显示技术仍在不断发展，不断进步，于是有了现在的发光二极管显示（LED）、等离子显示、荧光显示器件（VFD）等各种现代显示技术。

第2章 智能建筑信息技术基础

2.1 计算机控制技术

自动化技术由来已久,可追溯到瓦特发明蒸汽机时代,但真正成为一门应用理论和应用科学还是在第二次世界大战期间,为了实现火炮定位和雷达跟踪,科学家认真研究了自动控制的规律,发明了自动控制理论。随着信息技术的迅速发展,人们对各类建筑物的使用功能要求越来越高,建筑物自动化系统越来越复杂,到20世纪80年代,人们采用计算机完成常规控制技术无法完成的任务,达到常规控制技术无法达到的性能指标,实现建筑物智能化。

计算机控制技术是一门以电子技术、自动控制技术、计算机应用技术为基础,以计算机控制技术为核心,综合可编程序控制技术、单片机技术、计算机网络技术,从而实现生产技术的精密化、生产设备的信息化、生产过程的自动化及机电控制系统的最佳化的技术。

2.1.1 计算机控制基本原理

自动控制是指在没有人直接参与的情况下,利用外加设备或装置控制器,使机器、设备或生产过程(统称被控对象)自动地按照预定的规律运行。自动控制的任务是控制被控对象按指定的规律变化。实现这种功能的自动控制系统必须包含一定数量的检测仪表、执行机构以及具体的控制算法。通常按照测量元件、执行机构在自动控制系统中的组合结构或者信息处理方式,自动控制系统可以分为开环控制系统和闭环控制系统两大类型。闭环控制系统又称为反馈控制系统。在建筑自动化系统中,因开环系统的控制精度和性能较差,因此很少使用,而闭环控制系统得到大量应用。常用的负反馈控制系统工作原理为:测量元件对被控对象的被控参数进行测量,反馈给控制器,控制器将反馈信号与给定值进行比较,如有偏差,控制器就产生控制信息驱动执行机构工作,直到被控参数值满足预定要求为止。自动控制系统框图如图2-1所示。

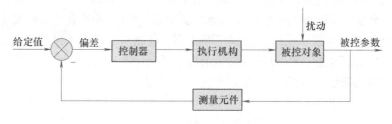

图2-1 自动控制系统框图

控制系统中引入计算机,可以充分利用微型计算机强大的算术运算、逻辑运算及记忆功能,运用计算机指令系统,编出符合某种控制规律的程序,计算机执行这样的程序,就能实现被控参数的调节。计算机控制系统是将计算机技术应用于自动控制系统中以实现对控制对象的控制，其框架结构如图 2-2 所示。由于计算机的输入和输出信号都是数字信号，因而系统中必须有将模拟信号转换为数字信号的模-数（Analog to Digital，A-D）转换器，以及将数字信号转换为模拟信号的数-模（Digital to Analog，D-A）转换器。

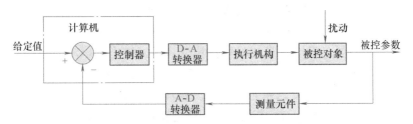

图 2-2　计算机控制系统基本框图

计算机控制系统的控制过程通常可归结为下述两个步骤：

1）数据采集：对被控量的瞬时值进行检测，并输入给计算机。

2）决策：对采集到的表征被控参数的状态量进行分析，并按已定的控制规律，决定下一步的控制过程。

3）控制：根据决策，适时地对执行机构发出控制信号，完成控制任务。

上述过程不断重复，使整个系统能够按照一定的动态品质指标进行工作，并且对被控参数和设备本身出现的异常状态及时监督，同时做出迅速处理。

对连续量的变化过程进行控制，要求控制系统能够满足实时性要求，即在确定的时间内对输入量进行处理并做出反应。超出了这个时间，控制就失去了意义。

为完成上述实时控制任务，计算机控制系统应包括硬件和软件两部分。

1. 硬件部分

硬件主要包括主机、外围设备、过程输入/输出设备、人机联系设备和信息传输通道等。硬件组成框图如图 2-3 所示。

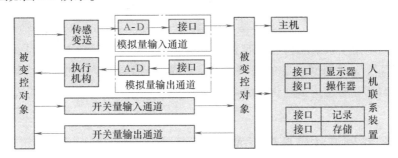

图 2-3　计算机控制系统的硬件组成框图

1）主机。由中央处理器（CPU）和内存储器（RAM、ROM）组成，是计算机控制系统的核心。它根据过程输入设备送来的反映生产过程的实时信息，按照存储器中预先存入的控制算法，自动地进行信息处理与运算，及时地选定相应的控制策略，并且通过过程输出设备立即向现场设备发送控制命令。

2）外围设备。常用外围设备按其功能可分为输入设备、输出设备和外存储器。输入设备用来输入程序、数据或操作命令，如键盘终端；输出设备如打印机、绘图机、显示器等，以字符、曲线、表格、画面等形式来反映控制设备工程和控制信息。外存储器有磁盘、光盘等，兼有输入、输出两种功能，用来存放程序和数据，作为内存储器的后备存储设备。

3）过程输入/输出设备。计算机与现场设备之间的信息传递是通过过程输入/输出设备进行的。过程输入设备包括模拟量输入通道（AI 通道）和开关量输入通道（DI 通道），AI 通道先把模拟量信号（如温度、压力、流量等）转换成数字信号再输入，DI 通道直接输入开关量信号或数字量信号。过程输出设备包括模拟量输出通道（AO 通道）和开关量输出通道（DO 通道），AO 通道把数字信号转换成模拟信号后再输出，DO 通道直接输出开关量信号或数字量信号。过程输入/输出设备还必须包括自动化仪表才能和被控对象或现场设备发生联系，这些仪表有信号测量变送单元（检测仪表）和信号驱动单元（执行器）等。

4）人机联系设备。操作员与计算机之间的信息交换是通过人机联系设备进行的，如键盘、显示器、专用的操作显示面板或操作显示台等。其作用有三个：一是显示现场设备状态；二是供操作人员操作；三是显示操作结果。人机联系设备也称为人机接口，是人与计算机之间联系的界面。

5）信息传输通道。用于不同地理位置、不同功能的计算机或设备之间进行信息交换。

2. 软件部分

软件分为系统软件和应用软件两大类。系统软件一般包括操作系统、汇编语言、高级算法语言、过程控制语言、数据库、通信软件和诊断程序等。应用软件一般分为过程输入程序、过程控制程序、过程输出程序、人机接口程序、打印程序和公共服务程序等，以及控制系统组态、画面生成、报表曲线生成和测试等的工具性支撑软件。

计算机控制系统不仅能完成常规控制系统所具有的控制功能，还具有下述独特的优点：

1）它的速度快、精度高，所以容易达到常规控制仪表达不到的控制质量。

2）它的记忆和判断功能使其能综合生产过程的各方面情况，在环境和过程参数变化时及时作出判断，选择合理的、最有利的方案和对策，而常规控制仪表无法胜任。

3）对有些生产过程，如大时滞的对象、各参数相互关联比较密切的对象、控制参数需经过计算才能得出间接指标的对象等，常规控制仪表往往得不到满意的控制效果，而它可以达到最佳控制效果。

总之，计算机控制系统的特点是容易实现任意的控制算法，只要按照人们的要求改变程序或修改控制算法（或模型）中的某些参数，就能得到不同的控制效果。目前，以计算机自动控制技术为基础的建筑自动化系统可以为智能建筑提供一个安全、节能、高效而又便利的建筑环境。

2.1.2　计算机控制系统的典型形式

计算机控制系统的构成与它所控制的生产过程的复杂程度密切相关，控制对象不同，计算机控制采用的方案也不一样。根据系统的组成，计算机控制系统可分为数据采集和操作指导控制系统、直接数字控制系统、监督控制系统、集散控制系统、现场总线控制系统。

1. 数据采集和操作指导控制系统

该系统包含计算机信息采集系统（Data Acquisition System，DAS）和操作控制系统（Data Process System，DPS）。系统中计算机并不直接对生产过程进行控制，而只是对过程参数进行巡回检测、数据记录、数据计算、数据收集及整理，经加工处理后进行显示、打印或报警，操作人员据此进行相应操作，实现对生产过程的调控，其结构框图如图 2-4 所示。

该系统是一种开环系统，它结构简单、安全可靠，但由于仍要引入人工操作，因而速度不快，被控对象的数量也受到限制。在该系统中，计算机虽然不直接参加生产过程的控制，但其作用十分明显。首先，计算机快速地将生产现场检测元件送来的模拟信号，按一定的次序巡回地经过采样、A-D 转换变为数字信号送入

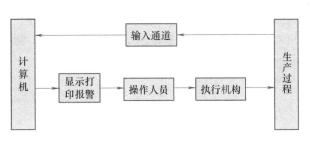

图 2-4　数据采集和操作指导控制系统的结构框图

计算机，可以代替大量的常规显示记录仪表，对整个生产过程进行集中监视；其次，强大的计算机算术运算和逻辑运算功能可以对大量的输入数据进行必要的加工处理、总结归纳，并且能以最醒目的方式表示出来，以利指导生产过程控制；最后，计算机的存储量大，可以用来记录生产过程参数变化的历史资料，为建立或改善控制过程的数学模型提供原始数据。同时，计算机中可预先存入各种过程参数的极限值，处理数据过程中可以超限报警，以保证生产过程的安全性。

2. 直接数字控制系统

直接数字控制（Direct Digital Control，DDC）系统是目前国内外应用较为广泛的计算机控制系统。DDC 系统属于计算机闭环控制系统，计算机首先通过模拟量输入通道（AI）和开关量输入通道（DI）实时采集数据，然后按照一定的控制规律进行计算，最后发出控制信息，并通过模拟量输出通道（AO）和开关量输出通道（DO）直接控制生产过程，其结构框图如图 2-5 所示。由于没有操作人员的直接参与，

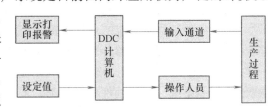

图 2-5　直接数字控制系统的结构框图

因而这种系统的实时性好，可靠性和适应性较强，在自控系统中得到了普遍的应用。

DDC 系统不仅能完全取代模拟调节器，实现几十个甚至上百个回路的 PID（比例、积分、微分）调节，而且不需要改变硬件，只通过改变控制程序就能实现复杂的控制，如前馈控制、最优控制、模糊控制等。DDC 系统具有巡回检测的全部功能，能显示和修改参数值、打印制表、超限报警。此外，计算机还提供故障诊断、故障报警等功能，在系统的某个部件发生故障时，能及时通知操作人员切换至手动位置或更换备件。

3. 监督控制系统

监督控制系统（Supervisory Computer Control，SCC）中，计算机根据原始工艺信息和其他的参数，按照描述生产过程的数学模型或其他方法，自动地改变模拟调节器或以直接数字控制方式工作的微型机中的给定值，从而使生产过程始终处于最优工况（如保持高质量、高效率、低消耗、低成本等）。监督控制系统有两种结构形式：

（1）SCC＋模拟调节器控制系统　在此系统中，计算机对生产过程的相关参数进行巡回检测，并按已定的数字模型进行分析、计算，然后将运算结果作为给定值输出到模拟调节器，由模拟调节器完成调控操作，其结构框图如图 2-6 所示。

（2）SCC＋DDC 分级控制系统　这是一个二级控制系统，SCC 计算机进行相关的分析、计算后得出最优参数，并将它作为设定值送给 DDC 级，执行过程控制。如果 DDC 级计算机

无法正常工作，SCC 计算机可完成 DDC 的控制功能，使控制系统的可靠性得到提高。SCC + DDC 分级控制系统的结构框图如图 2-7 所示。

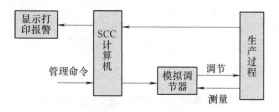

图 2-6　SCC + 模拟调节器控制系统的结构框图

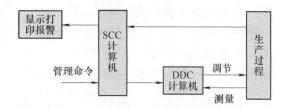

图 2-7　SCC + DDC 分级控制系统的结构框图

SCC 系统较 DDC 系统更接近实际生产过程变化情况，它不仅可以进行定制控制，同时还可以进行顺序控制、最优控制及自适应控制等，是 DAS 系统和 DDC 系统的综合与发展。但是生产过程较复杂的控制系统，其生产过程的数学模型的精确建立是比较困难的，所以系统实现起来比较困难。

4. 集散控制系统

现代工业过程对控制系统的要求已不限于能实现自动控制，还要求控制过程能长期在最佳状态下进行。对一个规模庞大、结构复杂、功能综合、因素众多的工程大系统，要解决的不是局部最优化问题，而是整体的总目标函数最优化问题，即所谓生产过程的综合自动化问题。为了实现工程大系统的最优化控制，大系统控制理论将高阶对象大系统划分为若干个低阶小系统，用局部控制器分别控制各小系统，使之最优化。

20 世纪 70 年代中期出现的集散控制系统（Distributed Control System，DCS）又称分布或分散控制系统，以微处理器为基础，采用控制功能分散、显示操作集中、兼顾分而自治和综合协调的设计原则的新一代仪表控制系统。集散控制系统是一个由过程控制级和过程监控级组成的以通信网络为纽带的多级计算机系统，综合了计算机（Computer）、通信（Communication）、显示（CRT）和控制（Control）等 4C 技术，其基本思想是分散控制、集中操作、分级管理、配置灵活、组态方便。

集散控制系统一般分为三级：第一级为现场控制级，它承担集散控制任务并与过程及操作站联系；第二级为监控级，包括控制信息的集中管理；第三级为企业管理级，它把建筑物自动化系统与企业管理信息系统有机地结合了起来，其结构框图如图 2-8 所示。

由图 2-8 可知，该控制系统将复杂对象分解为几个子对象，由现场控制级进行局部控制。中央站实施最优控制策略，协调若干个现场控制器（分站），使系统整体运行最佳。

中央站对整个工艺过程进行集中监视、操作、管理，通过控制站对工艺过程各部分进行分散控制，既不同于常规仪表控制系统，又不同于集中式的计算机控制系统，而是集中了两者的优点，克服了它们各自的不足。分站能独

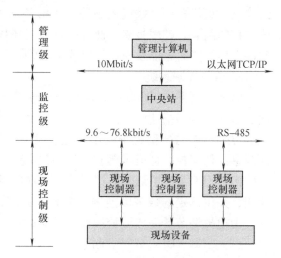

图 2-8　集散控制系统的结构框图

立控制，保证了系统的可靠性。分站与中央站连接在同一条总线上，保证了数据的一致性，进一步提高了系统的可靠性、实时性和准确性。数据的一致性对网络性能的影响是至关重要的。

集散控制具有高度集中的显示操作功能，操作灵活、方便可靠；具有完善的控制功能，可实现多种多样的高级控制方案。集散控制系统采用数据通信技术构成局域网，传输现场实时控制信息，并进行信息综合管理。

集散控制系统的平均无故障时间（Mean Time Between Failures，MTBF）可达 5×10^4h，平均故障修复时间（Mean Time To Repair，MTTR）一般只有 5min。保证高可靠性的关键是采用冗余技术和容错技术。

集散控制系统的模块结构使系统的配置与系统的扩展十分方便，具有良好的可扩展性。

5. 现场总线控制系统

现场总线控制系统（Fieldbus Control System，FCS）是在集散控制系统的基础上发展起来的，是新一代分布式控制系统。根据国际电工委员会 IEC 标准和现场总线基金会 FF 的定义，"现场总线是连接智能现场设备和自动控制系统的数字式、双向传输、多分支的通信网络"。传统的过程控制系统中，设备与控制器之间是点对点的连接，FCS 中是现场设备多点共享总线，不仅节约了连线，而且实现了通信链路的多信息传输，其控制结构框图如图 2-9 所示。

从物理结构上讲，FCS 主要由现场设备（智能设备或仪表、现场 CPU、外围电路等）与形成系统的传输介质（双绞线、光纤等）组成。现场总线的含义及优点主要表现在以下 6 个方面。

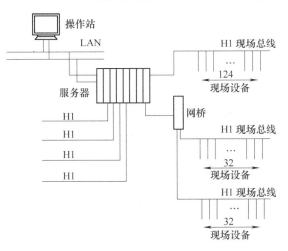

图 2-9　现场总线控制系统的结构框图

（1）现场通信网络　集散型控制系统的通信网络截止于控制器或现场控制单元，现场仪表仍然是一对一的模拟信号传输。现场总线是用于过程自动化和制造自动化的现场设备或现场仪表互连的现场通信网络，把通信线一直延伸到生产现场或生产设备，这些设备通过一对传输线互连，传输线可以使用双绞线、同轴电缆和光缆等。

（2）互操作性　互操作性的含义是来自不同制造厂的现场设备，不仅可以相互通信，而且可以统一组态，构成所需的控制回路，共同实现控制策略。也就是说，用户选用各种品牌的现场设备集成在一起，实现"即接即用"。现场设备互连是基本要求，只有实现互操作性，用户才能自由地集成现场总线控制系统。

（3）分散功能模块　FCS 摒弃了 DCS 的现场控制单元和控制器，把 DCS 控制器的功能块分散给现场仪表，从而构成虚拟控制站。例如，流量变送器不仅具有流量信号变换、补偿和累加输入功能块，而且有比例积分微分（Proportional Integral Differential，PID）控制和运算功能块；调节阀除了具有信号驱动和执行功能外，还内含输出块，甚至有阀门特性自校验和自诊断功能。由于功能块分散在多台现场仪表中，可以统一组态，因此用户可以灵活选用各种功能块，构成所需要的控制系统，实现彻底的分散控制。

（4）通信线供电 现场总线的常用传输线是双绞线，通信线供电方式允许现场仪表直接从通信线上摄取能量，这种低功耗现场仪表可以用于本质安全环境，与其配套的还有安全栅。有的企业生产现场有可燃物质，所有现场设备必须严格遵循安全防爆标准，现场总线设备也不例外。

（5）开放式互联网络 现场总线为开放式互联网络，既可与同类网络互联，也可与不同类型网络互联。开放式互联网络还能体现数据库共享，通过网络对现场设备和功能块统一组态，能把不同厂商的网络及设备融为一体，构成统一的现场总线控制系统。

（6）"傻瓜"性 现场控制总线产品具有模块化、智能化、装置化的特点，且具有量程比大、适应性强、可靠性高、重复性好的特点，因而为用户选型、使用和备品备件储备等方面带来极大的好处。

20世纪80年代以来，各种现场总线标准陆续形成，其中主要有：基金会现场总线（Foundation Fieldbus，FF）、控制局域网（Controller Area Network，CAN）、局域操作网（Local Operation Network，LON）、过程现场总线（Process Field Bus，PROFIBUS）、可寻址远程传感器（Highway Addressable Remote Transducer，HART）数据通路协议和基于工业以太网（Ethernet）的现场总线等。建筑物自动化系统常用现场总线有LonWorks总线和CAN总线两种。

美国Echelon公司1991年推出的LonWorks现场总线，又称局域操作网（Local Operation Networks，LON）。为支持LON，该公司开发了LonWorks技术，它采用了OSI参考模型全部的七层协议结构。LonWorks技术的核心是具备通信和控制功能为一体的神经元芯片（neuron chip）。该芯片固化有全部七层协议，能实现完整的LonWorks的LonTalk通信协议。LonWorks的通信速率从300bit/s至1.5Mbit/s不等，直接通信距离可达2.7km（78kbit/s，双绞线）；支持多种物理介质并支持多种拓扑结构，组网方式灵活。LonWorks应用范围主要包括建筑物自动化、工业控制等，在组建分布式监控网络方面有较优越的性能。

最早由德国Bosch公司提出的对等式（peer to peer）CAN总线，又称控制局域网，主要应用于汽车内部强干扰环境下电器之间的数据通信。它也基于OSI参考模型，采用了其中的物理层、数据链路层、应用层，提高了实时性。数据链路层与以太网相似，采用载波侦听多路访问/冲突检测（CSMA/CD）机制，最多可连接110个节点，其节点有优先级设定，支持点对点、一点对多点、广播模式通信，各节点可随时发送信息。传输介质为双绞线、同轴电缆或光纤，通信速率与总线长度有关。直接传输距离最远可达10km/5kbit/s，通信速率最高可达1Mbit/s/40m。CAN总线采用短消息报文，每一帧有效字节数为8个；当节点出错时，可自动关闭，抗干扰能力强，可靠性高。这种总线规范已被国际标准化组织制定为国际标准，在建筑物自动化及工业现场监控领域得到推广应用。

2.1.3 工业控制计算机

工业控制计算机（Industrial Personal Computer，IPC）是一种采用总线结构，对生产过程及其机电设备、工艺装备进行检测与控制的设备总称。是用于实现工业生产过程控制和管理的计算机，又称过程计算机，它是自动化技术工具中最重要的设备。其外观如图2-10所示。

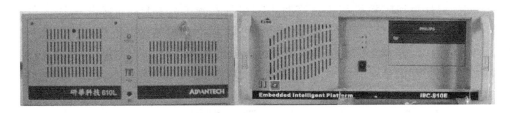

图 2-10　工控机外观图

工业控制计算机简称"工控机"。包括计算机和过程输入、输出通道两部分。它具有重要的计算机属性和特征，例如：具有计算机 CPU、硬盘、内存、外设及接口，并具有实时操作系统、控制网络和协议、强大的计算能力，友好的人机界面等。

据 2000 年 IDC（International Data Corporation，亦即国际数据公司，是全球著名的信息技术、电信行业和消费科技市场咨询、顾问和活动服务专业提供商）统计，工业 PC 已占到通用计算机的 95%以上，因其价格低、质量高、产量大、软/硬件资源丰富，已被广大的技术人员所熟悉和认可，这正是"工业电脑热"的基础。其主要的组成部分为工业机箱、无源底板及可插入其上的各种板卡，如 CPU 卡、I/O 卡等，并采取全钢机壳、机卡压条过滤网、双正压风扇等设计及 EMC（Electro Magnetic Compatibility）技术，以解决工业现场的电磁干扰、振动、灰尘、高/低温等问题。

1. IPC 的主要特点

1）可靠性。工业 PC 具有在粉尘、烟雾、高/低温、潮湿、振动、腐蚀环境下的快速诊断能力和较好的可维护性，其 MTTR（Mean Time to Repair）一般为 5min，MTTF 为 10 万 h 以上；而普通 PC 的 MTTF 仅为 10 000～15 000h。

2）实时性。工业 PC 对工业生产过程进行实时在线检测与控制，对工作状况的变化给予快速响应，及时进行采集和输出调节（看门狗功能是普通 PC 所不具有的），可遇险自复位，保证系统的正常运行。

3）扩充性。工业 PC 由于采用底板＋CPU 卡的结构，因而具有很强的输入/输出功能，最多可扩充 20 个板卡，能与工业现场的各种外设、板卡，如车道控制器、视频监控系统、车辆检测仪等相连，以完成各种任务。

4）兼容性。能同时利用 ISA 与 PCI 及 PICMG 资源，并支持各种操作系统、多种语言汇编、多任务操作系统。

2. IPC 的主要生产厂商

1）台湾研华公司"Advantech"。研华科技是全球电子平台服务的领导厂商，自 1983 年创立以来，研华致力于工业计算机和自动化领域的创新，发展和提供高品质、高性能的电子产品和服务。

2）研祥"Evoc"。研祥智能科技股份有限公司成立于 1993 年，是我国最大的特种计算机研究、开发、制造、销售和系统整合于一体的高科技企业。2003 年 10 月 10 日上市，是我国同行业中唯一的上市公司。

3. IPC 的发展历程

中国工控机技术的发展经历了 20 世纪 80 年代的第一代 STD 总线工控机，90 年代的第二代 IPC 工控机，进入了第三代 CompactPCI 总线工控机时期，而每个时期大约要持续 15 年左右的时间。STD 总线工控机解决了当时工控机的有无问题；IPC 工控机解决了低成本和 PC 兼容性问题；CompactPCI 总线工控机解决的是可靠性和可维护性问题。作为新一代工控机技术，CompactPCI 总线工控机将不可阻挡地占据生产过程的自动化层，IPC 将逐渐由生产过程自动化层向管理信息化层移动，而 STD 总线工控机必将退出历史舞台，这是技术发展的必然结果。同时，新一代工控机技术也是下一代网络（NGN）技术设备的基础。因此，覆盖 CompactPCI 总线、PXI 总线以及 AdvancedTCA 技术的新一代工控机技术具有巨大的市场潜力和广阔的应用前景。

（1）第一代工控机技术开创了低成本工业自动化技术的先河　第一代工控机技术起源于 20 世纪 80 年代初期，盛行于 80 年代末和 90 年代初期，到 90 年代末期逐渐淡出工控机市场，其标志性产品是 STD 总线工控机。STD 总线最早是由美国 Pro-Log 公司和 Mostek 公司作为工业标准而制定的 8 位工业 I/O 总线，随后发展成 16 位总线，统称为 STD80，后被国际标准化组织吸收，成为 IEEE961 标准。国际上主要的 STD 总线工控机制造商有 Pro-Log、WinSystems、Ziatech 等，而国内企业主要有北京康拓公司和北京工业大学等。STD 总线工控机是机笼式安装结构，具有标准化、开放式、模块化、组合化、尺寸小、成本低、PC 兼容等特点，并且设计、开发、调试简单，得到了当时急需用廉价而可靠的计算机来改造和提升传统产业的中小企业的广泛欢迎和采用，国内的总安装容量接近 20 万套，在我国工控机发展史上留下了辉煌的一页。PC DOS 软件的兼容性使 STD 总线得以发展，也由于运行 PC Windows 软件的局限性使 STD 总线被淘汰出局，而取而代之的是与 PC 完全兼容的 IPC 工控机。虽然同时期发展起来的还有 VME 总线和 Multiplus 总线等，但它们在我国始终都没有形成大的规模，安装数量、应用范围和影响力都比 STD 总线小得多。

（2）第二代工控机技术造就了一个 PC-based 系统时代　1981 年 8 月 12 日 IBM 公司正式推出了 IBM PC，震动了世界，也获得了极大成功。随后 PC 借助于规模化的硬件资源、丰富的商业化软件资源和普及化的人才资源，于 20 世纪 80 年代末期开始进军工业控制机市场。美国著名杂志《CONTROL ENGINERRING》在当时就预测"90 年代是工业 IPC 的时代，全世界近 65% 的工业计算机将使用 IPC，并继续以每年 21% 的速度增长"，历史的发展已经证明了这个论断的正确性。IPC 在我国的发展大致可以分为三个阶段：第一阶段是从 20 世纪 80 年代末到 90 年代初，这时市场上主要是国外品牌的昂贵产品。第二阶段是从 1991 年到 1996 年，台湾生产的价位适中的 IPC 工控机开始大量进入大陆市场，这在很大程度上加速了 IPC 市场的发展，IPC 的应用也从传统工业控制向数据通信、电信、电力等对可靠性要求较高的行业延伸。第三阶段是从 1997 年开始，大陆本土的 IPC 厂商开始进入该市场，促使 IPC 的价格不断降低，也使工控机的应用水平和应用行业发生了极大变化，应用范围不断扩大，IPC 也随之发展成了中国第二代主流工控机技术。中国 IPC 工控机的大小品牌约有 15 个，主要有研华、凌华、研祥、深圳艾雷斯和华北工控等。

20 世纪 90 年代末期，ISA 总线技术逐渐淘汰，PCI 总线技术开始在 IPC 中占主导地位，使 IPC 工控机得以继续发展。但由于 IPC 工控机的结构和金手指连接器的限制，使其难以从根本上解决散热和抗振动等恶劣环境适应性问题，IPC 开始逐渐从高可靠性应用的工业过程控制、电力自动化系统以及电信等领域退出，向管理信息化领域转移，取而代之的是以 CompactPCI 总线工控机为核心的第三代工控机技术。值得一提的是，IPC 工控机开创了一个崭新的 PC-based 时代，对工业自动化和信息化技术的发展产生了深远的影响。

在第二代工控机技术里，还需要提及一个比较成功的技术——PC/104总线技术。基于ISA总线的PC/104总线问世于1992年，自层叠式结构，具有尺寸小、结构紧凑、功耗低、可靠性高等特点，主要应用于军事和医疗设备。1997年PC/104扩展成PC/104-Plus，增加了PCI总线定义。PC/104总线工控机依靠自身的特点和不断地完善，还将继续在其传统优势领域占有一席之地。

（3）迅速发展和普及的第三代工控机技术 PCI总线技术的发展、市场的需求以及IPC工控机的局限性，促进了新技术的诞生。作为新一代主流工控机技术，CompactPCI工控机标准于1997年发布之初就备受业界瞩目。相对于以往的STD和IPC，它具有开放性、良好的散热性、高稳定性、高可靠性及可热插拔等特点，非常适合于工业现场和信息产业基础设备的应用，被众多业内人士认为是继STD和IPC之后的第三代工控机的技术标准。采用模块化的CompactPCI总线工控机技术开发产品，可以缩短开发时间、降低设计费用、降低维护费用、提升系统的整体性能。"CompactPCI是PCI总线的电气元件和软件加上欧洲卡，它具有在不关闭系统的情况下的'即插即用'功能，该功能的实现对高可用系统和容错系统非常重要"，2004年度科技部科技型中小企业技术创新基金项目指南中的这段话，概括出了CompactPCI总线工控机的主要特点和重要性。国家"发改委"也已经把CompactPCI总线工控机列为主要产业化项目之一。

2001年，PICMG2.16将以太网包交换背板总线引入到CompactPCI总线标准中，为电信语音增值服务设备和基于以太网的工业自动化系统提供了新的技术平台。2002年，PICMG颁布了面向电信的新标准AdvancedTCA，简称ATCA。ATCA比PICMG2.16有更大的规格和容量、更高的背板带宽、对板卡更严格的管理和控制能力、更高的供电能力以及更强的制冷能力等。ATCA不是应用在电信上的第一个开放式平台，但它是第一个由电信专家专为电信应用设计的电信平台，也主要是为了解决电信系统主要面临的系统带宽问题、高可用性问题、现场升级问题、可伸缩性问题、可管理性问题以及可互操作问题，并最终降低成本。

仪器和仪表是工业自动化设备的重要组成部分。CompactPCI向仪器仪表领域的扩展总线就是PXI总线。PXI产生于1998年，主要是面向"虚拟仪器"市场而设计的，但已经不局限于测试和测量设备，正在迅速向其他工业控制自动化领域扩展，并与CompactPCI总线互相补充和融合。PXI总线工控机不但具有VXI的高采样速率、高带宽和高分辨率等特点，而且具有开放性、软件兼容性和低价格等优势。一般来说，3U PXI产品用于构造便携式或小型化的ATE测试设备、数采系统、监控系统及其他工业自动化系统。6U PXI产品主要应用在高密度、高性能和大型ATE设备或工业自动化系统中。

21世纪的头20年是新一代工控机技术蓬勃发展的20年。以CompactPCI总线工控机为代表的第三代工控机技术将在近几年得到迅速普及和广泛应用，并在中国信息化进程中发挥重要作用。

4. IPC的组成结构

随着计算机设计的日益科学化、合理化和标准化，计算机总线概念与模板化结构已经形成且完善起来。IPC在硬件上，由计算机生产厂家按照某种标准总线，设计制造出符合工业标准的主机板及各种I/O模板，所以控制系统的设计者只要选用相应的功能模板，像搭积木似的、灵活地构成各种用途的计算机控制装置即可；而在软件上，利用熟知的系统软件和工具软件，编制或组态出相应的应用软件，就可以非常便捷地完成对生产流程的集中控制与调度管理，并进一步向综合自动化、网络化方向发展。

（1）硬件组成　为了提高 IPC 的通用性、灵活性和扩展性，IP 的各部件均采用模板化结构，即在一块无源的并行底板总线上插接多个功能模板，即组成了一台 IPC 的硬件装置。其硬件组成框图如图 2-11 所示，除了构成计算机基本系统的 CPU、RAM/ROM 主机、人机接口、系统支持、磁盘系统、通信接口板外，还有 AI、AO、DI、DO 等数百种工业 I/O 接口板可供选择。其选用的各个模板彼此通过内部总线相连，而由 CPU 通过总线直接控制数据的传送和处理。下面分别介绍各个组成部分。

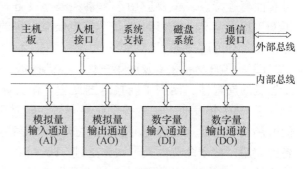

图 2-11　IPC 的硬件组成框图

1）内部总线和外部总线。内部总线是 IPC 内部各组成部分进行信息传送的公共通道，是一组信号线的集合。常用的内部总线有 PC 总线、STD 总线，以及 VME 总线和 MULTIbus 等总线。外部总线是 IPC 与其他计算机或智能设备进行信息传送的公共通道。常用的外部总线有 RS-232C、RS-485 和 IEEE-488 通信总线等。

2）主机板。主机板由中央处理器（CPU）、内存储器（RAM、ROM）等部件组成，它是 IPC 的核心。

3）人机接口。人机接口是人与计算机交流的一种外设。它由标准的 PC 键盘、鼠标、显示器和打印机等组成。

4）系统支持板。IPC 的系统支持板主要包括如下部分：程序运行监视系统，即看门狗定时器，当系统出现异常时能使系统自动恢复运行；电源掉电检测，其目的是为了及时检测到电源掉电后，立即保护当时的重要数据和各寄存器的状态；保护重要数据的后备存储器，采用带有后备电池的 SRAM、NOVRAM、EEPROM，能在系统掉电后保证数据不丢失；实时日历时钟，用于定时自动执行某些控制功能和自动记录某个控制是在何时发生的。

5）磁盘系统。磁盘系统有半导体虚拟磁盘以及通用的软磁盘和硬磁盘。

6）通信接口。通信接口是 IPC 和其他计算机或智能外设的接口，常用的接口有 RS-232C、RS-485 和 IEEE-488 等接口。

7）输入/输出模板。输入/输出模板是 IPC 和生产过程之间信号传递和变换的连接通道。它包括模拟量输入（AI 或 A-D）模板、模拟量输出（AO 或 D-A）模板，数字量输入（DI）模板、数字量输出（DO）模板等种类。由于输入或输出均涉及生产现场被控参数的种类、个数、精度、干扰等，因而该类模板是系统中性能差异最大、品种类型最多，也是用户选择最为丰富的一种。在接下来的章节（第 2、3、4、8 章）讨论的接口电路技术就是此类模板的构成基础，也是选用这类模板性能指标的理论依据。

（2）软件组成　IPC 的硬件构成了工业控制机系统的设备基础，要真正实现生产过程的计算机控制，必须为硬件提供或研制相应的计算机软件，即把人的知识逻辑与控制思维加入计算机中，才能实现控制任务。在工业控制系统中，软件可分为系统软件、工具软件和应用软件三大部分，有时也将工具软件归于系统软件。

1）系统软件。系统软件用来管理 IPC 的资源，并以简便的形式向用户提供服务，包括实时多任务操作系统、引导程序、调度执行程序等，其中操作系统是系统软件最基本的部分，如 MS-DOS 和 Windows 等系统软件。

2）工具软件。工具软件是技术人员从事软件开发工作的辅助软件，包括汇编语言、高级语言、编译程序、编辑程序、调试程序、诊断程序等，借以提高软件生产效率，改善软件产品质量。

3）应用软件。应用软件是系统设计人员针对某个生产过程现时编制的控制和管理程序，它往往涉及应用领域的专业知识。它包括过程输入程序、过程控制程序、过程输出程序、人机接口程序、打印显示程序和控制程序等。当今工业自动化的发展趋势是计算机控制技术的控制与管理一体化，以便适应不断变化的市场需求。而工业控制的应用软件就起着关键性的作用，因此它应具有通用性、开放性、实时性、多任务性和网络化的特点。

现在许多专业化公司开发生产了商品化的工业控制软件，如数据采集软件、工控组态软件、过程仿真软件等，这些都为应用软件的开发提供了绝佳的使用平台。

2.1.4　可编程序控制器

可编程序控制器（Programmable Logic Controller, PLC）是一种数字运算操作的电子系统，是为了专门在工业环境下应用而设计的。它采用可以编制程序的存储器，用来在执行存储逻辑运算和顺序控制、定时、计数和算术运算等操作的指令，并通过数字或模拟的输入（I）和输出（O）接口，控制各种类型的机械设备或生产过程。可编程序控制器是随着科学技术的发展，为适应多品种、小批量生产的需求而产生发展起来的一种新型的工业控制装置。可编程序控制器外观图如图 2-12 所示。

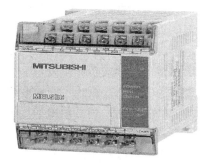

图 2-12　可编程序控制器外观图

1. PLC 的组成

可编程序控制器结构图如图 2-13 所示。

（1）中央处理单元（CPU）　CPU 是 PLC 的控制中枢，是 PLC 的核心，起神经中枢的作用，每套 PLC 至少有一个 CPU。它按照 PLC 系统程序赋予的功能接收并存储从编程器键入的用户程序和数据；检查电源、存储器、I/O 以及警戒定时器的状态，并能诊断用户程序中的语法错误。当 PLC 投入运行时，首先它以扫描的方式接收现场各输入装置的状态和数据，并分别存入 I/O 映像

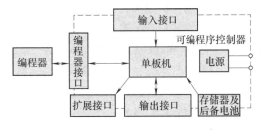

图 2-13　可编程序控制器结构图

区，然后从用户程序存储器中逐条读取用户程序，经过命令解释后按指令的规定将执行逻辑或算术运算的结果送入 I/O 映像区或数据寄存器内。等所有的用户程序执行完毕之后，最后将 I/O 映像区的各输出状态或输出寄存器内的数据传送到相应的输出装置，如此循环运行，直到停止运行。为了进一步提高 PLC 的可靠性，对大型 PLC 还采用双 CPU 构成冗余系统，或采用三 CPU 的表决式系统。这样，即使某个 CPU 出现故障，整个系统仍能正常运行。CPU 速度和内存容量是 PLC 的重要参数，它们决定着 PLC 的工作速度、I/O 数量及软件容

量等,因此限制着控制规模。

(2)存储器　存储器包括存放系统软件的存储器和存放用户程序的存储器,前者被称为系统程序存储器,后者被称为用户程序存储器;数据存储器用来存储 PLC 程序执行时的中间状态与信息,它相当于 PC 的内存。

(3)输入/输出接口(I/O 模块)　PLC 与电气回路的接口,是通过输入/输出部分完成的。I/O 模块集成了 PLC 的 I/O 电路,其输入暂存器反映输入信号状态,输出点反映输出锁存器状态。输入模块将电信号变换成数字信号进入 PLC 系统,输出模块相反。I/O 分为开关量输入(DI)、开关量输出(DO)、模拟量输入(AI)、模拟量输出(AO)等模块。常用的 I/O 分类如下:

1)开关量:按电压水平分,有 AC220V、AC110V、DC24V;按隔离方式分,有继电器隔离和晶体管隔离。

2)模拟量:按信号类型分,有电流型(4~20mA,0~20mA)、电压型(0~10V,0~5V,-10~10V)等;按精度分,有 12bit、14bit、16bit 等。除了上述通用 I/O 外,还有特殊 I/O 模块,如热电阻、热电偶、脉冲等模块。

按 I/O 点数确定模块规格及数量,I/O 模块可多可少,但其最大数受 CPU 所能管理的基本配置的能力限制,即受最大的底板或机架槽数限制。

(4)通信接口　通信接口的主要作用是实现 PLC 与外部设备之间的数据交换(通信)。通信接口的形式多样,最基本的有 USB、RS-232、RS-422/RS-485 等标准串行接口,可以通过多芯电缆、双绞线、同轴电缆、光缆等进行连接。

(5)电源　PLC 的电源为 PLC 电路提供工作电源,在整个系统中起着十分重要的作用。一个良好的、可靠的电源系统是 PLC 的最基本的保障。一般交流电压波动在 +10%(+15%)范围内,可以不采取其他措施而将 PLC 直接连接到交流电网上去。电源输入类型有:交流电源(AC220V 或 AC110V)、直流电源(常用的为 DC24V)。

2. PLC 主要厂商及型号

三菱:FX 系列、A 系列

西门子:S7-200、S7-300、S7-400、S7-1200

欧姆龙:CQM1 系列、C200H 系列、CS1 系列、CJ1 系列

施耐德 Modicon:M340、M218、M238、M258

ABB:AC31、AC500、AC800F、AC800M

松下:FP-e、FP0、FP∑、FP1、FP-M、FP2、FP2SH、FP3、FP10SH、FP-x

和利时:LM、LK

海为:E 系列、S 系列

台达:DVP-EX/EX2/ES2/ES/EH2/SS

富士:Flex NS/NJ/NB　NWO 系列、MICREX-SX SPB 系列

永宏:B1、B1Z

罗克韦尔 CompactLogix:PLC-5、SLC 500

3. PLC 工作原理

可编程序控制器是一种工业控制计算机,故它的工作原理是建立在计算机工作原理基础上的,即是通过执行反映控制要求的用户程序来实现的。但是 CPU 是以分时操作方式来处

理各项任务的，计算机在每一瞬间只能做一件事，所以程序的执行是按程序顺序依次完成相应各电器的动作，便成为时间上的串行。由于运算速度极高，各电器的动作似乎是同时完成的，但实际输入/输出的响应是有滞后的。概括而言，PLC 的工作方式是一个不断循环的顺序扫描工作方式。每一次扫描所用的时间称为扫描周期或工作周期。CPU 从第一条指令开始，按顺序逐条地执行用户程序，直到用户程序结束，然后返回第一条指令开始新的一轮扫描。PLC 就是这样周而复始地重复上述循环扫描的，主要有以下流程：

（1）输入处理　程序执行前，可编程序控制器的全部输入端子的通断状态读入输入映像寄存器。在程序执行中，即使输入状态发生变化，输入映像寄存器的内容也不变，直到下一扫描周期的输入处理阶段才读入该变化。另外，输入触点从通（ON）→断（OFF）［或从断（OFF）→通（ON）］变化到处于确定状态为止，输入滤波器还有一个响应延迟时间（约 10ms）。

（2）程序处理　对应用户程序存储器所存储的指令，从输入映像寄存器和其他软元件的映像寄存器中将有关软元件的通/断状态读出，从 0 步开始顺序运算，每次结果都写入有关的映像寄存器，因此，各软元件（X 除外）的映像寄存器的内容随着程序的执行在不断变化。输出继电器的内部触点的动作由输出映像寄存器的内容决定。

（3）输出处理　全部指令执行完毕，将输出 Y 的映像寄存器的通/断状态向输出锁存寄存器传送，成为可编程序控制器的实际输出。可编程序控制器内的外部输出触点对输出软元件的动作有一个响应时间，即要有一个延迟才动作。

4. PLC 的特点

（1）可靠性高，抗干扰能力强　传统的继电器控制系统中使用了大量的中间继电器、时间继电器。由于触点接触不良，容易出现故障。PLC 用软件代替大量的中间继电器和时间继电器，仅剩下与输入和输出有关的少量硬件，接线可减少到继电器控制系统的 1/10～1/100，因触点接触不良造成的故障大为减少。高可靠性是电气控制设备的关键性能，PLC 由于采用现代大规模集成电路技术，采用严格的生产工艺制造，内部电路采取了先进的抗干扰技术，具有很高的可靠性。例如，三菱公司生产的 F 系列 PLC 平均无故障时间高达 30 万 h，一些使用冗余 CPU 的 PLC 的平均无故障工作时间则更长。从 PLC 的机外电路来说，使用 PLC 构成控制系统，和同等规模的继电接触器系统相比，电气接线及开关接点已减少到数百甚至数千分之一，故障也就大大降低。此外，PLC 带有硬件故障自我检测功能，出现故障时可及时发出警报信息。在应用软件中，应用者还可以编入外围器件的故障自诊断程序，使系统中除 PLC 以外的电路及设备也获得故障自诊断保护。这样，整个系统具有极高的可靠性也就不奇怪了。

（2）硬件配套齐全，功能完善，适用性强　PLC 发展到今天，已经形成了大、中、小各种规模的系列化产品，并且已经标准化、系列化、模块化，配备有品种齐全的各种硬件装置供用户选用，用户能灵活方便地进行系统配置，组成不同功能、不同规模的系统。PLC 的安装接线也很方便，一般用接线端子连接外部接线。PLC 有较强的带负载能力，可直接驱动一般的电磁阀和交流接触器，可以用于各种规模的工业控制场合。除了逻辑处理功能以外，现代 PLC 大多具有完善的数据运算能力，可用于各种数字控制领域。近年来 PLC 的功能单元大量涌现，使 PLC 渗透到了位置控制、温度控制、CNC 等各种工业控制中。加上 PLC 通信能力的增强及人机界面技术的发展，使用 PLC 组成各种控制系统变得非常容易。

（3）易学易用，深受工程技术人员欢迎　PLC 作为通用工业控制计算机，是面向工矿企业的工控设备。它接口容易，编程语言易于为工程技术人员接受。梯形图语言的图形符号与表达方式和继电器电路图相当接近，只用 PLC 的少量开关量逻辑控制指令就可以方便地实现继电器电路的功能。为不熟悉电子电路、不懂计算机原理和汇编语言的人使用计算机从事工业控制打开了方便之门。

（4）系统的设计、安装、调试工作量小，维护方便，容易改造　PLC 的梯形图程序一般采用顺序控制设计法，这种编程方法很有规律，很容易掌握。对于复杂的控制系统，梯形图的设计时间比设计继电器系统电路图的时间要少得多。PLC 用存储逻辑代替接线逻辑，大大减少了控制设备外部的接线，使控制系统设计及建造的周期大为缩短，同时维护也变得容易起来。更重要的是使同一设备经过改变程序改变生产过程成为可能，这很适合多品种、小批量的生产场合。

（5）体积小，质量轻，能耗低　以超小型 PLC 为例，新近出产的品种底部尺寸小于 100mm，仅相当于几个继电器的大小，因此可将开关柜的体积缩小到原来的 1/2 ~ 1/10。它的质量小于 150g，功耗仅数瓦。由于体积很小容易装入机械内部，是实现机电一体化的理想控制设备。

5. PLC 编程语言

在可编程序控制器中有多种程序设计语言：梯形图语言、语句表语言、功能表图语言、功能模块图语言及结构化语句描述语言等。

梯形图语言和语句表语言是基本程序设计语言，它通常由一系列指令组成，用这些指令可以完成大多数简单的控制功能，如代替继电器、计数器、计时器完成顺序控制和逻辑控制等，通过扩展或增强指令集，它们也能执行其他的基本操作。功能表图语言和语句描述语言是高级的程序设计语言，它可根据需要去执行更有效的操作，如模拟量的控制、数据的操纵、报表的打印和其他基本程序设计语言无法完成的功能。功能模块图语言采用功能模块图的形式，通过软连接的方式完成所要求的控制功能，它不仅在可编程序控制器中得到了广泛的应用，在集散控制系统的编程和组态时也常常被采用，由于它具有连接方便、操作简单、易于掌握等特点，为广大工程设计和应用人员所喜爱。

（1）梯形图（Ladder Diagram）程序设计语言　梯形图程序设计语言是用梯形图的图形符号来描述程序的一种程序设计语言。采用梯形图程序设计语言，程序采用梯形图的形式描述。这种程序设计语言采用因果关系来描述事件发生的条件和结果，每个梯级是一个因果关系。在梯级中，描述事件发生的条件表示在左面，事件发生的结果表示在后面。图 2-14 给出了一段梯形图语言

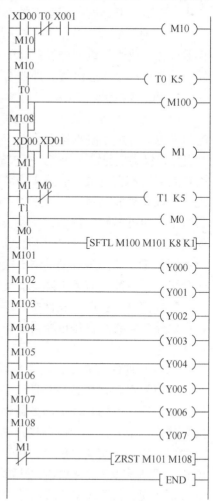

图 2-14　梯形图语言

示例。

梯形图程序设计语言是最常用的一种程序设计语言，它来源于继电器逻辑控制系统的描述。在工业过程控制领域，电气技术人员对继电器逻辑控制技术较为熟悉，因此，由这种逻辑控制技术发展而来的梯形图受到了欢迎，并得到了广泛的应用。

梯形图程序设计语言的特点是：

1）与电气操作原理图相对应，具有直观性和对应性。

2）与原有继电器逻辑控制技术相一致，对电气技术人员来说，易于掌握和学习。

3）与原有的继电器逻辑控制技术的不同点是，梯形图中的能流（Power Flow）不是实际意义的电流，内部的继电器也不是实际存在的继电器，因此，应用时，需与原有继电器逻辑控制技术的有关概念区别对待。

4）与语句表程序设计语言有一一对应关系，便于相互的转换和程序的检查。

（2）语句表程序设计语言　语句表程序设计语言是用语句表来描述程序的一种程序设计语言。语句表程序设计语言与计算机中的汇编语言非常相似，采用语句表来表示操作功能。图 2-15 给出了一段语句表语言示例。

0	LD	X000	14	AND	X001	28		K1	42	OUT	Y004
1	OR	M10	15	OUT	M1	29			43	LD	M106
2	ANI	T0	16	LD	M1	30			44	OUT	Y005
3	AND	X001	17	ANI	M0	31			45	LD	M107
4	OUT	M10	18	OUT	T1	32			46	OUT	Y006
5	LD	M10	19	SP	K5	33	LD	M101	47	LD	M108
6	OUT	T0	20			34	OUT	Y000	48	OUT	Y007
7	SP	K5	21	LD	T1	35	LD	M102	49	LDI	X001
8			22	OUT	M0	36	OUT	Y001	50	FNC	40
9	LD	T0	23	LD	M0	37	LD	M103	51		M101
10	OR	M108	24	FNC	35	38	OUT	Y002	52		M108
11	OUT	M100	25		M100	39	LD	M104	53		
12	LD	X000	26		M101	40	OUT	Y003	54		
13	OR	M1	27		K8	41	LD	M105	55	END	

图 2-15　语句表语言

语句表程序设计语言具有下列特点：

1）采用语句表来表示操作功能，具有容易记忆、便于掌握的特点。

2）在编程器的键盘上采用助记符表示，具有便于操作的特点，可在无计算机的场合进行编程设计。

3）与梯形图有一一对应关系，其特点与梯形图语言基本类同。

2.1.5　单片机

单片微机是早期 Single Chip Microcomputer 的直译，它忠实地反映了早期单片微机的形态和本质。单片微型计算机简称单片机（Single Chip Microcomputer），又称微控制器（Micro Computer Unit）。将计算机的基本部件微型化，使之集成在一块芯片上。片内含有 CPU、

ROM、RAM、并行 I/O、串行 I/O、定时器/计数器、中断控制、系统时钟及总线等。随后，按照面向对象、突出控制功能的要求，在片内集成了许多外围电路及外设接口，突破了传统意义的计算机结构，发展成 microcontroller 的体系结构，目前国外已普遍称之为微控制器 MCU（Micro Controller Unit）。鉴于它完全作嵌入式应用，故又称为嵌入式微控制器（Embedded Microcontroller）。图 2-16 所示为单片机外观图。

图 2-16　单片机外观图

1. 单片微机应用系统结构

单片微机应用系统结构通常分三个层次，即单片机、单片机系统、单片机应用系统。

1）单片机：通常是应用系统的主机，设计单片机应用系统时，指所选择的单片机系列器件。

2）单片机系统：随着单片微机资源的扩展，外围接口电路进入片内，最终向单片应用系统集成发展。最终产品的目标系统，除了硬件电路外，还须嵌入系统应用程序。按照所选择的单片机，以及单片机的技术要求和嵌入对象对单片机的资源要求构成单片机系统。

3）单片机应用系统：按照单片机要求在外部配置单片机运行所需要的时钟电路、复位电路等，构成了单片机的最小应用系统。在单片机中 CPU 外围电路不能满足嵌入对象的功能要求时，可在单片机外部扩展 CPU 外围电路，如存储器、定时器/计数器、中断源等，形成能满足具体嵌入应用的一个计算机系统。

2. 单片机厂商及种类简介

单片机种类划分没有统一规定，按字长分类：分为 4 位、8 位、16 位、32 位，按指令类型分类：分为精简指令集、复杂指令集，按内核来分：分为 51 系列、PIC 系列、AVR 系列。目前单片机主要厂商及生产单片机种类如下：

1）8051 单片机。8051 单片机最早由 Intel 公司推出，其后，多家公司购买了 8051 的内核，使得以 8051 为内核的 MCU 系列单片机在世界上产量最大，应用也最广泛，有人推测8051 可能最终形成事实上的标准 MCU 芯片。

2）ATMEL 公司的 AVR 单片机。AVR 单片机是增强型 RISC 内载 Flash 的单片机，芯片上的 Flash 存储器附在用户的产品中，可随时编程、再编程，使用户的产品设计容易、更新换代方便。AVR 单片机采用增强的 RISC 结构，使其具有高速处理能力，在一个时钟周期内可执行复杂的指令，每 1MHz 可实现 1MIPS 的处理能力。AVR 单片机工作电压为 2.7~6.0V，可以实现耗电最优化。AVR 单片机广泛应用于计算机外部设备、工业实时控制、仪器仪表、通信设备、家用电器、宇航设备等各个领域。

3）MicroChip 单片机。MicroChip 单片机的主要产品是 PIC 的 16C 系列和 17C 系列 8 位单片机，CPU 采用 RISC 结构，分别仅有 33、35、58 条指令，采用 Harvard 双总线结构，运行速度快，工作电压低，功耗低，输入/输出直接驱动能力较大，价格低，采用一次性编程，体积小。适用于用量大、档次低、价格敏感的产品，在办公自动化设备、消费电子产品、通信、智能仪器仪表、汽车电子、金融电子、工业控制等不同领域都有广泛的应用，PIC 系列单片机在世界单片机市场份额排名中逐年提高，发展非常迅速。

4）MDT20XX 系列单片机。它是工业级 OTP（One Time Programmable，一次性可编程）单片机，由中国台湾地区 Micon 公司生产，与 PIC 单片机引脚完全一致，海尔集团的电冰箱控制器、TCL 通信产品、长安奥拓铃木小轿车功率分配器就采用这种单片机。

5）EM78 系列 OTP 型单片机。由中国台湾义隆电子股份有限公司生产，可直接替代 PIC16CXX，引脚兼容，软件可转换。

6）Scenix 单片机。Scenix 公司推出的 8 位 RISC 结构 SX 系列单片机与 Intel 的 Pentium II 等一起被评选为 1998 年世界十大处理器。在技术上有其独到之处：SX 系列双时钟设置，指令运行速度可达 50/75/100MIPS（MIPS：Million Instruction Per Second，即每秒执行百万条指令）；具有虚拟外设功能，柔性化 I/O 端口，所有的 I/O 端口都可单独编程设定，公司提供各种 I/O 的库函数，用于实现各种 I/O 模块的功能，如多路 UART、多路 A-D、PWM、SPI、DTMF、FS、LCD 驱动等；采用 EEPROM/Flash 程序存储器，可以实现在线系统编程；通过计算机 RS-232C 接口，采用专用串行电缆即可对目标系统进行在线实时仿真。

7）EPSON 单片机。EPSON 单片机以低电压、低功耗和内置 LCD 驱动器的特点闻名于世，尤其是 LCD 驱动部分做得很好，广泛用于工业控制、医疗设备、家用电器、仪器仪表、通信设备和手持式消费类产品等领域。目前 EPSON 已推出 4 位单片机 SMC62 系列、SMC63 系列、SMC60 系列和 8 位单片机 SMC88 系列。

8）东芝单片机。东芝单片机门类齐全，4 位机在家电领域有很大市场，8 位机主要有 870 系列、90 系列，该类单片机允许使用慢模式，采用 32kHz 时钟时，功耗很小，芯片电流降至 10μA 数量级。东芝的 32 位单片机采用 MIPS3000A RISC 的 CPU 结构，面向 VCD、数码相机、图像处理等市场领域。

9）Motorola 单片机。Motorola 公司是世界上最大的单片机厂商，从 M6800 开始，开发了广泛的品种，4 位、8 位、16 位、32 位的单片机都能生产，其中典型的代表有：8 位机 M6805、M68HC05 系列，8 位增强型 M68HC11、M68HC12，16 位机 M68HC16，32 位机 M683XX。Motorola 单片机的特点之一是在同样单片机种类简介的速度下所用的时钟频率较 Intel 类单片机低得多，因而使得高频噪声低，抗干扰能力强，更适合于工控领域及恶劣的环境。

10）LG 公司生产的 GMS90 系列单片机，与 Intel MCS-51 系列及 Atmel 89C51/52、89C2051 等单片机兼容，采用 CMOS 技术和高达 40MHz 的时钟频率，应用于多功能电话、智能传感器、电度表、工业控制、防盗报警装置、各种计费器、各种 IC 卡装置、DVD、VCD、CD-ROM 等。

11）华邦单片机。华邦公司的 W77、W78 系列 8 位单片机的引脚和指令集与 8051 兼容，但每个指令周期只需要 4 个时钟周期，速度提高了三倍，工作频率最高可达 40MHz。

同时增加了 WatchDog Timer、6 组外部中断源、2 组 UART、2 组 Data pointer 及 Wait state control pin。W741 系列的 4 位单片机带液晶驱动，在线烧录，保密性高，操作电压低（1.2 ～ 1.8V）。

12）Zilog 单片机。Z8 单片机是 Zilog 公司的产品，采用多累加器结构，有较强的中断处理能力，开发工具价廉物美，Z8 单片机以低价位面向低端应用。很多人都知道 Z80 单板机，直到 20 世纪 90 年代后期，很多大学的微机原理还是讲述 Z80。

13）NS 单片机。COP8 单片机是 NS（美国国家半导体公司）的产品，内部集成了 16 位 A-D 转换器，这在单片机中是不多见的，它在看门狗电路及 STOP 方式下单片机的唤醒方式上都有独到之处。此外，COP8 的程序加密也做得比较好。

3. 单片机的构成

单片机是采用超大规模集成电路技术把具有数据处理能力的中央处理器 CPU、随机存储器 RAM、只读存储器 ROM、多种 I/O 口和中断系统、定时器/计数器等功能（可能还包括显示驱动电路、脉宽调制电路、模拟多路转换器、A-D 转换器等电路）集成到一块硅片上构成的一个小而完善的微型计算机系统。以下以 51 系列为例介绍单片机的组成结构，图 2-17 所示为单片机内部结构。

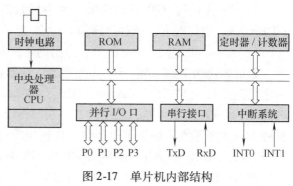

图 2-17 单片机内部结构

（1）中央处理器（CPU） MCS-51 单片机的 CPU 能处理 8 位二进制数或代码。CPU 包括运算逻辑部件、寄存器部件和控制部件。CPU 从存储器或高速缓冲存储器中取出指令，放入指令寄存器，并对指令译码。它把指令分解成一系列的微操作，然后发出各种控制命令，执行微操作系列，从而完成一条指令的执行。

（2）内部数据存储器（RAM） 8051 芯片共有 256 个 RAM 单元，其中后 128 单元被专用寄存器占用，能作为寄存器供用户使用的只是前 128 单元，用于存放可读写的数据。因此通常所说的内部数据存储器就是指前 128 单元，简称内部 RAM，地址范围为 00H ～ FFH（256B），是一个多用多功能数据存储器，有数据存储、通用工作寄存器、堆栈、位地址等空间。

（3）内部程序存储器（ROM）在前面也已讲过，8051 内部有 4KB 的 ROM，用于存放程序、原始数据或表格。因此称之为程序存储器，简称内部 RAM，地址范围为 0000H ～ FFFFH（64KB）。

（4）定时器/计数器 8051 共有 2 个 16 位的定时器/计数器，以实现定时或计数功能，并以其定时或计数结果对计算机进行控制。做定时器时，靠内部分频时钟频率计数实现；做计数器时，对 P3.4（T0）或 P3.5（T1）端口的低电平脉冲进行计数。

（5）并行 I/O 口 MCS-51 共有 4 个 8 位的 I/O 口（P0、P1、P2、P3），以实现数据的输入、输出。

1）P0.0 ～ P0.7：P0 口是一个 8 位漏极开路型双向 I/O 端口。在访问片外存储器时，它分时作低 8 位地址和 8 位双向数据总线用。在 EPROM 编程时，由 P0 口输入指令字节，而在验证程序时，则输出指令字节。验证程序时，要求外接上拉电阻。P0 口能以吸收电流的方式驱动 8 个 LSTTL 负载。

2）P1.0 ~ P1.7（1 ~ 8 脚）：P1 口是一个带内部上拉电阻的 8 位双向 I/O 口。在 EPROM 编程和验证程序时，由它输入低 8 位地址。P1 口能驱动 4 个 LSTTL 负载。

在 8032/8052 中，P1.0 还相当于专用功能端 T2，即定时器的计数触发输入端；P1.1 还相当于专用功能端 T2EX，即定时器 T2 的外部控制端。

3）P2.0 ~ P2.7（21 ~ 28 脚）：P2 口也是一个带内部上拉电阻的 8 位双向 I/O 口。在访问外部存储器时，由它输出高 8 位地址。在对 EPROM 编程和程序验证时，由它输入高 8 位地址。P2 口可以驱动 4 个 LSTTL 负载。

4）P3.0 ~ P3.7（10 ~ 17 脚）：P3 口也是一个带内部上拉电阻的双向 I/O 口。P3 口能驱动 4 个 LSTTL 负载。在 MCS-51 中，这 8 个引脚还用于专门的第二功能，具体如下：

P3.0：RXD（串行口输入）；

P3.1：TXD（串行口输出）；

P3.2：INT0（外部中断 0 输入）；

P3.3：INT1（外部中断 1 输入）；

P3.4：T0（定时器 0 的外部输入）；

P3.5：T1（定时器 1 的外部输入）；

P3.6：WR（片外数据存储器写选通）；

P3.7：RD（片外数据存储器读选通）。

（6）串行口　MCS-51 有一个全双工的串行口，以实现单片机和其他设备之间的串行数据传送。该串行口功能较强，既可作为全双工异步通信收发器使用，也可作为移位器使用。RXD（P3.0）脚为接收端口，TXD（P3.1）脚为发送端口。

（7）中断控制系统　MCS-51 单片机的中断功能较强，以满足不同控制应用的需要。共有 5 个中断源，即外中断 2 个，定时中断 2 个，串行中断 1 个，全部中断分为高级和低级两个优先级别。

（8）时钟电路　MCS-51 芯片的内部有时钟电路，但石英晶体和微调电容需外接。时钟电路为单片机产生时钟脉冲序列。系统允许的晶振频率为 12MHz。

4. 单片机开发系统及程序设计语言

单片机开发系统是单片机的开发调试的工具，有单片单板机和仿真器，可实现单片机应用系统的硬、软件开发。单片机仿真器指以调试单片机软件为目的而专门设计制作的一套专用的硬件装置，单片机仿真程序即在个人计算机上运行的特殊程序，可大大提升单片机系统的调试效率。单片机仿真器如图 2-18 所示。

纯软件单片机仿真器往往与硬件设计程序集成在一起发布，使得开发

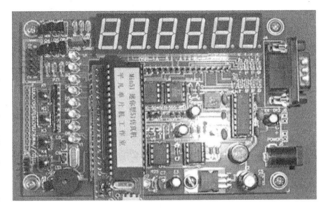

图 2-18　单片机仿真器

者可以对单片机硬件与软件进行同步开发。keil C 编译器窗口如图 2-19 所示。

图 2-19 keil C 编译器窗口

单片机的程序设计语言主要有机器语言（Machine Language）、汇编语言（Assemble）、高级语言（High Level Language）。

1）机器语言。单片机应用系统只使用机器语言（指令的二进制代码，又称指令代码）。机器语言指令组成的程序称为目标程序。在机器语言系统中，由 0/1 代码表示机器能完成的各种操作指令。例如，MCS-51 两个寄存器相加的机器语言指令是 00101000。

2）汇编语言。与机器语言指令一一对应的英文单词缩写，称为指令助记符。汇编语言编写的程序称为汇编语言程序。例如，MCS-51 两个寄存器相加的汇编语言指令：ADD A，R0。

3）高级语言。计算机语言具有高级语言和低级语言之分。所谓高级语言，主要是相对于汇编语言而言的，它是较接近自然语言和数学公式的编程，基本脱离了机器的硬件系统，用人们更易理解的方式编写程序。

高级语言编写的程序称为源程序，亦即未经编译的、按照一定的程序设计语言规范书写的、人类可读的文本文件。

单片机的高级语言包括 C51 语言、C 语言、PL/M51 语言等。它们普遍拥有以下特点：

① 简单：控制程序的篇幅一般不长。

② 复杂：控制对象多种多样，少有现成的程序可供借鉴。

2.1.6 工业控制计算机比较

几种常用工业控制计算机的性能比较见表 2-1。

表 2-1　几种常用工业控制计算机的性能比较

比较项目 \ 机型	PC 计算机	单片微型计算机	可编程序控制器（PLC）	总线工控机
控制系统的设计	一般不用作工业控制（标准化设计）	自行设计（非标准化）	标准化接口配置相关接口模板	标准化接口配置相关接口模板
系统功能	数据、图像、文字处理	简单的逻辑控制和模拟量控制	逻辑控制为主，也可配置模拟量模板	逻辑控制和模拟控制功能
硬件设计	无须设计（标准化整机，可扩展）	复杂	简单	简单
程序语言	多种语言	汇编语言	梯形图	多种语言
软件开发	复杂	复杂	简单	较复杂
运行速度	快	较慢	慢	很快
带负载能力	差	差	强	强
抗干扰能力	差	差	强	强
成本	较高	很低	较高	很高
适用场合	实验室环境的信号采集及控制	家用电器、智能仪器、单机简单控制	逻辑控制为主的工业现场控制	较大规模的工业现场控制

2.2　传感器及执行器

2.2.1　传感器概述

在工程科学与技术领域，可以认为传感器是人体"五官"的工程模拟物。传感器（Transducer/Sensor）是一种检测装置，能感受到被测量的信息（包括物理量、化学量、生物量等），并能将感受到的信息按一定规律变换成为电信号或其他所需形式的信息输出，以满足信息的传输、处理、存储、显示、记录和控制等要求。它是实现自动检测和自动控制的首要环节。

1. 传感器的定义

GB/T 7665—2005 对传感器下的定义是："能感受规定的被测量件并按照一定的规律（数学函数法则）转换成可用信号的器件或装置，通常由敏感元件和转换元件组成"。

中国物联网校企联盟认为，传感器的存在和发展，让物体有了触觉、味觉和嗅觉等感官，让物体慢慢变得活了起来。

"传感器"在《韦氏大词典》中定义为："从一个系统接受功率，通常以另一种形式将功率送到第二个系统中的器件"。

通常传感器由敏感元件和转换元件组成。其中，敏感元件是指传感器中能直接感受或响应被测量的部分；转换元件是指传感器中将敏感元件感受或响应的被测量转换成适于传输或测量的电信号部分。由于传感器的输出信号一般都很脆弱，因此需要有信号调理与转换电路对其进行放大、运算调剂等。随着半导体器件与集成技术在传感器中的应用，传感器的信号调理与转换电路可能安装在传感器的壳体内或与敏感元件一起集成在同一芯片上。此外，信号调理转换电路以及传感器工作必须有辅助的电源，因此，信号调理转换电路以及所需的电源都应作为传感器组成的一部分。传感器构成框图如图 2-20 所示。

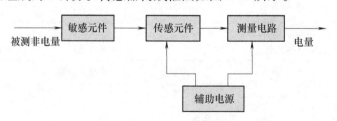

图 2-20　传感器构成框图

2. 传感器的主要分类

1）按用途分类，分为压力敏和力敏传感器、位置传感器、液位传感器、能耗传感器、速度传感器、加速度传感器、射线辐射传感器、热敏传感器。

2）按原理分类，分为振动传感器、湿敏传感器、磁敏传感器、气敏传感器、真空度传感器、生物传感器等。

3）按输出信号分类，可分为以下几种：

① 模拟传感器：将被测量的非电学量转换成模拟电信号。

② 数字传感器：将被测量的非电学量转换成数字输出信号（包括直接和间接转换）。

③ 膺数字传感器：将被测量的信号量转换成频率信号或短周期信号的输出（包括直接或间接转换）。

④ 开关传感器：当一个被测量的信号达到某个特定的阈值时，传感器相应地输出一个设定的低电平或高电平信号。

4）按其制造工艺分类，可分为以下几种：

① 集成传感器：是用标准的生产硅基半导体集成电路的工艺技术制造的。通常还将用于初步处理被测信号的部分电路也集成在同一芯片上。

② 薄膜传感器；则是通过沉积在介质衬底（基板）上的相应敏感材料的薄膜形成的。使用混合工艺时，同样可将部分电路制造在此基板上。

③ 厚膜传感器：是利用相应材料的浆料，涂覆在陶瓷基片上制成的，基片通常是 Al_2O_3 制成的，然后进行热处理，使厚膜成形。

④ 陶瓷传感器：采用标准的陶瓷工艺或其某种变种工艺（溶胶、凝胶等）生产。

完成适当的预备性操作之后，已成形的元件在高温中进行烧结。厚膜传感器和陶瓷传感器这两种工艺之间有许多共同特性，在某些方面，可以认为厚膜工艺是陶瓷工艺的一种变形。

每种工艺技术都有自己的优点和不足。由于研究、开发和生产所需的资本投入较低，以及传感器参数的高稳定性等原因，采用陶瓷传感器和厚膜传感器比较合理。

5）按测量目分类，可分为以下几种：

① 物理型传感器：是利用被测量物质的某些物理性质发生明显变化的特性制成的。

② 化学型传感器：是利用能把化学物质的成分、浓度等化学量转化成电学量的敏感元件制成的。

③ 生物型传感器：是利用各种生物或生物物质的特性做成的，用于检测与识别生物体

内的化学成分。

6）按其构成分类，可分为以下几种：

① 基本型传感器：是一种最基本的单个变换装置。

② 组合型传感器：是由不同单个变换装置组合而构成的传感器。

③ 应用型传感器：是基本型传感器或组合型传感器与其他机构组合而构成的传感器。

7）按作用形式分类，可分为主动型和被动型传感器。主动型传感器又有作用型和反作用型，此种传感器对被测对象能发出一定探测信号，能检测探测信号在被测对象中所产生的变化，或者由探测信号在被测对象中产生某种效应而形成信号。检测探测信号变化方式的称为作用型，检测产生响应而形成信号方式的称为反作用型。雷达与无线电频率范围探测器是作用型实例，而光声效应分析装置与激光分析器是反作用型实例。

被动型传感器只是接收被测对象本身产生的信号，如红外辐射温度计、红外摄像装置等。

3. 传感器的选型原则

（1）根据测量对象与测量环境确定类型　要进行一项具体的测量工作，首先要考虑采用何种原理的传感器，这需要分析多方面的因素之后才能确定。这是因为，即使是测量同一物理量，也有多种原理的传感器可供选用，哪一种原理的传感器更为合适，则需要根据被测量的特点和传感器的使用条件考虑以下一些具体问题：量程的大小；被测位置对传感器体积的要求；测量方式为接触式还是非接触式；信号的引出方法，有线或是非接触测量；传感器的来源，国产还是进口，价格能否承受，还是自行研制。在考虑上述问题之后就能确定选用何种类型的传感器，然后再考虑传感器的具体性能指标。

（2）灵敏度的选择　通常，在传感器的线性范围内，希望传感器的灵敏度越高越好。因为只有灵敏度高时，与被测量变化对应的输出信号的值才比较大，有利于信号处理。但要注意的是，传感器的灵敏度高，与被测量无关的外界噪声也容易混入，也会被放大系统放大，影响测量精度。因此，要求传感器本身应具有较高的信噪比，尽量减少从外界引入的干扰信号。传感器的灵敏度是有方向性的。当被测量是单向量，而且对其方向性要求较高时，则应选择其他方向灵敏度小的传感器；如果被测量是多维向量，则要求传感器的交叉灵敏度越小越好。

（3）频率响应特性　传感器的频率响应特性决定了被测量的频率范围，必须在允许频率范围内保持不失真。实际上传感器的响应总有一定延迟，希望延迟时间越短越好。传感器的频率响应越高，可测的信号频率范围就越宽。在动态测量中，应根据信号的特点（稳态、瞬态、随机等）选择频率响应特性适宜的传感器，以免产生过大的误差。

（4）线性范围　传感器的线性范围是指输出与输入成正比的范围。从理论上讲，在此范围内，灵敏度保持定值。传感器的线性范围越宽，则其量程越大，并且能保证一定的测量精度。在选择传感器时，当传感器的种类确定以后首先要看其量程是否满足要求。但实际上，任何传感器都不能保证绝对的线性，其线性度也是相对的。当所要求测量精度比较低时，在一定的范围内，可将非线性误差较小的传感器近似看作线性的，这会给测量带来极大的方便。

（5）稳定性　传感器使用一段时间后，其性能保持不变的能力称为稳定性。影响传感器长期稳定性的因素除传感器本身结构外，主要是传感器的使用环境。因此，要使传感器具有良好的稳定性，传感器必须要有较强的环境适应能力。

1）在选择传感器之前，应对其使用环境进行调查，并根据具体的使用环境选择合适的传感器，或采取适当的措施，减小环境的影响。

2）传感器的稳定性有定量指标，在超过使用期后，在使用前应重新进行标定，以确定传感器的性能是否发生变化。

3）在某些要求传感器能长期使用而又不能轻易更换或标定的场合，所选用的传感器稳定性要求更严格，要能够经受住长时间的考验。

（6）精度　精度是传感器的一个重要的性能指标，它是关系到整个测量系统测量精度的一个重要环节。传感器的精度越高，其价格越昂贵，因此，传感器的精度只要满足整个测量系统的精度要求就可以，不必选得过高，这样就可以在满足同一测量目的的诸多传感器中选择比较便宜和简单的传感器。如果测量目的是定性分析，选用重复精度高的传感器即可，不宜选用绝对量值精度高的；如果是为了定量分析，必须获得精确的测量值，就需选用准确度等级能满足要求的传感器。对某些特殊使用场合，无法选到合适的传感器，则需自行设计制造传感器。自制传感器的性能应满足使用要求。

2.2.2　传感器的特性与指标

1. 传感器的静态特性

静态特性表示传感器在被测输入量各个值处于稳定状态时的输出-输入关系。研究静态特性主要应考虑其非线性与随机变化等因素。

（1）线性度　传感器的线性度是指传感器的输出与输入间数字关系的线性程度。如果不考虑迟滞和蠕变等因素，传感器的输出与输入关系可用一个多项式表示

$$y = a_0 + a_1 x + a_2 x^2 + \cdots + a_n x^n \tag{2-1}$$

式中　　　　a_0——输入量 a 为零时的输出量；

a_1，a_2，$\cdots$，a_n——非线性项系数。

各项系数不同，决定了特性曲线的具体形式各不相同。

线性度又称非线性，是表征传感器输出-输入校准曲线与所选定的拟合直线（作为工作直线）之间的吻合（或偏离）程度的指标。通常用相对误差来表示线性度或非线性误差，即

$$e_{\mathrm{L}} = \pm \frac{\Delta L_{\max}}{Y_{\mathrm{FS}}} \times 100\% \tag{2-2}$$

式中　$\Delta L_{\max}$——输出平均值与拟合直线间的最大偏差；

Y_{FS}——满量程输出值。

显然，选定的拟合直线不同，计算所得的线性度数值也就不同。选择拟合直线应保证获得尽量小的非线性误差，并考虑使用与计算方便。即使是同类传感器，拟合直线不同，其线性度也是不同的，拟合直线的方法有理论拟合、过零旋转拟合、端点连线拟合、端点平移拟合、最小二乘法拟合等，其中，最小二乘法求取的拟合直线的拟合精度最高。

（2）迟滞　迟滞是反映传感器在正（输入量增大）反（输入量减小）行程过程中输出-输入曲线的不重合程度的指标。通常用正反行程输出的最大差值 $\Delta H_{\max}$ 计算，并以相对值表

示，即

$$e_{\mathrm{H}} = \frac{\Delta H_{\max}}{Y_{\mathrm{FS}}} \times 100\% \tag{2-3}$$

迟滞误差也称为回程误差，回程误差常用绝对误差表示。检测回程误差时，可选择几个测试点。对应于每一个输入信号，传感器正行程及反行程中输出信号差值的最大者即为回程误差。

（3）重复性　重复性是衡量传感器在同一工作条件下，输入量按同一方向作全量程连续多次变动时，所得特性曲线间一致程度的指标，各条特性曲线越靠近，重复性越好。重复性误差反映的是校准数据的离散程度，属随机误差，因此应根据标准偏差计算，即

$$e_{\mathrm{R}} = \pm \frac{1}{2} \times \frac{R_{\max}}{Y_{\mathrm{FS}}} \times 100\% \tag{2-4}$$

（4）灵敏度　灵敏度是传感器输出量增量与被测输入量增量之比。线性传感器的灵敏度就是拟合直线的斜率，即

$$S = \Delta y / \Delta x \tag{2-5}$$

非线性传感器的灵敏度不是常数，应以 $\mathrm{d}y/\mathrm{d}x$ 表示。实际上由于外电源传感器的输出量与供给传感器的电源电压有关，其灵敏度的表达往往需要包含电源电压的因素。如某位移传感器，当电源电压为 1V 时，每 1mm 位移变化引起输出电压变化 100mV，其灵敏度可表示为 100mV/mm·V。

（5）分辨力　分辨力是传感器在规定测量范围内所能检测出的被测输入量的最小变化量。有时用该值相对满量程输入值的百分数表示，则称为分辨率。

（6）阈值　阈值是能使传感器输出端产生可测变化量的最小被测输入量值，即零位附近的分辨力。有的传感器在零位附近有严重的非线性，形成所谓"死区"，则将死区的大小作为阈值；更多情况下阈值主要取决于传感器的噪声大小，因而有的传感器只给出噪声电平。

（7）稳定性　稳定性又称长期稳定性，即传感器在相当长时间内保持其性能的能力。稳定性一般以室温条件下经过规定的时间间隔后，传感器的输出与起始标定时的输出之间的差异来表示，有时也用标定的有效期来表示。

（8）漂移　漂移指在一定时间间隔内，传感器输出量存在着与被测输入量无关的、不需要的变化。漂移包括零点漂移与灵敏度漂移。零点漂移或灵敏度漂移又可分为时间漂移（时漂）或温度漂移（温漂）。时漂是指在规定条件下，零点或灵敏度随时间的缓慢变化；温漂为周围温度变化引起的零点或灵敏度漂移。

（9）静态误差（精度）　这是评价传感器静态性能的综合性指标，指传感器在满量程内任意点输出值相对其理论值的可能偏离（逼近）程度。它表示采用该传感器进行静态测量时所得数值的不确定度。

若传感器是由若干个环节组成的开环系统，设第 j 个环节的灵敏度为 K_j，第 i 个环节的绝对误差和相对误差分别为 Δy_i 和 e_i，则传感器的总绝对误差 Δy_{c} 和相对误差 e_{c} 分别为

$$\Delta y_{\mathrm{c}} = \sum_{i=1}^{n} \left(\prod_{j=i+1}^{n} K_j \right) \Delta y_i \tag{2-6}$$

$$e_{\mathrm{c}} = \sum_{i=1}^{n} e_i \tag{2-7}$$

可见，为了减小传感器的总误差，应该设法减小各组成环节的误差。

2. 传感器的动态特性

动态特性是反映传感器对随时间变化的输入量的响应特性。在测试传感器动态量时，希望它的输出量随时间变化的关系与输入量随时间变化的关系尽可能一致；但实际并不尽然，因此需要研究它的动态特性——分析其动态误差。它包括两部分：一部分是输出量达到稳定状态以后与理想输出量之间的差别；另外一部分是，当输入量发生跃变时，输出量由一个稳态到另一个稳态之间的过渡状态中的误差。由于实际测试时输入量是千变万化的，且往往事先并不知道，故工程上通常采用输入"标准"信号函数的方法进行分析，并据此确立若干评定动态特性的指标。常用的"标准"信号函数是正弦函数与阶跃函数，因为它们既便于求解又容易实现。

（1）瞬态响应特性 传感器的瞬态响应是时间响应。在研究传感器的动态特性时，有时需要从时域中对传感器的响应和过渡过程进行分析。这种分析方法是时域分析法，传感器对所加激励信号的响应称为瞬态响应。常用激励信号有阶跃函数、斜坡函数、脉冲函数等。下面以传感器的单位阶跃响应来评价传感器的动态性能指标。

1）一阶传感器的单位阶跃响应。在工程上，一般将下式：

$$\tau\frac{\mathrm{d}y(t)}{\mathrm{d}t}+y(t)=x(t) \tag{2-8}$$

视为一阶传感器单位阶跃响应的通式。式中，$x(t)$、$y(t)$ 分别为传感器的输入量和输出量，均是时间的函数；τ表征传感器的时间常数，具有时间"秒"的量纲。

$$H(s)=\frac{Y(s)}{X(s)}=\frac{1}{\tau s+1} \tag{2-9}$$

对初始状态为零的传感器，当输入一个单位阶跃信号

$$x(t)=\begin{cases}0 & t\leqslant 0\\ 1 & t>0\end{cases}$$

时，由于 $x(t)=1(t)$，$x(s)=\dfrac{1}{s}$，传感器输出的拉普拉斯变换为

$$Y(s)=H(s)X(s)=\frac{1}{\tau s+1}\frac{1}{s} \tag{2-10}$$

一阶传感器的单位阶跃响应信号为

$$y(t)=1-\mathrm{e}^{-\frac{t}{\tau}} \tag{2-11}$$

相应的响应曲线如图 2-21 所示。

由图 2-21 可见，传感器存在惯性，它的输出不能立即复现输入信号，而是从零开始，按指数规律上升，最终达到稳定值。理论上传感器的响应只在 t 趋于无穷大时才达到稳态值，但实际上当 $t=4\tau$ 时其输出达到稳态值的 98.2%，可以认为已达到稳态。τ越小，响应曲线越接近于输入阶跃曲线，因此，τ值是一阶传感器重要的性能参数。

2）二阶传感器的单位阶跃响应。二阶传感器的单位阶跃响应的通式为

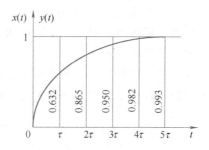

图 2-21 一阶传感器单位阶跃响应

$$\frac{\mathrm{d}^2 y(t)}{\mathrm{d}t^2} = 2\xi\omega_\mathrm{n} \frac{\mathrm{d}y(t)}{\mathrm{d}t^2} + \xi\omega_\mathrm{n}^2 y(t) = \omega_\mathrm{n}^2 x(t) \tag{2-12}$$

式中　ω_n——传感器的固有频率；

ξ——传感器的阻尼比。

二阶传感器的传递函数为

$$H(s) = \frac{\omega_\mathrm{n}^2}{s^2 + 2\xi\omega_\mathrm{n}s + \omega_\mathrm{n}^2} \tag{2-13}$$

传感器输出的拉普拉斯变换为

$$H(s) = H(s)X(s) = \frac{\omega_\mathrm{n}^2}{s(s^2 + 2\xi\omega_\mathrm{n}s + \omega_\mathrm{n}^2)} \tag{2-14}$$

二阶传感器对阶跃信号的响应很大程度上取决于阻尼比 ξ 和固有频率 ω_n。固有频率 ω_n 由传感器主要结构参数所决定，ω_n 越高，传感器的响应越快。当 ω_n 为常数时，传感器的响应取决于阻尼比 ξ。图 2-22 为二阶传感器的单位阶跃响应曲线。

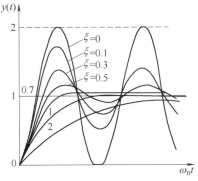

图 2-22　二阶传感器单位阶跃响应

阻尼比 ξ 直接影响超调量和振荡次数。$\xi = 0$ 时，为临界阻尼，超调量为 100%，产生等幅振荡，达不到稳定。$\xi > 1$ 时，为过阻尼，无超调也无振荡，但达到稳态所需的时间较长。$\xi < 1$ 时，为欠阻尼，衰减振荡，达到稳态值所需时间随 ξ 的减小而加长。$\xi = 1$ 时，响应时间最短。但实际使用中按稍欠阻尼调整，ξ 取 0.7～0.8 为最好。

3）瞬态响应特性指标。

① 时间常数 τ：一阶传感器的时间常数 τ 越小，响应速度越快。

② 延迟时间：传感器输出达到稳态值的 50% 所需时间。

③ 上升时间：传感器输出达到稳态值的 90% 所需时间。

④ 超调量：传感器输出超过稳态值的最大值。

（2）频率响应特性　传感器对正弦输入信号的响应特性，称为频率响应特性。频率响应法是从传感器的频率特性出发研究传感器的动态特性。

1）一阶传感器的频率响应。将一阶传感器的传递函数中的 s 用 $\mathrm{j}\omega$ 代替后，即可得到频率特性表达式，即

$$H(\mathrm{j}\omega) = \frac{1}{\tau(\mathrm{j}\omega) + 1} \tag{2-15}$$

幅频特性为

$$A(\omega) = \frac{1}{\sqrt{(\omega\tau)^2 + 1}} \tag{2-16}$$

相频特性为

$$\varPhi(\omega) = -\arctan(\omega\tau) \tag{2-17}$$

图 2-23 为一阶传感器的频率响应特性曲线。

从式（2-16）、式（2-17）和图 2-21 可以看出，时间常数 τ 越小，频率响应特性越好。

当 $\omega\tau \ll 1$ 时，$A(\omega) \approx 1$，$\Phi(\omega) \approx 0$，表明传感器的输出与输入为线性关系，且相位差也很小，输出 $y(t)$ 比较真实地反映输入 $x(t)$ 的变化规律，因此减小 τ 可改善传感器的频率特性。

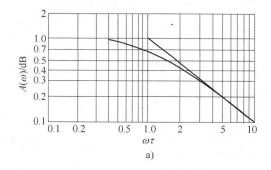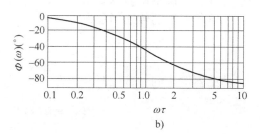

图 2-23　一阶传感器频率响应特性
a）幅频特性　b）相频特性

2）二阶传感器的频率响应。二阶传感器的频率特性表达式、幅频特性、相频特性分别为

$$H(j\omega) = \frac{1}{1-\left(\dfrac{\omega}{\omega_0}\right)^2 + 2j\xi\dfrac{\omega}{\omega_0}} \tag{2-18}$$

$$A(\omega) = \frac{1}{\sqrt{\left[1-\left(\dfrac{\omega}{\omega_0}\right)^2\right]^2 + \left(2\xi\dfrac{\omega}{\omega_0}\right)^2}} \tag{2-19}$$

$$\Phi(\omega) = -\arctan(\omega\tau)\frac{2\xi\dfrac{\omega}{\omega_0}}{1-\left(\dfrac{\omega}{\omega_0}\right)^2} \tag{2-20}$$

图 2-24 为二阶传感器的频率响应特性曲线。

从式（2-19）、式（2-20）和图 2-24 可以看出，传感器的频率响应特性好坏主要取决于传感器的固有频率 ω_n 和阻尼比 ξ。当 $\xi < 1$，$\omega_n \gg \omega$ 时，$A(\omega) \approx 1$，$\Phi(\omega)$ 很小，此时，传感器的输出 $y(t)$ 再现了输入 $x(t)$ 的波形。通常固有频率 ω_n 至少应大于被测信号频率 ω 的 3~5 倍，即 $\omega_n \geqslant (3\sim5)\omega_0$。

为了减小动态误差和扩大频率响应范围，一般是提高传感器固有频率 ω_n。而固有频率 ω_n 与传感器运动部件质量 m 和弹性敏感元件的刚度 k 有关，即 $\omega_n = (k/m)^{1/2}$。增大刚度 k 和减小质量 m 可提高固有频率，但刚度 k 增加，会使传感器灵敏度降低。所以在实际中，应综合考虑各种因素来确定传感器的各个特征参数。

3）频率响应特性指标。

① 频带。传感器增益保持在一定值内的频率范围

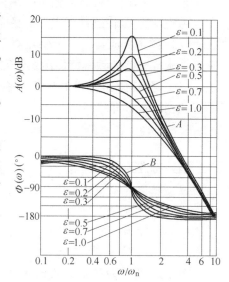

图 2-24　二阶传感器频率响应特性

为传感器频带或通频带，对应有上、下截止频率。

② 时间常数 τ。用时间常数 τ 来表征一阶传感器的动态特性。τ 越小，频带越宽。

③ 固有频率 ω_n。二阶传感器的固有频率 ω_n 表征了其动态特性。

2.2.3　不同种类传感器的工作原理及特点

1. 电阻式传感器

电阻式传感器（Resistance Type Transducer）是把位移、力、压力、加速度、扭矩等非电物理量转换为电阻值变化的传感器。它主要包括电阻应变式传感器、电位器式传感器和锰铜压阻传感器等。电阻式传感器与相应的测量电路组成的测力、测压、称重、测位移、加速度、扭矩等测量仪表是冶金、电力、交通、石化、商业、生物医学和国防等部门进行自动称重、过程检测和实现生产过程自动化不可缺少的工具之一。

（1）结构　电阻式传感器由电阻元件及电刷（活动触点）两个基本部分组成。电刷相对于电阻元件的运动可以是直线运动、转动或螺旋运动，因而可以将直线位移或角位移转换为与其成一定函数关系的电阻或电压输出。电阻元件的结构与材料有：

1）电阻丝：康铜丝、铂铱合金及卡玛丝等。

2）电刷：常用银、铂铱、铂铑等金属。

3）骨架：常用材料为陶瓷、酚醛树脂、夹布胶木等绝缘材料，骨架的结构形式很多，常用矩形。

（2）应用领域　电阻式传感器与相应的测量电路组成的测力、测压、称重、测位移、加速度、扭矩等测量仪表是冶金、电力、交通、石化、商业、生物医学和国防等部门进行自动称重、过程检测和实现生产过程自动化不可缺少的工具之一。

（3）优缺点　电阻式传感器具有结构简单、输出精度较高、线性和稳定性好等特点。但是它受环境条件如温度等影响较大，有分辨率不高等不足之处。

（4）分类　电位器式传感器是一种把机械的线位移或角位移输入量转换为和它成一定函数关系的电阻或电压输出的传感元件。应变片式传感器的工作原理是基于电阻应变效应，即在导体产生机械变形时，它的电阻值相应发生变化。气敏和湿敏电阻传感器是一种把气体中的特定成分或水蒸气检测出来造成半导体阻值变化的电阻传感器。

2. 电感式传感器

电感式传感器（Inductance Type Transducer）是利用电磁感应把被测的物理量如位移、压力、流量、振动等转换成线圈的自感系数和互感系数的变化，再由电路转换为电压或电流的变化量输出，实现非电量到电量的转换。电感式传感器种类很多，常见的有自感式（变磁阻式传感器）、互感式（差动变压器式传感器）和涡流式（电涡流式传感器）三种。

（1）结构　由铁心和线圈构成的将直线或角位移的变化转换为线圈电感量变化的传感器，又称电感式位移传感器。这种传感器的线圈匝数和材料磁导率都是一定的，其电感量的变化是由于位移输入量导致线圈磁路的几何尺寸变化而引起的。当把线圈接入测量电路并接通激励电源时，就可获得正比于位移输入量的电压或电流输出。图 2-25 所示为自感式传感器结构图。

（2）应用　电感式传感器具有结构简单、动态响应快、易实现非接触测量等突出的优点，特别适合用于酸类、碱类、氯化物、有机溶剂、液态 CO_2、氨水、PVC 粉料、灰料、油水界面等液位测量，目前在冶金、石油、化工、煤炭、水泥、粮食等行业中应用广泛。

（3）特点

1）结构简单，传感器无活动电触点，因此工作可靠寿命长。

2）灵敏度和分辨力高，能测出 $0.01\mu m$ 的位移变化。传感器的输出信号强，电压灵敏度高，一般每毫米的位移可达数百毫伏的输出。

3）线性度和重复性都比较好，在一定位移范围（几十微米至数毫米）内，传感器非线性误差可达 $0.05\% \sim 0.1\%$ 。同时，

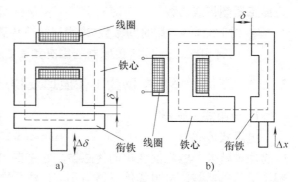

图 2-25 自感式传感器结构图
a）变间隙型电感传感器的结构
b）变面积型电感传感器的结构

这种传感器能实现信息的远距离传输、记录、显示和控制，它在工业自动控制系统中被广泛采用。

4）但不足的是，它有频率响应较低、不宜快速动态测控等缺点。

3. 电容式传感器

电容式传感器（Capacitive Type Transducer）是把被测的机械量，如位移、压力等转换为电容量变化的传感器。它的敏感部分就是具有可变参数的电容器，其最常用的形式是由两个平行电极组成、极间以空气为介质的电容器。若忽略边缘效应，平板电容器的电容为 $\varepsilon S/d$，式中 ε 为极间介质的介电常数；S 为两极板互相覆盖的有效面积；d 为两电极之间的距离。d、S、ε 三个参数中任一个的变化都将引起电容量的变化，并可用于测量。因此电容式传感器可分为极距变化型、面积变化型、介质变化型三类。极距变化型一般用来测量微小的线位移或由于力、压力、振动等引起的极距变化（见电容式压力传感器）。面积变化型一般用于测量角位移或较大的线位移。介质变化型常用于物位测量和各种介质的温度、密度、湿度的测定。

（1）工作原理 电容式传感器也常常被人们称为电容式物位计，电容式物位计的电容检测元件是根据圆筒形电容器原理进行工作的，电容器由两个绝缘的同轴圆柱极板内电极和外电极组成，在两筒之间充以介电常数为 e 的电解质时，两圆筒间的电容量为 $C = \dfrac{2\pi e L}{\ln \dfrac{D}{d}}$，式

中 L 为两筒相互重合部分的长度；D 为外筒电极的直径；d 为内筒电极的直径；e 为中间介质的介电常数。在实际测量中 D、d、e 是基本不变的，故测得 C 即可知道液位的高低，这也是电容式传感器具有使用方便、结构简单、灵敏度高、价格便宜等特点的原因之一。

（2）特点

1）高阻抗、小功率，因而所需的输入力很小，输入能量也很低。电容式传感器因带电极板间静电引力极小（约几个 10^{-5} N），因此所需输入能量极小，所以特别适宜用来解决输入能量低的测量问题，例如测量极低的压力、力和很小的加速度、位移等，可以做得很灵敏，分辨力非常高，能感受 $0.001\mu m$ 甚至更小的位移。

2）温度稳定性好。传感器的电容值一般与电极材料无关，有利于选择温度系数低的材

料，又因本身发热极小，对稳定性影响甚微。

3）结构简单，适应性强，待测体是导体或半导体均可，可在恶劣环境中工作。电容式传感器结构简单，易于制造，可做得非常小巧，以实现某些特殊的测量；能工作在高低温、强辐射及强磁场等恶劣的环境中，也能对带有磁性的工件进行测量。

4）动态响应好。由于极板间的静电引力很小，可动部分做得很小很薄，因此其固有频率很高，动态响应时间短，能在几兆赫兹的频率下工作，特别适合动态测量，如测量振动、瞬时压力等。

5）可以实现非接触测量，具有平均效应。例如非接触测量回转轴的振动或偏心、小型滚珠轴承的径向间隙等。当采用非接触测量时，电容式传感器具有平均效应，可以减小工作表面粗糙等对测量的影响。

6）不足之处：输出阻抗高，负载能力差；寄生电容影响大。

4. 压电式传感器

压电式传感器是基于压电效应的传感器，是一种自发电式和机电转换式传感器。它的敏感元件由压电材料制成，压电材料受力后表面产生电荷，此电荷经电荷放大器和测量电路放大和变换阻抗后就成为正比于所受外力的电量输出。压电式传感器用于测量力和能变换为力的非电物理量。

它的优点是频带宽、灵敏度高、信噪比高、结构简单、工作可靠和质量轻等。缺点是某些压电材料需要采取防潮措施，而且输出的直流响应差，需要采用高输入阻抗电路或电荷放大器来克服这一缺陷。

（1）主要参数

1）压电常数是衡量材料压电效应强弱的参数，它直接关系到压电输出的灵敏度。

2）压电材料的弹性常数、刚度决定着压电器件的固有频率和动态特性。

3）对于一定形状、尺寸的压电元件，其固有电容与介电常数有关；而固有电容又影响着压电传感器的频率下限。

4）在压电效应中，机械耦合系数等于转换输出能量（如电能）与输入的能量（如机械能）之比的二次方根；它是衡量压电材料机电能量转换效率的一个重要参数。

5）压电材料的绝缘电阻将减少电荷泄漏，从而改善压电传感器的低频特性。

6）压电材料开始丧失压电特性的温度称为居里点温度。

（2）压电效应　某些物质，当沿着一定方向对其加力而使其变形时，在一定表面上将产生电荷，当外力去掉后，又重新回到不带电状态，这种现象称为压电效应。如果在这些物质的极化方向施加电场，这些物质就在一定方向上产生机械变形或机械应力，当外电场撤去时，这些变形或应力也随之消失，这种现象称为逆压电效应，或称为电致伸缩效应。

（3）压电材料　明显呈现压电效应的敏感功能材料叫作压电材料。压电单晶体，如石英、酒石酸钾钠等；多晶压电陶瓷，如钛酸钡、锆钛酸铅、铌镁酸铅等，又称为压电陶瓷。此外，聚偏二氟乙烯（PVDF）作为一种新型的高分子物性型传感材料得到了广泛的应用。

5. 磁电式传感器

磁电式传感器是利用电磁感应原理，将输入运动速度变换成感应电动势输出的传感器。它不需要辅助电源，就能把被测对象的机械能转换成易于测量的电信号，是一种无源传感器。

（1）原理结构　磁电式传感器有时也称作电动式或感应式传感器，它只适合进行动态测量。由于它有较大的输出功率，故配用电路较简单；零位及性能稳定；工作频带一般为 10～1000Hz。磁电式传感器具有双向转换特性，利用其逆转换效应可构成力（矩）发生器和电磁激振器等。根据电磁感应定律，当匝线圈在均恒磁场内运动时，设穿过线圈的磁通为 Φ，则线圈内的感应电动势 e 与磁通变化率 $d\Phi/dt$ 有如下关系：

$$e = -Nd\Phi/dt$$

根据这一原理，可以设计成变磁通式和恒磁通式两种结构形式，构成测量线速度或角速度的磁电式传感器。

1）图 2-26 所示为用于旋转角速度及振动速度测量的变磁通式结构。

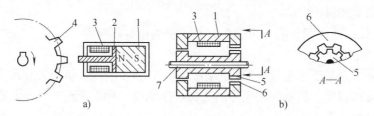

图 2-26　变磁通式磁电传感器结构图

a）旋转型（变磁）　b）平移型（变气隙）

1—永久磁铁　2—软磁铁　3—感应线圈　4—测量齿轮　5—内齿轮　6—外齿轮　7—转轴

其中永久磁铁 1（俗称"磁钢"）与感应线圈 3 均固定，动铁心（衔铁）的运动使气隙和磁路磁阻变化，引起磁通变化而在线圈中产生感应电动势，因此又称变磁阻式结构。

2）在恒磁通式结构中，工作气隙中的磁通恒定，感应电动势是由于永久磁铁与线圈之间有相对运动——线圈切割磁力线而产生。这类结构有两种，如图 2-27 所示。

图 2-27 中的磁路系统由圆柱形永久磁铁和极掌、圆筒形磁轭及空气隙组成。气隙中的磁场均匀分布，测量线圈绕在筒形骨架上，经膜片弹簧悬挂于气隙磁场中。

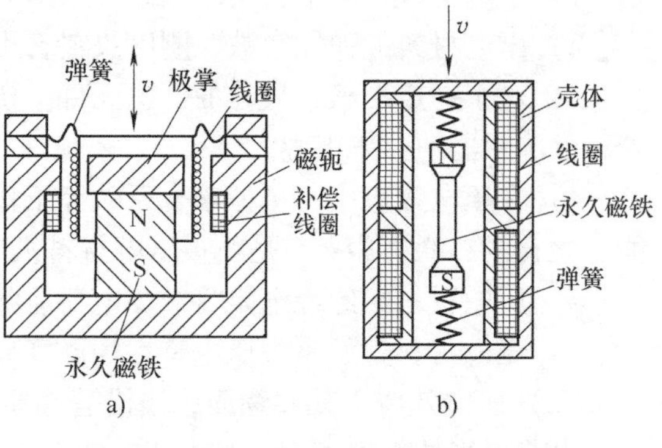

当线圈与磁铁间有相对运动时，线圈中产生的感应电动势 e 为

$$e = Blv \qquad (2-21)$$

图 2-27　恒磁通式磁电传感器结构图

a）动圈式　b）动铁式

式中　B——气隙磁通密度（T）；

l——气隙磁场中有效匝数为 N 的线圈总长度（m），$l = l_a N$（l_a 为每匝线圈的平均长度）；

v——线圈与磁铁沿轴线方向的相对运动速度（$m \cdot s^{-1}$）。

当传感器的结构确定后，式（2-21）中 B、l_a、N 都为常数，感应电动势 e 仅与相对速度 v 有关。传感器的灵敏度为

$$S = e/v = Bl \qquad (2-22)$$

为提高灵敏度，应选用具有磁能积较大的永久磁铁和尽量小的气隙长度，以提高气隙磁通密度 B；增加 l_a 和 N 也能提高灵敏度，但它们受到体积和重量、内电阻及工作频率等因素

的限制。

（2）设计原则　为了保证传感器输出的线性度，要保证线圈始终在均匀磁场内运动。磁电感应式传感器由两个基本元件组成：一个是产生恒定直流磁场的磁路系统，为了减小传感器体积，一般采用永久磁铁；另一个是线圈，由它与磁场中的磁通交链产生感应电动势。感应电动势与磁通变化率或者线圈与磁场相对运动速度成正比，因此必须使它们之间有一个相对运动。作为运动部件，可以是线圈，也可以是永久磁铁。所以，必须合理地选择它们的结构形式、材料和结构尺寸，以满足传感器的基本性能要求。

对于惯性式传感器，具体计算时，一般是先根据使用场合、使用对象确定结构形式和体积大小（即轮廓尺寸），然后根据结构大小初步确定磁路系统，计算磁路以便决定磁感应强度 B。这样，由技术指标给定的灵敏度 S 值以及确定的 B 值，由 $S = e/v = Bl_aN$ 即可求得线圈的匝数 N。因为在确定磁路系统时，气隙的尺寸已经确定了，线圈的尺寸也已确定，亦即 l 已经确定。根据这些参数，便可初步确定线圈导线的直径 d。从提高灵敏度的角度来看，B 值大，S 值也大，因此磁路结构尺寸应大些。只要结构尺寸允许，磁铁可尽量大些，并选择 B 值大的永磁材料，匝数 N 也可取得大些。当然具体计算时导线的增加也是受其他条件制约的，各参数的选择要统一考虑，尽量从优。

6. 霍尔传感器

霍尔传感器是根据霍尔效应制作的一种磁场传感器。霍尔效应是磁电效应的一种，这一现象是霍尔（A. H. Hall，1855—1938）于 1879 年在研究金属的导电机构时发现的。后来发现半导体、导电流体等也有这种效应，而半导体的霍尔效应比金属强得多，利用该现象制成的各种霍尔元件，广泛地应用于工业自动化技术、检测技术及信息处理等方面。霍尔效应是研究半导体材料性能的基本方法。通过霍尔效应实验测定的霍尔系数，能够判断半导体材料的导电类型、载流子浓度及载流子迁移率等重要参数。

（1）原理　由霍尔效应的原理（图 2-28）可知，霍尔电动势的大小取决于：R_H 为霍尔常数，它与半导体材质有关；I 为霍尔元件的偏置电流；B 为磁场强度；d 为半导体材料的厚度。对于一个给定的霍尔元件，当偏置电流 I 固定时，R_H 将完全取决于被测的磁场强度 B。

一个霍尔元件一般有四个引出端子，其中两个是霍尔元件的偏置电流 I 的输入端，另两个是霍尔电压的输出端。如果两输出端构成外回路，就会产生霍尔电流。一般来说，偏置电流的设定通常由外部的基准电压源给出；若精度要求高，则基准电压源均用恒流源

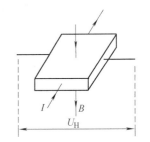

图 2-28　霍尔效应原理图

取代。为了达到高的灵敏度，有的霍尔元件的传感面上装有高磁导率的坡莫合金，这类传感器的霍尔电动势较大，但在 0.05T 左右时会出现饱和，仅适于在低量限、小量程下使用。

在半导体薄片两端通以控制电流 I，并在薄片的垂直方向施加磁感应强度为 B 的匀强磁场，则在垂直于电流和磁场的方向上，将产生电动势差为 U_H 的霍尔电压。

人们根据霍尔效应，用半导体材料制成的元件叫作霍尔元件。它具有对磁场敏感、结构简单、体积小、频率响应宽、输出电压变化大和使用寿命长等优点，因此，在测量、自动化、计算机和信息技术等领域得到广泛的应用。

（2）分类　霍尔传感器分为线性型霍尔传感器和开关型霍尔传感器两种。开关型霍尔

传感器由稳压器、霍尔元件、差分放大器、施密特触发器和输出级组成，它输出数字量。开关型霍尔传感器还有一种特殊的形式，称为锁键型霍尔传感器。线性型霍尔传感器由霍尔元件、线性放大器和射极跟随器组成，它输出模拟量。线性型霍尔传感器又可分为开环式和闭环式。闭环式霍尔传感器又称零磁通霍尔传感器。线性型霍尔传感器主要用于交直流电流和电压测量。

1）开环式电流传感器。由于通电螺线管内部存在磁场，其大小与导线中的电流成正比，故可以利用霍尔传感器测量出磁场，从而确定导线中电流的大小。利用这一原理可以设计制作成霍尔电流传感器，其优点是不与被测电路发生电接触，不影响被测电路，不消耗被测电源的功率，特别适合于大电流传感。

2）闭环式电流传感器。磁平衡式电流传感器也叫霍尔闭环电流传感器，也称补偿式传感器，即主回路被测电流 I_p 在聚磁环处所产生的磁场通过一个二次线圈，电流所产生的磁场得到补偿，从而使霍尔元件处于检测零磁通的工作状态。

（3）用途 霍尔元件具有许多优点，它们的结构牢固，体积小，质量轻，寿命长，安装方便，功耗小，频率高（可达1MHz），耐振动，不怕灰尘、油污、水汽及盐雾等的污染或腐蚀。霍尔线性元件的精度高、线性度好；霍尔开关元件无触点、无磨损、输出波形清晰、无抖动、无回跳、位置重复精度高（可达 μm 级）。采用了各种补偿和保护措施的霍尔元件的工作温度范围宽，可达 $-55 \sim 150$℃。按被检测的对象的性质可将它们的应用分为直接应用和间接应用。前者是直接检测出受检测对象本身的磁场或磁特性，后者是检测受检对象上人为设置的磁场，用这个磁场作为被检测的信息的载体，通过它，将许多非电、非磁的物理量，例如力、力矩、压力、应力、位置、位移、速度、加速度、角度、角速度、转数、转速以及工作状态发生变化的时间等，转变成电量来进行检测和控制。

1）位移测量。两块永久磁铁同极性相对放置，将线性型霍尔传感器置于中间，其磁感应强度为零，这个点可作为位移的零点，当霍尔传感器在 Z 轴上作 ΔZ 位移时，传感器有一个电压输出，电压大小与位移大小成正比。

2）力测量。如果把拉力、压力等参数变成位移，便可测出拉力及压力的大小，按这一原理可制成力传感器。

3）角速度测量。在非磁性材料的圆盘边上黏一块磁钢，霍尔传感器放在靠近圆盘边缘处，圆盘旋转一周，霍尔传感器就输出一个脉冲，从而可测出转数（计数器），若接入频率计，便可测出转速。

4）线速度测量。如果把开关型霍尔传感器按预定位置有规律地布置在轨道上，当装在运动车辆上的永磁体经过它时，可以从测量电路上测得脉冲信号。根据脉冲信号的分布可以测出车辆的运动速度。

7. **热电式传感器**

热电式传感器是将温度变化转换为电量变化的装置。它是利用某些材料或元件的性能随温度变化的特性来进行测量的。例如将温度变化转换为电阻、热电动势、热膨胀、磁导率等的变化，再通过适当的测量电路达到检测温度的目的。把温度变化转换为电动势的热电式传感器称为热电偶；把温度变化转换为电阻值的热电式传感器称为热电阻。

（1）特点

1）热电偶的特点：

测量精度高：因热电偶直接与被测对象接触，不受中间介质的影响。

测量范围广：常用的热电偶从 −50 ~ +1600℃ 均可连续测量，某些特殊热电偶最低可测到 −269℃（如金铁镍铬），最高可达 +2800℃（如钨-铼）。

构造简单，使用方便：热电偶通常是由两种不同的金属丝组成的，构造十分简单，而且不受金属丝直径和长度的限制，外有保护套管，用起来非常方便。

2）热电阻的特点：信号输出较大，易于测量；热电阻要借助外加电源，而热电偶可自身产生电动势；热电阻的测温反应速度慢；同类材料制成的热电阻不如热电偶测温上限高。

（2）工作原理　热电偶是利用热电效应制成的温度传感器。所谓热电效应，就是两种不同材料的导体（或半导体）组成一个闭合回路，当两接点温度 T 和 T_0 不同时，则在该回路中就会产生电动势的现象。由热电效应产生的电动势包括接触电动势和温差电动势。接触电动势是由于两种不同导体的自由电子密度不同而在接触处形成的电动势，其数值取决于两种不同导体的材料特性和接触点的温度。温差电动势是同一导体的两端因其温度不同而产生的一种电动势，其产生的机理为：高温端的电子能量要比低温端的电子能量大，从高温端跑到低温端的电子数比从低温端跑到高温端的要多，结果高温端因失去电子而带正电，低温端因获得多余的电子而带负电，在导体两端便形成温差电动势。

热电阻传感器是利用导体的电阻值随温度变化而变化的原理进行测温的。热电阻广泛用来测量 −200 ~ 850℃ 范围内的温度，少数情况下，低温可测量至 1K（−272℃），高温达 1000℃。标准铂电阻温度计的精确度高，可作为复现国际温标的标准仪器。

（3）常用热电偶

1）铂铑-铂热电偶：S 型热电偶，特点：精度高，标准热电偶，但热电动势小（<1300℃）。

2）镍铬-镍硅热电偶：K 型热电偶，特点：线性好，价格低，最常用，但精度偏低（−50 ~ 1300℃）。

3）镍铬-考铜热电偶：E 型热电偶，特点：灵敏度高，价格低，常温测量，但非均匀线性（−50 ~ 500℃）。

4）铂铑 30-铂铑 6 热电偶：B 型热电偶，特点：精度高，冷端热电动势小，40℃ 下可不修正，但价格高，输出小。

5）铜-康铜热电偶：T 型热电偶，特点：低温稳定性好，但复制性差。

8. 光电式传感器

光电式传感器（Photoelectric Transducer）是基于光电效应的传感器，在受到可见光照射后即产生光电效应，将光信号转换成电信号输出。它除了能测量发光强度之外，还能利用光线的透射、遮挡、反射、干涉等测量多种物理量，如尺寸、位移、速度、温度等，因而是一种应用极广泛的重要敏感器件。光电测量时不与被测对象直接接触，光束的质量又近似为零，在测量中不存在摩擦和对被测对象几乎不施加压力，因此在许多应用场合，光电式传感器比其他传感器有明显的优越性。其缺点是在某些应用方面，光学器件和电子器件价格较贵，并且对测量的环境条件要求较高。

光电式传感器有光电管、光电倍增管、光敏电阻、光敏二极管和光敏晶体管、光电池、半导体色敏传感器、光电闸流晶体管、热释电传感器、光耦合器件等光电元件。另外，光电式传感器还可分为模拟式光电式传感器和脉冲式光电式传感器两类。

2.2.4 智能传感器及其应用

智能传感器是为了代替人和生物体的感觉器官并扩大其功能而设计制作出来的一种系统。人和生物体的感觉有两个基本功能：一是检测对象的有无或检测变换对象发生的信号；二是进行判断、推理、鉴别对象的状态。前者称为"感知"，而后者称为"认知"。一般传感器只有对某一物体精确"感知"的本领，而不具有"认识"（智慧）的能力。智能传感器则可将"感知"和"认知"结合起来，起到人的"五感"功能的作用。

美国宇航局 Langleg 研究中心的 Breckenridgc 和 Husson 等人认为，智能传感器需要具备下列条件：

1）由传感器本身消除异常值和例外值，提供比传统传感器更全面、更真实的信息。

2）具有信号处理（例如包括温度补偿、线性化等）功能。

3）随机整定和自适应。

4）具有一定程度的存储、识别和自诊断功能。

5）内含特定算法并可根据需要改变。

这就说明了智能传感器的主要特征就是敏感技术和信息处理技术的结合。也就是说，智能传感器必须具备"感知"和"认知"的能力。如要具有信息处理能力，就必然要使用计算机技术；考虑到智能传感器的体积问题，自然只能使用微处理器等。其结构示意图如图 2-29 所示。

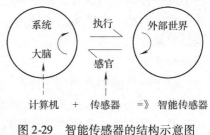

图 2-29　智能传感器的结构示意图

智能传感器是一个或多个敏感元件、微处理器、外围控制及通信电路、智能软件系统相结合的产物。它内嵌了标准的通信协议和标准的数字接口，使传感器之间或传感器与外围设备之间可轻而易举组网。图 2-30 给出了智能加速度传感器的结构示意图。

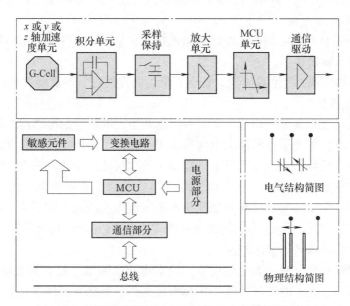

图 2-30　智能传感器举例（以智能加速度传感器为例）

1. 智能传感器的产生缘由

（1）技术的发展与进步　自 2000 年以后，随着微处理器在可靠性和超小体积化等方面有了长足的进步，以及微电子技术的成熟，使得在传统传感器中嵌入智能控制单元成为现实，也给传感器的微型化提供了基础。

（2）传统方式的局限性　目前传统的传感器技术发展主要集中在解决准确度、稳定性和可靠性等方面，所进行的研发工作主要为开发新敏感材料，改进生产工艺，改善线性、温度、稳定性补偿电路等，但这些工作的收效不大，即使能够达到更高的要求，其成本的压力也很大。另外，随着现代自动化系统的发展，对传感器的精度、智能水平、远程可维护性、准确度、稳定性、可靠性和互换性等要求更高。鉴于以上的因素，催生了智能化传感器的出现。

2. 智能传感器的简单划分

智能传感器的简单分类见表 2-2。

表 2-2　智能传感器的简单分类

按工作原理分类	物 理 型	化 学 型		生 物 型		
按被测量分类	压力	物位	浓度	加速度	速度	位移
	温度	流量	转速	力矩	湿度	黏度
按材料分类	半导体硅材料	石英晶体材料	功能陶瓷材料	离子敏传感器	生物活性物质	
按智能化分类	传统的电压型	传统的电容型	传统的电阻型	传感器 + 交换器	敏感元件 + MCU + 智能接口	

3. 智能传感器的应用价值

1）使应用设计更简单。面向对象的智能传感器使应用设计工程师完全可以将工作的重心放在系统的应用层面，如控制规则、用户界面、人机工程等方面，而不必对传感器本身进行研究，只需将其作为系统的简单部件来使用即可。

2）使应用成本更低。在完善的技术支持工具的辅助下，使应用客户在研发、采购、生产等方面更加节约成本。

3）通过使用传感器的标准协议接口，传感器工厂（含敏感元件）可以将精力集中在传感器侧的品质保障方面，不用像以前那样必须为客户提供大量的辅助设计。任何满足此接口协议的传感器都可以迅速地加入到客户的设计中。

4）客户可以采用平台技术，进行跨行业应用。如采用智能甲烷气体传感器可以迅速设计更加可靠、成本更低的煤矿用安全产品。

5）搭建复合传感。基于通用的接口规范，传感器工厂或应用商可以轻易地完成新型的复合传感器设计、生产和应用。

6）通用的数据接口允许第三方客户开发标准的支持设备，帮助客户或传感器工厂完成新产品的设计。

4. 智能传感器的应用

随着社会的进步、科技的发展，智能传感器在各行各业的应用日益显著。其应用领域相当广泛，如图 2-31 所示。智能传感器的商用产品及其应用实例如图 2-32、图 2-33 所示。

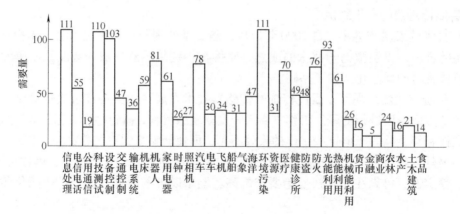

图 2-31　智能传感器的应用领域

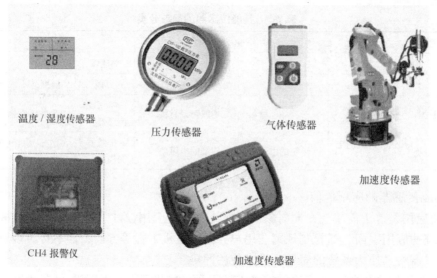

温度 / 湿度传感器　　　压力传感器　　　气体传感器　　加速度传感器

CH4 报警仪　　　　加速度传感器

图 2-32　智能传感器的商用产品

图 2-33　中南大学立/卧式火灾模拟试验炉

在工业生产中，利用传统的传感器无法对某些产品质量指标（如黏度、硬度、表面粗糙度、成分、颜色及味道等）进行快速、直接的测量并在线控制。而利用智能传感器可直接测量与产品质量指标有函数关系的生产过程中的某些量（如温度、压力、流量等），利用神经网络或专家系统技术建立的数学模型进行计算，可推断出产品的质量。

在医学领域中，糖尿病患者需要随时掌握血糖水平，以便调整饮食和注射胰岛素，防止其他并发症。美国 Cygnus 公司生产了一种"葡萄糖手表"，其外观像普通手表一样，戴上它就能实现无痛、无血、连续的血糖测试。

2.2.5　执行器

执行器（Final Controlling Element）是自动化技术工具中接收控制信息并对受控对象施加控制作用的装置，一般由执行机构和调节机构两部分组成。执行器也是控制系统正向通路中直接改变操纵变量的仪表。它在自动控制系统中的作用是接收来自调节器发出的信号，以其在工艺管路的位置和特性，调节工艺介质的流量，从而将被控数控制在生产过程所要求的范围内。

执行器按不同分类标准主要有以下几种分类方式：

1）按所用驱动能源的不同，执行器可分为气动、电动和液压执行器三种。

2）按输出位移的形式，执行器有转角型和直线型两种。

3）按动作规律，执行器可分为开关型、积分型和比例型三类。

4）按输入控制信号，执行器可分为可以输入空气压力信号、直流电流信号、电接点通断信号、脉冲信号等几类。

建筑自动化系统中常用的是电动执行器。

1. 气动执行机构

现今大多数工控场合所用的执行器都是气动执行机构，因为用气源做动力，相较之下，比电动和液动要经济实惠，且结构简单，易于掌握和维护。由维护观点来看，气动执行机构比其他类型的执行机构易于操作和校定，在现场也可以很容易实现正反、左右的互换。它最大的优点是安全，当使用定位器时，对于易燃易爆环境是理想的，而电信号如果不是防爆的或本质安全的，则有潜在的因打火而引发火灾的危险，所以现在电动调节阀应用范围越来越广。但是在化工领域，气动调节阀还是占据着绝对的市场优势。

气动执行机构的主要缺点是：响应较慢，控制精度欠佳，抗偏离能力较差，这是因为气体的可压缩性，尤其是使用大的气动执行机构时，空气填满气缸和排空需要时间。但这应该不成问题，因为许多工况中不要求高度的控制精度和极快速的响应以及抗偏离能力。

2. 电动执行机构

电动执行机构主要应用于动力厂或核动力厂，因为在高压水系统需要一个平滑、稳定和缓慢的过程。电动执行机构的主要优点就是高度的稳定和用户可应用的恒定的推力。最大执行器产生的推力可高达 225 000kgf（1kgf = 9.80665N），能达到这么大推力的只有液动执行器，但液动执行器造价要比电动执行器高很多。电动执行器的抗偏离能力是很好的，输出的推力或力矩基本上是恒定的，可以很好地克服介质的不平衡力，达到对工艺参数的准确控制，所以控制精度比气动执行器要高。如果配用伺服放大器，可以很容易地实现正反作用的互换，也可以轻松设定信号阀位状态（保持/全开/全关），而故障时，一定停留在原位，这是气动执行器所做不到的，气动执行器必须借助于一套组合保护系统来实现保位。

电动执行机构的缺点主要有：结构较复杂，更容易发生故障，且由于它的复杂性，对现场维护人员的技术要求就相对要高一些；电动机运行要产生热，如果调节太频繁，容易造成电动机过热，产生热保护，同时也会加大对减速齿轮的磨损；另外就是运行较慢，从调节器输出一个信号，到调节阀响应而运动到那个相应的位置，需要较长的时间，这是它不如气动执行器和液动执行器的地方。

3. 液动执行机构

当需要异常的抗偏离能力、高的推力和快的行程速度时，我们往往选用液动或电液执行机构。因为液体的不可压缩性，采用液动执行器的优点就是较优的抗偏离能力，这对于调节工况是很重要的，因为当调节元件接近阀座时节流工况是不稳定的，越是压差大，这种情况越厉害。另外，液动执行机构运行起来非常平稳，响应快，所以能实现高精度的控制。电液动执行机构是将电动机、液压泵、电液伺服阀集成于一体，只要接入电源和控制信号即可工作，而液动执行器和气缸相近，只是比气缸能耐更高的压力，它的工作需要外部的液压系统，工厂中需要配备液压站和输油管路，相比之下，还是电液执行器更方便一些。

液动执行机构的主要缺点就是造价昂贵，体积庞大笨重，结构特别复杂，需要专门的工程，所以大多数都用在一些诸如电厂、石化等比较特殊的场合。

4. 直行程阀

（1）直通单座阀　所谓单座是指阀体内只有一个阀芯和一个阀座。其特点是结构简单、泄漏量小（甚至可以完全切断）和允许压差小。因此，它适用于要求泄漏量小、工作压差较小的干净介质的场合。在应用中应特别注意其允许压差，防止阀门关不死。

（2）直通双座阀　直通双座调节阀的阀体内有两个阀芯和阀座。它与同口径的单座阀相比，流通能力大20%～25%。因为流体对上、下两阀芯上的作用力可以相互抵消，但上、下两阀芯不易同时关闭，因此双座阀具有允许压差大、泄漏量较大的特点。故适用于阀两端压差较大、泄漏量要求不高的干净介质场合，不适用于高黏度和含纤维的场合。

（3）角形调节阀　角形调节阀的阀体为直角形，其流路简单，浮力小，适用于高压差、高黏度、含悬浮物和颗粒状物料流量的控制。一般使用于底进侧出，此种调节阀稳定性较好。在高压场合下，为了延长阀芯的使用寿命，可采用侧进底出，但在小开度时容易发生振荡。

5. 角行程阀

（1）蝶阀　蝶阀的挡板以转轴的旋转来控制流体的流量。它由阀体、挡板、挡板轴和轴封等部件组成。其结构简单、体积小、质量轻、成本低、流通能力大，特别适用于低压差、大口径、大流量气体和带有悬浮物流体的场合，但泄漏量较大。其流量特性在转角达到70°前和等百分比特性相似，70°以后工作不稳定，特性也不好，所以蝶阀通常在0°～70°转角范围内使用。蝶阀不仅在石油、煤气、化工、水处理等一般工业上得到广泛应用，而且还应用于热电站的冷却水系统。

（2）球阀　球阀在标准GB/T 21465—2008《阀门术语》中定义为：启闭件（球体）由阀杆带动，并绕阀杆的轴线做旋转运动的阀门。球阀具有旋转90°的动作，旋塞体为球体，有圆形通孔或通道通过其轴线。主要用于截断或接通管路中的介质，也可用于流体的调节与控制，其中硬密封V形球阀的V形球芯与堆焊硬质合金的金属阀座之间具有很强的剪切力，特别适用于含纤维、微小固体颗粒等介质。而多通球阀在管道上不仅可灵活控制介质的合流、分流及流向的切换，同时也可关闭任一通道而使另外两个通道相连。本类阀门在管道中一般应当水平安装。球阀可分为气动球阀、电动球阀、手动球阀三类。球阀只需要用旋转90°的操作和很小的转动力矩就能关闭严密。球阀最适宜做开关、切断阀使用。在西方工业发达的国家，球阀的使用正在逐年不断地上升，在我国，球阀广泛应用于石油炼制、长输管线、化工、造纸、制药、水利、电力、市政、钢铁等行业，在国民经济中占有举足轻重的地位。

（3）凸轮挠曲阀 凸轮挠曲阀又称偏心旋转阀，也是一种新型结构的调节阀。其球面阀芯的中心线与转轴中心偏离，转轴带动阀芯偏心旋转，使阀芯向前下方进入阀座。偏心旋转阀具有体积小、质量轻、使用可靠、维修方便、通用性强、流体阻力小等优点，适用于黏度较大的场合，在石灰、泥浆等流体中，具有较好的使用性能。

2.3 计算机测控系统接口技术

2.3.1 控制器的组成

控制器（Controller）是指按照预定顺序改变主电路或控制电路的接线和改变电路中电阻值来控制电动机的起动、调速、制动和反向的主令装置。由程序计数器、指令寄存器、指令译码器、时序产生器和操作控制器组成，它是发布命令的"决策机构"，即完成协调和指挥整个计算机系统的操作。

1. 分类

控制器分组合逻辑控制器和微程序控制器，两种控制器各有长处和短处。组合逻辑控制器设计麻烦，结构复杂，一旦设计完成，就不能再修改或扩充，但它的速度快。微程序控制器设计方便，结构简单，修改或扩充都方便，修改一条机器指令的功能，只需重编所对应的微程序；要增加一条机器指令，只需在控制存储器中增加一段微程序，但是，它是通过把一段微程序存到一个存储器中，逐条读取、执行微程序中的每一条微指令，没有充分地利用数据通路的并行能力，所以运行速度较慢。具体对比如下：组合逻辑控制器又称硬布线控制器，由逻辑电路构成，完全靠硬件来实现指令的功能；微程序控制器的提出是因为组合逻辑设计存在不便于设计、不灵活、不易修改和扩充等缺点。

2. 组成

以组合逻辑控制器为例，控制器的主要组成如下：

（1）指令寄存器 指令寄存器用来存放正在执行的指令。指令分成两部分：操作码和地址码。操作码用来指示指令的操作性质，如加法、减法等；地址码给出本条指令的操作数地址或形成操作数地址的有关信息（这时通过地址形成电路来形成操作数地址）。有一种指令称为转移指令，它用来改变指令的正常执行顺序，这种指令的地址码部分给出的是要转去执行的指令的地址。

（2）操作码译码器 操作码译码器用来对指令的操作码进行译码，产生相应的控制电平，完成分析指令的功能。

（3）时序电路 时序电路用来产生时间标志信号。在微型计算机中，时间标志信号一般为三级：指令周期、总线周期和时钟周期。微操作命令产生电路产生完成指令规定操作的各种微操作命令，这些命令产生的主要依据是时间标志和指令的操作性质。时序电路是组合逻辑控制器中最为复杂的部分。

（4）指令计数器　指令计数器用来形成下一条要执行的指令的地址。通常，指令是顺序执行的，而指令在存储器中是顺序存放的。所以，一般情况下一条要执行的指令的地址可通过将现行地址加 1 形成，微操作命令"1"就用于这个目的。如果执行的是转移指令，则下一条要执行的指令的地址是要转移到的地址。该地址就在本转移指令的地址码字段，将其直接送往指令计数器。

微程序控制的基本思路是：用微指令产生微操作命令，用若干条微指令组成一段微程序实现一条机器指令的功能（为了加以区别，将前面所讲的指令称为机器指令）。设机器指令 M 执行时需要三个阶段，每个阶段需要发出如下命令：阶段一发送 K1、K8 命令，阶段二发送 K0、K2、K3、K4 命令，阶段三发送 K9 命令。当将第一条微指令送到微指令寄存器时，微指令寄存器的 K1 和 K8 为 1，即发出 K1 和 K8 命令，该微指令指出下一条微指令地址为00101，从中取出第二条微指令，送到微指令寄存器时将发出 K0、K2、K3、K4 命令，接下来是取第三条微指令，发出 K9 命令。

2.3.2　数字量和模拟量接口

1. I/O 接口电路

I/O 接口电路也简称接口电路。它是主机和外围设备之间交换信息的连接部件（电路）。它在主机和外围设备之间的信息交换中起着桥梁和纽带作用。接口电路主要作用如下：

（1）解决主机 CPU 和外围设备之间的时序配合和通信联络问题　主机的 CPU 是高速处理器件，比如 8086-1 的主频为 10MHz，1 个时钟周期仅为 100ns，一个最基本的总线周期为400ns。而外围设备的工作速度比 CPU 的速度慢得多，如常规外围设备中的电传打字机传送信息的速度是毫秒级；工业控制设备中的炉温控制采样周期是秒级。为保证 CPU 的工作效率并适应各种外围设备的速度配合要求，应在 CPU 和外围设备间增设一个 I/O 接口电路，满足两个不同速度系统的异步通信联络。I/O 接口电路为完成时序配合和通信联络功能，通常都设有数据锁存器、缓冲器、状态寄存器以及中断控制电路等。通过接口电路，CPU 通常采用查询或中断控制方式为慢速外围设备提供服务，就可保证 CPU 和外围设备间异步而协调的工作，既满足了外围设备的要求，又提高了 CPU 的利用率。

（2）解决 CPU 和外围设备之间的数据格式转换和匹配问题　CPU 是按并行处理设计的高速处理器件，即 CPU 只能读入和输出并行数据。但是，实际上要求其发送和接收的数据格式却不仅仅是并行的，在许多情况下是串行的。例如，为了节省传输导线，降低成本，提高可靠性，机间距离较长的通信都采用串行通信。又如，由光电脉冲编码器输出的反馈信号是串行的脉冲列，步进电动机要求提供串行脉冲等。这就要求应将外部送往计算机的串行格式的信息转换成 CPU 所能接收的并行格式，也要将 CPU 送往外部的并行格式的信息转换成与外围设备相容的串行格式，并且要以双方相匹配的速率和电平实现信息的传送。这些功能在 CPU 控制下主要由相应的接口芯片来完成。

（3）解决 CPU 的负载能力和外围设备端口选择问题　即使是 CPU 和某些外围设备之间仅仅进行并行格式的信息交换，一般也不能将各种外围设备的数据线、地址线直接挂到 CPU 的数据总线和地址总线上。这里主要存在两个问题，一是 CPU 总线的负载能力的问题；二是外围设备端口的选择问题。因为过多的信号线直接接到 CPU 总线上，必将超过 CPU 总线的负载能力，采用接口电路可以分担 CPU 总线的负载，使 CPU 总线不至于超负荷运行，造成工作不可靠。CPU 和所有外围设备交换信息都是通过双向数据总线进行的，如果所有外围设备的数据线都直接接到 CPU 的数据总线上，数据总线上的信号将是混乱的，无法区分是送往哪一个外围设备的数据还是来自哪一个外围设备的数据。只有通过接口电路中具有三态门的输出锁存器或输入缓冲器，再将外围设备数据线接到 CPU 数据总线上，通过控制三态门的使能（选通）信号，才能使 CPU 的数据总线在某一时刻只接到被选通的那一个外围设备的数据线上，这就是外围设备端口的选址问题。使用可编程并行接口电路或锁存器、缓冲器就能方便地解决上述问题。

此外，接口电路还可实现端口的可编程功能以及错误检测功能。一个端口通过软件设置既可作为输入口又可作为输出口，或者作为位控口，使用非常灵活方便。同时，多数用于串行通信的可编程接口芯片都具有传输错误检测功能，如可进行奇/偶校验、冗余校验等。

2. I/O 通道

I/O 通道也称为过程通道。它是计算机和控制对象之间信息传送和变换的连接通道。计算机要实现对生产机械、生产过程的控制，就必须采集现场控制对象的各种参量，这些参量分两类：一类是模拟量，即时间上和数值上都连续变化的物理量，如温度、压力、流量、速度、位移等；另一类是数字量（或开关量），即时间上和数值上都不连续的量，如表示开关闭合或断开两个状态的开关量，按一定编码的数字量和串行脉冲列等。同样，被控对象也要求得到模拟量（如电压、电流）或数字量两类控制量。但是如前所述，计算机只能接收和发送并行的数字量，因此，为使计算机和被控对象之间能够连通起来，除了需要 I/O 接口电路外，还需要 I/O 通道，由它将从被控对象采集的参量变换成计算机所要求的数字量（或开关量）的形式，送入计算机。计算机按某一数学公式计算后，又将其结果以数字量形式或转换成模拟量形式输出至被控制对象，这就是 I/O 通道所要完成的功能。

应当指出，I/O 接口和 I/O 通道都是为实现主机和外围设备（包括被控对象）之间的信息交换而设的器件，其功能都是保证主机和外围设备之间能方便、可靠、高效率地交换信息。因此，接口和通道紧密相连，在电路上往往就结合在一起了。例如，目前大多数大规模集成电路 A-D 转换器芯片，除了完成 A-D 转换，起模拟量输入通道的作用外，其转换后的数字量保存在片内具有三态输出的输出锁存器中，同时具有通信联络及 I/O 控制的有关信号端，可以直接挂到主机的数据总线及控制总线上去，这样 A-D 转换器也就同时起到了输入接口的作用，有的书中把 A-D 转换器也统称为接口电路。大多数集成电路 D-A 转换器也一样，都可以直接挂到系统总线上，同时起到输出接口和 D-A 转换的作用。但是在概念上应当注意到两者之间的联系和区别。

3. I/O 信号的种类

在微机控制系统或微机系统中，主机和外围设备间所交换的信息通常分为数据信息、状态信息和控制信息三类。

（1）数据信息 数据信息是主机和外围设备交换的基本信息，通常是 8 位或 16 位的数据，它可以用并行格式传送，也可以用串行格式传送。数据信息又可以分为数字量、模拟量、开关量和脉冲量。

1）数字量是指由键盘、磁盘机、拨码开关、编码器等输入的信息，或者是主机送给打印机、磁盘机、显示器、被控对象等的输出信息。它们是二进制码的数据或是以 ASCII 码表示的数据或字符（通常为 8 位）。

2）模拟量来自现场的温度、压力、流量、速度、位移等物理量也是一类数据信息。一般通过传感器将这些物理量转换成电压或电流，电压和电流仍然是连续变化的模拟量，要经过 A-D 转换变成数字量，最后送入计算机。反之，从计算机送出的数字量要经过 D-A 转换变成模拟量，最后控制执行机构。所以模拟量代表的数据信息都必须经过变换才能实现交换。

3）开关量表示两个状态，如开关的闭合和断开、电动机的起动和停止、阀门的打开和关闭等。这样的量只要用一位二进制数就可以表示。

4）脉冲量是一个一个传送的脉冲列。脉冲的频率和脉冲的个数可以表示某种物理量。如检测装在电动机轴上的脉冲信号发生器发出的脉冲，可以获得电动机的转速和角位移数据信息。

（2）状态信息　状态信息是外围设备通过接口向 CPU 提供的反映外围设备所处的工作状态的信息。它作为两者交换信息的联络信号，输入时，CPU 读取准备好（READY）状态信息，检查待输入的数据是否准备就绪，若准备就绪则读入数据，未准备就绪就等待；输出时，CPU 读取忙（BUSY）信号状态信息，检查输出设备是否已处于空闲状态，若为空闲状态则可向外围设备发送新的数据，否则等待。

（3）控制信息　控制信息是 CPU 通过接口传送给外围设备的。控制信息随外围设备的不同而不同，有的控制外围设备的起动、停止；有的控制数据流向，如控制输入还是输出；有的作为端口寻址信号等。

4. I/O 控制方式

我们知道，外围设备种类繁多，它们的功能不同，工作速度不一，与主机配合的要求也不相同，CPU 采用分时控制，每个外围设备只在规定的时间片内得到服务。为了使各个外围设备在 CPU 控制下成为一个有机的整体，从而协调、高效率、可靠地工作，就要规定一个 CPU 控制（或称调度）各个外围设备的控制策略，或者叫控制方式。

通常采用的有三种 I/O 控制方式：程序控制方式、中断控制方式和直接存储器存取方式。在进行微机控制系统设计时，可按不同要求来选择各外围设备的控制方式。

（1）程序控制方式　程序控制 I/O 方式是指 CPU 和外围设备之间的信息传送，是在程序控制下进行的。它又可分为无条件 I/O 方式和查询式 I/O 方式。

1）无条件 I/O 方式。所谓无条件 I/O 方式是指不必查询外围设备的状态即可进行信息传送的 I/O 方式。即在此种方式下，外围设备总是处于就绪状态，如开关、LED 显示器等。一般它仅适用于一些简单外围设备的操作。无条件传送方式 I/O 接口电路原理如图 2-34 所示。CPU 和外围设备之间的接口电路通常采用输入缓冲器和输出锁存器。由地址总线和 M/$\overline{\text{IO}}$ 信号端经端口译码器译出所选中的 I/O 端口，用 WR、$\overline{\text{RD}}$ 信号决定数据流向。

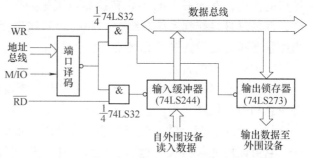

图 2-34　无条件传送方式 I/O 接口电路原理框图

外围设备提供的数据自输入缓冲器接入。当 CPU 执行输入指令时，读信号 $\overline{\text{RD}}$ 有效，选择信号 M/$\overline{\text{IO}}$ 处于低电平，因而按端口地址译码器所选中的三态输入缓冲器被选通，使已准备好的输入数据经过数据总线读入 CPU。CPU 向外设输出数据时，由于外设的速度通常比 CPU 的速度慢得多，因此输出端口需要加锁存器，CPU 可快速地将数据送入锁存器锁存，即去处理别的任务，在锁存器锁存的数据可供较慢速的外围设备使用，这样既提高了 CPU 的工作效率，又能与较慢速的外围设备动作相适应。CPU 执行输出指令时，M/$\overline{\text{IO}}$ 和 $\overline{\text{WR}}$ 信号有效，CPU 输出的数据送入按端口译码器所选中的输出锁存器中保存，直到该数据被外围设备取走，CPU 又可送入新的一组数据，显然第二次存入数据时，需确定该输出锁存器是空的。

2）查询式 I/O 方式。查询式 I/O 方式也称为条件传送方式。按查询式传送，CPU 和外围设备的 I/O 接口除需设置数据端口外，还要有状态端口。查询式 I/O 接口电路原理框图如图 2-35 所示。

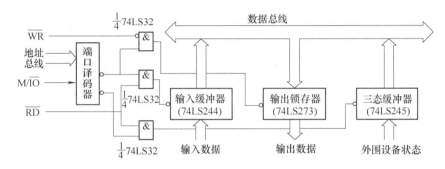

图 2-35　查询式 I/O 方式接口电路原理框图

状态端口的指定位表明外围设备的状态，通常只是"0"或"1"的两状态开关量。交换信息时，CPU 通过执行程序不断读取并测试外围设备的状态，如果外围设备处于准备好的状态（输入时）或者空闲状态（输出时），则 CPU 执行输入指令或输出指令，与外围设备交换信息，否则，CPU 要等待。当一个微机系统中有多个外围设备采用查询式 I/O 方式交换信息时，CPU 应采用分时控制方式，逐一查询，逐一服务。其工作原理如下：每个外围设备提供一个或多个状态信息，CPU 逐次读入并测试各个外围设备的状态信息，若该外围设备请求服务（请求交换信息），则为之服务，然后清除该状态信息；否则，跳过，查询下一个外围设备的状态；各外围设备查询完一遍后，再返回从头查询起，直到发出停止命令为止。

查询式 I/O 方式是微机控制系统中经常采用的，假设某微机控制系统中采用查询式对 1#、2#、3# 三个外围设备进行 I/O 管理，其查询和 I/O 处理的简化程序流程图如图 2-36 所示。从原理上看，查询式比无条件传送方式可靠，接口电路简单，不占用中断输入线，同时查询程序也简单，易于设计调试。由于查询式 I/O 方式是通过 CPU 执行程序来完成的，因此各外设的工作与程序的执行保持同步关系，特别适用于多个按一定规律顺序工作的生产机械或生产过程的控制，如组合机床、自动线、温度巡检、定时采集数据等。

但是在查询式 I/O 方式下，CPU 要不断地读取状态字和检测状态字，不管那个外围设备是否有服务请求，都必须一一查询，许多次的重复查询可能都是无用的，而又占去了 CPU 的时间，效率较低。比如，用查询式管理键盘输入，若程序员在终端按每秒打入 10 个字符的速度计算，那么计算机平均用 100ms 的时间完成一个字符的输入过程，而实际上真正用来从终端读入一个字符并送出显示等处理的时间只需约 50μs，如果同时管理 30 台终端，那么用于测试状态和等待的时间为：100000μs – 50 × 30μs = 98500μs；可见，98.5% 的时间都在查询等待中浪费了。

I/O 方式的选择必须符合实时控制的要求。对于查询式 I/O 方式，满足实时控制要求的使用条件是："所有外围设备的服务时间的总和必须小于或等于任一外围设备的最短响应时间"。这里所说的服务时间是指某台外围设备服务子程序的执行时间。最短响应时间是指某台设备相邻两次请求服务的最短间隔时间。某台设备提出服务请求后，CPU 必须在其最短响应时间内响应它的请求，给予服务，否则就要丢失信息，甚至造成控制失误。最严重的情况是，在一个循环查询周期内，所有外围设备（指一个 CPU 管理的）都提出了服务请求，都得分别给予服务，因此，就提出了上述必须满足的使用条件。

这种方式一般适用于各外围设备服务时间不太长、最短响应时间差别不大的情况。若各外围设备的最短响应时间差别大且某些外围设备服务时间长，采用这种方式不能满足实时控制要求，就要采用中断控制方式。

（2）中断控制方式 为了提高 CPU 的效率和使

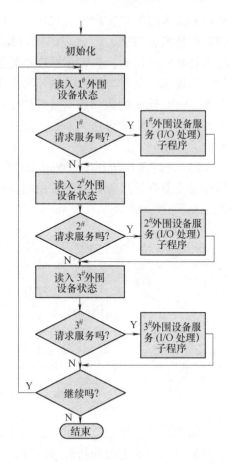

图 2-36 查询式 I/O 处理简化程序流程图

系统具有良好的实时性，可以采用中断控制 I/O 方式。采用中断方式时，CPU 就不必花费大量时间去查询各外围设备的状态了。而是当外围设备需要请求服务时，向 CPU 发出中断请求，CPU 响应外围设备中断，停止执行当前程序，转去执行一个外围设备服务的程序，此服务程序称为中断服务处理程序，或称中断服务子程序。中断处理完毕，CPU 又返回来执行原来的程序。

中断传送方式的接口电路如图 2-37 所示。当输入装置输入一个数据后，发出选通信号，把数据存入锁存器，又使 D 触发器置"1"，发出中断请求。若中断是开放的，CPU 接收了中断请求信号后，在现行指令执行完后，暂停正在执行的程序，发出中断响应信号$\overline{INTA}$，于是外设把一个中断矢量放到数据总线上，CPU 就转入中断服务程序，读入或输出数据，同时清除中断请求标志。当中断处理完后，CPU 返回被中断的程序继续执行。

微机控制系统中，可能设计有多个中断源，且多个中断源可能同时提出中断请求。多重中断处理必须注意如下四个问题。

1）保存现场和恢复现场。为了不致造成计算和控制的混乱和失误，进入中断服务程序首先要保存通用寄存器的内容，中断返回前又要恢复通用寄存器的内容。

2）正确判断中断源。CPU 能正确判断出是哪一个外围设备提出中断请求，并转去为该外围设备服务，即能正确地找到申请中断的外围设备的中断服务程序入口地址，并跳转到该入口。

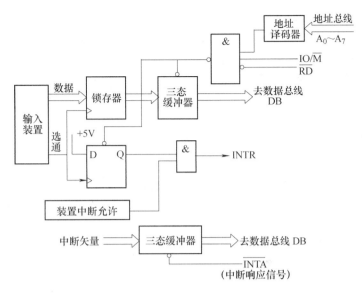

图 2-37　中断传送方式的接口电路

3）实时响应。实时响应就是要保证每个外围设备的每次中断请求 CPU 都能接收到并在其最短响应时间之内给予服务完毕。

4）按优先权顺序处理多个外围设备同时或相继提出的中断请求。应能按设定的优先权顺序，按轻重缓急逐个处理。必要时应能实现优先权高的中断源可中断比它的优先权较低的中断处理，从而实现中断嵌套处理。

（3）直接存储器存取（DMA）方式　利用中断方式进行数据传送，可以大大提高 CPU 的利用率，但在中断方式下，仍必须通过 CPU 执行程序来完成数据传送。每进行一次数据传送，就要执行一次中断过程，其中保护和恢复断点、保护和恢复寄存器内容的操作与数据传送没有直接关系，但会花费掉 CPU 的不少时间。如对磁盘来说，数据传输速率由磁头的读写速度来决定，而磁头的读写速度通常超过 $2 \times 10^5 \mathrm{B/s}$，这样磁盘和内存之间传输一个字节的时间就不能超过 $5 \mu s$，采用中断方式就很难达到这么高的处理速度。

所以希望用硬件在外设与内存间直接进行数据交换（DMA）而不通过 CPU，这样数据传送的速度上限就取决于存储器的工作速度。但是，通常系统的地址和数据总线以及一些控制信号线是由 CPU 管理的。在 DMA 方式时，就希望 CPU 把这些总线让出来（即 CPU 连到这些总线上的线处于第三态——高阻状态），而由 DMA 控制器接管，控制传送的字节数，判断 DMA 是否结束，以及发出 DMA 结束等信号。通常 DMA 的工作流程如图 2-38 所示。

能实现上述操作的 DMA 控制器的硬件框图如图 2-39 所示。当外设把数据准备好以后，发出一个选通脉冲使 DMA 请求触发器置 1，它一方面向控制/状态端口发出准备就绪信号，另一方面向 DMA 控制器发出 DMA 请求。于是 DMA 控制器向 CPU 发出 HOLD 信号，当 CPU 在现行的机器周期结束后发出 HLDA 响应信号，于是 DMA 控制器就接管总线，向地址总线

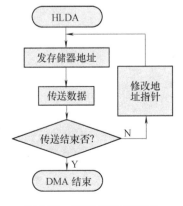

图 2-38　DMA 工作流程图

发出地址信号,在数据总线上给出数据,并给出存储器写的命令,就可把由外设输入的数据写入存储器。然后修改地址指针,修改计数器,检查传送是否结束,若未结束,则循环,直至整个数据传送完毕。随着大规模集成电路技术的发展,DMA 传送已不局限于存储器与外设间的信息交换,而可以扩展为在存储器的两个区域之间,或两种高速的外设之间进行DMA 传送。

在 8086 系统中,通常采用的是 Intel 系列高性能可编程 DMA 控制器

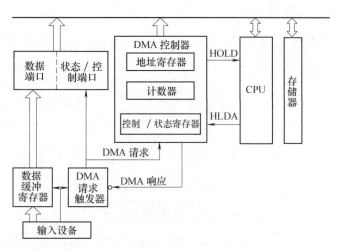

图 2-39　DMA 控制器框图

8237A。它允许 DMA 传输速率高达 1.6MB/s。8237A 内部包含 4 个独立的通道,每个通道包含 16 位的地址寄存器和 16 位的字节计数器,还包含一个 8 位的模式寄存器等,4 个通道公用控制寄存器和状态寄存器。图 2-40 是 8237A 的内部编程结构和外部连接。例如在 IBMPC/XT 系统中就使用了 8237A,其中 8237A 通道 0 用来对动态 RAM 进行刷新,通道 2 和通道 3 分别用来进行软盘、硬盘驱动器和内存之间的数据传输,通道 1 用来提供其他传输功能,如网络通信功能。系统中采用固定优先级,动态 RAM 进行刷新操作时的优先级最高,硬盘和内存的数据传输对应的优先级最低。4 个 DMA 请求信号中,$DREQ_0$ 和系统板相连,其他三个请求信号 $DREQ_1$、$DREQ_2$、$DREQ_3$,都接到总线扩展槽的引脚上,由对应的软盘接口板、硬盘接口板和网络接口板提供。同样,DMA 应答信号 $DACK_0$ 送到系统板,而 $DACK_1 \sim DACK_3$ 送到扩展槽。

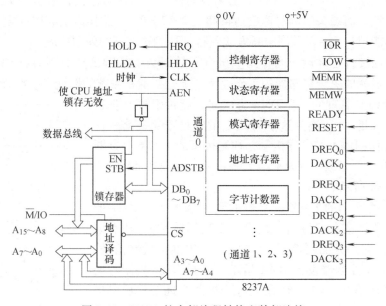

图 2-40　8237A 的内部编程结构和外部连接

5. I/O 接口的编址方式

计算机控制系统中，存储器和 I/O 接口都接到 CPU 的同一数据总线上。当 CPU 与存储器和 I/O 接口进行数据交换时，就涉及 CPU 与哪一个 I/O 接口芯片的哪一个端口联系，还是从存储器的哪一个单元联系的地址选择问题，即寻址问题。这涉及 I/O 接口的编址方式，通常有两种编址方式，一种是 I/O 接口与存储器统一编址，另一种是 I/O 接口独立编址。

（1）I/O 接口独立编址方式　这种编址方式是将存储器地址空间和 I/O 接口地址空间分开设置，互不影响，设有专门的输入指令（IN）和输出指令（OUT）来完成 I/O 操作。例如 Z80 微处理器的 I/O 接口是采用独立编址方式的，它利用 MREQ 和 IORQ 信号来区分是访问存储器地址空间还是 I/O 接口地址空间，利用读、写操作信号 $\overline{RD}$、$\overline{WR}$ 区分是读操作还是写操作。存储器的地址译码使用 16 位地址（$A_0 \sim A_{15}$），可以寻址 64KB 的内存空间，而 I/O 接口的地址译码仅使用地址总线的低 8 位（$A_0 \sim A_7$），可以寻址 256 个 I/O 端口地址空间。

8086 微处理器的 I/O 接口也是属于独立编址方式的。它允许有 64K 个 8 位的 I/O 端口，两个编号相邻的 8 位端口可以组合成一个 16 位端口。指令系统中既有访问 8 位端口的输入/输出指令，也有访问 16 位端口的输入/输出指令。

8086 输入/输出指令可以分为两大类：一类是直接的输入/输出指令（如 INAL，55H；OUT70H，AX），另一类是间接的输入/输出指令（如 INAX，DX；OUTDX，AL），在执行间接输入/输出指令前，必须在 DX 寄存器中先设置好访问端口号。

（2）I/O 接口与存储器统一编址方式　这种编址方式不区分存储器地址空间和 I/O 接口地址空间，把所有的 I/O 接口的端口都当作是存储器的一个单元对待，每个接口芯片都安排一个或几个与存储器统一编号的地址号。也不设专门的输入/输出指令，所有传送和访问存储器的指令都可用来对 I/O 接口操作。M6800 和 6502 微处理器以及 Intel51 系列的 51、96 系列单片机就是采用 I/O 接口与存储器统一编址的。

两种编址方式有各自的优缺点，独立编址方式的主要优点是内存地址空间与 I/O 接口地址空间分开，互不影响，译码电路较简单，并设有专门的 I/O 指令，所编程序易于区分，且执行时间短，快速性好。其缺点是只用 I/O 指令访问 I/O 端口，功能有限且要采用专用 I/O 周期和专用的 I/O 控制线，使微处理器复杂化。统一编址方式的主要优点是访问内存的指令都可用于 I/O 操作，数据处理功能强；同时 I/O 接口可与存储器部分公用译码和控制电路。其缺点是：I/O 接口要占用存储器地址空间的一部分；因不用专门的 I/O 指令，程序中较难区分 I/O 操作。

I/O 接口的编址方式是由所选定的微处理器决定了的，接口设计时应按所选定的处理器所规定的编址方式来设计 I/O 接口地址译码器。但是独立编址的微处理器的 I/O 接口也可以设计成统一编址方式使用，如在 8086 系统中，就可通过硬件将 I/O 接口的端口与存储器统一编址。这时应在 $\overline{RD}$ 信号或者 $\overline{WR}$ 信号有效的同时，使 M/$\overline{IO}$ 信号处于高电平，通过外部逻辑组合电路的组合，产生对存储器的读、写信号，CPU 就可以用功能强、使用灵活方便的各条访问指令来实现对 I/O 端口的读、写操作。

2.3.3　数-模和模-数转换

D-A 转换器是将数字量转换成模拟量的装置。目前常用的 D-A 转换器是将数字量转换成电压或电流的形式，被转换的方式可分为并行转换和串行转换，前者因为各位代码都同时送到转换器相应位的输入端，转换时间只取决于转换器中的电压或电流的建立时间及求和时间（一般为微秒级），所以转换速度快，应用较多。

A-D 转换是指通过一定的电路将模拟量转变为数字量。实现 A-D 转换的方法比较多，常见的有计数法、双积分法和逐次逼近法。由于逐次逼近式 A-D 转换具有速度快、分辨率高等优点，而且采用该法的 ADC 芯片成本较低，因此获得了广泛的应用。下面仅以逐次逼近式 A-D 转换器为例，说明 A-D 转换器的工作原理。

1. 工作原理

（1）D-A 转换器的工作原理　　D-A 转换器是把输入的数字量转换为与输入量成比例的模拟信号的器件，为了了解它的工作原理，先分析一下图 2-41 所示的 $R-2R$ 梯形电阻解码网络的原理电路。在图中，整个电路由若干个相同的支电路组成，每个支电路有两个电阻和一个开关，开关 S-i 是按二进"位"进行控制的。当该位为"1"时，开关将加权电阻与 I_{OUT1} 输出端接通；当该位为"0"时，开关与 I_{OUT2} 接通。

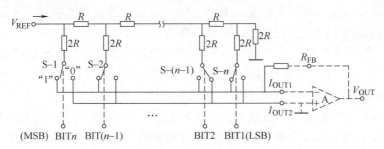

图 2-41　$R-2R$ 梯形电阻解码网络原理图

由于 I_{OUT2} 接地，I_{OUT1} 为虚地，所以

$$I = \frac{V_{REF}}{\sum R} \tag{2-23}$$

流过每个加权电阻的电流依次为

$$I_1 = (1/2^n) \times (V_{REF}/\sum R)$$
$$I_2 = (1/2^{n-1}) \times (V_{REF}/\sum R)$$
$$\vdots$$
$$I_n = (1/2^1) \times (V_{REF}/\sum R) \tag{2-24}$$

由于 I_{OUT1} 端输出的总电流是置"1"各位加权电流的总和，I_{OUT2} 端输出的总电流是置"0"各位加权电流的总和，所以当 D-A 转换器输入为全"1"时，I_{OUT1} 和 I_{OUT2} 分别为

$$I_{OUT1} = (V_{REF}/\sum R) \times (1/2 + 1/2^2 + \cdots + 1/2^n) \tag{2-25}$$
$$I_{OUT2} = 0$$

当运算放大器的反馈电阻 R_{fb} 等于反相端输入电阻 $\sum R$ 时，其输出模拟电压为

$$U_{OUT1} = -I_{OUT1} \times R_{fb} \tag{2-26}$$
$$= -V_{REF}(1/2^1 + 1/2^2 + \cdots + 1/2^n)$$

对于任意二进制码，其输出模拟电压为

$$U_{\text{OUT}} = -V_{\text{REF}}(a_1/2^1 + a_2/2^2 + \cdots + a_n/2^n) \tag{2-27}$$

式中，$a_i = 1$ 或 $a_i = 0$，由式（2-27）便可得到相应的模拟量输出。

（2）A-D 转换器的工作原理　逐次逼近式 A-D 转换器的原理如图 2-42 所示。它由逐次逼近寄存器、D-A 转换器、比较器和缓冲寄存器等组成。当启动信号由高电平变为低电平时，逐次逼近寄存器清"0"，这时，D-A 转换器输出电压 V_o 也为 0；当启动信号变为高电平时，转换开始，同时，逐次逼近寄存器进行计数。

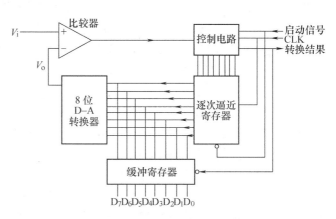

图 2-42　逐次逼近式 A-D 转换器的原理

逐次逼近寄存器工作时与普通计数器不同，它不是从低位往高位逐一进行计数和进位，而是从最高位开始，通过设置试探值来进行计数。具体来讲，在第一个时钟脉冲到来时，控制电路把最高位送到逐次逼近寄存器，使它的输出为 10000000，这个输出数字一出现，D-A 转换器的输出电压 V_o 就成为满量程值的 128/255。这时，若 $V_o > V_i$，则作为比较器的运算放大器的输出就成为低电平，控制电路据此清除逐次逼近寄存器中的最高位；若 $V_o \leq V_i$，则比较器输出高电平，控制电路使最高位的 1 保留下来。

若最高位被保留下来，则逐次逼近寄存器的内容为 10000000，下一个时钟脉冲使次低位 D_6 为 1。于是，逐次逼近寄存器的值为 11000000，D-A 转换器的输出电压 V_o 到达满量程值的 192/255。此后，若 $V_o > V_i$，则比较器输出为低电平，从而使次高位复位；若 $V_o < V_i$，则比较器输出为高电平，从而保留次高位为 1……重复上述过程，经过 N 次比较以后，逐次逼近寄存器中得到的值就是转换后的数值。

转换结束以后，控制电路送出一个低电平作为结束信号，这个信号的下降沿将逐次逼近寄存器中的数字量送入缓冲寄存器，从而得到数字量输出。

目前，绝大多数 A-D 转换器都采用逐次逼近的方法。

2. 主要参数

（1）D-A 转换器的主要技术参数

1）分辨率。D-A 转换器的分辨率表示当输入数字量变化 1 时，输出模拟量变化的大小。它反映了计算机数字量输出对执行部件控制的灵敏程度。分辨率通常用数字量的位数来表示，如 8 位、10 位、12 位、16 位等。分辨率为 8 位，表示它可以对满量程的 $1/2^8 = 1/256$ 的增量做出反应。所以，n 位二进制数最低位具有的权值就是它的分辨率。

2）稳定时间。稳定时间指 D-A 转换器中代码有满刻度值的变化时，其输出达到稳定（一般稳定到 ±1/2 最低位值相当的模拟量范围内）所需的时间，一般为几十纳秒到几微秒。

3）输出电平。不同型号的 D-A 转换器的输出电平相差较大，一般为 5 ~ 10V。也有一些高压输出型，输出电平为 24 ~ 30V。还有一些电流输出型，低的为 20mA，高的可达 3A。

4）输入编码。一般二进制编码比较通用，也有 BCD 等其他专用编码形式芯片。其他类型编码可在 D-A 转换前用 CPU 进行代码转换变成二进制编码。

5）温度范围。较好的 D-A 转换器工作温度范围为 -40 ~ 85℃，较差的为 0 ~ 70℃，按计算机控制系统使用环境查器件手册选择合适的器件类型。

（2）A-D 转换器的主要技术参数　A-D 转换器的种类很多，按转换二进制的位数分类包括：8 位的 ADC0801、0804、0808、0809；10 位的 AD7570、AD573、AD575、AD579；12 位的 AD574、AD578、AD7582；16 位的 AD7701、AD7705 等。A-D 转换器的主要技术参数如下：

1）分辨率。分辨率通常用转换后数字量的位数表示，如 8 位、l0 位、12 位、16 位等。分辨率为 8 位表示它可以对满量程的 $1/2^8 = 1/256$ 的增量做出反应。分辨率是指能使转换后数字量变化 1 的最小模拟输入量。

2）量程。量程是指所能转换的电压范围，如 5V、10V 等。

3）转换精度。转换精度是指转换后所得结果相对于实际值的准确度，有绝对精度和相对精度两种表示法。绝对精度常用数字量的位数表示，如绝对精度为 ±1/2LSB。相对精度用相对于满量程的百分比表示。如满量程为 10V 的 8 位 A-D 转换器，其绝对精度为 $1/2 \times 10/2^8$ mV = ±19.5mV，而 8 位 A-D 转换器的相对精度为 $1/2^8 \times 100\% \approx 0.39\%$。精度和分辨率不能混淆。即使分辨率很高，但温度漂移、线性不良等原因也可能造成精度并不是很高。

4）转换时间。转换时间是指启动 A-D 到转换结束所需的时间。不同型号、不同分辨率的器件，转换时间相差很大。一般几微秒至几百毫秒，逐次逼近式 A-D 转换器的转换时间为 1 ~ 200μs。在设计模拟量输入通道时，应按实际应用的需要和成本来确定这一项参数的选择。

5）工作温度范围。较好的 A-D 转换器的工作温度为 -40 ~ 85℃，较差的为 0 ~ 70℃。应根据具体应用要求查器件手册，选择适用的型号。超过工作温度范围，将不能保证达到额定精度指标。

3. 常见转换器简介

（1）8 位 D-A 转换器 DAC0832　DAC0832 是双列直插式 8 位 D-A 转换器。能完成数字量输入到模拟量（以电流形式）输出的转换。图 2-43 和图 2-44 分别为 DAC0832 的内部结构图和引脚图。其主要参数如下：分辨率为 8 位（满度量程的 1/256），转换时间为 1μs，基准电压为 +10 ~ -10V，供电电源为 +5 ~ +15V，功耗 20mW，与 TTL 电平兼容。

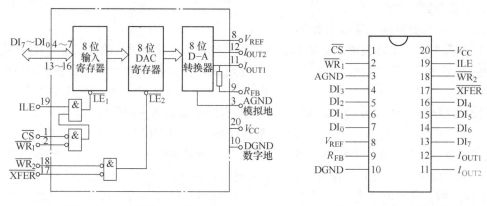

图 2-43　DAC0832 内部结构图　　　　图 2-44　DAC0832 引脚图

从图 2-43 中可见，在 DAC0832 中有两级锁存器，第一级锁存器称为输入寄存器，它的锁存信号为 ILE，第二级锁存器称为 DAC 寄存器，它的锁存信号也称为通道控制信号$\overline{\text{XFER}}$。因为有两级锁存器，所以 DAC0832 可以工作在双缓冲器方式，即在输出模拟信号的同时可以采集下一个数据，于是，可以有效地提高转换速度。另外，有了两级锁存器以后，可以在多个 D-A 转换器同时工作时，利用第二级锁存器的锁存信号来实现多个转换器的同时输出。

图 2-44 中，当 ILE 为高电平，$\overline{\text{CS}}$和$\overline{\text{WR}}_1$为低电平时，$\overline{\text{LE}}_1$为 1，这种情况下，输入寄存器的输出随输入而变化。此后，当$\overline{\text{WR}}_1$由低电平变高时，$\overline{\text{LE}}_1$成为低电平，此时，数据被锁存到输入寄存器中，这样，输入寄存器的输出端不再随外部数据的变化而变化。对第二级锁存来说，$\overline{\text{XFER}}$和$\overline{\text{WR}}_2$同时为低电平时，$\overline{\text{LE}}_2$为高电平，这时，8 位 DAC 寄存器的输出随输入而变化，此后，当$\overline{\text{WR}}_2$由低电平变高时，$\overline{\text{LE}}_2$变为低电平，于是，将输入寄存器的信息锁存到 DAC 寄存器中。

图 2-44 中各引脚的功能定义如下：

$\overline{\text{CS}}$——片选信号，它和允许输入锁存信号 ILE 合起来决定$\overline{\text{WR}}_1$是否起作用。

ILE——允许锁存信号。

$\overline{\text{WR}}_1$——写信号 1，它作为第一级锁存信号将输入数据锁存到输入寄存器中，$\overline{\text{WR}}_1$必须和$\overline{\text{CS}}$、ILE 同时有效。

$\overline{\text{WR}}_2$——写信号 2，它将锁存在输入寄存器中的数据送到 8 位 DAC 寄存器中进行锁存，此时，传送控制信号$\overline{\text{XFER}}$必须有效。

$\overline{\text{XFER}}$——传送控制信号，用来控制$\overline{\text{WR}}_2$。

$DI_7 \sim DI_0$——8 位的数据输入，DI_7为最高位。

I_{OUT1}——模拟电流输出，当 DAC 寄存器中全为 1 时，输出电流最大，当 DAC 寄存器中全为 0 时，输出电流为 0。

I_{OUT2}——模拟电流输出，I_{OUT2}为一个常数与I_{OUT1}的差，即$I_{\text{OUT1}} + I_{\text{OUT2}} = $常数。

R_{FB}——反馈电阻引出，DAC0832 内部已经有反馈电阻，所以，R_{FB}端可以直接接到外部运算放大器的输出端，这样，相当于将一个反馈电阻接在运算放大器的输入端和输出端之间。

V_{REF}——参考电压输入，此端可接正电压，也可接负电压，范围为 + 10 ～ - 10V。外部标准电压通过V_{REF}与 T 形电阻网络相连。

V_{CC}——芯片供电电压，范围为 + 5 ～ + 15V，最佳工作状态是 + 15V。

AGND——模拟量地，即模拟电路接地端。

DGND——数字量地。

DAC0832 可处于三种不同的工作方式。

1）直通方式：当 ILE 接高电平，$\overline{\text{CS}}$、$\overline{\text{WR}}_1$、$\overline{\text{WR}}_2$和$\overline{\text{XFER}}$都接数字地时，DAC 处于直通方式，8 位数字量一旦到达$DI_7 \sim DI_0$输入端，就立即加到 8 位 D-A 转换器，被转换成模拟量。例如在构成波形发生器的场合，就要用到这种方式，即把要产生基本波形存在 ROM 中的数据，连续取出送到 DAC 去转换成电压信号。

2）单缓冲方式：只要把两个寄存器中的任何一个接成直通方式，而用另一个锁存数据，DAC 就可处于单缓冲工作方式。一般的做法是将$\overline{\text{WR}}_2$和$\overline{\text{XFER}}$都接地，使 DAC 寄存器处于直通方式，另外把 ILE 接高电平，$\overline{\text{CS}}$接端口地址译码信号，$\overline{\text{WR}}_1$接 CPU 系统总线的

$\overline{\text{IO/W}}$，这样便可以通过一条 OUT 指令，选中该端口，使$\overline{\text{CS}}$和$\overline{\text{WR}}_1$有效，启动 D-A 转换。

3）双缓冲方式：主要在以下两种情况下需要用双缓冲方式的 D-A 转换。

其一，需在程序的控制下，先把转换的数据传入输入寄存器，然后在某个时刻再启动 D-A 转换。这样可以做到数据转换与数据输入同时进行，因此转换速度较高。为此，可将 ILE 接高电平，$\overline{\text{WR}}_1$和$\overline{\text{WR}}_2$均接 CPU 的$\overline{\text{IO/W}}$，$\overline{\text{CS}}$和$\overline{\text{XFER}}$分别接两个不同的 I/O 地址译码信号。执行 OUT 指令时，$\overline{\text{WR}}_1$和$\overline{\text{WR}}_2$均变为低电平。这样，可先执行一条 OUT 指令，选中$\overline{\text{CS}}$端口，把数据写入输入寄存器；再执行第二条 OUT 指令，选中$\overline{\text{XFER}}$端口，把输入寄存器内容写入 DAC 寄存器，实现 D-A 转换。

图 2-45 是 DAC0832 工作于双缓冲方式下，与 8 位数据总线的微机相连的逻辑图。其中，$\overline{\text{CS}}$的口地址为 320H，$\overline{\text{XFER}}$的口地址为 321H，当 CPU 执行第一条 OUT 指令时，选中$\overline{\text{CS}}$端口，选通输入寄存器，将累加器中的数据传入输入寄存器。再执行第二条 OUT 指令，选中$\overline{\text{XFER}}$端口，把输入寄存器的内容写入 DAC 寄存器，并启动转换。执行第二条 OUT

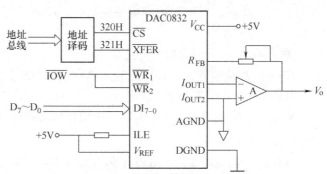

图 2-45　DAC0832 与 8 位数据总线微机的连接图

指令时，累加器中的数据为多少是无关紧要的，主要目的是使$\overline{\text{XFER}}$有效。

其二，在需要同步进行 D-A 转换的多路 DAC 系统中，采用双缓冲方式，可以在不同的时刻把要转换的数据分别打入各 DAC 的输入寄存器，然后由一个转换命令同时启动多个 DAC 的转换。图 2-46 是一个用 3 片 DAC0832 构成的 3 路 DAC 系统。图中，$\overline{\text{WR}}_1$和$\overline{\text{WR}}_2$接 CPU 的写信号 $\overline{\text{WR}}$，3 个 DAC 的$\overline{\text{CS}}$引脚各由一个片选信号控制，3 个$\overline{\text{XFER}}$信号连在一起，接到第 4 个片选信号上。ILE 可以根据需要来控制，一般接高电平，保持选通状态。它也可以由 CPU 形成的一个禁止信号来控制，该信号为低电平时，禁止将数据写入 DAC 寄存器。这样，可在禁止信号为高电平时，先用 3 条输出指令选择 3 个端口，分别将数据写入各 DAC 的输入寄存器，当数据准备就绪后，再执行一次写操作，使$\overline{\text{XFER}}$变低，同时选通 3 个 D-A 的 DAC 寄存器，实现同步转换。

DAC0832 可具有单极性或双极性输出。

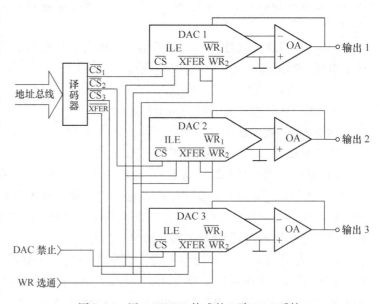

图 2-46　用 DAC0832 构成的 3 路 DAC 系统

1）单极性输出电路如图 2-47 所示。D-A 芯片输出电流 i 经输出电路转换成单极性的电压输出。图 2-47a 为反相输出电路，其输出电压为

$$V_{\text{OUT}} = -iR \tag{2-28}$$

图 2-47b 是同相输出电路，其输出电压为

$$V_{\text{OUT}} = iR\left[1 + \frac{R_2}{R_1}\right] \tag{2-29}$$

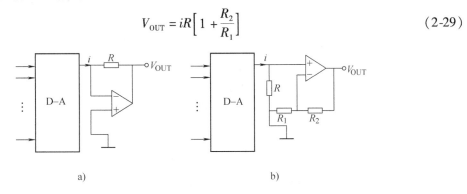

a)　　　　　　　　　　b)

图 2-47　单极性输出电路

a）反相输出　b）同相输出

2）双极性输出在某些微机控制系统中，要求 D-A 的输出电压是双极性的。例如要求输出 $-5 \sim +5\text{V}$。在这种情况下，D-A 的输出电路要作相应的变化。图 2-48 就是 DA0832 双极性输出电路实例。图中，D-A 的输出经运算放大器 A_1 和 A_2 放大和偏移以后，在运算放大器 A_2 的输出端就可得到双极性的 $-5 \sim +5\text{V}$ 的输出电压。这里，V_{REF} 为 A_2 提供一个偏移电流，且 V_{REF} 的极性选择应使偏移电流方向与 A_1 输出的电流方向相反。再选择 $R_4 = R_3 = 2R_2$，以使偏移电流恰好为 A_1 输出电流的 1/2。从而使 A_2 的输出特性在

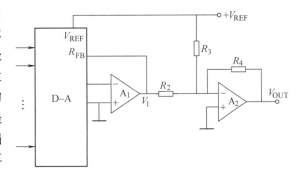

图 2-48　双极性输出电路

A_1 的输出特性基础上上移 1/2 的动态范围。由电路各参数计算可得最后的输出电压表达式为

$$V_{\text{OUT}} = -2V_1 - V_{\text{REF}}$$

设 V_1 为 $0 \sim -5\text{V}$，选取 V_{REF} 为 $+5\text{V}$，

则 $V_{\text{OUT}} = (0 \sim 10)\text{V} - 5\text{V} = -5 \sim +5\text{V}$

（2）12 位 D-A 转换器 DAC1210

1）DAC1210 的主要性能及特点。DAC1210（与 DAC1208、DAC1209 是一个系列）是双列直插式 24 引脚集成电路芯片，输入数字为 12 位二进制数字，分辨率为 12 位，电流建立时间为 $1\mu\text{s}$，供电电源 $+5 \sim +15\text{V}$（单电源供电），基准电压 V_{REF} 范围为 $-10 \sim +10\text{V}$。DAC1210 的特点是：线性规范只有零位和满量程调节，与所有的通用微处理器直接接口，单缓冲、双缓冲或直通数字数据输入，与 TTL 逻辑电平兼容，全四象限相乘输出。

2）DAC1210 引脚说明。DAC1210 的引脚排列如图 2-49 所示，图中所有引脚的控制信号都是电平激励信号。各引脚的定义如下：

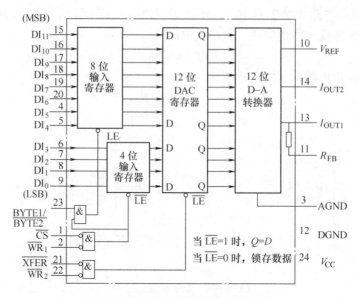

图 2-49　DAC1210 原理框图及引脚图

$\overline{CS}$——片选（低电平有效）。

$\overline{WR_1}$——写入 1（低电平有效），$\overline{WR_1}$ 用于将数字数据位（D1）送到输入锁存器。当 $\overline{WR_1}$ 为高电平时，输入锁存器中的数据被锁存。12 位输入锁存器分成 2 个锁存器，一个存放高 8 位的数据，而另一个存放低 4 位数据。BYTE$_1$/$\overline{BYTE_2}$ 控制脚为高电平时选择两个锁存器，处于低电平时则改写 4 位输入锁存器。

BYTE$_1$/$\overline{BYTE_2}$——字节顺序控制。当此控制端为高电平时，输入锁存器中的 12 个单元都被使能。当为低电平时，只使能输入锁存器中的最低 4 位使能。

$\overline{WR_2}$——写入 2（低电平有效）。

$\overline{XFER}$——传送控制信号（低电平有效）。该信号与 $\overline{WR_2}$ 结合时，能将输入锁存器中的 12 位数据转移到 DAC 寄存器中。

DI$_0$ ~ DI$_1$——数据写入。DI$_0$ 是最低有效位（LSB），DI$_1$ 是最高有效位（MSB）。

I_{OUT1}——数模转换器电流输出 1，DAC 寄存器中所有数字码为全"1"时，I_{OUT1} 为最大，为全"0"时，I_{OUT1} 为零。

I_{OUT2}——数模转换器电流输出 2，I_{OUT2} 为常量减去 I_{OUT1}，即 $I_{OUT1} + I_{OUT2}$ = 常量（固定基准电压），该电流等于 $V_{REF} \times (1 - 1/4096)$ 除以基准输入阻抗。

R_{fb}——反馈电阻。集成电路芯片中的反馈电阻用作为 DAC 提供输出电压的外部运算放大器的分流反馈电阻。芯片内部的电阻应当一直使用（不是外部电阻），因为它与芯片上的 R—$2R$ T 形网络中的电阻相匹配，已在全温度范围内统调了这些电阻。

V_{REF}——基准输入电压。该输入端把外部精密电压源与内部的 R—$2R$ T 形网络连接起来，V_{REF} 的选择范围是 -10 ~ $+10V$。在四象限乘法 DAC 应用中，也可以是模拟电压输入。

V_{CC}——数字电源电压。它是器件的电源引脚。V_{CC} 的范围在直流电压 5 ~ 15V，工作电压的最佳值为 15V。

AGND——模拟地。它是模拟电路部分的地。

DGND——数字地。它是数字逻辑的地。

3）DAC1210 的输入与输出。DAC1210 有 12 位数据输入线，当与 8 位的数据总线相接时，因为 CPU 输出数据是按字节操作的，那么送出 12 位数据需要执行两次输出指令，比如第一次执行输出指令送出数据的低 8 位，第二次执行输出指令再送出数据的高 4 位。为避免两次输出指令之间在 D-A 转换器的输出端出现不需要的扰动模拟量输出，就必须使低 8 位和高 4 位数据同时送入 DAC1210 的 12 位输入寄存器。为此，往往用两级数据缓冲结构来解决 D-A 转换器和总线的连接问题。工作时，CPU 先用两条输出指令把 12 位数据送到第一级数据缓冲器，然后通过第三条输出指令把数据送到第二级数据缓冲器，从而使 D-A 转换器同时得到 12 位待转换的数据。

DAC1210 是电流相加型 D-A 转换器，有 I_{OUT2} 和 I_{OUT2} 两个电流输出端，通常要求转换后的模拟量输出为电压信号，因此，外部应加运算放大器将其输出的电流信号转换为电压输出。加一个运算放大器可构成单极性电压输出电路，加两个运算放大器则可构成双极性电压输出电路。图 2-50 中给出了 DAC1210 单缓冲单极性电压输出电路原理图。

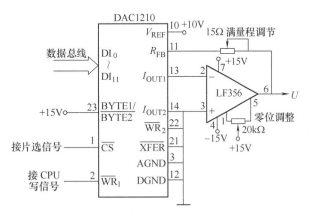

图 2-50　DAC1210 单缓冲单极性电压输出电路

由上面分析可知，DAC1210 与 DAC0832 有许多相似之处，其主要差别在于分辨率不同，DAC1210 具有 12 位的分辨率，而 DAC0832 只有 8 位分辨率。例如，若取 $V_{REF} = 10V$，按单极性输出方式，当 DAC0832 输入数字 0000、0001 时其输出电压约为 39.06mV；而 DAC1210 输入数字 0000、0000、0001 时，其输出电压约为 2.44mV。可见，DAC1210 的分辨率比 DAC0832 的分辨率高 16 倍，因此转换精度更高。

（3）8 位 A-D 转换器 ADC0809　ADC0809 是单片双列直插式集成电路芯片，是 8 通路 8 位 A-D 转换器，其主要特点是：分辨率 8 位；总的不可调误差 ±1LSB；当模拟输入电压范围为 0 ~ 5V 时，可使用单一的 +5V 电源；转换时间为 100μs；温度范围为 - 40 ~ + 85℃；不需另加接口逻辑可直接与 CPU 连接；可以输入 8 路模拟信号；输出带锁存器；逻辑电平与 TTL 兼容。

1）电路组成及转换原理。ADC0809 是一种带有 8 位转换器、8 位多路切换开关以及与微处理器兼容的控制逻辑的 CMOS 组件。8 位 A-D 转换器的转换方法为逐次逼近法。在 A-D 转换器的部含有一个高阻抗斩波稳定比较器、一个带有模拟开关树组的 256R 分压器，以及一个逐次逼近的寄存器。八路的模拟开关由地址锁存器和译码器控制，可以在八个通道中任意访问一个单边的模拟信号，其原理框图如图 2-51 所示。

ADC0809 无须调零和满量程调整，又由于多路开关的地址输入能够进行锁存和译码，而且它的三态 TTL 输出也可以锁存，所以易于与微处理器进行接口。从图 2-51 中可以看出，ADC0809 由两大部分所组成，第一部分为八通道多路模拟开关，它的基本原理与 CD4051 类似，它用于控制 C、B、A 端子和地址锁存允许端子，可使其中一个通道被选中。第二部分为一个逐次逼近型 A-D 转换器，它由比较器、控制逻辑、输出缓冲锁存器、逐次逼近寄存器以及开关树组和 256R 电阻分压器组成。后两种电路（即开关树组和 256R 电阻分压器）组成 D-A 转换器。控制逻辑用来控制逐次逼近寄存器从高位到低位逐次取"1"，然后将此数字量送到开关树组（8 位开关），用来控制开关 $S_7 \sim S_0$ 与参考电平相连接。参考电平经 256R 电阻分压器，则输出一个模拟电压 U_o，U_o、U_i 在比较器中进行比较。当 $U_o > U_i$ 时，本位 D = 0；当 $U_o \leq U_i$ 时，则本位 D = 1。因此，从 $D_7 \sim D_0$ 比较 8 次即可逐次逼近寄存器中的数字量，即与模拟量 U_i 所相当的数字量相等。此数字量送入输出锁存器，并同时发出转换结束脉冲。

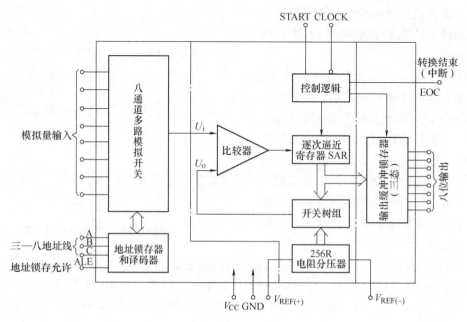

图 2-51　ADC0808/0809 原理框图

2）ADC0808/0809 的外引脚功能。ADC0808/0809 的引脚排列如图 2-52 所示，其主要引脚的功能如下：

$IN_0 \sim IN_7$——8 个模拟量输入端。

START——启动 A-D 转换器，当 START 为高电平时，开始 A-D 转换。

EOC——转换结束信号。当 A-D 转换完毕之后，发出一个正脉冲，表示 A-D 转换结束。此信号可用作为 A-D 转换是否结束的检测信号或中断申请信号。

OE——输出允许信号。此信号被选中时，允许从 A-D 转换器锁存器中读取数字量。

CLOCK——时钟信号。

ALE——地址锁存允许，高电平有效。当 ALE 为高电平时，允许 C、B、A 所示的通道被选

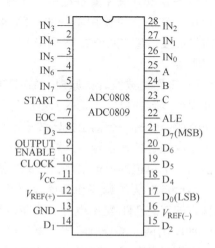

图 2-52　ADC0808/0809 引脚排列图

中，并将该通道的模拟量接入 A-D 转换器。

ADDA、ADDB、ADDC——通道号地址选择端，C 为最高位，A 为最低位。当 C、B、A 全零（000）时，选中 IN0 通道接入；为 001 时，选中 IN1 通道接入；为 111 时，选中 IN7 通道接入。

$D_7 \sim D_0$——数字量输出端。

$V_{REF(+)}$、$V_{REF(-)}$——参考电压输入端，分别接 +、- 极性的参考电压，用来提供 D-A 转换器权电阻的标准电平。当模拟量为单极性输入时，$V_{REF(+)} = 5V$，$V_{REF(-)} = 0V$；当模拟量为双极性输入时，$V_{REF(+)}$、$V_{REF(-)}$分别为 +5V 和 -5V。

（4）12 位 A-D 转换器 AD574　AD574 是一个完整的 12 位逐次逼近式带三态缓冲器的 A-D 转换器，它可以直接与 8 位或 16 位微型机总线进行接口。AD574 的分辨率为 12 位，转换时间为 15 ~ 35μs。AD574 有六个等级，其中 AD574AJ、AD574AK 和 AD574AL 适用于 0 ~ +70℃温度范围内工作；AD574AS、AD574AT 和 AD574AV 可用在 -55 ~ +125℃温度范围内工作。

1）AD574 的电路组成。AD574 的原理框图如图 2-53 所示。AD574 由模拟芯片和数字芯片两部分组成。其中模拟芯片由高性能的 AD565（12 位 D-A 转换器）和参考电压模块组成。它包括高速电流输出开关电路、激光切割的膜片式电阻网络，故其精度高，可达 $\pm \frac{1}{4}$LSB。数字芯片是由逐次逼近寄存器（SAR）、转换控制逻辑、时钟、总线接口和高性能的锁存器、比较器组成。逐次逼近的转换原理前已述及，此处不再重复。

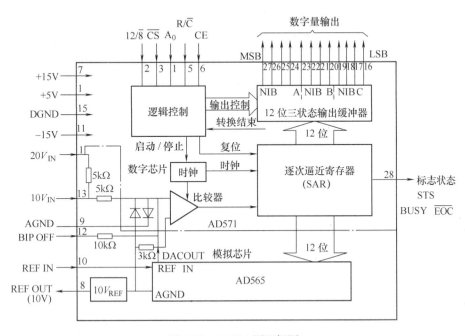

图 2-53　AD574 原理框图

2）AD574 引脚功能说明。AD574 各个型号都采用 28 引脚双列直插式封装，AD574A 引脚图如图 2-54 所示。

$DB_0 \sim DB_{11}$——12 位数据输出，分三组，均带三态输出缓冲器。

V_{LOGIC}——逻辑电源 +5V（+4.5 ～ +5.5V）。

V_{CC}——正电源 +15V（+13.5 ～ +16.5V）。

V_{EE}——负电源 −15V（−13.5 ～ −16.5V）。

AGND、DGND——模拟、数字地。

CE——片允许信号，高电平有效。简单应用中固定接高电平。

$\overline{CS}$——片选择信号，低电平有效。

R/$\overline{C}$——读/转换信号。CE = 1、$\overline{CS}$ = 0、R/$\overline{C}$ = 0 时，转换开始，启动负脉冲，输出脉宽为 400ns。CE = 1、$\overline{CS}$ = 0、R/$\overline{C}$ = 1 时，允许读数据。

A_0——转换和读字节选择信号。

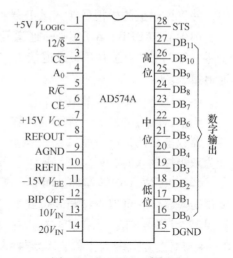

图 2-54　AD574A 引脚图

$\begin{cases} CE = 1、\overline{CS} = 0、R/\overline{C} = 0、A_0 = 0 \text{ 时，启动按 12 位转换；} \\ CE = 1、\overline{CS} = 0、R/\overline{C} = 0、A_0 = 1 \text{ 时，启动按 8 位转换；} \end{cases}$

$\begin{cases} CE = 1、\overline{CS} = 0、R/\overline{C} = 1、A_0 = 0 \text{ 时，读取转换后的高 8 位数据；} \\ CE = 1、\overline{CS} = 0、R/\overline{C} = 1、A_0 = 1 \text{ 时，读取转换后的低 4 位数据（低 4 位 +0000）。} \end{cases}$

12/$\overline{8}$——输出数据形式选择信号。12/$\overline{8}$ 端接 1 脚（V_{LOGIC}）时，数据按 12 位形式输出；12/$\overline{8}$ 端接 15 脚（DGND）时，数据按双 8 位形式输出。

STS——转换状态信号。转换开始 STS = 1；转换结束 STS = 0。

$10V_{IN}$——模拟信号输入。单极性 0 ～ 10V，双极性 ±5V。

$20V_{IN}$——模拟信号输入。单极性 0 ～ 20V，双极性 ±10V。

REF IN——参考电压输入。

REF OUT——参考电压输出。

BIP OFF——双极性偏置。

AD574 真值表见表 2-3。单极性输入电路和双极性输入电路分别如图 2-55、图 2-56 所示。

表 2-3　AD574 真值表

CE	$\overline{CS}$	R/$\overline{C}$	12/$\overline{8}$	A_0	操　作
0	×	×	×	×	禁止
×	1	×	×	×	禁止
1	0	0	×	0	启动 12 位转换
1	0	0	×	1	启动 8 位转换
1	0	1	V_{LOGIC}	×	一次读取 12 位输出数据
1	0	1	DGND	0	读取高 8 位输出数据
1	0	1	DGND	1	读取低 4 位输出数据尾随 4 个 0

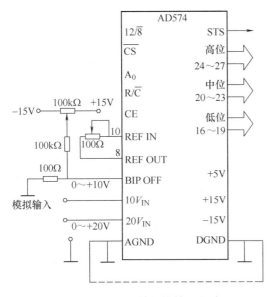

图 2-55　AD574 单极性输入电路

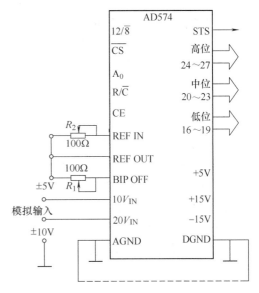

图 2-56　AD574 双极性输入电路

2.3.4　通信总线接口技术

计算机和外部交换信息又称为通信（Communication）。按数据传送方式分为并行通信和串行通信两种基本方式。

1. 并行通信

并行通信就是把传送数据的 n 位数用 n 条传输线同时传送。其优点是传送速度快、信息率高。并且，通常只要提供两条控制和状态线，就能完成 CPU 和接口及设备之间的协调、应答，实现异步传输。它是计算机系统和计算机控制系统中常常采用的通信方式。但是并行通信所需的传输线（通常为电缆线）多，增加了成本，接线也较麻烦，因此在长距离、多数位数据的传送中较少采用。

为适应并行通信的需要，目前已设计出许多种并行接口电路芯片。如 Z—80 系列的 PIO、M6800 系列的 PIA、Intel 系列的 8255A 等，都是可编程的并行 I/O 接口芯片，其中的各个端口既可以设定为输入口，又可以设定为输出口，具有必要的联络、控制信号端，在微机控制系统中选用这些接口芯片构成并行通信通路十分方便。

2. 串行通信

串行通信是数据按位进行传送的。在传输过程中，每一位数据都占据一个固定的时间长度，一位一位的串行传送和接收。串行通信又分为全双工方式和半双工方式、同步方式和异步方式。

（1）全双工方式　CPU 通过串行接口和外围设备相接。串行接口和外围设备间除公共地线外，还有两根数据传输线，串行接口可以同时输入和输出数据，计算机可同时发送和接收数据，这种串行传输方式就称为全双工方式，信息传输效率较高。

（2）半双工方式　CPU 也通过串行接口和外围设备相接，但是串行接口和外围设备间除公共地线外，只有一根数据传输线，某一时刻数据只能沿一个方向传输，这称为半双工方式，信息传输效率低些。但是对于像打印机这样单方向传输的外围设备，只用此半双工方式就能满足要求了，不必采用全双工方式，可省一根传输线。

（3）同步通信　采用同步通信时，将许多字符组成一个信息组，通常称为信息帧。在每帧信息的开始加上同步字符，接着字符一个接一个地传输（在没有信息要传输时，要填上空字符，同步传输不允许有间隙）。接收端在接收到规定的同步字符后，按约定的传输速率，接收对方发来的一串信息。相对于异步通信来说，同步通信的传输速率略高些。

（4）异步通信　异步通信格式如图 2-57 所示。由图可见，每个字符在传输时，由一个"1"跳变到"0"的起始位开始；其后是 5~8 个信息位（也称字符位），信息位由低到高排列，即第一位为字符的最低位，最后一位为字符的最高位；其后是可选择的奇偶校验位；最后为"1"的停止位，停止位为 1 位、1 位半或 2 位。如果传输完一个字符后立即传输下一个字符，那么后一个字符的起始位就紧挨着前一个字符的停止位了。字符传输前，输出线为"1"状态，

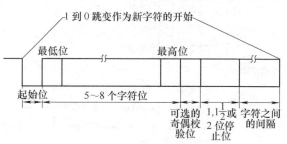

图 2-57　标准的异步通信数据格式

称为标识态，传输一开始，输出线状态由"1"变为"0"状态，作为起始位。传输完一个字符之后的间隔时间输出线又进入标识态。

为适应串行通信的需要，已设计出许多种串行通信接口芯片，如 Z—80 系列的 SIO、M6800 系列的 ACIA 和 Intel 系列的 8251A 等，都是可编程的，既可接成全双工方式，又可接成半双工方式，既可实现同步通信，又可实现异步通信。

2.4　自动控制相关技术

2.4.1　机电一体化

机电一体化技术是将机械技术、电工电子技术、微电子技术、信息技术、传感器技术、接口技术、信号变换技术等多种技术进行有机地结合，并综合应用到实际中去的综合技术，现代化的自动生产设备几乎可以说都是机电一体化的设备。

CAMEL VIEW 是北京数系科技与德国 iXtronics GmbH 公司共同开发的，CAMEL VIEW 作为机电一体化设计系统，从产品的概念设计到产品性能的测试、验证、通过都是一体化、流程化、规范化的，在满足用户设计的前提下，数值实验的仿真与结果的验证无不精确化，支持复杂环境下多工况、多耦合场设计。

1. 主要涵盖内容

（1）机械技术　机械技术是机电一体化的基础，机械技术的着眼点在于如何与机电一体化技术相适应，利用其他高、新技术来更新概念，实现结构上、材料上、性能上的变更，满足减小质量、缩小体积、提高精度、提高刚度及改善性能的要求。在机电一体化系统制造过程中，经典的机械理论与工艺应借助于计算机辅助技术，同时采用人工智能与专家系统等，形成新一代的机械制造技术。

（2）计算机技术　其中信息交换、存取、运算、判断与决策、人工智能技术、专家系统技术、神经网络技术均属于计算机信息处理技术。

（3）系统技术　系统技术即以整体的概念组织应用各种相关技术，从全局角度和系统目标出发，将总体分解成相互关联的若干功能单元，接口技术是系统技术中一个重要方面，它是实现系统各部分有机连接的保证。

（4）自动控制技术　其范围很广，在控制理论指导下，进行系统设计及设计后的系统仿真、现场调试。控制技术包括如高精度定位控制、速度控制、自适应控制、自诊断校正、补偿、再现、检索等。

（5）传感技术　传感检测技术是系统的感受器官，是实现自动控制、自动调节的关键环节。其功能越强，系统的自动化程序就越高。现代工程要求传感器能快速、精确地获取信息并能经受严酷环境的考验，它是机电一体化系统达到高水平的保证。

（6）伺服技术　包括电动、气动、液压等各种类型的传动装置，伺服系统是实现电信号到机械动作的转换装置与部件，对系统的动态性能、控制质量和功能有决定性的影响。

2. 不同阶段

（1）模型阶段　在模型阶段，所有的系统组件都能够被最优化；在仿真计算的帮助下，可以测试和分析这些组件的适用性；监测响应频率；对模型进行分析。此外，还能够生成一个物理/拓扑系统模型，包括机械、液压和控制导向组件。该阶段有必要有一个模型工具，这个工具支持机电一体化系统的物理模型，即当有实物和节点时，这些模型能够以 1：1 来测试，并且原型设计研究阶段可以在严酷的实时条件下进行。

（2）测试阶段　在系统运行完模型阶段之后，所产生的具体的性能数据可以通过试验台验证。这样就可以测试和检验该系统有关参数波动的鲁棒性、功率储备及连续运行的特征。这样做的话，用户可以进行测试或者使用 CAMEL-VIEW TestRig 进行硬件在回路（的测试）。要进行硬件在回路测试，相关装置的物理特性需要详细确认，这些装置必须是建立在测试平台的基础之上。识别经过测试平台上测试过的组件，容许这些组件在模型中被识别，并确保整个以系统为基础的仿真分析布局。

（3）原型阶段　成功的测试之后，就会建立一个原型。这里要特别关注的是模型特性，这些特性特指通过特别费力的仿真所决定的特性，比如组件损耗（性能）。这些数据结果，为模型基础性分析提供服务，同时为进一步研发提供知识基础。

3. 五大组成要素

一个机电一体化系统中一般由结构组成要素、动力组成要素、运动组成要素、感知组成要素、职能组成要素五大组成要素有机结合而成。机械本体（结构组成要素）是系统的所有功能要素的机械支持结构，一般包括机身、框架、支撑、联接等。动力驱动部分（动力组成要素）依据系统控制要求，为系统提供能量和动力，以使系统正常运行。测试传感部分（感知组成要素）对系统的运行所需要的本身和外部环境的各种参数和状态进行检测，并变成可识别的信号，传输给信息处理单元，经过分析、处理后产生相应的控制信息。控制及信息处理部分（职能组成要素）将来自测试传感部分的信息及外部直接输入的指令进行集中、存储、分析、加工处理后，按照信息处理结果和规定的程序与节奏发出相应的指令，控制整个系统有目的地运行。执行机构（运动组成要素）根据控制及信息处理部分发出的指令，完成规定的动作和功能。

机电一体化系统一般由机械本体、检测传感部分、电子控制单元、执行器和动力源五个组成部分构成。

4. 四大原则

构成机电一体化系统的五大组成要素其内部及相互之间都必须遵循接口耦合、运动传递、信息控制与能量转换四大原则。

（1）接口耦合　两个需要进行信息交换和传递的环节之间，由于信息模式不同（数字量与模拟量、串行码与并行码、连续脉冲与序列脉冲等）无法直接传递和交换，必须通过接口耦合来实现。而两个信号强弱相差悬殊的环节之间，也必须通过接口耦合后，才能匹配。变换放大后的信号要在两个环节之间可靠、快速、准确地交换、传递，必须遵循一致的时序、信号格式和逻辑规范才行，因此接口耦合时就必须具有保证信息的逻辑控制功能，使信息按规定的模式进行交换与传递。

（2）能量转换　两个需要进行传输和交换的环节之间，由于模式不同而无法直接进行能量的转换和交流，必须进行能量的转换，能量的转换包括执行器、驱动器和它们的不同类型能量的最优转换方法及原理。

（3）信息控制　在系统中，所谓智能组成要素的系统控制单元，在软、硬件的保证下，完成信息的采集、传输、储存、分析、运算、判断、决策，以达到信息控制的目的。对于智能化程度高的信息控制系统还包含了知识获得、推理机制以及自学习功能等知识驱动功能。

（4）运动传递　运动传递是构成机电一体化系统各组成要素之间不同类型运动的变换与传输，以及以运动控制为目的的优化。

5. 发展方向

机电一体化是集机械、电子、光学、控制、计算机、信息等多学科的交叉综合，它的发展和进步依赖并促进相关技术的发展和进步。未来机电一体化的主要发展方向有以下几点：

（1）智能化　智能化是21世纪机电一体化技术发展的一个重要发展方向。人工智能在机电一体化建设者的研究中日益得到重视，机器人与数控机床的智能化就是重要应用。这里所说的"智能化"是对机器行为的描述，是在控制理论的基础上，吸收人工智能、运筹学、计算机科学、模糊数学、心理学、生理学和混沌动力学等新思想、新方法，模拟人类智能，使它具有判断推理、逻辑思维、自主决策等能力，以求得到更高的控制目标。诚然，使机电一体化产品具有与人完全相同的智能是不可能的，也是不必要的。但是，高性能、高速的微处理器使机电一体化产品赋有低级智能或人的部分智能，则是完全可能而必要的。

（2）模块化　模块化是一项重要而艰巨的工程。由于机电一体化产品种类和生产厂家繁多，研制和开发具有标准机械接口、电气接口、动力接口、环境接口的机电一体化产品单元是一项十分复杂但又非常重要的任务。如研制集减速、智能调速、电机于一体的动力单元，具有视觉、图像处理、识别和测距等功能的控制单元，以及各种能完成典型操作的机械装置。这样，可利用标准单元迅速开发出新产品，同时也可以扩大生产规模，这需要制定各项标准，以便各部件、单元的匹配和接口。由于利益冲突，很难制定国际或国内这方面的标准，但可以通过组建一些大企业逐渐形成统一的规范或标准。显然，从电气产品的标准化、系列化带来的好处可以肯定，无论是对生产标准机电一体化单元的企业还是对生产机电一体化产品的企业，规模化将给机电一体化企业带来美好的前景。

（3）网络化　20世纪90年代，计算机技术等的突出成就是网络技术。网络技术的兴起和飞速发展给科学技术、工业生产、政治、军事、教育及人们的日常生活都带来了巨大的变革。各种网络将全球经济、生产连成一片，企业间的竞争也将全球化。机电一体化新产品一旦研制出来，只要其功能独到，质量可靠，很快就会畅销全球。由于网络的普及，基于网络的各种远程控制和监视技术方兴未艾，而远程控制的终端设备本身就是机电一体化产品。现场总线和局域网技术使家用电器网络化已成大势，利用家庭网络（Home Net）将各种家用电器连接成以计算机为中心的计算机集成家电系统（Computer Integrated Appliance System，CIAS），可以使人们在家里分享各种高技术带来的便利与快乐。因此，机电一体化产品无疑将朝着网络化方向发展。

（4）微型化　微型化兴起于 20 世纪 80 年代末，指的是机电一体化向微型机器和微观领域发展的趋势。国外称其为微电子机械系统（MEMS），泛指几何尺寸不超过 $1cm^3$ 的机电一体化产品，并向微米、纳米级发展。微机电一体化产品体积小、耗能少、运动灵活，在生物医疗、军事、信息等方面具有不可比拟的优势。微机电一体化发展的瓶颈在于微机械技术，微机电一体化产品的加工采用精细加工技术，即超精密技术，它包括光刻技术和蚀刻技术两类。

（5）绿色化　工业的发达给人们的生活带来了巨大变化：一方面，物质丰富，生活舒适；另一方面，资源减少，生态环境受到严重污染。于是，人们呼吁保护环境资源，回归自然。绿色产品概念在这种呼声下应运而生，绿色化是时代的趋势。绿色产品在其设计、制造、使用和销毁的生命过程中，符合特定的环境保护和人类健康的要求，对生态环境无害或危害极少，资源利用率极高。设计绿色的机电一体化产品，具有远大的发展前途。机电一体化产品的绿色化主要是指，使用时不污染生态环境，报废后能回收利用。

（6）系统化　系统化的表现特征之一就是系统体系结构进一步采用开放式和模式化的总线结构，系统可以灵活组态，进行任意剪裁和组合，同时寻求实现多子系统协调控制和综合管理；表现之二是通信功能的大大加强，特别是"人格化"发展引人注目，即未来的机电一体化更加注重产品与人的关系。机电一体化的人格化有两层含义：一是机电一体化产品的最终使用对象是人，如何赋予机电一体化产品人的智能、情感、人性显得越来越重要，特别是对家用机器人，其高层境界就是人机一体化；另一层含义是模仿生物机理，研制各种机电一体化产品。

2.4.2　计算机容错技术

1. 基本概念

容错（Fault-tolerance）：容忍故障，考虑故障一旦发生时能够自动检测出来并使系统能够自动恢复正常运行。当出现某些指定的硬件故障或软件错误时，系统仍能执行规定的一组程序，或者说程序不会因系统中的故障而中止或被修改，并且执行结果也不包含系统中故障所引起的差错。

容错计算机系统：在发生故障或存在软件错误的情况下仍能继续正确完成指定任务的计算机系统。

设计与分析容错计算机系统的各种技术称为容错技术。容错技术从系统结构出发来提高系统的可靠性，与排错技术相互补充，构成高可信度的系统。

2. 容错技术种类

（1）故障限制　当故障出现时，希望限制其影响范围。故障限制是把故障效应的传播限制到一个区域内，从而防止污染其他区域。

（2）故障检测　大多数失效最终导致产生逻辑故障。有许多方法可用来检测逻辑故障，如奇偶校验、一致性校验都可用来检测故障。故障检测技术有两个主要的类别，即脱机检测和联机检测，在脱机检测情况下，进行测试时设备不能进行有用的工作；联机检测提供了实时检测能力，因为联机检测与有用的工作同时执行。联机检测技术包括奇偶校验和二模冗余校验。

（3）故障屏蔽　故障屏蔽技术把失效效应掩盖了起来，从某种意义上说，是冗余信息战胜了错误信息，多数表决冗余设计就是故障屏蔽的一个例子。

（4）重试　在许多场合，对一个操作的第二次试验可能是成功的，对不引起物理破坏的瞬间故障尤其是这样。

（5）诊断　如果故障检测技术没有提供有关故障位置和/或性质的信息，那么就需要一个诊断。

（6）重组　当检测出一个故障并判明是一个永久性故障时，这时重组系统的器件以便替代失效的器件或把失效的器件与系统的其他部分隔离开来，也可使用冗余系统，系统能力不降低。

（7）恢复　检测和重组（若必要的话）之后，必须消除错误效应。通常，系统会回到故障检测前处理过程的某一点，并从这一点重新开始操作。这种恢复形式（一般叫卷回）通常需要后备文件、校验点和应用记录方法。如果一个错误破坏的信息太多，或者系统没有设计恢复功能，那么恢复功能也许就不可能。仅当系统未受任何破坏时，才能进行"热"重启（从故障检测点恢复所有操作）。"温"重启指仅有某些过程可以毫无损失地重新启动，"冷"重启相当于系统需要完全重新加载。

（8）修复　把诊断为故障的器件换下来，与故障检测一样，修复也可以是联机进行的或者脱机进行的。

（9）重构　对元件进行物理替换之后，把修复的模块重新加入到该系统中去。对联机修复来说，实现重构不中断系统的工作。

第3章 建筑物自动化

3.1 建筑物自动化系统简介

3.1.1 建筑物自动化系统引言

现代建筑在规模和功能上都与过去不可同日而语。建筑面积超过 8 万 m² 的建筑物随处可见，高度超过 400m、建筑面积在 20 万 m² 以上的超大型建筑物也不再为世人所惊叹。不仅如此，建筑物功能的多样性和集成化趋势往往使同一幢建筑物的不同区域需要同时满足办公、酒店、商场、公寓、娱乐等使用功能，各类使用者（最终用户及物业管理人员）对建筑物应提供的服务要求不断提升，所有这些都使建筑物内部设备的建设和管理日趋复杂。

为了满足各种使用功能和众多的服务要求，建筑物中需要设置照明、空调、冷热源、通风、污水处理、给水排水、变配电、应急供电、电梯及自动扶梯等建筑设备，这些设备数量庞大，分布区域广，控制工艺不一，联动复杂，这给建筑设备的运行操作与管理维护带来了极大的困难。另外，节能控制的复杂计算、精密空调系统的准确控制以及变配电系统的高实时性控制也都超出人工操作的能力范围，因此楼宇设备的计算机自动控制是现代建筑物设备控制的必然趋势。

3.1.2 建筑物自动化系统的定义

建筑物自动化系统（Building Automation System，BAS）又称为楼宇自控系统，它是在综合运用自动控制、计算机、通信、传感器等技术的基础上，实现建筑物设备的有效控制与管理，保证建筑设施的节能、高效、可靠、安全运行，满足广大使用者的需求。

广义 BAS 是将建筑物（群）内的电力、照明、空调、给水排水、防灾、安保、车库管理等设备或系统进行集中监视、控制和管理的综合系统。狭义 BAS 主要是对建筑物（群）内的电力、照明、空调、给水排水等机电设备或系统进行集中监视、控制和管理的系统。两者的区别在于广义 BAS 包括了目前自成体系的火灾自动报警系统和安全防范系统，而狭义 BAS 则不包括这两部分。

在《智能建筑设计标准》（GB/T 50314—2006）中，将"广义 BAS"定义为建筑设备自动化系统（BAS），而将"狭义 BAS"定义为建筑设备监控系统。在 GB/T 50314—2015 中没有对"广义 BAS"及"狭义 BAS"作特别定义，沿用原标准。

智能建筑 3A 中的 BAS 系统，即"广义 BAS"，它涵盖了建筑物中所有机电设备和设施的监控内容；实际工程中所谓的"狭义 BAS"仅包括由各设备厂商或系统承包商利用 DDC 控制器或 PLC 控制器对其进行监控和管理的电力供应与管理、照明控制管理和环境控制与管理以及电梯运行监控等系统。

"狭义 BAS"主要包括电力供应与管理系统、照明控制管理系统和环境控制与管理系统三部分监控内容。进一步细分,"狭义 BAS"的主要监控对象一般包括以下 6 个子系统:冷热源设备子系统、空调送风设备子系统、给水排水设备子系统、电力设备子系统、照明设备子系统、电梯设备子系统。

3.1.3 建筑物自动化系统的发展

楼宇自控系统是自动控制技术应用的一个分支,它的发展也随着自动控制技术的不断进步和完善而日趋成熟。自动控制系统发展的几个阶段可以从相应的控制设备硬件发展来体现:20 世纪 50 年代以前的基地式气动仪表控制系统、60 年代发展起来的电动单元组合仪表控制系统、70 年代的集中式数字控制系统以及 80 年代后的集散控制系统(Distribute Control System, DCS)。

目前自动控制系统正向着更加开放的方向发展。近年来发展起来的现场总线控制系统(Field bus Control System, FCS)通过公开化、标准化的通信协议打破传统 DCS 的专用封闭网络,为不同厂商产品的互联提供可能;同时利用现场智能设备的强大功能进一步将控制功能下放到现场,从而实现真正的全分布式控制结构。

经过一个多世纪的发展,BAS 系统已经从最初的单一设备控制发展到今天的集综合优化控制、在线故障诊断、全局信息管理和总体运行协调等高层次应用为一体的集散控制方式,已将信息、控制、管理、决策有机地融合在一起。但随着工业以太网、基于 Web 控制方式等新技术的涌现以及人们对节能管理、数据分析挖掘等高端需求的深化,BAS 系统仍然处在一个不断自我完善和发展的过程中。

3.2 建筑物自动化系统的组成及功能

3.2.1 建筑物自动化系统的结构及形式

智能建筑自动化系统是建立在计算机技术基础上的采用网络通信技术的分布式集散控制系统,它允许实时地对各子系统设备的运行进行自动监控和管理。

网络结构可分为三层:最上层为信息域的干线,可采用 Internet 网络结构,执行的协议是 TCP/IP,以实现网络资源的共享以及各工作站之间的通信;第二层为控制域的干线,即完成集散控制的分站总线,它的作用是以不小于 10Mbit/s 的通信速率把各分站连接起来,在分站总线上还必须设有与其他厂商设备连接的接口,以便实现与其他设备的联网;第三层为现场总线,使得分散的微型控制器可以相互连接,现场总线通过网关与分站局域网连接。

BAS 系统结构由如下四部分组成:中央控制站、区域控制器、现场设备、通信网络。其结构如图 3-1 所示。

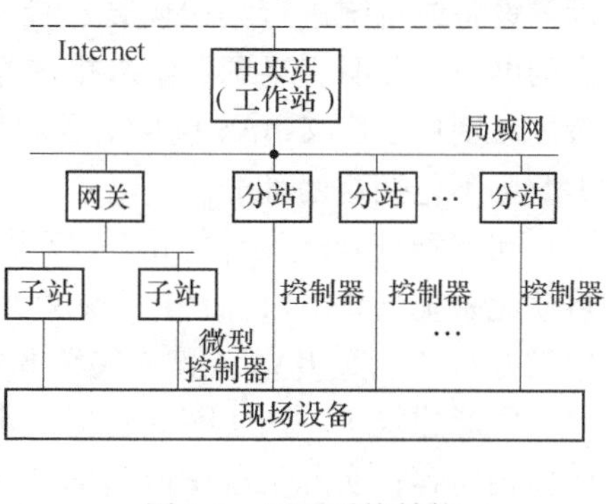

图 3-1 BAS 系统结构

1. 中央控制站

中央控制站直接接入计算机局域网,它是建筑物自动化系统的"主管",是监视、远方控制、数据处理和中央管理的中心。此外,中央控制站对来自各分站的数据和报警信息进行实时监测，同时，向各分站发出各种各样的控制指令，并进行数据处理，打印各种报表，通过图形显示器控制设备的运行或确定报警信息等。

2. 区域控制器（DDC 分站）

区域控制器必须独立地完成对现场机电设备的数据采集和控制监控设备的直接连接，向上与中央控制站通过网络介质连接，进行数据的传输。区域控制器通常设置在控制设备的附近，因而其运行条件必须适合于较高的环境温度（50℃）和相对湿度（95%）。

软件功能要求如下：

1）具有在线编程功能。

2）具有节能控制软件，包括最佳启停程序、节能运行程序、最大需要程序、循环控制程序、自动上电程序、焓值控制程序、DDC 事故诊断程序、PID 算法程序等。

3）具有各子系统的时间控制程序、假日控制程序和条件处理程序等。

3. 现场设备

1）传感器：如温度、湿度、压力、差压、液位、流量等传感器。

2）执行器：如风门执行器、电动阀门执行器等。

3）触点开关：如继电器、接触器、断路器等。

上述现场设备直接与分站相连，它的运行状态和物理模拟量信号将直接送到分站，反过来分站输出的控制信号也直接引用于现场设备。

4. 通信网络

中央控制站与分站通过屏蔽或非屏蔽双绞线连接在一起，组成区域网分站总线，以数字的形式进行传输。通信协议应尽量采用标准形式，如 RS-485 或 LonWorks 现场总线。

对于 BAS 的各子系统，如安保、消防和楼宇机电设备监控等子系统，可考虑采用以太网将各子系统的工作站连接起来，构成局域网，从而实现网络资源，如硬盘、打印机等的共享以及各工作站之间的信息传输，通信协议采用 TCP/IP。

建筑物自动化系统的体系结构是指所有被控参数与中央管理计算机之间的连接方式。从智能建筑的发展历程来看，可以分为三个阶段。

（1）集中式体系结构　早期的建筑物自动化系统只在中央控制室设置一台计算机，以其为核心，辅以必要的外部设备组成集中式监控系统，中央计算机采集位于建筑物各处的建筑设备信号，完成全部设备的监控及调节。由于需要监控的建筑设备安装分散，而且监控量大，要将所有的现场信号接到中央监控室，不仅实现困难，而且可靠性不高。

（2）集散式体系结构　集散式体系结构是目前广泛采用的一种体系结构。集散式系统以分布在现场被监控设备附近的多台 DDC 控制器完成设备的实时监控任务，在中央控制室设置管理计算机，完成集中操作、显示报警、打印输出与优化控制等任务。与集中式体系相比，集散式系统把监控任务分散到各现场控制装置，不仅方便施工，还降低了危险性，克服了集中式系统危险性高度集中的缺陷，可靠性提高；另一方面，由于采用管理计算机对整个系统进行智能化管理，实现了系统的整体优化，从而突出了管理功能。

（3）分布式网络化体系结构　随着信息技术的发展给自动化领域带来的深刻变化，近年来 BAS 系统已由典型的集散式系统逐渐发展到以现场总线为技术特征的全分布式网络化结构。所谓现场总线技术是适应智能仪表发展的一种计算机网络，它的每个节点均是智能仪表或设备，网络上传输的是双向的数字信号，是专门用于工业自动化领域的工业网络，具有可靠性高、成本低、组态简单、可实现互操作性、分布控制等特点，是一种开放性系统。

3.2.2 建筑物自动化系统的控制对象

建筑物自动化系统涉及的范围很广，广义的建筑物自动化（BAS）定义包含火灾报警自动化（FAS）与安保自动化（SAS），监控系统主要包括以下子系统。

（1）变配电系统 安全、可靠的供电是智能建筑正常运行的先决条件。电力系统除要满足继电保护与备用电源自动投入等功能要求外，还必须具备对开关和变压器的状态，系统的电流、电压、有功功率和无功功率等参数的监测，进而实现全面的能量管理。

（2）照明系统 照明系统能耗很大，在大型高层建筑中仅次于供热、通风与空调（HVAC）系统，并导致冷气负荷增加。智能照明控制应十分重视节能工作，例如，人走灯熄，用程序设定开/关灯时间，利用钥匙开关、红外线、超声波及微波测量方法等随时开/关灯。国外的分析报告指出，按这三种设计方案的照明控制大概可节约 30% ~ 50% 的照明用电。

（3）空调与冷热源系统 空调系统在建筑物中的能耗最大，故在保证提供舒适环境的条件下，应尽量降低能耗。主要节能控制措施如下：

1）设备最佳启/停控制。

2）空调及制冷机的节能优化控制。

3）设备运行周期控制。

4）电力负荷控制。

5）储冷系统最佳控制等。

（4）环境监测与给水排水系统 除空调系统外，尚需监测空气的洁净与卫生度，进而采取排风与消毒等措施。我国有很多城市为缺水城市，除应保证饮用水外，尚需重视水的再利用控制。

（5）电梯系统 大型建筑均配备多组电梯。需要利用计算机实现群控，以达到优化传送、控制设备平均使用率与节约能源运行管理等目的。电梯楼层的状况、电源状态、供电电压、系统功率因数等也需监测，并联网实现优化管理。

（6）停车场管理系统 停车场管理常采取读卡方式。内部车库不计费时，汽车经读卡器确认属该系统后，即可进入停车场。另一种为停车计费方式，通常分为两种计费方法，一种是当汽车经读卡器进入车库后即开始计时，在出口处按时收费；另一种是在停车场的每个车位设一车位传感器，当车停在车位时开始计时，当车辆离开车位时计费停止。

3.2.3 建筑物自动化系统的功能

建筑物自动化系统（BAS）又称为建筑设备监控系统或楼宇自动化系统，是一个分布式微机监控系统。

在大型公建内为了实现节能和安全等目的，采用微机控制系统，将配变电、动力、照明、暖通、给水排水等的监测控制管理集中在监控中心（兼作消防中心）。该系统同时可以完成安全防护、报警、巡更、电子地图、远程抄表、预收费等功能。本系统所有信息可以与其他系统共享，实现物业管理自动化。

建筑物自动化系统可以实现的功能有：

1）配变电系统：监视、测量电压、电流等重要电气参数、开关状态，故障报警，遥控操作。

2）照明系统：控制小区的公共走道、大厅、停车库、花园等地的照明灯，使其按时间、日期或室外日光进行自动开关，监视开关的状态。采用智能化灯光控制系统，可以进行灯光场景控制，保护灯具，延长灯具寿命。

3）暖通空调：监视、测量室内外的空气参数，按计划启停空调设备，节能运行。

4）给水排水：监视水泵运行状态，实现各种水池液位监测报警、饮用水过滤杀细菌设备监测控制、热水供应设备监测控制、水池液位自动控制。

5）电梯：监视电梯运行状况，自动调度运行控制，记录运行时间。

上述设备管理和子系统间的协调主要由 BAS 中央管理计算机承担。为此，中央管理计算机应具备数据库功能、显示功能、设备操作功能、定时控制功能、统计分析功能、设备管理功能及故障诊断功能。

除了完成对建筑设备的监控任务外，建筑设备监控系统还要对大量的检测数据进行统计处理，实现设备的运行管理。系统的管理功能通常体现在利用计算机以图形方式给出各设备、装置甚至传感器在建筑物中的具体位置，为维护人员查找故障提供方便，记录有关设备、装置的运行维护情况，在计算机内部建立设备档案库，打印各种报表，进行统计计算，为建筑物管理提供科学依据。

3.3　建筑物自动化系统的硬件及软件简介

3.3.1　建筑物自动化系统的硬件及组态

1. 控制分站的硬件及其组态

控制分站主要完成实时性强的控制和调节功能。控制分站按照其硬件组成是否具有分散地实现闭环控制的功能分为分散控制型（DCP）、数据采集型（DGP）。其中分散控制型又分为有微处理器的智能型控制器（DCP-I）、无微处理器的普通型控制器（DCP-G）。

目前，一般中型和大型系统采用智能型控制器，这是一种全智能型控制器。用户可以根据自己的需要赋予分站某种功能，例如改变控制算法、增设某个滤波程序等。智能型的控制分站设有中央处理器、内存、通信接口、可扩展的功能化信号输入/输出（I/O）模块、便携终端插口或字符显示器及键盘。它可以直接完成数字控制功能，能组成网络构成建筑物自动控制系统。这种智能型控制器的控制分站具有下列技术特点：

1）采用单片机的智能控制器能独立运行，中央处理器有 16 位或者 32 位。

2）有多种输入/输出信号。输入信号应该能适应多种传感器（变送器），主要有：模拟量直流信号 4～20mA、0～10mA、0～10V，热电阻（RTD）信号，压力信号；开关量信号有常开/常闭接点（ON/OFF）、电流有/无、电压有/无、低频脉冲信号等。输出信号应有模拟量和开关量，主要有以下一些：模拟量直流信号 4～20mA、0～10mA、0～10V、0～12V，气动输出（0～138kPa）；开关量信号有保持式和脉冲式，两态控制（ON/OFF）及三态控制（快、慢、停）。对于某一种控制器，可以选择其中数种组合。

3）模块化组合结构。设备可扩展，可以是扩展槽式结构，也可以是电路板式结构。一般分为电源模块、控制模块、测点模块等。

4）多种通信接口：RS-232C（串行通信接口）、EIA RS-485（9600bit/s）、RS-422，IEEE-488。

5）有联网能力。如以太网（Ethernet，传输速率为4Mbit/s、10Mbit/s）、ARCnet（传输速率为2.5Mbit/s）、令牌环网（Token Ring）、20mA电流环（传输速率为1.2kbit/s、9.6kbit/s或19.2kbit/s）、建筑物自动化和控制网（BACnet）、局部操作总线（LON）。

6）内存为模块化的可预编程。内存容量按照不同要求而异，如8KB ROM、256KB RAM、8KB EEPROM、32KB EEPROM，或者用PCMCIA卡。

7）能适应工业环境，有较强的抗干扰能力：一般环境条件为气温0~49℃、湿度0%~90%，不结露。

8）有或可接显示器和键盘供操作员和程序员在现场进行操作，如设定数据及修改参数等。

9）可自诊断及故障报警，使设备安全可靠运行。

10）有备用电池供断电时保持RAM内容支持时间不小于72h，在无负载情况下自身寿命不低于5年。

11）显示器用发光二极管或液晶可以显示电源情况（通、断、接通试验）及数据传送情况（发送、接收、故障）。

12）有实时时钟：可以对设备进行时间日期安排，定时控制。

13）结构形式有墙挂式、箱式、落地式等，应便于安装维护检修。

14）外壳防护级别，有IP20、IP55或IEC144、IEC529。

15）电源电压为AC24V/50Hz或AC220V/50Hz。

2. 中央站的硬件及其组态

中央站或管理中心又称监控中心或上位计算机，它可以对整个系统实行管理和优化，通常用高档微机。目前微机的硬件发展很快，可以选用较高级的配置。中央站硬件配置有微机和外围设备。

（1）微机的配置

1）中央处理器是决定中央站处理速度的主要部件，一般用32位的，如Intel Pentium处理器主频800MHz。

2）高速缓冲存储器可以加快处理速度，一般有256KB。内存对数据处理和图形显示有很大影响，一般用16MB以上（可选用64MB RAM）。

3）计算机总线是计算机信息总通道，目前以PCI总线较好。

4）硬盘驱动器的容量按照软件处理容量来定，一般为1GB以上，可用20GB的3.5in（1in=0.0254cm）IDE硬盘驱动器。

5）软盘驱动器为1.44MB，3.5in。

6）光盘驱动器用于储存数据，一般容量为650MB，分为只读型（CD-ROM）、可写（CD-R）型或可读写型（CD-RW）。

7）附件插槽为两个ISA、一个PCI。

8）内置I/O端口。一个平行端口，两个RS-232串行端口。

9）显示器（CRT）41cm（14in）SVGA，内部1MB DRAM，分辨率为640×480像素以

上，256 色（显示数据和图形），最好用 51cm（21in），分辨率为 1024×768 像素，256 色。

10）键盘为 101 键。

11）鼠标器为机械式或光电式（用视窗操作系统时一定要配）。

（2）打印机 打印机用于制作硬拷贝文件。一般打印机接在微机的平行端口，这样一旦微机有故障，就有丢失报警信息的可能。如果将打印机直接接在网络，这样各分站可以直接访问打印机，报警信息可直接送到打印机，减少失误。打印机目前有击打式点阵打印机、喷墨打印机和激光打印机等数种。击打式点阵打印机适合打印数据，目前已很少用。喷墨打印机和激光打印机除了打印数据外，还可以打印图形。

1）喷墨打印机：打印速度，单色 1 页/min，彩色 4 页/min；分辨率，单色 600×600dpi，彩色 300×300dpi；纸张，连续纸 102~406mm，单张纸 A4（210mm×297mm）。

2）激光打印机：打印速度为单色 4 页/min；分辨率为单色 600×600dpi；纸张为单张纸 A4（210mm×297mm）。

3.3.2 建筑物自动化系统的软件

1. 建筑物自动化系统的软件特点

建筑物自动化系统的软件包括系统软件和应用软件，这些软件的要求各有特点。

（1）软件的规划、选用、编制和开发要求 软件的规划、选用、编制和开发要求中央站和分站应配置相应的软件，分站应该能独立完成所负担的控制功能，而且在发生故障时不影响系统的运行。具体要求有：

1）软件应有模块化结构，减少重复，便于扩展。

2）操作员级别管理，防止未得到授权人员的操作或越权操作。

3）操作方便。

4）系统扩展性好，数据可修改。

5）用高级语言开发应用程序。

6）对逻辑与物理资源的编程能简单地实现。

7）有系统诊断软件。

8）有练习功能。

9）有操作帮助功能。

（2）操作系统 操作系统是控制和管理系统硬件和软件资源，组织计算机工作流程的软件。操作系统有下列几种：

1）DOS 是一种单用户单任务的操作系统。

2）Windows 3X 是一种在 DOS 基础上的，单用户多任务的操作系统。

3）Windows 9X 和 Windows XP 是一种多任务网络操作系统。

4）Windows NT 是一种占先式多任务网络操作系统。

5）NOVELL NetWare 是一种网络操作系统。

6）UNIX 是一种多用户分时操作系统，类似的有 SCOOPENDESK TOP 3.0。

7）QNX 是一种多用户实时操作系统，它是 UNIX 的一个分支。

8）OS/2 是一种占先式多任务网络操作系统。

9）Linux 是一种多任务网络操作系统。

在 BAS 系统中所用的操作系统要实时性较好，目前常用的为 Windows 操作系统。

2. 控制分站软件的功能

建筑物自动化系统要求的控制分站软件有系统软件（监控程序和实时操作系统）、通信软件、输入/输出点处理软件、操作命令控制软件、报警处理软件、报警锁定软件、运算软件、控制软件、时间/事件程序（TEP）、能量管理和控制软件。其中一些软件的功能是：

（1）运算软件　主要对数据进行计算，如平均值、高低值选择、焓值计算、逻辑运算、积算。

（2）控制软件　采用直接数字控制，有比例、比例-积分、比例-积分-微分（PID）等控制功能。它执行现场要求的操作顺序，用比例、比例-积分或比例-积分-微分算法控制 I-WAC 系统。程序包含 DDC 操作员程序，例如自适应控制可对环境变化做出响应，自动调整系统的运行。

（3）时间/事件程序　按照时间表发出命令，或根据启动停机计划、点报警或点状态变化触发标准的或定制的 DDC 程序，控制空调设备等。控制器固有的 TEP 提供与中央工作站 TEP 无关的时间顺序控制和事件触发程序。

（4）能量管理和控制软件　有最佳启动停机程序、趋势记录、周期性负载和最大需求管理。节能和控制程序库可以在控制器内执行。这些程序可以从其他控制器读取共享的输入，以控制自己的输出。这些程序能独立于中央工作站而运行，以保证系统的可靠性。控制器支持下列能量管理程序：

1）分散型电力需求控制。在需求电力峰值到来之前，通过关掉事先选择好的设备，来减少高峰电力负荷。

2）负载间断运行。通过间断运行来减少设备开启时间，从而减少能耗。

3）焓值控制。选择空气源，以使被冷却盘管除去的空热量最少，来达到所希望的冷却温度。

4）负荷再设定。重新设定冷却和加热设定值，使之刚好满足区域的最大要求。

5）夜间循环。在下班期间开关设备，把温度维持在允许的范围内。

6）夜风净化。在夏季、系统启动前、清晨，用冷空气净化建筑物。

7）最佳启动。在人员进入前，为使空间湿度达到适当值，可稍微提前启动 HVAC 系统。

8）最佳停机。在人员离开之前的最佳时刻关闭系统，既能使空间维持舒适的水平，又能尽早地关闭设备以节约能量。

9）零能区。在某些时间，重新设定冷却和加热设定值，但仍维持房间内的舒适空间温度，以使那里的能量消耗最少。

10）其他控制程序。

① 自动转换夏令时。操作员可以预设定，例如，何时软件应将时钟向后拨或向前拨 1h，以适应夏令时的转换。

② 特别时间计划。为特殊日期，如假日，提供日期的时间安排计划，中断标准系统处理。

③ 运行时间。监视并累计设备运行时间（开或关的时间），并发出预先设定的设备使用水平的信息。

（5）用户化软件　可简化数据文件的修改。授权的操作员可以增加、修改和删除控制器、测点数据、能量管理数据和用户 DOC 程序。

（6）终端仿真软件　当不需要分站提供图形操作的全部能力的时候，操作员可以用视频显示终端（POT）或个人计算机，以合适的终端仿真软件实现对简单的点和设备的操作（如读取测点数据、发出对该点的命令）。

3. 中央软件的技术要求

中央软件是装在中央站的软件。中央软件的技术要求是按照设备监控要求而设定的，一般来说中央站软件要求的功能为：操作环境设定、系统功能、显示功能、操作功能、用户化功能、控制功能、数据保存功能。

下面是对设备监控中央站的软件的一些具体技术要求：

（1）操作环境设定

1）操作环境设定。功能系统内全部点按系统类别作运用区分。这种运用区分是对系统外围设备运用环境的设定，例如：指定显示器可/不可显示、打印机可/不可打印、蜂鸣器有/无鸣响，以及指定每个蜂鸣器的四种报警级别等。

2）操作级别设定。可设定多级口令、多级操作级别。

3）访问信息管理。可变更系统口令、访问级别。

4）系统管理。可变更时间、图形信息、点的名称、运用区分。

5）程序操作。可变更时间程序等。

（2）系统功能

1）状况监控。对数字和模拟管理点的状况进行监控，定期更新数据，并可将该数据随时显示在显示器上。

2）警报发生监控。发生警报时，自动执行警报发生信息显示和强制画面显示（依据级别设定），并在鸣响警报的同时显示警报和未确认警报指示器。另外，对每个管理点可进行警报级别（4 级）以及画面强制显示级别、警报声音信息的设定，并可设定每一警报级别的警报铃声。警报级别基本上分紧急警报、重警报、中警报、轻警报。

3）启动/停止失败监控。在输入启动/停止指令并经过一段时间后，如果机器状况仍然与输出状况不一致，就可以认为启动/停止失败（异常停止/启动）而发出警报。

4）测量值上下限监控。对测量值进行上下限设定，如果测量值大于该设定值，则执行警报判断操作。

5）测量值偏差监控。对测量值进行偏差设定，如果控制标准值和测量值的偏差大于该设定值，则执行警报判断操作。

6）连续运转时间监控。如果机器的连续运转时间大于设定值，则发出警报。

7）运转时间的累计。依据机器的运转状况累计运转时间，作为维修和检查的指南。

8）启动/停止次数累计。累计机器的启动/停止次数，以作为维修和检查的指南。

9）系统自动诊断。对系统内各部件（如 CPU、GW、DCS）的 CPU 异常、通信异常进行监视。在异常时，可以打印其信息。

10）分站自动诊断。系统内各分站（DDC、BS）的传送异常时，发出信号，可以打印其信息。

11）模拟传感器监视。对测量点传感器断线，变换器、发信器异常的监视。异常时，发出信号，可以打印其信息。

（3）显示功能　可以显示下面的内容：

1）日历显示。显示器可显示年、月、日、星期、时间。

2）显示器可显示图像/图表。

1 显示器显示概要图像/图表。以图表形式显示出每一单元系统的控制和管理内容。在图表上显示出机器的实际运转状况以及各种数据，每隔一定时间数据更新显示。一张图可最多表示多点的动画，一张系统图可以分为 4 张概要图，画面可以水平或垂直滚动。

2 单管理点的信息检索。可从显示器的系统图中调出单管理点界面，并且也可显示出该管理点的详细界面（如时序、趋势图、联动程序、控制程序）。

3）警报显示。警报发生时强制图形表示，未确认警报以图标表示，并以清单显示出系统中尚未经过警报确认操作的警报。在警报级别低或自动复位的场合，也可不经确认。

4）警报历史显示。警报历史可长期保存，也可以用表格方式显示。它能累积的数据组数最多各为 3000 组。

5）操作历史显示。显示操作时刻，启停操作。长期记忆设定变更操作，变更操作历史可用清单方式显示，能累积操作状况和变化数据，能提供操作员操作信息。

6）趋势图显示。显示测量对象的趋势图，显示一个周期的数据。

7）显示器显示月报、日报。按照日报（时间单位）、月报（日单位）格式显示出所指定的测量值、积算值。显示按每时（7 日间）、每日（2 个月间）的最大/最小/合计/平均/读出值，最大/最小/平均值的显示可以按照特定时间范围设定。

8）图形显示。可显示趋势图数据、日报/月报收集数据、机器开关状态，可显示其直方图、条形图。在同一界面上可以同时显示出多个管理点的数据。

9）监控点清单显示。操作员可以将警报点清单、模拟量点清单、积算量点清单、运行中设备清单、停止中设备清单、维修中设备清单的表格显示出来。

10）程序表格显示。操作员可以将下列项目的表格显示出来：

① 出租表格。显示出租户、日程等清单。

② 时序表格。显示时序表格、程序名称、本日时序等清单。

③ 程序表格，显示各种控制程序清单、程序名称等清单。

11）程序登录点表格。操作员注册控制程序的登录点、程序种类、程序号显示。

12）警报指示。警报发生时，可以显示处理程序以及紧急联络地址的界面。

13）帮助显示。显示说明操作的界面。

14）多窗口显示。一个显示器可以用多个窗口表示多个界面。

（4）操作功能

1）手动个别启动/停止（切换）。操作可从系统图界面或是报表界面中调出单管理点界面，以便在该界面中通过手动操作使机器启动/停止。

2）手动变更个别设定值。可从系统图界面或报表界面中调出单管理点界面，以便在该界面中更改程序设定值。

3）成组启动/停止（切换）操作。可以按照时间程序、联动程序进行机器程序操作。

4）变更成组设定值操作。CPA 程序操作，可远程更改设定值。

5）指定维修登录解除操作。在维修设备机器时，可以在图上进行某点的指定维修登录解除操作。这时，维修中的设备机器可以暂停控制程序的执行。

6）指定程序的许可/禁止操作可以进行实时保留操作。

7）界面滚动功能。包括系统图界面及表格形式的信息，可以进行界面滚动检索操作。

（5）用户化主要功能

1）变更程序设定值操作可以更改时间、标准值、控制参数、登录管理点等的程序设定值。

2）季节切换操作可以切换春、秋、夏、冬季节系统动作。

3）日历时刻变更操作。可以变更系统的年、月、日、时间。

4）变更平面简图操作。可以变更租户的房间平面简图及名称。

5）变更管理点信息操作。可以变更管理点的名称、所属系统、报警水平、打印指定等信息。

6）变更程序名称操作。可以变更简略图等各种程序的固有名称设定。

（6）控制功能　主要有以下几个方面：

1）日历功能。使用自动判断闰年、大月、小月的万年历，并且可以设定节假日。

2）时间程序控制。将动力机器等登录于时间程序中，即可自动驱动该机器的定时开/关运作。时间程序根据 7 天及假日 [1 个星期日和 2 个特别日（由日历指定）] 的周期，可对机器的启动/停止时间进行 2 次设定。此外，不论是否为星期日，均可在 7 天以内（包含当日）变更各机器的启动时间。由时间程序控制登录的机器，最早启动时间和最晚停止时间可按照计划进行。

3）火灾意外事故程序。发生火灾时停止空调器等相关机器的运作。在输入火灾信号时，火灾界面会显示在显示器上。对火灾时停止的机器，取消其他程序信号输入。

4）停电处理。市电断电时（装设有备用电源的场合），一般控制功能被中止，此时只有火灾意外程序及手动操作可以执行输出操作。

5）停电/自备电时的负荷分配控制。在商业用电停电并且进行自备发电的场合，会自动按照发电机容量将负荷投入/切断。

6）恢复供电程序。恢复供电后，在将自备发电切换为商业用电时，可按照自动或手动的恢复供电指令操作，并依照自备发电时的强制驱动控制让运转机器停止运作，然后一边参照时间表一边让停电瞬间正在运转中的机器自动启动（投入）。在部分停电的场合，可以手动恢复该点供电。

7）电力需求监视控制。进行电力需求控制，在用电量超过合同供电量时，将负荷切除。

8）事件程序。监视点的状态变化、报警、指定恢复条件、设定状态动作，可以进行与/或等逻辑条件设定动作。

（7）记录功能

1）信息记录。负责执行警报记录、正常复位记录、启动停止失败记录、测量值上下限警报记录、停电恢复供电记录、火灾时间记录、操作记录、状况变化记录等的打印操作。警报发生时以红字打印，警报复位时以蓝字打印，其他状况时则以黑字进行打印。

2）警报历史打印。警报历史数据、警报级别可用表格方式打印。

3）操作历史打印。操作历史可用清单方式打印。

4）监控点表格打印。操作员可以将下列项目的表格打印出来：警报点清单、模拟点清单、积算点清单、运行中设备表格、停止中设备表格、维修中设备表格。

5）程序登录点清单打印。打印操作员注册控制程序的登录点、程序种类、程序号。

6）趋势图打印。打印操作员指定的趋势图。

7）月报、日报打印。以日报（时间单位）、月报（日单位）格式打印出所指定的测量值、积算值，按最大/最小/合计/平均值的运算结果打印。可以按照设定的时间范围最大/最小/平均值打印，可在任意时间以手动操作打印出过去7日间（含当日）的日报。

8）图形打印。打印操作员指定的图形数据。

（8）数据保存功能　主要为长期数据收集。

3.4　集散控制系统

随着信息技术的发展，人们要求建筑物自动化系统不仅具有优越的控制性能、良好的可维护性和可操作性，还应有高可靠性和灵活的构成方式。大系统理论证明，分级分布式控制是实现大系统综合控制的理想方案。美国 Honeywell 公司推出的分散控制系统 Excel5000 开创了分级分布式控制在建筑物控制领域中应用的先例。集散控制系统比较合理地吸取了常规仪表控制系统和计算机控制系统的长处，有效克服了两者的缺点，为建筑物智能化创造了条件。图 3-2 所示为集散控制系统结构图。

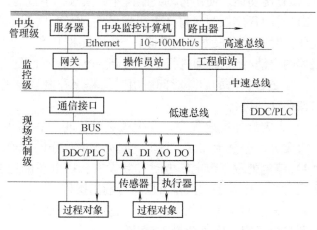

图 3-2　集散控制系统结构图

3.4.1　概述

1. 集散控制系统的基本概念

集散控制系统（Distributed Control System，DCS）是一个由过程控制级和过程监控级组成的以通信网络为纽带的多级计算机系统，综合了计算机技术（Computer）、通信技术（Communication）、显示技术（CRT）和控制技术（Control）4C 技术，其基本思想是分散控制、集中操作、分级管理、配置灵活、组态方便。分散是指工艺设备地理位置分散，控制设备相应分散，危险也随之分散。

集散控制系统由集中管理部分、分散控制部分和通信部分等组成。分散控制部分的各现场控制单元，按地理位置分散于现场，实现对现场设备的控制，每个控制单元可控制一个至上百个回路，具有几十种甚至上百种运算功能。集中管理部分用于系统的集中监视与操作、系统的组态与维护以及系统的信息管理和优化控制。通信部分连接系统的各单元，实现各部分通信，完成数据、指令及其他信息的传递。集散控制系统软件一般由实时多任务操作系统、数据库管理系统、数据通信软件、组态软件和各种应用软件组成。

2. 集散控制系统的主要特点

1）硬件系统在恶劣的工业现场具有高度的可靠性、维修方便、工艺先进。底层汉化的软件平台具备强大的处理功能，并提供方便的组态复杂控制系统的能力与用户自主开发专用高级控制算法的支持能力，易于组态，易于使用。支持多种现场总线标准，以便适应未来的扩充需要。

2）系统的设计采用合适的冗余配置和诊断至模件级的自诊断功能，具有高度的可靠性。系统内任一组件发生故障，均不会影响整个系统的工作。

3）系统的参数、报警、自诊断及其他管理功能高度集中在 CRT 上显示和在打印机上打印，控制系统在功能和物理上真正分散。

4）整个系统的可利用率至少为 99.9%；系统平均无故障时间为 10 万 h，实现了核电、火电、热电、石化、化工、冶金、建材诸多领域的完整监控。

5）"域"的概念。把大型控制系统用高速实时冗余网络分成若干相对独立的分系统，一个分系统构成一个域，各域共享管理和操作数据，而每个域内又是一个功能完整的 DCS 系统，以便更好地满足用户的使用。

6）网络结构可靠性、开放性及先进性。在系统操作层，采用冗余的 100Mbit/s 以太网；在控制层，采用冗余的 100Mbit/s 工业以太网，保证系统的可靠性；在现场信号处理层，12Mbit/s 的 PROFIBUS 总线连接中央控制单元和各现场信号处理模块。

7）标准的 Client/Server 结构。有的 DCS 的操作层采用 Client/Server 结构。

8）开放并且可靠的操作系统。系统的操作层采用 Windows NT 操作系统；控制站采用成熟的嵌入式实时多任务操作系统 QNS，以确保控制系统的实时性、安全性和可靠性。

9）标准的控制组态软件。系统采用 IEC61131-3 标准的控制组态工具，可以实现任何监测、控制要求。

10）可扩展性和可裁剪性，保证经济性。

3. 集散控制系统的体系结构

集散控制系统从层次上可分为三级。第一级为现场控制级，它承担分散控制任务并与过程及操作站联系；第二级为监控级，包括控制信息的集中管理；第三级为企业管理级，它把建筑物自动化系统与企业管理信息系统有机地结合了起来。

（1）现场控制级　现场控制级直接与现场各类装置如传感器、执行器、记录仪等相连，主要任务包括：

1）过程数据采集。对被控对象的各个过程变量和状态信息进行实时数据采集，保证数字控制、设备监测、状态报告等获得所需要的现场信息。

2）直接数字控制。根据控制组态数据库、控制算法模块来实施连续控制、顺序控制和批量控制。

3）设备监测和系统测试与诊断。根据过程变量和状态信息，分析并确定是否对被控装置实施调节，并判断现场控制单元硬件的状态和性能，在必要时进行报警或诊断报告等。

4）安全冗余化操作。发现系统硬件或控制板有故障时，及时切换到备用部件，以确保整个系统安全运行。

现场控制级是对单个设备的自动控制及单机自动化，具体的功能实现是由安装在被控设备附近的现场控制器来完成的。现场控制器在体系结构中又被称为下位机或分机。

现场控制级主要是由现场控制器组成，在不同厂商的控制系统中，现场控制器的名称各异，如远端控制装置（RTU）、DDC、分控器、基本控制器等，但所采用的结构形式及基本工作原理都大致相同，它是一个可独立运行的计算机监测与控制系统，实质是一个直接数字式控制系统。

（2）监控级 监控级监视系统的各单元及管理系统的所有信息，主要任务包括：

1）优化控制。当现场条件发生改变时，监控级根据优化策略，进行分析计算，产生新的设定值和调节值交由现场控制级执行。

2）协调控制。根据被控对象的情况，以优化准则协调相互的关系等。

3）系统运行监视。监视整个系统的运行参数、状态，制订被控对象记录报表，进行报警显示，故障显示、分析、记录等。

监控层的计算机是现场控制层的上层机或上位机，可分为两类监控站和操作站。监控站直接与现场控制器通信，监视其工作情况并将来自现场控制器的系统状态数据，通过通信网络传递给操作站及管理层计算机。而操作站则为管理人员提供操作界面，它将操作请求通过通信网络传递给监控站，再由监控站实现具体操作。值得注意的是，监控站的输出并不直接控制执行器，而仅仅是给出下一层系统（即现场控制层）的给定值。在这一层中实现的是各子系统内的各种设备的协调控制和集中操作管理，即分系统的自动化。

监控层计算机除要求完善的软件功能外，首先要求硬件必须可靠。每个现场控制器只关系到个别设备的工作，而监控层的计算机则关系着整个系统或分系统。显然普通的 PC 用作监控层计算机是不合理的。

（3）企业管理级 管理级计算机位于整个系统的顶端，通常具有很强大的处理能力。它能协调管理各个子系统，可把集散控制系统作为企业管理信息系统（MIS）的一个节点，从而将现场设备监控与管理纳入企业网，与企业管理信息系统有机地结合了起来，有助于完成工程技术、经济、商务和人事等方面的总体协调和管理任务，实现整个企业管理信息系统的最优化，提高经济效益。

值得注意的是，并不是所有的集散控制系统都具有三层功能，大多数中小规模系统只有一、二层，只有大规模系统才具有三层。

4. 集散控制系统的发展趋势

近年来，在 DCS 关联领域有许多新进展，主要表现在如下一些方面。

（1）系统功能向开放式方向发展 传统 DCS 的结构是封闭式的，不同制造商的 DCS 之间难以兼容。而开放式的 DCS 将可以赋予用户更大的系统集成自主权，用户可根据实际需要选择不同厂商的设备连同软件资源连入控制系统，达到最佳的系统集成。这里不仅包括 DCS 与 DCS 的集成，更包括 DCS 与 PLC、FCS 及各种控制设备和软件资源的广义集成。

（2）仪表技术向数字化、智能化、网络化方向发展 工业控制设备的智能化、网络化发展，可以促使过程控制的功能进一步分散下移，实现真正意义上的"全数字"、"全分散"控制。另外，由于这些智能仪表具有精度高、重复性好、可靠性高等特点，并具备双向通信和自诊断功能，使系统的安装、使用和维护工作更为方便。

（3）工控软件正向先进控制方向发展 广泛应用各种先进控制与优化技术是挖掘并提升 DCS 综合性能最有效、最直接、也是最具价值的发展方向，主要包括先进控制、过程优化、信息集成、系统集成等软件的开发和产业化应用。在未来，工业控制软件也将继续向标准化、网络化、智能化和开放式方向发展。

（4）系统架构向 FCS 方向发展　单纯从技术而言，现阶段现场总线集成于 DCS 可以有三种方式：

1）现场总线于 DCS 系统 I/O 总线上的集成。通过一个现场总线接口卡挂在 DCS 的 I/O 总线上，使得在 DCS 控制器所看到的现场总线来的信息就如同来自一个传统的 DCS 设备卡一样。如 Fisher-Rosemount 公司推出的 DeltaV 系统采用的就是此种集成方案。

2）现场总线于 DCS 系统网络层的集成。就是在 DCS 更高一层网络上集成现场总线系统，这种集成方式不需要对 DCS 控制站进行改动，对原有系统影响较小。如 Smar 公司的 302 系列现场总线产品，可以实现在 DCS 系统网络层集成其现场总线功能。

3）现场总线通过网关与 DCS 系统并行集成。现场总线和 DCS 还可以通过网关桥接实现并行集成。如 SUPCON 的现场总线系统，利用 HART 协议网桥连接系统操作站和现场仪表，从而实现现场总线设备管理系统操作站与 HART 协议现场仪表之间的通信功能。

一直以来 DCS 的重点在于控制，它以"分散"作为关键字。但现代发展更着重于全系统信息的综合管理，今后"综合"又将成为其关键字，向实现控制体系、运行体系、计划体系、管理体系的综合自动化方向发展，实施从最底层的实时控制、优化控制上升到生产调度、经营管理，以至最高层的战略决策，形成一个具有柔性、高度自动化的管控一体化系统。

3.4.2　集散控制系统的硬件结构

继美国 Honeywell 公司率先推出集散控制系统 Excel5000 之后，美国、西欧及日本的其他一些公司也相继推出了自己的集散控制系统。

各公司推出的集散控制系统风格各异，即使是同一厂家，早期产品和近期产品也有差异。但是其基本组成与结构是一致的，由面向过程的现场控制单元、面向操作人员的操作站（终端）和面向监控管理人员的工程师站（中央站），以及信息传输通道组成。现场单元、操作站和工程师站通过信息传输通道连接并交换信息、协调工作，共同完成系统功能。

过程控制级具体实现了信号的输入、变换、运算和输出等分散控制功能。在不同的 DCS 中，过程控制级的控制装置各不相同，如过程控制单元、现场控制站、过程接口单元等，但它们的结构形式大致相同，可以统称为现场控制单元 FCU。过程管理级由工程师站、操作员站、管理计算机等组成，完成对过程控制级的集中监视和管理，通常称为操作站。

1. 现场控制单元

现场控制单元由 CPU 模块、I/O 模块、电源模块、内部总线和通信接口组成，直接与被控对象相连，完成现场数据采集和直接控制任务。

现场控制单元的操作终端是系统与操作人员之间的接口。操作人员通过操作终端了解被控对象的运行情况、各种过程参数的当前值、系统是否有异常情况等。在显示器上可以显示系统总貌、分组和单元等的数据、模拟图、趋势图，以及各种操作、报警信息等。

操作人员通过操作终端还可以对现场进行直接地调节与控制，如对控制回路进行在线调整、启动或终止某个回路，手动调节某个回路或控制某个被控对象的动作。

操作终端具有历史数据的处理功能，可以方便地进行运行报表和历史趋势曲线的处理。

现场控制单元一般远离控制中心，安装在靠近现场的地方，其高度模块化结构可以根据过程监测和控制的需要配置成由几个监控点到数百个监控点的规模不等的过程控制单元。

现场控制单元的结构是由许多功能分散的插板（或称卡件）按照一定的逻辑或物理顺序安装在插板箱中，各现场控制单元及其与控制管理级之间采用总线连接，以实现信息交互。

现场控制单元的硬件配置需要完成以下内容：

（1）插件的配置　根据系统的要求和控制规模配置主机插件（CPU 插件）、电源插件、I/O 插件、通信插件等硬件设备。

（2）硬件冗余配置　对关键设备进行冗余配置是提高 DCS 可靠性的一个重要手段，DCS 通常可以对主机插件、电源插件、通信插件和网络、关键 I/O 插件实现冗余配置。

（3）硬件安装　不同的 DCS，对于各种插件在插件箱中的安装，会在逻辑顺序或物理顺序上有相应的规定。另外，现场控制单元通常分为基本型和扩展型两种，所谓基本型就是各种插件安装在一个插件箱中，但更多的时候时需要可扩展的结构形式，即一个现场控制单元还包括若干数字输入/输出扩展单元，相互间采用总线连成一体。就本质而言，现场控制单元的结构形式和配置要求与模块化 PLC 的硬件配置是一致的。

2. 操作站

操作站用来显示并记录来自各控制单元的过程数据，是人与生产过程信息交互的操作接口。典型的操作站包括主机系统、显示设备、键盘输入设备、信息存储设备和打印输出设备等，主要实现强大的显示功能（如模拟参数显示、系统状态显示、多种界面显示等）、报警功能、操作功能、报表打印功能、组态和编程功能等。

另外，DCS 操作站还分为操作员站和工程师站。从系统功能上看，前者主要实现一般的生产操作和监控任务，具有数据采集和处理、监控界面显示、故障诊断和报警等功能。后者除了具有操作员站的一般功能以外，还应具备系统的组态、控制目标的修改等功能。从硬件设备上看，多数系统的工程师站和操作员站合在一起，仅用一个工程师键盘加以区分。

3.4.3　集散控制系统的应用软件

DCS 的软件体系如图 3-3 所示，通常可以为用户提供相当丰富的功能软件模块和功能软件包，控制工程师利用 DCS 提供的组态软件，将各种功能软件进行适当的"组装连接"（即组态），生成满足控制系统要求的各种应用软件。

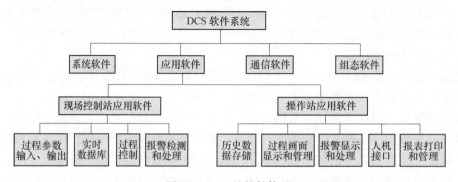

图 3-3　DCS 的软件体系

1. 现场控制单元的软件系统

如图 3-4 所示，现场控制单元的软件主要包括以实时数据库为中心的数据巡检、控制算法、控制输出和网络通信等软件模块。

实时数据库起到了中心环节的作用，在这里进行数据共享，各执行代码都与它交换数据，用来存储现场采集的数据、控制输出以及某些计算的中间结果和控制算法结构等方面的信息。数据巡检模块用以实现现场数据、故障信号的采集，并实现必要的数字滤波、单位变换、补偿运算等辅助功能。DCS 的控制功能通过组态生成，不同的系统需要的控制算法模块各不相同，通常会涉及以下一些模块：算术运算模块、逻辑运算模块、PID 控制模块、变型 PID 模块、手/自动切换模块、非线性处理模块、执行器控制模块等。控制输出模块主要实现控制信号以及故障处理信号的输出。

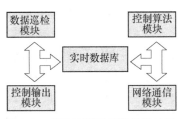

图 3-4　现场控制单元的软件结构

2. 操作站的软件系统

DCS 中的操作站用以完成系统的开发、生成、测试和运行等任务，这就需要相应的系统软件支持，这些软件包括操作系统、编程语言及各种工具软件等。一套完善的 DCS，在操作站上运行的应用软件应能实现如下功能：实时数据库、网络管理、历史数据库管理、图形管理、历史数据趋势管理、数据库详细显示与修改、记录报表生成与打印、人机接口控制、控制回路调节、参数列表、串行通信和各种组态等。

3.4.4　集散控制系统的组态

DCS 的开发过程主要是采用系统组态软件依据控制系统的实际需要生成各类应用软件的过程。组态软件功能包括基本配置组态和应用软件组态。基本配置组态是给系统一个配置信息，如系统的各种站的个数、它们的索引标志、每个控制站的最大点数、最短执行周期和内存容量等。应用软件的组态则包括比较丰富的内容，主要包括以下几个方面。

（1）控制回路的组态　控制回路的组态在本质上就是利用系统提供的各种基本的功能模块，来构成各种各样的实际控制系统。目前各种不同的 DCS 提供的组态方法各不相同，归纳起来有指定运算模块连接方式、判定表方式、步骤记录方式等。

1）指定运算模块连接方式是通过调用各种独立的标准运算模块，用线条连接成多种多样的控制回路，最终自动生成控制软件，这是一种信息流和控制功能都很直观的组态方法。

2）判定表方式是一种纯粹的填表形式，只要按照组态表格的要求，逐项填入内容或回答问题即可，这种方式很利于用户的组态操作。

3）步骤记入方式是一种基于语言指令的编写方式，编程自由度大，各种复杂功能都可通过一些技巧实现，但组态效率较低。另外，由于这种组态方法不够直观，往往对组态工程师的技术水平和组态经验有较高的要求。

（2）实时数据库的生成　实时数据库是 DCS 最基本的信息资源，这些实时数据由实时数据库存储和管理。在 DCS 中，建立和修改实时数据库记录的方法有多种，常用的方法是用通用数据库工具软件生成数据库文件，系统直接利用这种数据格式进行管理或采用某种方法将生成的数据文件转换为 DCS 所要求的格式。

（3）工业流程界面的生成　DCS 是一种综合控制系统，它必须具有丰富的控制系统和检测系统界面显示功能。显然，不同的控制系统，需要显示的界面是不一样的。总地来说，结合总貌、分组、控制回路、流程图、报警等界面，以字符、棒图、曲线等适当的形式表示出各种测控参数、系统状态，是 DCS 组态的一项基本要求。此外，根据需要还可显示各类变量目录界面、操作指导界面、故障诊断界面、工程师维护界面和系统组态界面。

（4）历史数据库的生成　所有 DCS 都支持历史数据存储和趋势显示功能，历史数据库通常由用户在不需要编程的条件下，通过屏幕编辑编译技术生成一个数据文件，该文件定义了各历史数据记录的结构和范围。历史数据库中的数据一般按组划分，每组内数据类型、采样时间一样。在生成时对各数据点的有关信息进行定义。

（5）报表生成　DCS 的操作员站的报表打印功能也是通过组态软件中的报表生成部分进行组态，不同的 DCS 在报表打印功能方面存在较大的差异。一般来说，DCS 支持如下两类报表打印功能：一是周期性报表打印，二是触发性报表打印，用户可根据需要和喜好生成不同的报表形式。

3.4.5　集散控制系统的通信

从 DCS 控制系统的集成结构看可以分为三大部分：带 I/O 部件的控制器、通信网络和人机接口（HSI）。控制器 I/O 部件直接与生产过程相连，接收现场设备送来的信号；人机接口是操作人员与 DCS 相互交换信息的设备；通信网络将控制器和人机接口联系起来，形成一个有机的整体。早期的 DCS 系统的通信网络都是专用的，DCS 有几级网络，完成不同模件之间的通信。从目前的情况来看，DCS 的最多网络级有四级，它们分别是 I/O 总线、现场总线、控制总线和 DCS 网络。

I/O 总线把多种 I/O 信号送到控制器，由控制器读取 I/O 信号，因此称为 I/O 总线。I/O 板相互之间并不交换数据，I/O 总线的速率是不高的，从几十 K 到几兆不等，这与计算机技术的发展情况有关。20 世纪 80 年代初是 20K，80 年代中期是 40K，80 年代末期是 80K，90 年代是几兆。为了提高速率，最好采用并行总线。采用并行总线时，其 I/O 模件必须与控制器模件相邻。在采用串行总线的情况下，I/O 板和控制器之间的距离也要比较近才行，最好把控制器模件和 I/O 模件装在一个机柜内或相邻的机柜内。远程 I/O 应该采用现场总线，如 CAN、LONWORKS、HART 总线等，现场总线是 90 年代初发展起来的。在 I/O 板中，从硬件来说应该有能接收现场总线来的信号的输入、输出板，从软件来说在控制器中应该有读取和写到现场总线信号的功能块。在 DCS 系统中，远程 I/O 采用 HART 总线比较多，比如现场的变送器距离控制器机柜比较远，把 16 个变送器来的信号编成为一组，用 HART 总线把信号送到控制器，控制器同时读入 16 个变送器来的信号。控制器和变送器两者距离可达 1km 以上。在从美国、欧洲进口的 DCS 系统中，几乎都有 HART 协议板。实际应用中，远程信号是比较多的，如水泥厂、回转窑的窑头与窑尾，两者距离有几百米，如果在网络上设两个节点，需要两套节点的接口模件，接口模件的费用比较高，如果设一个节点，在地理位置上不管节点安排是在窑头还是窑尾，都需要采用远程 I/O。

第二级网络是控制器之间的通信，把完成不同任务的三种控制器连在一条总线上，称为控制总线。在控制总线上的不同控制器的数量不受限制，在这一条总线上除三种不同的控制器模件以外，还有 DCS 网络的接口模件。在控制总线上，控制器之间可以调用数据，使得模拟量和开关量之间的结合很好。控制总线不是每一种 DCS 系统都有的，可以把各种控制器分别连到 DCS 网络上，控制器之间的数据调用要通过 DCS 网络。控制总线的速率情况与I/O 总线的情况相类似，通常是几十 K 到几兆之间。当 CPU 和存储器的能力比较强时，把开关量的逻辑运算和模拟量的采集功能都在一个控制器中完成。在控制总线上就只有一种形式的控制器，其协议采用载波监听，广播发送，类似以太网的协议。

第三级是 DCS 网络，它把现场控制器和人机界面连成一个系统。为了确保通信成功，无论是电缆还是通信口，DCS 生产厂家都把它们做成冗余的。一条网络发生故障，另一条备用网络立即投入运行。备用方式各种 DCS 有别，如美国的 LEEDS—NORTHROP 的 MAX-1 系统采用冗余两环信息正向和反向同时运行，有的系统一个环在运行，另一个等待。

连在 DCS 通信网络上的部件称为节点。在地理位置上，节点可以分散配置，各节点之间的距离因 DCS 系统不同而不同，有的可达几百米。传输速率在几百 K 至 100Mbit/s 之间，10Mbit/s 是常用的传输速率。DCS 网络的总长度可达几千米，最短也有几百米，网络不够长时要加中继器。

三种总线的通信协议是由各 DCS 生产厂家自行开发的，通信协议是不公开的。

DCS 网络的结构形式大致有三种，分别是总线型、环形和星形。星形结构通常只用于小系统。通信协议有令牌广播式、问询式和存储转发式。问询式协议的网络要有交通指挥器，所有人机界面要向控制器请求数据时，必须通过交通指挥器，由交通指挥器来向控制器请求数据，控制器才能发送信息给人机界面，如 HONEYWELL 的 TDC2000、FISHER 的 PROVOX 都有交通指挥器。在星形网络中，人机界面（操作站）可以作为交通指挥器，它只能连接一个人机界面的节点，把它作为操作站，网络的覆盖面也比较小。由一些回路控制器组成的系统通常都连成星形网络。令牌广播式协议由一个节点发出一个令牌（令牌是特别的比特组，比特组内无源地址和目的地址），令牌沿环绕行。拿到这个令牌的节点就改变令牌中一个特定位，将令牌变成一信息帧的帧起始定界符，加挂上构成一帧所需的其余字段以发送信息，网络上的其他节点都在接收信息。当本站检测到帧的目的地址与本站地址相符时，就接收该信息帧，同时转发该帧，直到该帧回到发送站，才把该帧释放，再发送新令牌。这种协议的特点是持有令牌的节点才能发送信息。令牌广播式协议的网络中，可以连接多个人机界面的节点。在网络上的节点都是平等的，每一个节点都有机会发送信息，如美国 BAILEY 的 INFI90 是令牌广播网。存储转发式协议是一个节点发出信息，传给下一个，这个节点接到信息，必须先存下来，如果自己需要，就可以接收下来；如果不需要，就把它转发出去，直至到需要这个信息的节点为止。然后信息再返回到源节点，才释放这个信息。这种协议用于环形网络中，这种环形网络可以长达几千米，如美国 BAILEY 的 NETWORK 90 的厂区环路就是这样的网络。不管什么结构形式的网络，连到网络上的节点的总数是有限制的，至于什么样的节点，有几个，它是不受限制的。

在 DCS 网络中，数据传输是以信息帧的形式传输的。它同步发送信息，多采用半双工方式发送，而采用双工发送的极少。每一帧信息都有信息头、信息尾，信息帧中紧跟首旗的是地址，其中包括信号发出的节点的源地址，如节点号、模件号、功能块号以及接收信息的节点的目的地址，如节点号、模件号和功能块地址。信息帧的中间是数据，再后面是校验。校验最多的是采用循环冗余校验。CRC 码是一种高效能的检错和纠错码。数据在传输过程中，可以是一帧，也可以是两帧，如果是两帧，头帧是旗，第二帧才是数据。最长的一帧信息可长达 200 多个字节。采用存储转发式协议的网络中，当一个节点发生故障时，把这个节点旁通，让信息通过。

3.5 现场总线控制系统

3.5.1 现场总线的基本概述

现场总线控制系统（Fieldbus Control System，FCS）是继基地式气动仪表控制系统、电动单元组合式模拟仪表控制系统、集中式数字控制系统、集散控制系统（DCS）后的新一代分布式控制系统。根据国际电工委员会（International Electrotechnical Commission，IEC）标准和现场总线基金会（Field Foundation，FF）的定义，"现场总线是连接智能现场设备和自动控制系统的数字式、双向传输、多分支的通信网络"。从物理结构上讲，FCS 主要由现场设备（智能设备或仪表、现场 CPU、外围电路等）与形成系统的传输介质（双绞线、光纤等）组成。由于它适应了工业控制系统向数字化、分散化、网络化、智能化发展的方向，给自动化系统的最终用户带来更大实惠和更多方便，并促使目前生产的自动化仪表、集散控制系统、可编程序控制器（PLC）产品面临体系结构、功能等方面的重大变革，导致工业自动化产品的又一次更新换代，因而现场总线技术被誉为跨世纪的自控新技术。现场总线控制技术结构图如图 3-5 所示。

现场总线是应用在生产现场、在微机化测量控制设备之间实现双向串行多节点数字通信的系统，也被称为开放式、数字化、多点通信的底层控制网络。它在制造业、流程工业、交通、楼宇等方面的自动化系统中具有广阔的应用前景。

现场总线技术将专用微处理器置入传统的测量控制仪表，使它们各自都具有了数字计算和数字通信能力，采用双绞线等作为总线，把多个测量控制仪表连接成网络系统，并按公开、规范的通信协议，在位于现场的多个微机化测量控制设备之间以及现场仪表与远程监

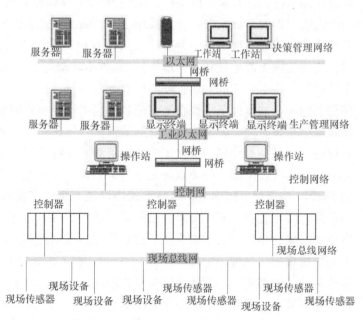

图 3-5　现场总线控制技术结构图

控计算机之间，实现数据传输与信息交换，形成各种适应实际需要的自动控制系统。简而言之，它把单个分散的测量控制设备变成网络节点，以现场总线为纽带，把它们连接成可以相互沟通信息、共同完成自控任务的网络系统与控制系统。它给自动化领域带来的变化，正如众多分散的计算机被网络连接在一起，使计算机的功能、作用发生的变化。现场总线则使自控系统与设备具有了通信能力，把它们连接成网络系统，加入到信息网络的行列。因此把现场总线技术说成是一个控制技术新时代的开端并不过分。现场总线是 20 世纪 80 年代中期在

国际上发展起来的。随着微处理器与计算机功能的不断增强和价格的急剧降低,计算机与计算机网络系统得到迅速发展,而处于生产过程底层的测控自动化系统,采用一对一连线,用电压、电流的模拟信号进行测量控制,或采用自封闭式的集散系统,难以实现设备之间以及系统与外界之间的信息交换,使自动化系统成为"自动化孤岛"。要实现整个企业的信息集成,要实施综合自动化,就必须设计出一种能在工业现场环境运行的、性能可靠、造价低廉的通信系统,形成工厂底层网络,完成现场自动化设备之间的多点数字通信,实现底层现场设备之间以及生产现场与外界的信息交换。

现场总线就是在这种实际需求的驱动下应运而生的。它作为过程自动化、制造自动化、楼宇、交通等领域现场智能设备之间的互连通信网络,沟通了生产过程现场控制设备之间及其与更高控制管理层网络之间的联系,为彻底打破自动化系统的信息孤岛创造了条件。

现场总线控制系统既是一个开放通信网络,又是一种全分布控制系统。它作为智能设备的联系纽带,把挂接在总线上、作为网络节点的智能设备连接为网络系统,并进一步构成自动化系统,实现基本控制、补偿计算、参数修改、报警、显示、监控、优化及控管一体化的综合自动化功能,这是一项以智能传感器、控制、计算机、数字通信、网络为主要内容的综合技术。

由于现场总线适应了工业控制系统向分散化、网络化、智能化发展的方向,它一经产生便成为全球工业自动化技术的热点,受到全世界的普遍关注。现场总线的出现,导致了目前生产的自动化仪表、集散控制系统、可编程序控制器在产品的体系结构、功能结构方面的较大变革,自动化设备的制造厂家被迫面临产品更新换代的又一次挑战。传统的模拟仪表将逐步让位于智能化数字仪表,并具备数字通信功能。出现了一批集检测、运算、控制功能于一体的变送控制器;出现了可集检测温度、压力、流量于一身的多变量变送器;出现了带控制模块和具有故障信息的执行器;并由此大大改变了现有的设备维护管理方法。

3.5.2　现场总线的技术特点

现场总线有以下特点:

(1) 系统的开放性　开放是指对相关标准的一致性、公开性,强调对标准的共识与遵从。一个开放系统,是指它可以与世界上任何地方遵守相同标准的其他设备或系统连接。通信协议一致公开,各不同厂家的设备之间可实现信息交换。现场总线开发者就是要致力于建立统一的工厂底层网络的开放系统。用户可按自己的需要和考虑,把来自不同供应商的产品组成大小随意的系统。通过现场总线构筑自动化领域的开放互连系统。

(2) 互可操作性与互用性　互可操作是指实现互连设备间、系统间的信息传送与沟通;而互用则意味着不同生产厂家的性能类似的设备可实现相互替换。

(3) 现场设备的智能化与功能自治性:它将传感测量、补偿计算、工程量处理与控制等功能分散到现场设备中完成,仅靠现场设备即可完成自动控制的基本功能,并可随时诊断设备的运行状态。

(4) 系统结构的高度分散性　现场总线已构成一种新的全分散性控制系统的体系结构。从根本上改变了现有 DCS 集中与分散相结合的集散控制系统体系,简化了系统结构,提高了可靠性。

(5) 对现场环境的适应性　工作在生产现场前端,作为工厂网络底层的现场总线,是专为现场环境而设计的,可支持双绞线、同轴电缆、光缆、射频、红外线、电力线等,具有较强的抗干扰能力，能采用两线制实现供电与通信，并可满足本质安全防爆要求等。

（6）节省硬件数量与投资　由于现场总线系统中分散在现场的智能设备能直接执行多种传感、控制、报警和计算功能，因而可减少变送器的数量，不再需要单独的调节器、计算单元等，也不再需要 DCS 的信号调理、转换、隔离等功能单元及其复杂接线，还可以用工控 PC 作为操作站，从而节省了一大笔硬件投资，并可减少控制室的占地面积。

（7）节省安装费用　现场总线系统的接线十分简单，一对双绞线或一条电缆上通常可挂接多个设备，因而电缆、端子、槽盒、桥架的用量大大减少，连线设计与接头校对的工作量也大大减少。当需要增加现场控制设备时，无须增设新的电缆，可就近连接在原有的电缆上，既节省了投资，也减少了设计、安装的工作量。据有关典型试验工程的测算资料表明，可节约安装费用 60% 以上。

（8）节省维护开销　由于现场控制设备具有自诊断与简单故障处理的能力，并通过数字通信将相关的诊断维护信息送往控制室，用户可以查询所有设备的运行、诊断维护信息，以便早期分析故障原因并快速排除，缩短了维护停工时间，同时由于系统结构简化、连线简单而减少了维护工作量。

（9）用户具有高度的系统集成主动权　用户可以自由选择不同厂商所提供的设备来集成系统。避免因选择了某一品牌的产品而被"框死"了使用设备的选择范围，不会为系统集成中不兼容的协议、接口而一筹莫展，使系统集成过程中的主动权牢牢掌握在用户手中。

（10）提高了系统的准确性与可靠性　由于现场总线设备的智能化、数字化，与模拟信号相比，它从根本上提高了测量与控制的精确度，减少了传送误差。同时，由于系统的结构简化，设备与连线减少，现场仪表内部功能加强，减少了信号的往返传输，提高了系统的工作可靠性。

3.5.3　现场总线的结构组成

1. FCS 的硬件组成

和传统的 DCS 控制系统不同，FCS 是总线网络，所有现场仪表都是一个网络节点，并挂接在总线上，每一个节点都是一个智能设备，因此 FCS 中已经不存在现场控制站，只需要工业 PC 即可。在现场总线控制系统中，以微处理器为基础的现场仪表已不再是传统意义上的变送或执行单元，而是同时起着数据采集、控制、计算、报警、诊断、执行和通信的作用。每台仪表均有自己的地址与同一通道上的其他仪表进行区分。所有现场仪表均可采用总线供电方式，即电源线和信号线共用一对双绞线。在本质安全情况下使用时，必须使用现场总线安全栅 SB302。Smar 公司是最早生产 FCS 的厂家，下面以此为例介绍 FCS 的硬件组成。

（1）接口设备　接口设备主要指各种计算机和计算机与现场总线之间的接口卡件。

1）PC。一般的工业 PC 带有大屏幕显示器、打印机、工业键盘和鼠标，另配有净化电源、UPS 电源、操作台、操作椅等，置于操作室内。

2）过程控制接口卡（PCI）。

PCI（Process Control Interface）是一种高性能接口卡，把先进的过程控制与多通道通信、管理融为一体。该接口卡插在 PC 底板上，一台 PC 最多可插 8 卡。PCI 的主要组成如下：

CPU：采用 32 位超级 RISC 处理器，完成 PCI 卡执行的全部通信与控制功能。

Dual-Port RAM（双口 RAM）：使 PC 与本卡 CPU 共享 16 位数据存储器，为二者提供一个有效的通信通路。

Control Logic（控制逻辑）：是 PCI 卡 CPU 访问所有器件（NVRAM、Flash、DP、TIMER、MODEM 等）的判别部件。

PC Bus（PC 总线）16 位 ISA 或 32 位 EISA 总线。在总线上插入 PCI 卡，通过总线访问 PCI 卡，同时向 PCI 卡提供电源。

Local Bus（就地总线）：是 PCI 卡内部 32 位总线，它把 CPU 连接到各快速器件上（NVRAM、Flash、DP）。

Peripheral Bus（外围总线）：它是 8 位外围总线，把 CPU 与低速器件相连接（TIMER、MODEM）。

TIMER0 ~ 5（定时器）：8/16 位 3 通道通用定时器，用作多任务切换及现场总线通信定时的时间基准。

MODEM0-3（Fieldbus Communication Controller），调制解调器和现场总线通信控制器：Smar 现场总线芯片以 31.25kbit/s 的速率进行串行数字通信，它符合 ISA – SP50 现场总线物理层规范，将 ±10mA 的电流信号送给一个 50Ω 的等效负载，产生一个调制在直流电源上的 1V 峰-峰值的电压信号。

MAU0 ~ 3（Fieldbus Medium Attachment Unit），现场总线附属单元：属于信号调理及隔离电路。

PCI 还有一整套软件，以适应各硬件的运行。

3）串行接口（BC1）。BC1 是 Smar 入口级的现场总线网络与 PC 之间的智能接口，具有一个 Master 的特点，它直接把 PC 的串行口（RS-232）接口到现场总线 H1 通道，由 PC 为其供电。用作便携式现场总线组态器及小工厂监控，软件为 Windows 平台。

（2）现场总线仪表 Smar 公司共有五种现场总线仪表，其中包括三种输入仪表：双通道温度变送器 TT302、差压变送器 LD302 和三通道输入电流变换器 IF302；两种输出仪表：三通道输出电流变换器 FI302；输出气压信号变换器 FP302，下面逐一介绍。

1）双通道温度变送器 TT302。它将两路的温度信号引入现场总线，在现场完成两路温度信号到现场总线的转换。具有冷端温度补偿、TC 及 RTD 线性化，对特殊传感器有常规线性化模拟输入。TT302 的结构框图如图 3-6 所示。

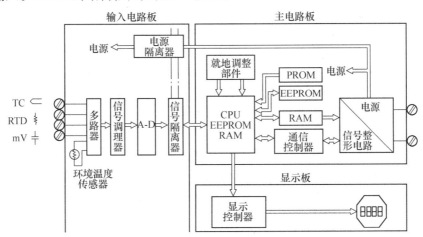

图 3-6 TT302 的结构框图

其输入信号有四种类型，七种连接方式：

① 热电阻（RTD）：二线制、三线制、四线制、温差。

② 热电偶（TC）：单偶、双偶、温差。

③ Ω信号：$0 \sim 100\Omega$；$0 \sim 400\Omega$；$0 \sim 2000\Omega$。

④ mV信号：$-6 \sim -2mV$；$-2 \sim 22mV$；$-10 \sim 100mV$；$-50 \sim 500mV$。

硬件组成包括：输入板、主板、显示板和液晶显示器。

① 输入板。　MUX（MultipleXer，多路调制器）：把四种类型、七种接法的多路传感器信号传输到信号调理部分。其内部带有环境温度测量元件，实现冷端自动温度补偿。

Signal Conditioner，信号调理器：给输入信号加以增益，使之适合于A-D转换规范。

A-D（模-数转换器）：把模拟输入信号转换为数字信号，使之适合CPU工作。

Power Isolation，电源隔离：输入板与主板之间的输入信号与控制信号必须隔开，以保证系统安全工作；总线不与现场直接关联；通过DC-AC-DC为输入板提供电源。

② 主板。

CPU（中央处理器）：变送器的智能部分，进行测量控制、模块执行、自诊断与通信控制。

PROM（可编程只读存储器）：用于存储操作系统等固定程序。

EEPROM（电可擦除可编程只读存储器）：存储微调、标定、模块组态及识别数据。

RAM（随机存储器）：存储暂时数据，掉电时数据丢失。

Communication Controller（通信控制器）：监视总线动态，调制与解调通信信号，插入及删除起始与结束分割符。

Power Supply/Signal Shaping（电源/信号整形）：电源（DC9 ~ 32V）取自现场总线，为变送器各板供电。同时实现信号整形并连接到现场总线。

Local Adjust（就地调整）：它有两个磁性开关，可以用磁性工具触发，无须机械或电接触，用于现场就地编程使用。

③ 显示板。

Display Controller（显示控制器）：接收CPU发出的数据，使LCD各字段相应接通。

④ 液晶显示器。

显示器：4位半数字、5字符字母LCD显示器。

从现场总线的角度看，现场总线仪表只是网络节点，只与其功能块交换信息。

TT302有如下功能块：

① 一个物理模块：监视设备工作、设备系列号及出厂信息。

② 一个显示传感器模块：相应显示及就地调整。

③ 两个输入传感器模块：实现冷端温度补偿、引线补偿及微调各种感测信号，进行信号类型和连接的调整，其输出一定是接到AI功能块的输入端（内部已接好）。

④ 两个模拟输入AI功能块：实现温度测量、阻尼时间、工程单位转换等。

⑤ 一个比例积分微分PID功能块：提供现场PID控制功能。

⑥ 一个输入信号选择ISS功能块：完成三入选一的选择功能。

⑦ 一个信号特征化CHAR功能块：用于x-y坐标转换，使输出特性改变。

⑧ 一个通用算术运算ARTH功能块：提供一个标量值的输出，实现五入四出的函数运

算功能。

2）差压变送器 LD302。它将一路压力或差压信号引入现场总线，在现场完成压力信号到现场总线的转换。该差压检测系统的测量部分利用的是电容式差压变送器原理。LD302 的结构框图如图 3-7 所示。

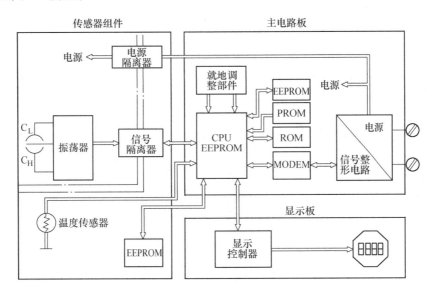

图 3-7　LD302 的结构框图

硬件组成包括：输入板、主板、显示板和液晶显示器。其输入板稍有不同，主板上的 PROM 中的操作程序不同，其他部分结构与 TT302 相同。

LD302 有如下功能块：

① 一个物理模块。

② 一个显示传感器模块。

③ 一个输入传感器模块：完成零点微调、量程偏移、温度补偿等功能。

④ 一个模拟输入 AI 功能块：完成定标、滤波、线性化、二次方根等处理。

⑤ 一个比例积分微分 PID 功能块。

⑥ 一个输入信号选择 ISS 功能块。

⑦ 一个信号特征化 CHAR 功能块。

⑧ 一个通用算术运算 ARTH 功能块。

⑨ 一个累加 INTG 功能块：完成积分或累加功能。

3）三通道输入电流变换器 IF302。它将三路的电流（4 ~ 20mA 或 0 ~ 20mA）信号引入现场总线，用于将某些电Ⅲ型仪表的信号或其他标准信号引入现场总线网络。IF302 的结构框图如图 3-8 所示。

硬件组成包括：输入板、主板、显示板和液晶显示器。

注意，IF302 要外接电源，其配线简图如图 3-9 所示。

IF302 有如下功能块：

① 一个物理模块。

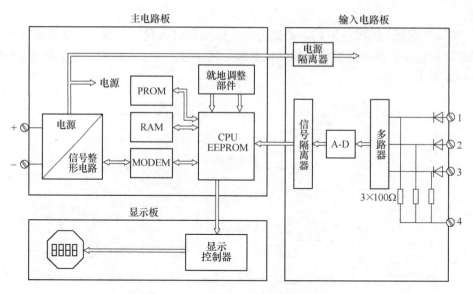

图 3-8　IF302 的结构框图

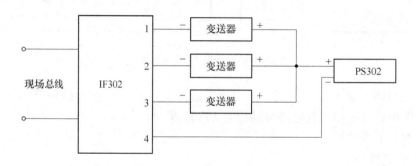

图 3-9　IF302 外部配线图

② 一个显示传感器模块。

③ 三个输入传感器模块。

④ 三个模拟输入 AI 功能块。

⑤ 一个比例积分微分 PID 功能块。

⑥ 一个输入信号选择 ISS 功能块。

⑦ 一个信号特征化 CHAR 功能块。

⑧ 一个通用算术运算 ARTH 功能块。

⑨ 一个累加 INTG 功能块。

4）三通道输出电流变换器 FI302。它将现场总线的数字信号转换成三路的电流（4～20mA）信号，用于现场总线系统对电动调节阀、电气转换器或其他执行器（如变频调速器）的控制。FI302 的结构框图如图 3-10 所示。注意要外接电源，连接方式与图 3-9 类似。

硬件组成包括：主板、输出板、显示板和液晶显示器。其中输出板完成信号转换、信号隔离、数-模转换（D-A），最后输出三路标准的 4～20mA 电流信号。

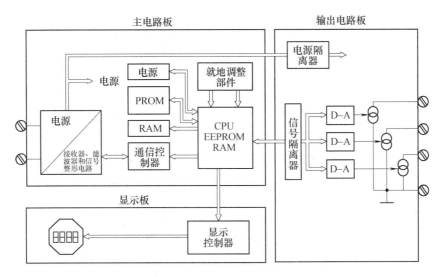

图 3-10　FI302 的结构框图

FI302 有如下功能块：

① 一个物理模块。

② 一个显示传感器模块。

③ 三个输出传感器模块。

④ 三个模拟输出 AO 功能块。

⑤ 一个比例积分微分 PID 功能块。

⑥ 一个输出信号选择 SPLT 功能块。

⑦ 一个输入信号选择 ISS 功能块。

⑧ 一个通用算术运算 ARTH 功能块。

5）输出气压信号变换器 FP302。它将现场总线的数字信号转换成一路标准气压信号（0.02～0.1MPa），用于现场总线系统对气动调节阀或气动执行器的控制。FP302 的结构框图如图 3-11 所示，注意要外接 0.14MPa（20PSI⊖）的气源。

硬件组成包括：主板、输出板、显示板和液晶显示器。其中输出板完成信号转换、信号隔离、数-模转换（D-A），通过喷嘴挡板机构将模拟电量转换成气压信号，经功率放大后，一路通过动传感器形成负反馈，另一路输出标准气压信号 0.02～0.1MPa（3～15PSI）到气动执行器。

FP302 有如下功能块：

① 一个物理模块。

② 一个显示传感器模块。

③ 一个输出传感器模块。

④ 一个模拟输出 AO 功能块。

⑤ 一个比例积分微分 PID 功能块。

⊖　PSI：Pounds per square inch，磅/平方英寸，美国常用单位。

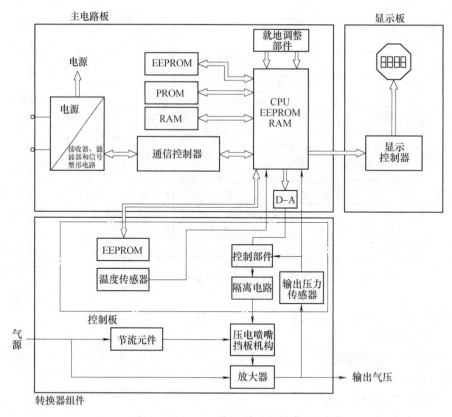

图 3-11　FP302 的结构框图

⑥ 一个输出信号选择 SPLT 功能块。

⑦ 一个输入信号选择 ISS 功能块。

⑧ 一个通用算术运算 ARTH 功能块。

（3）外围设备　如果要构成一个现场总线控制系统，除了接口设备和现场总线仪表之外，还需要有一些辅助部件，如电缆、电源、阻抗匹配器、端子、接线盒、安全栅及重发器等。

1）专用电源 PS302。PS302 是一种开关电源，非本安型，具有短路及过电流保护，可冗余配置。

输入电压：AC90 ~ 260V，47 ~ 440Hz 或 DC127 ~ 367V。

输出电压：+24V × (1 ± 1%)，20mVp-p；电流：0 ~ 1.5A。

2）电源阻抗匹配器 PSI302　PSI302 为非隔离的有源阻抗匹配器，在 31.25kHz 附近使阻抗呈阻性，防止信号失真。

3）端子 BT302　BT302 为总线信号阻抗匹配器，主要抑制反射效应引起的失真，它由一个 100Ω 的电阻和 1μF 的电容串联而成。端子 BT302 必须成对出现。

4）本质安全栅及重发器 SB302　在危险场合使用现场总线必须使用安全栅 SB302，它与常规的模拟仪表安全栅不同，既要起隔离作用，又要完成通信，同时要提供电源，它是网络的一部分。主要参数如下：

熔丝：安全区 250mA，危险区 100mA。

隔离：安全区 250V，安全区与危险区之间 1500V。

输入电压：DC24 ~ 35V，$I_{max} = 120mA$。

输出：在最大电流条件下，栅末端可利用电压为 DC11V，$I_m = 60mA$。

2. FCS 的软件组成

现场总线系统最具特色的是它的通信部分的硬软件。但当现场信号传入计算机后，还要进行一系列的处理。它作为一个完整的控制系统，仍然需要具有类似于 DCS 或其他计算机控制系统那样的控制软件、人机接口软件。当然，现场总线控制系统软件有继承 DCS 等控制软件的部分，也有在它们的基础上前进发展和具有自己特色的部分。现场总线控制系统软件是现场总线控制系统集成、运行的重要组成部分。

FCS 的软件体系主要由组态软件、设备管理、监控软件组成。

（1）现场总线组态软件 SYSCON 组态软件包括通信组态与控制系统组态。生成各种控制回路，通信关系；明确系统要完成的控制功能，各控制回路的组成结构，各回路采取的控制方式与策略；明确节点与节点间的通信关系，以便实现各现场仪表之间、现场仪表与监控计算机之间以及计算机与计算机之间的数据通信。

Smar 公司的现场总线组态软件 SYSCON 是一个强有力的对用户非常友好的软件工具，安装在控制站的工控机中，支持 Windows 95/98，通过一台 PC 可以对基于 FieldBus 的系统及现场总线仪表进行组态、维护和操作，既可以在线组态，也可以离线组态。

组态步骤是：首先进行系统组态、分配地址和指定位号；然后进行现场总线仪表中的功能块组态、连接和参数设置；最后通过安装在工控机中的 PCI 卡，按照预先设定的地址，下装到挂接在每个通道上的现场总线仪表中。下装完成的同时，现场总线仪表便可在 Master 的调度下实现网络通信并进行控制。

（2）常用功能块 在 PCI 卡和每台现场总线仪表中均内置有许多功能模块，每个功能块根据专门的算法及内部设置的控制参数处理输入，产生的输出便于其他功能块应用。这些模块包括 AI（模拟输入）、AO（模拟输出）、PID（PID 运算）、ISS（输入选择）、ARTH（算术）、INTG（累积）、CHAR（特征化）和 SPLT（输出选择）功能块等 17 种。用户可以通过策略组态软件 SYSCON 对这些功能模块进行灵活连接来实现自己的控制策略。

1）模拟输入（AI）功能块。AI 功能块（见图 3-12）接收传感器模块的数据，可以完成工艺参数定标、线性化处理、输入信号滤波、报警、工作方式选择等工作，经处理的信号转换成其他模块可以接收的输出。

2）比例积分微分（PID）功能块。PID 功能块（见

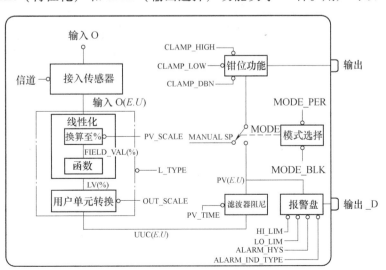

图 3-12 AI 功能块

图 3-13）是控制模块，能完成 P、PI、PID、前馈和跟踪等功能，既可以完成常规调节，又可以完成串级调节。可以进行工作方式选择、手/自动切换、滤波时间、报警限值、速率限制和无扰切换设置，其给定值和正、反作用是根据工程要求设置的，其增益、积分时间、微分时间是根据综合应用经验设置的。

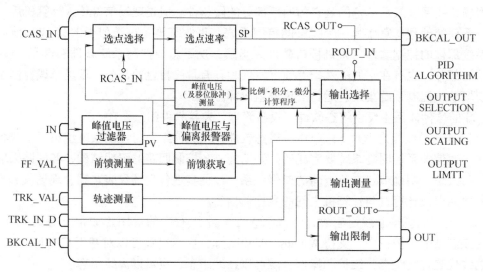

图 3-13 PID 功能块

3）模拟输出（AO）功能块。AO 功能块（见图 3-14）从其他功能块接收信号，可以实现工作方式选择、速率限制、高/低限报警、风开/风关选择和阀位保持等功能。在控制回路中用作输出单元，其输出一定接到输出传感器模块，并同硬件兼容。

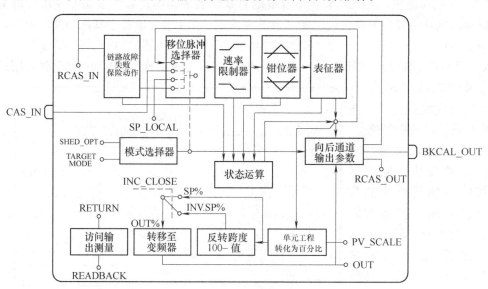

图 3-14 AO 功能块

4）通用算术运算（ARTH）功能块。ARTH 功能块（见图 3-15）有 IN、IN_1、IN_2、IN_3、IN_4 共 5 个输入端，主要完成加、减、乘、除、求和、开方、乘方、超前、滞后等运算。它可以完成 8 种运算公式的一种运算，每个公式有 K1、K2、K3、K4、K5、K6 共 6 个系数。通过选择公式和设置系数，可以完成不同的计算任务。

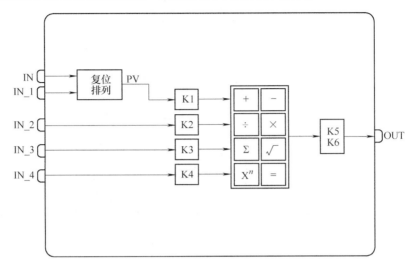

图 3-15 ARTH 功能块

5）输入信号选择（ISS）功能块。ISS 功能块（见图 3-16）从多达三个输入中进行选择，并根据组态作用产生一个输出，例如：高选、低选、选中间值。若需要从两个输入中选择一个输出，则通过 IN_D 的状态是 "0" 还是 "1" 来控制。它还可以把可疑值作为好值处理。

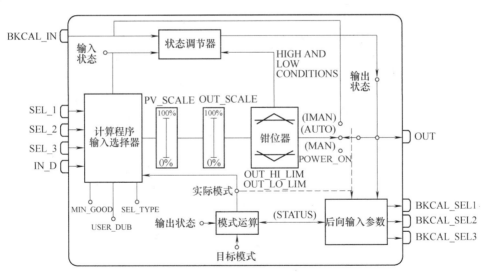

图 3-16 ISS 功能块

6）信号特征化（CHAR）功能块。CHAR 功能块（见图 3-17）具有两个输入和两个输出，输出是输入的非线性函数，由 20 个点的 x-y 坐标查表确定函数关系。IN_1 对应 OUT_1；IN_2 对应 OUT_2。x 对应输入，y 对应输出。当 BYPASS = 1 时，IN_1 = OUT_1；IN_2 = OUT_2。当 REVERSE = 1 时，IN_2 = y；OUT_2 = x。

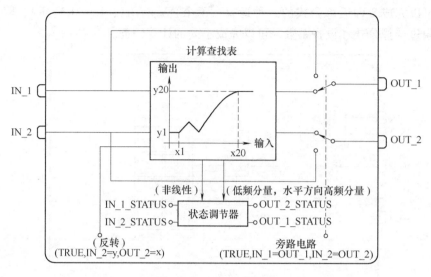

图 3-17   CHAR 功能块

7）累加（INTG）功能块。INTG 功能块（见图 3-18）按时间函数对输入变量进行积分或对输入脉冲计数进行累加。常常用作流量累积得到一定时间内的总质量流量或总体积流量，也可以累加能量得到总能量。记数可以是正向，也可以是反向。可以使用坏值。可以设定记数值，时间到通过 OUT_TRIP 进行控制。

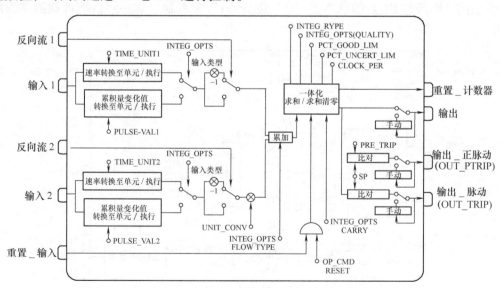

图 3-18   INTG 功能块

8）输出信号选择（SPLT）功能块。SPLT 功能块（见图 3-19）是控制模块，用作分程控制、顺序控制和输出选择器。当 A_TYPE = 1 时，SPLT 作为输出选择器使用，若 IN_D = 0，OUT_1 输出；若 IN_D = 1，OUT_2 输出；当 A_TYPE = 2 或 3 时，SPLT 作为分程器使用，只是功能不同。

其他九个功能块是 AALM、CIAD、CIDD、COAD、CODD、SPG、ABR、DBR、DENS，

若要详细了解，可参照相关参考资料。

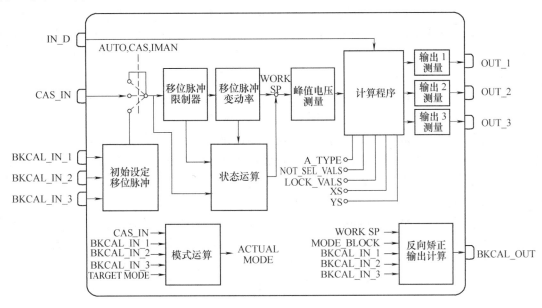

图 3-19 SPLT 功能块

3. 监控软件

监控软件是必备的直接用于生产操作和监视的控制软件包，其功能十分丰富，流行的有 FIX、INTOUCH、AIMAX、VISCON 等。该系统选用 AIMAX，要完成的主要任务如下：

1）实时数据采集。将现场的实时数据送入计算机，并置入实时数据库的相应位置。

2）常规控制计算与数据处理。如标准 PID，积分分离，超前滞后，比例，一阶、二阶惯性滤波，高选、低选，输出限位等。

3）优化控制。在数学模型的支持下，完成监控层的各种先进控制功能，如卡边控制、专家系统、预测控制、人工神经网络控制、模糊控制等。

4）逻辑控制。完成如开、停车等顺序启停过程。

5）报警监视。监视生产过程的参数变化，并对信号越限进行相应的处理，如声光报警等。

6）运行参数的界面显示。带有实时数据的流程图、棒图显示，历史趋势显示等。

7）报表输出。完成生产报表的打印输出。

8）操作与参数修改。实现操作人员对生产过程的人工干预，修改给定值、控制参数和报警限值等。

3.5.4 几种常见的现场总线

20 世纪 80 年代以来，各种现场总线标准陆续形成。其中主要的有基金会现场总线（Foundation Fieldbus，FF）、控制局域网（Controller Area Network，CAN）、局部操作网（Local Operating Network，LonWorks）、过程现场总线（Process Field Bus，PROFIBUS）、可寻址远程传感器数据通路协议（Highway Addressable Remote Transducer，HART）基于工业以太网现场总线等。建筑物自动化系统常见的现场总线有 LonWorks 总线和 CAN 总线两种。

1. 基金会现场总线技术

基金会现场总线（FF）是在过程自动化领域得到广泛支持和具有良好发展前景的技术。其前身是以美国 Fisher-Rosemount 公司为首，联合 Foxboro、横河、ABB、西门子等 80 家公司制定的 ISP 协议和以 Honeywell 公司为首，联合欧洲等地的 150 家公司制定的 world FIP 协议。这两大集团于 1994 年 9 月合并，成立了现场总线基金会，致力于开发出国际上统一的现场总线协议。它以 ISO/OSI 开放系统互连模型为基础，取其物理层、数据链路层、应用层为 FF 通信模型的相应层次，并在应用层上增加了用户层。用户层主要针对自动化测控应用的需要，定义了信息存取的统一规则，采用设备描述语言规定了通用的功能块集。由于这些公司是该领域自控设备的主要供应商，对工业底层网络的功能需求了解透彻，也具备足以左右该领域现场自控设备发展方向的能力，因而由它们组成的基金会所颁布的现场总线规范具有一定的权威性。

基金会现场总线分低速 H1 和高速 H2 两种通信速率。H1 的传输速率为 31.25kbit/s，通信距离可达 1900m（可加中继器延长），可支持总线供电，支持本质安全防爆环境；H2 的传输速率可为 1Mbit/s 和 2.5Mbit/s 两种，其通信距离分别为 750m 和 500m。物理传输介质可支持双绞线、光缆和无线发射，协议符合 IEC1158-2 标准，其物理媒介的传输信号采用曼彻斯特编码。

基金会现场总线的主要技术内容包括 FF 通信协议；用于完成开放互连模型中第 2～7 层通信协议的通信栈（Communication Stack）；用于描述设备特征、参数、属性及操作接口的 DDL 设备描述语言、设备描述字典；用于实现测量、控制、工程量转换等应用功能的功能块；实现系统组态、调度、管理等功能的系统软件技术以及构筑集成自动化系统、网络系统的系统集成技术。1996 年在芝加哥举行的 ISA96 展览会上，由现场总线基金会组织实施，首次向世界展示了来自 40 多家厂商的 70 多种符合 FF 协议的产品，并将这些分布在不同楼层展览大厅不同展台上的 FF 展品，用醒目的橙红色电缆，互连为七段现场总线的演示系统，各展台现场设备之间可实地进行现场互操作，展现了基金会现场总线的基本概貌。

基金会现场总线系统是为适应自动化系统、特别是过程自动化系统在功能、环境与技术上的需要而专门设计的。它可以工作在工厂生产的现场环境下，能适应本质安全防爆的要求，还可以通过传输数据的总线为现场设备提供工作电源。

这种现场总线标准是由现场总线基金会（Fieldbus Foundation）组织开发的。它得到了世界上主要自控设备供应商的广泛支持，在北美、亚太、欧洲等地区具有较强的影响力。现场总线基金会的目标是致力于开发出统一标准的现场总线，并已于 1996 年一季度颁布了低速总线 H1 的标准，安装了示范系统，将不同厂商的符合 FF 规范的仪表互连为控制系统和通信网络，使 H1 低速总线步入实用阶段。

基金会现场总线的系统是开放的，可由来自不同制造商的测量、控制设备构成。这些制造商所设计开发的设备遵循相同的协议规范。在产品开发期间，通过一致性测试，确保产品与协议规范的一致性。当把不同制造商的产品连接于同一网络系统时，作为网络节点的各设备间应可实现互操作。同时还允许不同厂商生产的相同功能设备之间进行相互替换。

基金会现场总线的最大特色就在于它不仅仅是一种总线，而且是一个系统。是网络系统，也是自动化系统。它作为新型自动化系统，区别于以前各种自动化系统的特征就在于它所具有的开放型数字通信能力，它使自动化系统具备了网络化特征。而它作为一种通信网络，有别于其他网络系统的特征则在于它位于工业生产现场，其网络通信是围绕完成各种自动化任务进行的。

基金会现场总线系统作为全分布式自动化系统，要完成的主要功能是对工业生产过程各个参数进行测量、信号变送、控制、显示、计算等，实现对生产过程的自动检测、监视、自动调节、顺序控制和自动保护，保障工业生产处于安全、稳定、经济的运行状态。这里的全分布式自动化系统是相对 DCS 而言的。

目前在工业生产中广泛采用 DCS。它打破了计算机控制系统发展初期由单台计算机统管整个车间甚至整个工厂的集中控制模式，把整个生产过程分解为多个子系统，由多台计算机共同协作完成自控系统功能，每台计算机或微处理器独立承担其中某一部分功能，这种系统的优点是消除了集中控制模式中危险集中的弊端，但在其系统的物理结构上，仍然为数字控制器与模拟变送器组成的模拟-数字混合系统。模拟变送器位于工艺设备的生产现场，而控制器一般位于集中控制室。从构成控制系统的信号流的角度来看，在现场把被控参数转换为测量信号后，被送往位于集中控制室的控制器，经控制运算后，再把所得到的操作信号由控制室送往位于生产现场的调节阀或控制电动机，这样一来，即使是一个简单回路控制系统，其信号的必经路径也将会较长，因而会引发许多弊端和隐患。比如在控制室与现场之间的连线出现断线或短路故障时，控制室的计算机或控制器将对生产现场失去控制，而单凭现场仪表又不能实现控制功能，会给生产造成影响。

现场总线的全分布式自动化系统则把控制功能完全下放到现场，仅由现场仪表即可构成完整的控制功能。由于基金会现场总线的现场变送、执行仪表（以下也称之为现场设备）内部都具有微处理器，现场设备内部可以装入控制计算模块，只需通过都处于现场的变送器、执行器之间的连接，便可组成控制系统，这个意义上的全分布无疑将增强系统的可靠性和系统组织的灵活性。当然，这种控制系统还可以与其他系统或控制室的计算机进行信息交换，构成各种高性能的控制系统。

基金会现场总线系统作为低带宽的通信网络，把具备通信能力，同时具有控制、测量等功能的现场自控设备作为网络的节点，由现场总线把它们互连为网络。通过网络上各节点间的操作参数与数据调用，实现信息共享与系统的各项自动化功能。各网络节点的现场设备内具备通信接收、发送与通信控制能力，它们的各项自动化功能是通过网络节点间的信息传输、连接、各部分的功能集成而共同完成的，因而称之为网络集成自动化系统。网络集成自动化系统的目的是实现人与人、机器与机器、人与机器、生产现场的运行控制信息与办公室的管理指挥信息的沟通和一体化。借助网络的信息传输与数据共享，组成多种复杂的测量、控制、计算功能，更有效、方便地实现生产过程的安全、稳定、经济运行，并进一步实现管控一体化。

基金会现场总线作为工厂的底层网络，相对一般广域网、局域网而言，它是低速网段，其传输速率的典型值为 31.25kbit/s、1Mbit/s 和 2.5Mbit/s。它可以由单一总线段或多总线段构成，也可以由网桥把不同传输速率、不同传输介质的总线段互连而构成。网桥在不同总线段之间透明地转换、传送信息。还可以通过网关或计算机接口板，将其与工厂管理层的网段挂接，彻底打破了多年来未曾解决的自动化信息孤岛的格局，形成了完整的工厂信息网络。

基金会现场总线围绕工厂底层网络和全分布自动化系统这两个方面形成了它的技术特色。其主要技术内容有以下几个方面：

（1）基金会现场总线的通信技术 它包括基金会现场总线的通信模型、通信协议、通信控制器芯片、通信网络与系统管理等内容。它涉及一系列与网络相关的硬、软件，如通信栈软件，被称之为圆卡的仪表用通信接口卡，FF 与计算机的接口卡，各种网关、网桥、中继器等。它是现场总线的核心基础技术之一，无论对于现场总线设备的开发制造单位，还是系统设计单位、系统集成商以至用户，都具有重要作用。

（2）标准化功能块（Function Block，FB）与功能块应用进程（Function Block Application Process，FBAP） 它提供一个通用结构，把实现控制系统所需的各种功能划分为功能模块，使其公共特征标准化，规定它们各自的输入、输出、算法、事件、参数与块控制图，并把它们组成为可在某个现场设备中执行的应用进程，便于实现不同制造商产品的混合组态与调用。功能块的通用结构是实现开放系统构架的基础，也是实现各种网络功能与自动化功能的基础。

（3）设备描述（Device Description，DD）与设备描述语言（Device Description Language，DDL） 为实现现场总线设备的互操作性，支持标准的功能块操作，基金会现场总线采用了设备描述技术。设备描述为控制系统理解来自现场设备的数据意义提供必需的信息，因而也可以看作控制系统或主机对某个设备的驱动程序，即设备描述是设备驱动的基础。设备描述语言是一种用于进行设备描述的标准编程语言。采用设备描述编译器，把 DDL 编写的设备描述的源程序转化为机器可读的输出文件，控制系统正是凭借这些机器可读的输出文件来理解各制造商的设备的数据意义。现场总线基金会把基金会的标准 DD 和经基金会注册过的制造商附加 DD 写成 CD-ROM，提供给用户。

（4）现场总线通信控制器与智能仪表或工业控制计算机之间的接口技术 在现场总线的产品开发中，常采用 OEM 集成方法构成新产品，已有多家供应商向市场提供 FF 集成通信控制芯片、通信栈软件、圆卡等。把这些部件与其他供应商开发的或自行开发的、能完成测量控制功能的部件集成起来，组成现场智能设备的新产品。要将总线通信圆卡与实现变送、执行功能的部件构成一个有机的整体，要通过 FF 的 PC 接口卡将总线上的数据信息与上位机的各种 MMI（即人机接口）软件、高级控制算法融为一体，尚有许多智能仪表本身及其与通信软硬件接口的开发工作要做，如与 MMI 软件连接中的 OPC 技术。OPC 技术是指用于过程控制的对象链接嵌入（Object Linking and Embedding，OLE）技术。OLE 是 Microsoft 公司在 PC 中采用的 PC 组件（PC Component）技术，把这一技术引入到过程控制系统，使现场总线控制系统较容易地与现有的计算机平台结合起来，使工厂网络的各个层次可以在网络上共享数据与信息。可以认为，OPC 技术是实现数据开放式传输的基础。

（5）系统集成技术 它包括通信系统与控制系统的集成，如网络通信系统组态、网络拓扑、配线、网络系统管理、控制系统组态、人机接口、系统管理维护等。这是一项集控制、通信、计算机、网络等多方面的知识，集软硬件于一体的综合性技术。它在现场总线技术开发初期，在技术规范、通信软硬件尚不十分成熟之时，具有其特殊的意义。对系统设计单位、用户、系统集成商更是具有重要作用。

（6）系统测试技术 它包括通信系统的一致性与互可操作性测试技术、总线监听分析技术、系统的功能和性能测试技术。一致性与互可操作性测试是为保证系统的开放性而采取的重要措施，一般要经授权过的第三方认证机构作专门测试，验证符合统一的技术规范后，将测试结果交基金会登记注册，授予 FF 标志。只有具备了 FF 标志的现场总线产品，才是真正的 FF 产品，其通信的一致性与系统的开放性才有相应保障。有时，对由具有 FF 标志的现场设备所组成的实际系统，还需进一步进行互可操作性测试和功能性能测试，以保证系统的正常运转，并达到所要求的性能指标。总线监听分析用于测试判断总线上通信信号的流通状态，以便于通信系统的调试、诊断与评价。对由现场总线设备构成的自动化系统，功能、性能测试技术还包括对其实现的各种控制系统功能的能力、指标参数的测试，并可在测试基础上进一步开展对通信系统、自动化系统综合指标的评价。

2. LonWorks 技术

LON（Local Operating Networks）是 Echelon 公司开发的现场总线，同时开发了配套的 LonWorks 技术，并由 Motorola、Toshiba 公司共同倡导。它采用 ISO/OSI 模型的全部 7 层通信协议，采用面向对象的设计方法，通过网络变量把网络通信设计简化为参数设置。支持双绞线、同轴电缆、光缆和红外线等多种通信介质，通信速率从 300bit/s 至 1.5Mbit/s 不等，直接通信距离可达 2700m（78kbit/s），被誉为通用控制网络。LonWorks 技术采用的 LonTalk 协议被封装到 Neuron（神经元）的芯片中，并得以实现。采用 LonWorks 技术和神经元芯片的产品，被广泛应用在楼宇自动化、家庭自动化、安保系统、办公设备、交通运输、工业过程控制等行业。

LonWorks 技术由 LonWorks 节点和路由器、LonTalk 协议、LonWorks 收发器、LonWorks 网络和节点开发工具组成。

LonWorks 技术所采用的 LonTalk 协议被封装在称之为 Neuron 的神经元芯片中而得以实现。集成芯片中有 3 个 8 位 CPU，第一个用于完成开放互连模型中第 1 和第 2 层的功能，称为媒体访问控制处理器，实现介质访问的控制与处理；第二个用于完成第 3～6 层的功能，称为网络处理器，进行网络变量的寻址、处理、背景诊断、路径选择、软件计时、网络管理，并负责网络通信控制、收发数据包等；第三个是应用处理器，执行操作系统服务与用户代码。芯片中还具有存储信息缓冲区，以实现 CPU 之间的信息传递，并作为网络缓冲区和应用缓冲区。

Echelon 公司的技术策略是鼓励各 OEM 开发商运用 LonWorks 技术和神经元芯片，开发自己的应用产品，据称目前已有 2600 多家公司在不同程度上卷入了 LonWorks 技术，1000 多家公司已经推出了 LonWorks 产品，并进一步组织起 LonMark 互操作协会，开发推广 LonWorks 技术与产品。它已被广泛应用在楼宇自动化、家庭自动化、安保系统、办公设备、交通运输、工业过程控制等行业。另外，在开发智能通信接口、智能传感器方面，LonWorks 神经元芯片也具有独特的优势。

（1）LonWorks 技术在国内的应用合作组织　1998 年 6 月，原建设部智能建筑技术开发推广中心 LonWorks 技术应用研讨会在北京召开，来自建筑、电子、仪表等相关产业的科研院所、设计安装、系统集成和建设单位等 130 多人出席了此次会议。会议旨在加快 LonWorks 技术的研究、开发、生产和应用进程，促进我国智能建筑水平的提高；会议成立了中国智能建筑技术 LonMark 协作网，并通过了协作网章程。近几年，国家信息产业的飞速发展，给我国的建筑业注入了新的活力。代表建筑业高新技术的新型产业——智能建筑正在发展，一些具有部分智能型的现代建筑也随之拔地而起，这些现代建筑在发挥其应有的作用的同时也在一定程度上满足了社会的需求，促进了我国经济的发展，并带动了相关行业的发展。同时，也锻炼了一批工程设计、安装和管理队伍，从而为智能建筑产业的形成和发展奠定了基础。

当今，智能建筑技术发展十分迅速。自 20 世纪 80 年代以来，以 LonWorks 技术为代表的通用现场总线，经过近十年，在世界各地的工程实践中获得了巨大的成功，以它独有的特点和优势被世人所公认为跨世纪的控制网络新技术，因此，各发达国家都很关注这一技术的发展，正在着手完善自己的技术与产品，争取更大的市场。LonWorks 技术在 BA 设计和工控等领域应用的优势非常适合我国国情。LonWorks 技术与产品的国产化，是一个艰巨而富有战略意义的系统工程，为此由原建设部智能建筑技术开发推广中心牵头，与智能建筑相关的科研单位、生产厂家、工程设计安装和建设单位紧密联系，组成"中国智能建筑技术 LonMark 协作网"，以推动 LonWorks 技术与产品在我国智能建筑中的应用。

（2）LonWorks 技术的特点

1）支持 OSI 七层模型的 LonTalk 通信协议。LonTalk 通信协议支持 OSI/RM 的所有七层模型，是直接面向对象的网络协议。LonTalk 协议通过神经元芯片实现，不仅提供介质存取、事务确认和点对点通信服务；还提供一些如认证、优先级传输、广播/组播消息等高级服务。

2）神经元芯片。神经元芯片是 LonWorks 技术的核心，它不仅是 LON 总线的通信处理器，而且是具有 I/O 和控制的通用处理器。神经元芯片已提供了 LonTalk 协议的第 1～6 层，开发者只需用 Neuron C 语言开发。神经元芯片包括 3 个 8 位 CPU、RAM、ROM、通信接口和 I/O 接口。ROM 中存储操作系统、LonTalk 协议和 I/O 函数库；RAM 用于存储从网络上下载的配置数据和应用程序。

3）基于 LNS（LonWorks Network Operating System）的软件工具。LonWorks 技术有多种基于 LNS 的工具，用于 LON 网络的维护和组态，包括：图形化工具 LonMaker（用于图形绘制、系统调试和网络的维修保养）；节点开发工具 NodeBuilder；节点和网络安装工具 LonBuilder；网络管理工具 LonManage 以及客户/服务器网络构架——LNS 技术。

4）开放性。LonWorks 技术提供了开放系统设计平台，使不同公司生产的同类 LonWorks 产品可以互操互换。LonWorks 产品的互操作标准由 LonMark 协会制定。

（3）LON 总线系统的开发途径　LON 总线系统的开发有两种途径：

1）基于开发工具 LonBuilder 或 NodeBuilder，使用 Neuron C 语言编程，即针对具体控制系统的要求编写应用代码，然后经过编译与通信协议代码连接生成总的目标代码，一起烧录到节点的存储器中。

2）基于图形方式的软件开发工具 Visual Control，通过组态构成控制系统，自动编译生成总的目标代码，直接下载到节点的 Flash ROM 中。对复杂系统，需编制自定义模块。

（4）LonTalk 协议　LonTalk 协议是 LON 总线的专用协议，是 LonWorks 技术的核心。它符合 1SO/OSI 参考模型的七层体系结构，即含有物理层、链路层、网络层、传输层、会话层、表示层和应用层。LonTalk 协议提供一系列通信服务，可以使一台设备的应用程序在不了解网络拓扑、名称、地址或其他设备功能的情况下发送和接收网络上其他设备的报文。还提供端到端的报文确认、报文认证、打包业务和优先传送服务，支持网络管理服务，允许远程网络管理工具与网络设备进行交互。采用神经元芯片的网络节点含有 LonTalk 协议固件，使网络节点可以可靠地通信。主要有以下几个特点：

1）采用分级编制方式，即域、子网和节点地址。

2）支持多种通信介质，如双绞线、电力线、同轴电缆、无线电和红外线、光纤传输介质等。

3）支持多点通信，互操作性强，网络上任一节点可对其他节点进行操作，传输控制信息。

4）发送的报文都是很短的数据（通常几个到几十个字节），通信带宽不高（几 kbit/s 到 2Mbit/s），响应时间快，通信安全可靠。

5）网络节点是低成本、低维护的单片机。

LonTalk 是 ISO 组织制定的 OSI 开放系统互连参数模型的七层协议子集。它包容了 LON 总线的所有网络通信的功能，包含一个功能强大的网络操作系统，通过所提供的网络开发工具生产固件，可使通信数据在各种介质中非常可靠地传输。LonTalk 与 OSI 的七层协议比较见表 3-1。

表 3-1　LonTalk 与 OSI 的七层协议比较

层　次	OSI 层次		标 准 服 务	LonTalk 提供的服务	处 理 器
7	应用层		网络应用	标准网络变量类型	应用处理器
6	表示层		数据表示	网络变量，外部帧传送	网络处理器
5	会话层		远程遥控动作	请求/响应，认证，网络管理	网络处理器
4	传输层		端对端的可靠传输	应答，非应答，点对点，广播，认证等	网络处理器
3	网络层		传输分组	地址，路由	网络处理器
2	数据链路层	链路层	帧结构	帧结构，数据解码，CRC 错误检查	MAC 处理器
		MAC 子层	介质访问	带预测 P-坚持 CSMA，避免碰撞，优先级	MAC 处理器
1	物理层		电路连接	介质，电气接口	MAC 处理器

1）物理层。定义通信信道上位流的传输，它确保源设备发送的位流准确地被目的设备接收。LonTalk 协议支持一种或多种不同传输介质构成的网络。传输介质主要有双绞线（Twisted-pair）、电力线（Powerline）、无线射频（Radio-Frequency）、红外线（Infrared）、同轴电缆（Coaxial Cable）和光纤（Fiber），甚至是用户自定义的通信介质。不同介质的传输距离、传输速率、网络拓扑结构以及所使用的收发器均不相同，为支持各种传输介质，物理层协议支持多种通信协议。收发器是神经元芯片与信道的接口，LonTalk 协议支持在通信介质上的硬件碰撞检测，可自动地将正在发生碰撞的报文取消，重新再发。

2）数据链路层。定义介质访问方法和单一信道的数据编码。

介质访问控制（Media Access Control，MAC）层是数据链路层的一部分。为使数据帧传输独立于所采用的物理介质和介质访问的控制方法，将数据链路层分为两个子层：逻辑链路控制（Logical Link Control，LLC）和介质访问控制（MAC）。LLC 与介质无关，MAC 则依赖于介质。MAC 协议是确定设备安全地传送数据包、减少冲突的控制算法。它使用 OSI 标准接口和链路层的其他部分进行通信，如图 3-20

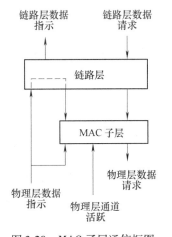

图 3-20　MAC 子层通信框图

所示。

MAC 协议是 CSMA（载波信号多路侦听）协议的一种改进，称为带预测的 P-坚持 CSMA（Predictive P-persistent CSMA）。其 MPDU（MAC Protocol Data Unit，MAC 层协议数据单元）如图 3-21 所示。

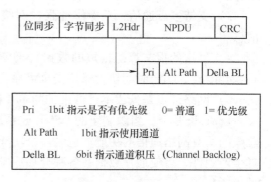

图 3-21　MPDU 格式

带预测的 P-坚持 CSMA 使所有的节点根据网络积压参数（Backlog）等待随机时间片来访问介质，这就有效地避免了网络的频繁碰撞。每一个节点发送前随机插入 $0 \sim W$ 个很小的随机时间片，因此网络中任一节点在发送普通报文前平均插入 $W/2$ 个随机时间片，而 W 则根据网络积压参数变化进行动态调整，其公式是 $W = BL \times W_{base}$，其中 $W_{base} = 16$，BL 为网络积压的估计值，它是对当前发送周期有多少个节点需要发送报文的估计。

图 3-22 为带预测的 P-坚持 CSMA 概念示意图。当一个节点信息需要发送而试图占用通道时，首先在 Beta1 周期检测通道有没有通信发送，以确定网络空闲。若空闲，节点产生一个随机等待 T，T 为 $0 \sim W$ 个时间片 Beta2 中的一个，当延时结束时，网络仍为空闲，节点发送报文。

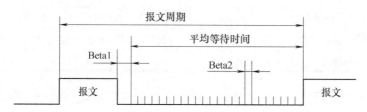

Beta1: 空闲时间

Beta1>1bit+ 物理延时 +MAC 响应时间

Beta2: 随机时间片

Beta2>2×物理延时 +MAC 响应时间

图 3-22　带预测的 P-坚持 CSMA 概念示意图

在 MAC 层中，为提高紧急事件的响应时间，提供一个可选择的优先级的机制，如图 3-23 所示。

该机制允许用户为每一个需要优先级的节点分配一个特定的优先级时间片（Priority Slot），在发送过程中，优先级数据报文将在那个时间片里将数据报文发送出去。优先级时间片是从 $0 \sim 127$，0 表示不需要等待立即发送，1 表示等待一个时间片，2

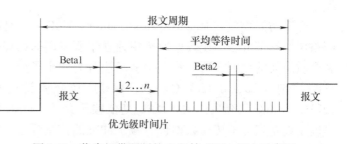

图 3-23　优先级带预测的 P-坚持 CSMA 概念示意图

表示等待两个时间片……127 表示等待 127 个时间片，低优先级的节点需等待较多的时间片，而高优先级的节点需等待较少的时间片。这个时间片加在 P-预测时间片之前，非优先级的节点必须等待优先级时间片都完成之后，才再等待 P-预测时间片后发送，因此加入优先级的节点总比非优先级的节点具有更快的响应时间。

综上所述，LonWorks 的 MAC 子层有以下的优点：支持多介质的通信，支持低速率的网络，可以在重负载的情况下保持网络性能，保证在过载情况下不会因为冲突而降低吞吐量。当使用支持硬件冲突检测的传输介质（如双绞线）时，一旦收发器检测到冲突，LonTalk 协议就可以有选择地取消报文的发送，这使节点可以马上重新发送并使冲突不再重发，有效地避免了碰撞。

链路层确保链路层数据单元（Link Protocol Data Unit，LPDU）的数据在子网内顺序无响应传输。它提供错误检测，但不提供错误恢复，当一帧数据 CRC 校验错时，该帧被丢掉。

在直接互连模式下，物理层和链路层接口的编码是曼彻斯特编码。在专用模式下，根据不同的电气接口采用不同的编码方案。CRC 校验码加在网络层数据单元（Network Protocol Data Unit，NPDU）帧的最后。

3）网络层：定义设备名称和地址，源设备的报文如何选择路由到达一台或多台目的设备，以及当源设备和目的设备不在同一信道上时，如何确定报文路由。

在网络层，LonTalk 协议提供给用户一个简单的通信接口，定义了如何接收、发送、响应等，在网络管理上有网络地址分配、出错处理、网络认证、流量控制、路由器机制。

① LonTalk 协议的网络地址结构。LonTalk 地址唯一地确定一个 LonTalk 数据包的源节点或目标节点，路由器则利用这些地址在信道之间选择数据包的传输路径。为了简化路由选择，LonTalk 协议定义了分级的网络地址形式：域（Domain）、子网（Subnet）、节点（Node）地址、组地址。

域是一个信道或多个信道上的节点的逻辑集合。一个域就是一个实际意义上的网络，通信只能在同一域中配置的节点之间进行。多个域可以占用同一个信道，所以，域地址可以用来隔离不同网络上的节点。域的结构可以保证在不同的域中通信是彼此独立的，域标识符是唯一的。

一个子网是在同一域中节点的逻辑集合，是一个或多个通道的逻辑分组。一个子网最多可有 127 个节点，一个域最多可有 255 个子网，一种子网层的智能路由器产品可以实现子网间的数据交换。子网中的所有节点必须在同一信道上，如果一个节点属于两个域，该节点必须属于每个域中的一个子网。

节点地址是节点被赋予的所属子网内的唯一的节点标识码。节点的标识码为 7 位，所以每个子网最多可以有 127 个节点，一个域中最多可以有 32385（255×127）个节点。任一节点可以分属一个或两个域，容许一个节点作为两个域之间的网关（Gateway），也容许一个节点将采集来的数据分别发向两个不同的域。

组是一个域内节点的逻辑集合。与子网不同，组不需要考虑节点的物理位置。组可以包括路由器，一个组可在一个域中跨越几个子网，或几个通道。每一个组对于需应答服务的节点最多可包含 64 个，而对无应答服务的节点个数不限，一个节点最多可以属于 15 个组，一个域最多可以有 256 个组，组地址的长度为 1B。分组结构可以使一个报文同时为多个节点所接收。

每一个神经元芯片有一个独一无二的 48 位 ID 地址，这个 ID 地址是在神经元芯片出厂时由厂方规定的，这个 ID 码是唯一的。一般只在网络安装和配置时使用，可以作为产品的序列号。节点也可以用 Neuron ID 寻址。

② 寻址格式。一个通道是指在物理上能独立发送报文（不需要转发）的一段介质。LonTalk 规定一个通道至多有 32385 个节点。通道并不影响网络的地址结构，域、子网和分组都可以跨越多个通道，一个网络可以由一个或多个通道组成，通道之间是通过桥接器（Bridge）来连接的。这样做不仅可以实现多介质在同一网络上的连接，而且可以使一个通道的网络信道不致过于拥挤。

尽管 Neuron ID 也可以作为地址，但它不能作寻址的唯一方式，这是因为该寻址方式只支持一对一的传输，使用其作为地址将需要过于庞大的节点路由表以优化网络流量。节点有五种寻址方式，寻址格式确定了地址格式的字节数。

4）传输层和会话层。传输层确保可靠的报文传输。会话层对较低层数据交换加以控制。

LonTalk 协议的核心部分是传输层和会话层。一个传输控制子层管理着报文执行的顺序、报文的二次检测。传输层是无连接的，它提供 1 对 1 节点、1 对多节点的可靠传输。信息认证（Authentication）也是在这一层实现的。

会话层主要提供了请求/响应的机制，它通过节点的连接，来进行远程数据服务（Remote Servers），因此使用该机制可以遥控实现远端节点的过程建立。LonTalk 协议的网络功能虽然是在应用层来完成的，但实际上也是由提供会话层的请求/应答机制来完成的。

LonTalk 协议提供四种类型的报文服务：应答方式（Acknowledge）、请求/响应方式（Request/Response）、非应答重发方式（Unacknowledged Repeated）、非应答方式（Unacknowledged），这些报文服务除请求/响应是在会话层实现外，其他三种都在传输层实现。

① 应答方式，或者是端对端（End to End）的应答服务，这是最可靠的服务方式。当一个节点发送报文到另一个节点或一个分组时，每一个接收到报文的节点都分别向发送方应答，如果发送方在应答时间内没有全部收到应答，发送方将重新发送该报文，重发次数和应答时间都是可选的。报文应答服务是由神经元芯片的网络处理器完成的，不必由应用程序来干预。报文传输号用于跟踪报文和应答信号，确保节点不会收到重复的报文。

② 请求/响应方式与应答方式有相同的可靠性，当一个节点发送报文到另一个节点或一个分组时，每一个接收到报文的节点都分别向发送方响应，如果发送方在相应时间内没有全部收到响应，发送方将重新发送该报文，重发次数和响应时间都是可选的。报文响应服务可以包含数据，是由应用处理器完成的，适合远程过程调用和客户服务器方式的应用。

③ 非应答重发方式是一种比较可靠的方式，当一个节点发送报文到另一个节点或一个分组时，不需要每一个接收到报文的节点向发送方应答或响应，而采用重复多次发送同一报文，使报文尽量可靠地被接收方收到。这种方式适合于节点较多的分组广播发送，从而避免因节点响应或应答而使网络过载。

④ 非应答方式是最不可靠的一种方式，当一个节点发送报文到另一个节点或一个分组时，不需要每一个接收到报文的节点向发送方应答或响应，也不必重复多次发送同一报文，只发一次即可。这种方式适合对可靠性要求不高，对报文丢失不敏感，但需要速度较高、报文长度较长的应用场合。

5）表示层和应用层：表示层定义报文数据的编码。应用层定义一种低层交换数据的公共语义解释，使不同应用程序中的网络变量改变时，均能自动将更新的网络变量值下传（发送）或上传（接收）。应用层还定义了一个文件传输协议，用来传输应用程序间的传输流。

LonTalk 协议采用面向数据的应用协议。在这种方式下，节点间以标准工程单位或其他预定义的单位交换诸如温度、压力、状态和文字串等应用数据，而命令语句封装在接收节点的应用程序中且不是将命令在网上传送。以这种方式，同一工程量可送到多个节点，然而每个节点对该数据有不同的应用程序。

LonTalk 协议的表示层和应用层提供五类服务：

① 网络变量的服务。网络变量是 LonTalk 协议中表示层的数据项，网络变量可以是单个的数据项（Neuron C 变量），也可以是一个数据结构或数组，其最大长度可达 31B。网络变量用关键字 Network 在应用程序中定义，每一网络变量都有其数据类型。对于基于神经元芯片的节点来说，当定义为输出的网络变量改变时，能自动地将网络变量的值变成应用层协议数据单元（APDU）下传并发送，使所有把该变量定义为输入的节点收到该网络变量的改变。当收到信息时，能根据上传的 APDU 判断是否是网络变量，以及是哪一个输入网络变量并激活相应的处理进程。

② 显示报文的服务。该服务将报文的目的地址、报文服务方式、数据长度和数据组成 APDU 下传并发送，将发送结果上传并激活相应的发送结果处理进程。当收到信息时，能根据上传 APDU 判断是否显示报文，并根据报文代码激活相应的处理进程。

③ 网络管理的服务。一个 LonWorks 网络是否需要一个网络管理节点，取决于实际应用的需求。一个网络管理节点具有以下功能：分配所有节点的地址单元（包括域号、子网号、节点号以及所属的组名和组员号，值得注意的是 Neuron ID 是不能分配的），设置配置路由器的配置表。

④ 网络跟踪的服务。网络跟踪提供对节点的查询和测试。查询节点的工作状态以及一些网络的通信的错误统计，包括通信 CRC 校验错、通信超时等；发送一些测试命令来对节点进行测试。这些信息被网络管理初始化，测试网络上所有的操作，记录错误信息和错误点。

⑤ 外来帧传输的服务。该服务主要针对网关（Gateway），将 LON 总线外其他的网络信息转换成符合 LonTalk 协议的报文传输，或反之。

（5）神经元芯片 为了经济地、标准化地实现 LonWorks 技术的应用，Echelon 公司设计了神经元芯片。神经元这一名称是为了表明正确的网络控制机制，和人脑是极为相似的，人脑中是没有控制中心的。几百万个神经元连接在一起，每个神经元都能通过位数众多的路径向其他的神经元发送信息。每个神经元通常专注于某一种特殊功能，但是任何一个神经元的故障不会影响整个网络的性能。神经元芯片是 LonWorks 技术的核心，神经元芯片使用 CMOS VISI 技术，主要包含 MCI43150 和 MCI43120 两大序列。

1）神经元芯片内部结构。神经元芯片是一个带有多个处理器、读写/只读存储器（RAM 和 ROM）以及通信和 I/O 接口的单芯片系统。只读存储器包含一个操作系统、Lon-Talk 协议和 I/O 功能库。芯片有用于配置数据和应用程序编程的非易失性存储器，并且两者都可以通过网络下载。在制造过程中，每个神经元芯片都被赋予一个永久的、全世界唯一的

48 位码，我们称之为神经元 ID 号（Neuron ID）。现在，人们可以选择不同速度、不同存储器类型和容量以及不同接口的许多系列的神经元芯片。截止到 2009 年，全球大约有 9000 万个神经元芯片在运行。神经元芯片内部结构示意图如图 3-24 所示。

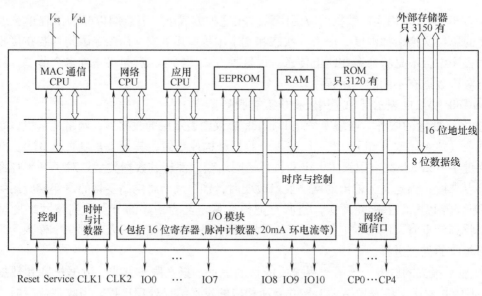

图 3-24　神经元芯片内部结构示意图

一个完整的操作系统包括一个能够执行 LonWorks 协议的神经元芯片固件，它包含在每个神经元芯片的 ROM 中。大部分 LonWorks 设备包括一个具有相同的、内置的、实现 LonWorks 协议的神经元芯片。这个方法解决了"99% 兼容性"的问题，并确保在同一个网络上的 LonWorks 设备的相互连接只需要很少的或者不需要额外的硬件设备。神经元芯片实际上将 3 个 8 位的内嵌处理器集成为一体，两个用于执行 LonWorks 协议，第三个用于设备的应用程序。所以，这个芯片既是一个网络通信处理器，又是一个应用程序处理器，这意味着对于大部分 LonWorks 设备而言，能够减少开发成本。

2）神经元芯片的处理单元。神经元芯片内部装有三个微处理器：MAC 通信处理器、网络处理器和应用处理器。图 3-25 为三个处理器和存储器结构的框图。

MAC 通信处理器完成介质访问控制，也就是 ISO 的 OSI 七层协议的第 1～2 层，这其中也包括碰撞回避算法，它和网络 CPU 间通过使用网络缓冲区达到数据的传递。网络处理器完成 OSI 的第 3～6 层网络协议，它处理网络变量、地址、认证、后台诊断、软件定时器、网络管理和路由等进程。应用处理器完成用户的编程，其

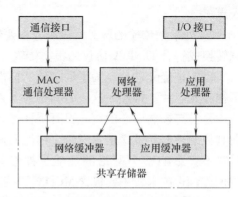

图 3-25　芯片内三个处理器和存储器结构框图

中包括用户程序对操作系统的服务调用。在神经元芯片中，每个 CPU 都有自身的寄存器组，但所有的 CPU 都可以通过使用存储器和算术逻辑单元 ALU 共享数据。

3）存储器。神经元芯片有四种类型的存储器：

① EEPROM。各种类型的神经元芯片都有内部 EEPROM，其用于存储网络配置和寻址信息、唯一的 48 位神经芯片标识码、用户应用程序代码和常用数据。EEPROM 中的用户代码在程序控制下写入和擦除，两者的总时间是 20ms/B，可以在数据不丢失的情况下，向 EEPROM 写入 10000 次。

② RAM。RAM 用于存储堆栈段应用和系统数据，以及 LonTalk 协议网络缓冲区和应用缓冲区数据。只要神经元芯片维持加电状态，RAM 状态就会保持，当芯片复位时，RAM 内容清除。

③ ROM。所有的 3120 神经元芯片都包括 10KB 的 ROM，3150 芯片无 ROM。ROM 用来存储神经元芯片固件，包括 LonTalk 协议、事件驱动任务调度器、应用数据库。

④ 外部存储器。3150 芯片不包括片上 ROM，但可以允许寻址 59392B 的外部存储器。外部存储器可以存储应用程序、数据（可多达 43008B）、神经元芯片固态软件以及设置保留空间（16384B），其中存储数据的 43008B 中也可包括网络缓存区和应用缓存区。

4）输入/输出。在一个控制单元中需要有采集和控制的功能，为此在神经元芯片上特设置 11 个 I/O 口，即 IO0 ~ IO10。这 11 个 I/O 口可根据不同的需求进行灵活配置，便于同外围设备进行接口，如可配置成 RS-232、并口、定时/计数 I/O、位 I/O 等。根据不同外部设备 I/O 的要求，采用 Neuron C 语言，编程人员可以定义一个或多个引脚作为输入/输出对象，灵活地配置输入/输出方式。在用户程序中，可通过 "io_in( )" 和 "io_out( )" 进行系统调用来访问这些 I/O 对象，并在程序执行期间完成输入/输出操作。

5）通信端口。神经元芯片可以支持多种通信介质。使用最为广泛的是双绞线，其次是电力线，其他的还包括无线射频、红外线、光纤、同轴电缆等。神经元芯片通信端口为适合不同的通信介质，可以将五个通信引脚配置成三种不同的接口模式，以适合不同的编码方案和不同的波特率。这三种模式是：单端模式、差分模式、专用模式。

① 单端模式。单端模式是在 LON 总线中使用最广泛的一种模式，无线、红外、光纤和同轴电缆都使用该模式。

② 差分模式。在差分模式下，神经元芯片支持内部的差分驱动。采用差分模式类似于单端模式，区别是差分模式包括一个内部差分驱动，同时不再包括睡眠输出。

③ 专用模式在一些专用场合，需要神经元芯片直接提供没有编码和不加同步头的原始报文。在这种情况下，需要一个智能的收发器处理从网络上或神经元芯片上来的数据。发送的过程是，从神经元芯片接收到这种原始报文，重新编码，并插入同步头；接收的过程是，从网络上收到数据，去掉同步头，重新解码，然后发送到神经元芯片。

6）定时器/计数器。神经元芯片带有两个片内定时器/计数器：多路选择定时器/计数器和专用定时器/计数器。

7）时钟系统。神经元芯片中包括一个分频器，通过外部的一个输入晶振来输入时钟。神经元芯片的正常工作频率为 625kHz ~ 10MHz。

8）睡眠/唤醒机制。神经元芯片可以通过软件设置进入低电压的睡眠状态。在这种模式下，系统时钟、使用的程序时钟和计数器关闭，但是使用的状态信息被保留。当输入有如下的转换时，如 I/O 引脚的输入（可屏蔽）、IO4 ~ IO7、Service 引脚信号、通信信号（可屏蔽）、差分模式 CP0 或 CP1、单端模式 CP0、专用模式 CP3，正常的系统操作被恢复。

9）Service 引脚。Service 引脚是神经元芯片里的一个非常重要的引脚，在节点的配置、安装和维护时都需要使用该引脚。该引脚既能输入也能输出。输出时，Service 引脚通过一个低电平来点亮外部的 LED，LED 保持为亮表示该节点没有应用代码或芯片已坏；LED 以 1/2Hz 的频率闪烁表示该节点处于未配置状态。输入时，一个逻辑低电平使神经元芯片传送一个包括该节点 48 位的 Neuron ID 的网络管理信号。

10）Watchdog 定时器。神经元芯片为防止软件失效和存储器错误，包含三个 Watchdog 定时器（每个 CPU 一个）。如果应用软件和系统没有定时地刷新这些 Watchdog 定时器，整个神经元芯片将自动复位。神经元芯片支持节点方式，在这种节点方式下系统时钟和计数器关闭，但是状态信息，包括 RAM 中的信息不会改变，一旦 I/O 状态变化，或网络上信息有变，系统便会激活神经元芯片。它的内部还有一个最高 1.25Mbit/s 的独立于介质的收发器。

11）应用 I/O 接口。神经元芯片通过 11 个引脚（IO0 ~ IO10）连接到特定的应用外部电路。其专用编程工具 Neuron C 允许程序员将一个或多个引脚定义为 I/O 对象，通过函数"io_in()"和"io_out()"对所定义的 I/O 进行输入/输出操作。神经元芯片的 11 个 I/O 有 34 种可选的工作方式，每种模式对应特定的数据传输方式，称为输入/输出对象，可以有效地实现这 11 个 I/O 的测量、计时和控制等功能。

（6）Neuron C 编程　LON 系统是由神经元芯片为核心的各种节点构成的。LonWorks 为产品开发者、系统集成商和最终用户提供了用于研制、构建、安装和维护控制网络所需要的所有支持，这种一步到位的解决方案十分有利于用户将主要精力集中在所擅长的应用层的开发工作上。而应用层的软件可在 Node Builder 或 Lon Builder 开发系统下，采用一种专门的编程语言 Neuron C。Neuron C 语言的主要特点包括：内部多任务调度程序、Run_Time 函数库、I/O 对象的定义、网络变量的定义、"When"语句、显示报文传递、针对 ms 和 s 计时器对象的语句。

利用 Neuron C 语言，可简易地开发基于网络的应用系统。例如，该语言对不同节点所定义的变量都可简单地作为本地变量一样使用，只需在系统联调时给予互连即可。Neuron 芯片的任务调度程序采用的是事件驱动方式，当给定的一个条件为真时，与该条件相关联的一段程序代码将被执行。因此 Neuron C 不再使用 main() 函数结构，而是代之以由 When 语句和函数组成的 Neuron C 程序的可执行对象。定义在 When 语句中的时间一般有预定义事件和用户定义事件两种类型。

Neuron C 是一种基于 ANSI 而为神经元芯片专门设计的编程语言，它对 ANSI C 进行了扩展以直接支持 Neuron 芯片的固件例程，是编写神经元芯片程序的最为重要的工具。

3. CAN 总线技术

CAN 是 ISO 国际标准化的串行通信协议，是控制局域网络（Control Area Network）的简称，最早由德国 BOSCH 公司推出，用于汽车内部测量与执行部件之间的数据通信。其总线规范现已被 ISO 国际标准组织制定为国际标准。由于得到了 Motorola、Intel、Philips、Siemens、NEC 等公司的支持，它广泛应用在离散控制领域。CAN 协议也是建立在国际标准组织的开放系统互连模型基础上的，不过，其模型结构只有三层，即只取 OSI 底层的物理层、数据链路层和顶层的应用层。其信号传输介质为双绞线，通信速率最高可达 1Mbit/s/40m，直接传输距离最远可达 10km/5kbit/s。可挂接设备数最多可达 110 个。

CAN 的信号传输采用短帧结构，每一帧的有效字节数为 8 个，因而传输时间短，受干扰的概率低。当节点出现严重错误时，具有自动关闭的功能，以切断该节点与总线的联系，使总线上的其他节点及其通信不受影响，具有较强的抗干扰能力。CAN 的高性能和可靠性已被认同，并被广泛地应用于工业自动化、船舶、医疗设备、工业设备等方面。现场总线是当今自动化领域技术发展的热点之一，被誉为自动化领域的计算机局域网。它的出现为分布式控制系统实现各节点之间实时、可靠的数据通信提供了强有力的技术支持。

（1）CAN 总线的发展　控制器局部网（Controller Area Network，CAN）是 BOSCH 公司为现代汽车应用领域推出的一种多主机局部网，由于其性能好、可靠性高、实时性强等优点，现已广泛应用于工业自动化、多种控制设备、交通工具、医疗仪器以及建筑、环境控制等众多部门。控制器局部网在我国迅速得到普及推广。CAN 总线结构图如图 3-26所示。

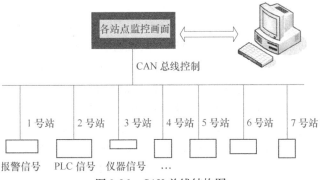

图 3-26　CAN 总线结构图

注：以上利用 CAN 总线控制原理，集散控制对各分支点只需要用两根线就可以监控到各个站点的工作情况。每个站点可以设置多个通道，同时有 I/O、A-D 等信号输入。

随着计算机硬件、软件技术及集成电路技术的迅速发展，工业控制系统已成为计算机技术应用领域中最具活力的一个分支，并取得了巨大进步。由于对系统可靠性和灵活性的高要求，工业控制系统的发展主要表现为：控制面向多元化，系统面向分散化，即负载分散、功能分散、危险分散和地域分散。

集散式工业控制系统就是为适应这种需要而发展起来的。这类系统是以微型机为核心，将 5C 技术——Computer（计算机技术）、Control（自动控制技术）、Communication（通信技术）、CRT（显示技术）和 Change（转换技术）紧密结合的产物。它在适应范围、可扩展性、可维护性以及抗故障能力等方面，较之分散型仪表控制系统和集中型计算机控制系统都具有明显的优越性。

典型的集散式控制系统由现场设备、接口与计算设备以及通信设备组成。现场总线（Fieldbus）能同时满足过程控制和制造业自动化的需要，因而现场总线已成为工业数据总线领域中最为活跃的一个领域，现场总线的研究与应用已成为工业数据总线领域的热点。尽管人们对现场总线的研究尚未能提出一个完善的标准，但现场总线的高性能价格比必将吸引众多工业控制系统采用。同时，正由于现场总线的标准尚未统一，也使得现场总线的应用得以不拘一格地发挥，并将为现场总线的完善提供更加丰富的依据。控制器局部网（CAN）正是在这种背景下应运而生的。

由于 CAN 为越来越多不同领域采用和推广，导致要求各种应用领域通信报文的标准化。为此，1991 年 9 月 Philips 公司制订并发布了 CAN 技术规范（Version 2.0）。该技术规范包括 A 和 B 两部分。2.0A 给出了曾在 CAN 技术规范版本 1.2 中定义的 CAN 报文格式，能提供 11 位地址；而 2.0B 给出了标准的和扩展的两种报文格式，提供 29 位地址。此后，1993年 11 月 ISO 正式颁布了道路交通运载工具—数字信息交换—高速通信控制器局部网（CAN）国际标准（ISO11898），为控制器局部网标准化、规范化的推广铺平了道路。

（2）CAN 总线的性能特点　CAN 总线是德国 BOSCH 公司从 20 世纪 80 年代初为解决现代汽车中众多的控制与测试仪器之间的数据交换而开发的一种串行数据通信协议，它是一种多主总线，通信介质可以是双绞线、同轴电缆或光导纤维，通信速率最高可达 1Mbit/s。

1）完成对通信数据的成帧处理。CAN 总线通信接口中集成了 CAN 协议的物理层和数据链路层功能，可完成对通信数据的成帧处理，包括位填充、数据块编码、循环冗余检验、优先级判别等项工作。

2）使网络内的节点个数在理论上不受限制。CAN 协议的一个最大特点是废除了传统的站地址编码，而代之以对通信数据块进行编码。采用这种方法的优点可使网络内的节点个数在理论上不受限制，数据块的标识符可由 11 位或 29 位二进制数组成，因此可以定义 2 或 2 个以上不同的数据块，这种按数据块编码的方式，还可使不同的节点同时接收到相同的数据，这一点在分布式控制系统中非常有用。数据段长度最多为 8B，可满足通常工业领域中控制命令、工作状态及测试数据的一般要求。同时，8B 不会占用总线时间过长，从而保证了通信的实时性。CAN 协议采用 CRC 检验并可提供相应的错误处理功能，保证了数据通信的可靠性。CAN 卓越的特性、极高的可靠性和独特的设计，特别适合工业过程监控设备的互连，因此，越来越受到工业界的重视，并已被公认为最有前途的现场总线之一。

3）可在各节点之间实现自由通信。CAN 总线采用了多主竞争式总线结构，具有多主站运行和分散仲裁的串行总线以及广播通信的特点。CAN 总线上任意节点可在任意时刻主动地向网络上其他节点发送信息而不分主次，因此可在各节点之间实现自由通信。CAN 总线协议已被国际标准化组织认证，技术比较成熟，控制芯片已经商品化，性价比高，特别适用于分布式测控系统之间的数据通信。CAN 总线插卡可以任意插在 PC AT XT 兼容机上，方便地构成分布式监控系统。

4）结构简单。只有两根线与外部相连，并且内部集成了错误探测和管理模块。

5）传输距离和速率性能好。

① 数据通信没有主从之分，任意一个节点可以向任何其他（一个或多个）节点发起数据通信，靠各个节点信息优先级的先后顺序来决定通信次序，高优先级节点信息在 134μs 通信。

② 多个节点同时发起通信时，优先级低的避让优先级高的，不会对通信线路造成拥塞。

③ 通信距离最远可达 10km（速率低于 5kbit/s）速率可达到 1Mbit/s（通信距离小于 40m）。

④ CAN 总线传输介质可以是双绞线、同轴电缆。

CAN 总线适用于大数据量短距离通信或者小数据量长距离通信，实时性要求比较高，适合在多主多从或者各个节点平等的现场中使用。

（3）CAN 总线的优越性　CAN 属于现场总线的范畴，它是一种有效支持分布式控制或实时控制的串行通信网络。较之许多 RS-485 基于 R 线构建的分布式控制系统而言，基于 CAN 总线的分布式控制系统在以下方面具有明显的优越性：

1）网络各节点之间的数据通信实时性强。首先，CAN 控制器工作于多种方式，网络中的各节点都可根据总线访问优先权（取决于报文标识符）采用无损结构的逐位仲裁的竞争方式向总线发送数据，且 CAN 协议废除了站地址编码，而代之以对通信数据进行编码，这可使不同的节点同时接收到相同的数据。这些特点使得 CAN 总线构成的网络各节点之间的数据通信实时性强，并且容易构成冗余结构，提高系统的可靠性和系统的灵活性。而利用 RS-485 只能构成主从式结构系统，通信方式也只能以主站轮询的方式进行，系统的实时性、可靠性较差。

2）缩短了开发周期。CAN 总线通过 CAN 收发器接口芯片 82C250 的两个输出端 CANH 和 CANL 与物理总线相连，而 CANH 端的状态只能是高电平或悬浮状态，CANL 端只能是低电平或悬浮状态。这就保证了不会出现 RS-485 网络中的现象，即当系统有错误，出现多节点同时向总线发送数据时，导致总线呈现短路，从而损坏某些节点的现象。而且 CAN 节点在错误严重的情况下具有自动关闭输出功能，以使总线上其他节点的操作不受影响，从而保证不会出现像在 RS-485 网络中那样，因个别节点出现问题，使得总线处于"死锁"状态。而且，CAN 具有的完善的通信协议可由 CAN 控制器芯片及其接口芯片来实现，从而大大降低系统开发难度，缩短了开发周期，这些是仅有电气协议的 RS-485 所无法比拟的。

3）已形成国际标准的现场总线。另外，与其他现场总线比较而言，CAN 总线是具有通信速率高、容易实现且性价比高等诸多特点的一种已形成国际标准的现场总线。这些也是 CAN 总线应用于众多领域，具有强劲的市场竞争力的重要原因。

4）最有前途的现场总线之一。CAN 即控制器局域网络，属于工业现场总线的范畴。与一般的通信总线相比，CAN 总线的数据通信具有突出的可靠性、实时性和灵活性。由于其良好的性能及独特的设计，CAN 总线越来越受到人们的重视。它在汽车领域上的应用是最广泛的，世界上一些著名的汽车制造厂商，如 BENZ（奔驰）、BMW（宝马）、PORSCHE（保时捷）、ROLLS-ROYCE（劳斯莱斯）和 JAGUAR（美洲豹）等都采用了 CAN 总线来实现汽车内部控制系统与各检测和执行机构间的数据通信。同时，由于 CAN 总线本身的特点，其应用范围已不再局限于汽车行业，而向自动控制、航空航天、航海、过程工业、机械工业、纺织机械、农用机械、机器人、数控机床、医疗器械及传感器等领域发展。CAN 已经形成国际标准，并已被公认为是几种最有前途的现场总线之一。其典型的应用协议有 SAE J1939/ISO11783、CANopen、CANaerospace、DeviceNet、NMEA 2000 等。

（4）技术简介

1）位仲裁。要对数据进行实时处理，就必须将数据快速传送，这就要求数据的物理传输通路有较高的速度。在几个站同时需要发送数据时，要求快速地进行总线分配。实时处理通过网络交换的紧急数据有较大的不同，因为一个快速变化的物理量，如汽车引擎负载，将比类似汽车引擎温度这样相对变化较慢的物理量更频繁地传送数据并要求更短的延时。

CAN 总线以报文为单位进行数据传送，报文的优先级结合在 11 位标识符中，具有最低二进制数的标识符有最高的优先级，这种优先级一旦在系统设计时被确立后就不能再被更改。总线读取中的冲突可通过位仲裁解决。如图 3-26 所示，当几个站同时发送报文时，站 1 的报文标识符为 011111；站 2 的报文标识符为 0100110；站 3 的报文标识符为 0100111。所有标识符都有相同的两位 01，直到第 3 位进行比较时，站 1 的报文被丢掉，因为它的第 3 位为高，而其他两个站的报文第 3 位为低。站 2 和站 3 报文的 4、5、6 位相同，直到第 7 位时，站 3 的报文才被丢失。注意，总线中的信号持续跟踪最后获得总线读取权的站的报文。在此例中，站 2 的报文被跟踪。这种非破坏性位仲裁方法的优点在于，在网络最终确定哪一个站的报文被传送以前，报文的起始部分已经在网络上传送了。所有未获得总线读取权的站都成为具有最高优先权报文的接收站，并且不会在总线再次空闲前发送报文。

CAN 具有较高的效率是因为总线仅仅被那些请求总线悬而未决的站利用，这些请求是根据报文在整个系统中的重要性按顺序处理的。这种方法在网络负载较重时有很多优点，因为总线读取的优先级已被按顺序放在每个报文中了，这可以保证在实时系统中较低的个体隐伏时间。

对于主站的可靠性，由于 CAN 协议执行非集中化总线控制，所有主要通信，包括总线读取（许可）控制，在系统中分几次完成。这是实现有较高可靠性的通信系统的唯一方法。

2）CAN 的通信方案。在实践中，有两种重要的总线分配方法：按时间表分配和按需要分配。在第一种方法中，不管每个节点是否申请总线，都对每个节点按最大期间分配。由此，总线可被分配给每个站并且是唯一的站，而不论其是立即进行总线存取或在一特定时间进行总线存取。这将保证在总线存取时有明确的总线分配。在第二种方法中，总线按传送数据的基本要求分配给一个站，总线系统按站希望的传送分配（如 Ethernet CSMA/CD）。因此，当多个站同时请求总线存取时，总线将终止所有站的请求，这时将不会有任何一个站获得总线分配。为了分配总线，多于一个总线存取是必要的。

CAN 实现总线分配的方法，可保证当不同的站申请总线存取时，明确地进行总线分配。这种位仲裁的方法可以解决当两个站同时发送数据时产生的碰撞问题。不同于 Ethernet 网络的消息仲裁，CAN 的非破坏性解决总线存取冲突的方法可确保在不传送有用消息时总线不被占用。甚至当总线在重负载情况下，以消息内容为优先的总线存取也被证明是一种有效的系统。虽然总线的传输能力不足，所有未解决的传输请求都按重要性顺序来处理。在 CSMA/CD 这样的网络中，如 Ethernet，系统往往由于过载而崩溃，而这种情况在 CAN 中不会发生。

3）CAN 的报文格式。在总线中传送的报文，每帧由 7 部分组成。CAN 协议支持两种报文格式，其唯一的不同是标识符（ID）长度不同，标准格式为 11 位，扩展格式为 29 位。

在标准格式中，报文的起始位称为帧起始（SOF），然后是由 11 位标识符和远程发送请求位（RTR）组成的仲裁场。RTR 位标明是数据帧还是请求帧，在请求帧中没有数据字节。

控制场包括标识符扩展位（IDE），指出是标准格式还是扩展格式。它还包括一个保留位（ro），为将来扩展使用。它的最后四个位用来指明数据场中数据的长度（DLC）。数据场范围为 0~8 个字节，其后有一个检测数据错误的循环冗余检查（CRC）。

应答场（ACK）包括应答位和应答分隔符。发送站发送的这两位均为隐性电平（逻辑 1），这时正确接收报文的接收站发送主控电平（逻辑 0）覆盖它。用这种方法，发送站可以保证网络中至少有一个站能正确接收到报文。

报文的尾部由帧结束标出。在相邻的两条报文间有一很短的间隔位，如果这时没有站进行总线存取，总线将处于空闲状态。

4）CAN 数据帧的组成。

① 远程帧。远程帧由 6 个场组成：帧起始、仲裁场、控制场、CRC 场、应答场和帧结束。远程帧不存在数据场。远程帧的 RTR 位必须是隐位。DLC 的数据值是独立的，它可以是 0~8 中的任何数值，为对应数据帧的数据长度。

② 错误帧。错误帧由两个不同场组成，第一个场由来自各站的错误标志叠加得到，第二个场是错误界定符。错误标志具有两种形式：主动错误标志（Active Error Flag），由 6 个连续的显位组成；被动错误标志（Passive Error Flag），由 6 个连续的隐位组成。错误界定符包括 8 个隐位。

③ 超载帧。超载帧包括两个位场：超载标志和超载界定符。发送超载帧的超载条件：要求延迟下一个数据帧或远程帧；在间歇场检测到显位；超载标志由 6 个显位组成；超载界定符由 8 个隐位组成。

5）数据错误检测。不同于其他总线，CAN 协议不能使用应答信息。事实上，它可以将发生的任何错误用信号发出。CAN 协议可使用五种检查错误的方法，其中前三种为基于报文内容检查。

① 循环冗余检查（CRC）。在一帧报文中加入冗余检查位可保证报文正确。接收站通过 CRC 可判断报文是否有错。

② 帧检查。这种方法通过位场检查帧的格式和大小来确定报文的正确性，用于检查格式上的错误。

③ 应答错误。如前所述，被接收到的帧由接收站通过明确的应答来确认。如果发送站未收到应答，那么表明接收站发现帧中有错误，也就是说，ACK 场已损坏或网络中的报文无站接收。CAN 协议也可通过位检查的方法探测错误。

④ 总线检测。有时，CAN 中的一个节点可监测自己发出的信号。因此，发送报文的站可以观测总线电平并探测发送位和接收位的差异。

⑤ 位填充。一帧报文中的每一位都由不归零码表示，可保证位编码的最大效率。然而，如果在一帧报文中有太多相同电平的位，就有可能失去同步。为保证同步，同步沿用位填充产生。在五个连续相等位后，发送站自动插入一个与之互补的补码位；接收时，这个填充位被自动丢掉。例如，五个连续的低电平位后，CAN 自动插入一个高电平位。CAN 通过这种编码规则检查错误，如果在一帧报文中有 6 个相同位，CAN 就知道发生了错误。

如果至少有一个站通过以上方法探测到一个或多个错误，它将发送出错标志终止当前的发送。这可以阻止其他站接收错误的报文，并保证网络上报文的一致性。当大量发送数据被终止后，发送站会自动地重新发送数据。作为规则，在探测到错误后 23 个位周期内重新开始发送。在特殊场合，系统的恢复时间为 31 个位周期。

但这种方法存在一个问题，即一个发生错误的站将导致所有数据被终止，其中也包括正确的数据。因此，如果不采取自监测措施，总线系统应采用模块化设计。为此，CAN 协议提供一种将偶然错误从永久错误和局部站失败中区别出来的办法。这种方法可以通过对出错站统计评估来确定一个站本身的错误并进入一种不会对其他站产生不良影响的运行方法来实现，即站可以通过关闭自己来阻止正常数据因被错误地当成不正确的数据而被终止。

6）硬同步和重同步。硬同步只有在总线空闲状态条件下隐形位到显性位的跳变沿发生时才进行，表明报文传输开始。在硬同步之后，位时间计数器随同步段重新开始计数。硬同步强行将已发生的跳变沿置于重新开始的位时间同步段内。根据同步规则，如果某一位时间内已有一个硬同步出现，该位时间内将不会发生再同步。再同步可能导致相位缓冲段 1 被延长或相位缓冲段 2 被缩短。这两个相位缓冲段的延长时间或缩短时间上限由再同步跳转宽度（SJW）给定。

（5）测试工具 CAN 总线多用于工控和汽车领域，在 CAN 总线的开发测试阶段，需要对其拓扑结构、节点功能、网路整合等进行开发测试，需要虚拟、半虚拟、全实物仿真测试平台，并且必须测试各节点是否符合 ISO11898 中规定的错误响应机制等，所以 CAN 总线的开发需要专业的开发测试工具，并且在生产阶段也需要一批简单易用的生产线测试工具。CAN 总线开发测试工具的主要供应商有 ZLG、Passion IXXAT、IHR、Vector、Intrepidcs、Passion Warwick、LAIKE 等。常用的开发测试工具如 CANScope、CANalyst-Ⅱ、Passiontech DiagRA、canAnalyser、X-Analyser、AutoCAN、CANspider、LAIKE CANTest 等。

第4章　办公自动化

4.1　办公自动化概述

办公自动化（Office Automation，OA），即利用先进的科学技术、办公设备和计算机系统，为提高办公效率而构成的服务于办公业务的人机信息系统。它综合运用计算机技术和通信技术，将数据、文字、图形、图像和语音处理等功能组合在一个系统中，完成各项办公业务，其目的是改善办公环境，提高办公效率和效能。

4.1.1　办公自动化的基本内涵

办公自动化是将现代化办公和计算机网络功能结合起来的一种新型的办公方式。凡是在传统的办公室中采用各种新技术、新机器、新设备从事的办公业务，都属于办公自动化的领域。在行政机关中，大都把办公自动化叫作电子政务，企事业单位都叫 OA，即办公自动化。通过实现办公自动化，或者说实现数字化办公，可以优化现有的管理组织结构，调整管理体制，在提高效率的基础上，增加协同办公能力，强化决策的一致性，最后实现提高决策效能的目的。

办公自动化包括信息的采集、处理、传输、存储和管理五个环节，其核心任务是向各层次的办公人员、决策人员提供所需的信息。

人机信息系统是利用先进的科学技术、办公设备和计算机系统，为提高办公效率而构成的服务于办公业务的系统。它综合运用计算机技术和通信技术，将数据、文字、图形、图像和语音处理等功能组合在一个系统中，完成各项办公业务，其目的是改善办公环境，提高办公效率和效能。

"办公"是人们处理人群事务的活动，办公室是信息集散的场所，办公质量的优劣，办公效率的高低，直接影响着领导的决策和政策措施的贯彻执行，办公自动化是社会生产力发展的必然结果。20 世纪 50 年代的办公自动化主要是利用有助于提高办公效率的设备，这些设备都是以单项应用为特点。60 年代末在办公室中引入了计算机信息处理设备，主要用于文字处理和数据处理，以及建立在数据库管理系统上的信息处理。在 70 年代中、后期，微机和局域网远程数据通信等技术的发展和应用，可使多种不同功能及用途的信息处理设备，依靠通信技术联系起来，实现功能和范围更大的办公职能，这是一个质的飞跃。80 年代中期以后，随着微型计算机、多媒体技术以及辅助决策支持系统在 OA 中的广泛应用，办公自动化已发展成具有事务级、管理级和辅助决策级三个逻辑等级的综合办公信息系统。

4.1.2　办公自动化的常用设备

当今社会信息产业已成为社会经济发展最快的一个部门，为了提高信息产业的生产力，提供一种经济快捷的信息处理手段是十分必要的，办公自动化设备则是最重要的手段和工具。办公自动化设备是指在办公活动中，为了提高办公效率，进行现代化管理所使用的各种工具和设备，是专门用于生成、传输、存储、加工和输出信息的一系列机器装置和设备。

办公自动化系统的基本设备可分为两大类。第一类是图文数据处理设备，包括计算机、打印机、复印机、图像输入/输出设备、电子印刷系统存储记录设备等；第二类是图文数据传送设备，包括图文传真机、电传机、程控交换机及各种新型通信设备。随着科学技术的不断发展，办公自动化设备的品种和功能不断更新提高，向着多样化及合理化方向发展，其功能也将向着综合化、多功能化、智能化和标准化的方向发展。

1. 微型计算机

微型计算机（Microcomputer）包括个人台式计算机（PC）、便携计算机和单片机等。随着大规模和超大规模集成电路技术的发展，微型计算机得到迅速普及，现在的微型计算机已经广泛应用于社会的各个行业中。本节将介绍办公自动化中经常使用的台式计算机硬件系统。

微型计算机由主机和外部设备组成。主机是计算机硬件系统中最重要的部分，计算机的性能主要由主机决定。通常所能看到的主机包括主机面板和各种连接线的主机箱，机箱内部装有主板、中央处理器（CPU）、内存、硬盘驱动器、软盘驱动器、光盘驱动器、显示卡和声卡等部件。输入设备主要是键盘和鼠标，输出设备主要是显示器。

微型计算机的关键技术主要集中在以下几个方面：

（1）CPU 技术　CPU 是微型机的核心部件，是提高系统整体性能的关键，它主要包括运算器和控制器两个部件。在微型机不断向超轻、超薄方向发展的今天，要求 CPU 在保持高性能和高速度的同时还要在设计上考虑以下几个要素：低耗电降低工作电压，减少电源消耗，以更有效地延长工作时间；低耗热降低热量产生，以求高速运算下系统的稳定性；高密度脚数封装，缩小体积，提供更多功能。

（2）主板技术　主板不但决定着微型机的性能，而且也决定其工作的稳定性和可靠性。微型机所追求的轻薄、散热性强、性能稳定必须要求合理地把各种控制芯片、显卡、声卡以及各种外设接口等整合在一起，这些技术实质上就是主板的研发技术。

（3）显示屏技术　显示屏是微型机最吸引人的地方，使用的基本是 LCD 显示屏。LCD 屏的最大特点是驱动电压小、功耗小、无辐射，而且还具有平、薄、轻及易实现大面积显示的特点。LCD 内部机械尺寸、安装尺寸、驱动电路及数据接口会有许多不同之处，但相同尺寸 LCD 在分辨率和点距相同时显示标准基本一致。

（4）电源技术　电源技术是体现微型机，尤其是便携机性能的重要环节，是其灵活性和稳定性的根本。电源系统通常包括电源适配器、充电电池和电源管理系统等。系统的电池寿命和专用电源管理可以通过硬件、软件或固件等方式进行优化。这些要素可以相互协调，共同平衡系统的电源使用和性能。

便携机在无交流电源的地方大多采用充电电池供电。锂离子电池由于较普通镍镉和镍氢电池具有体积小、质量轻、自放电率低、无记忆效应的优点，已成为便携机普遍采用的电池。不过，微型燃料电池以其续航能力强、无环境污染等特点已开始成为便携式计算机电池的发展方向。

（5）存储技术　移动存储器是相对固定在机器上的存储器而言的，其最大的优点在于安装和拆除都很方便。它主要包括机械结构的移动硬盘和没有机械结构的闪存两大类。

(6) 接口技术　微型计算机 CPU 与外部设备及存储器的连接和数据交换都需要通过接口设备来实现，前者被称为 I/O 接口，后者被称为存储器接口。存储器通常在 CPU 的同步控制下工作，接口电路比较简单；而 I/O 设备品种繁多，其相应的接口电路也各不相同。我们平时所说的接口即指 I/O 接口。

(7) 触控板技术　微型机内置的常见鼠标设备（确切地说应是指点设备）有四种：指点杆、触摸屏、触摸板和轨迹球。其中触控板（触摸板）使用最为广泛。除了 IBM 和东芝笔记本式计算机采用 IBM 发明的指点杆外，其他大多是采用触摸板鼠标，特别是我国台湾地区和大陆品牌的笔记本式计算机几乎全部用触摸板。对于第三代的触摸板，已经把功能扩展为手写板。触摸板的优点是反应灵敏、移动快；缺点是反应过于灵敏，造成定位精度较低，且环境适应性较差，不适合在潮湿、多灰的环境中工作。

(8) 软件技术　软件是计算机信息处理、制造、通信、防御以及研究和开发等多种用途的基础，是整个系统的灵魂。系统硬件尤其是微处理器日新月异的更新速度牵动了全新运算体系的发展，硬件对相应软件的要求越来越严格，使得微型机软件的开发朝着高效率、低成本、可靠性高、简单化、模块化的方向发展。网络技术和应用的快速发展，也使得软件技术呈现出网络化、服务化与全球化的发展态势。

(9) 微型化技术　随着移动计算市场需求的快速增长，计算机微型化的发展趋势日益凸现，所涉及的技术有电子元器件的微型化和模块化、微型长效电池、微电子技术带动的超大规模集成电路和（超）精细加工技术等。

微电子技术的特点是精细或超精细的微加工技术，微型计算机是这门技术的结晶。微电子技术迅速发展，将促进微型机系统的微型化、多功能化、高性能化乃至智能化等技术的不断发展。

微型化、多功能、高频化、高可靠性、防静电和抗电磁干扰的各类片式电子元器件（KLD、KLM）顺应了微型计算机产品便携式、网络化和多媒体化以及更轻、更薄、更短、更小的发展需求，在微型机上得到广泛应用。

模块化设计可以将微型机的各种功能化器件集成到一个个小小的模块中，使得微型机具有安装方便、升级容易、体积小、结构紧凑、运行维护简单和成本低的特点。而微型模块化设计更是顺应了微型机小巧、便携、功能强、集成度高、智能化的发展趋势。

2. 打印机

打印机（Printer）是计算机的输出设备之一，用于将计算机的处理结果打印在相关介质上。衡量打印机好坏的指标有三项：打印分辨率、打印速度和噪声。打印机的种类很多，按打印元件对纸是否有击打动作，分击式打印机与非击式打印机。按打印字符结构，分全形字打印机和点阵字符打印机。按一行字在纸上形成的方式，分串式打印机与行式打印机。按所采用的技术，分柱形、球形、喷墨式、热敏式、激光式、静电式、磁式、发光二极管式等打印机。

3. 复印机

复印机（Copier）是从书写、绘制或印刷的原稿得到等倍、放大或缩小的复印品的设备。复印机复印的速度快，操作简便，与传统的铅字印刷、蜡纸油印、胶印等的主要区别是无须经过其他制版等中间手段，而能直接从原稿获得复印品，复印份数不多时较为经济。复印机按工作原理，可分为光化学复印、热敏复印、静电复印和数码激光复印四类。

4. 扫描仪

扫描仪（Scanner）是利用光电技术和数字处理技术，以扫描方式将图形或图像信息转换为数字信号的装置。扫描仪通常被用于计算机外部仪器设备，通过捕获图像并将之转换成计算机可以显示、编辑、存储和输出的数字化输入设备。扫描仪对照片、文本页面、图样、美术图画、照相底片、菲林软片，甚至纺织品、标牌面板、印制板样品等三维对象都可作为扫描对象，是提取和将原始的线条、图形、文字、照片、平面实物转换成可以编辑及加入文件中的装置。

4.1.3　办公自动化的发展历程

（1）起步阶段（20 世纪 80 年代）　起步阶段是以结构化数据处理为中心，基于文件系统或关系型数据库系统，使日常办公也开始运用 IT 技术，提高了文件等资料管理水平。这一阶段实现了基本的办公数据管理（如文件管理、档案管理等），但普遍缺乏办公过程中最需要的沟通协作支持、文档资料的综合处理等，导致应用效果不佳。

（2）应用阶段（20 世纪 90 年代）　随着组织规模的不断扩大，组织越来越希望能够打破时间、地域的限制，提高整个组织的运营效率，同时网络技术的迅速发展也促进了软件技术发生巨大变化，为 OA 的应用提供了基础保证。这个阶段 OA 的主要特点是以网络为基础、以工作流为中心，提供了文档管理、电子邮件、目录服务、群组协同等基础支持，实现了公文流转、流程审批、会议管理、制度管理等众多实用的功能，极大地方便了员工工作，规范了组织管理，提高了运营效率。

（3）发展阶段（21 世纪以来）　OA 应用软件经过多年的发展已经趋向成熟，功能也由原来的行政办公信息服务，逐步扩大延伸到组织内部的各项管理活动环节，成为组织运营信息化的一个重要组织部分。同时市场和竞争环境的快速变化，使得办公应用软件应具有更高更多的内涵，客户将更关注如何方便、快捷地实现内部各级组织、各部门以及人员之间的协同、内外部各种资源的有效组合，为员工提供高效的协作工作平台。

4.2　办公自动化的模式

OA（办公自动化）技术分为三个不同的层次：第一个层次只限于单机或简单的小型局域网上的文字处理、电子表格、数据库等辅助工具的应用，一般称之为事务型办公自动化系统；信息管理型 OA 系统是第二个层次；决策支持型 OA 系统是第三个层次。基于所处层次的区别，办公自动化系统被归类为不同的模式。

4.2.1　事务型办公自动化

事务型办公自动化系统由计算机软硬件设备、基本办公设备、简单通信设备和处理事务的数据库组成。主要处理日常的办公操作，是直接面向办公人员的，如文字管理、电子文档管理、办公日程管理、个人数据库等。

4.2.2　管理型办公自动化

管理型办公自动化系统是指在事务型办公自动化系统的基础上建立综合数据库，把事务型办公系统与综合数据库紧密结合而构成的一种办公信息处理系统。管理型办公自动化系统由事务型办公自动化系统支持，以管理控制活动为主要目的，除了具有事务型办公自动化系统的全部功能之外，主要增加了信息管理功能，能对大量的各类信息进行综合管理，使数据信息、设备资源共享，优化日常工作，提高办公效率和质量。

4.2.3　决策型办公自动化

决策型办公自动化，是在前两者的基础上增加了决策和辅助决策功能的办公自动化系统。它不仅有数据库的支持，还具有模型库和方法库，使用由综合数据库所提供的信息，针对需要做出决策的课题，构造或选用决策模型，结合有关内、外部条件，由计算机执行决策程序，给决策者提供支持。

4.2.4　一体化办公自动化系统

OA 系统、信息管理型 OA 系统和决策支持型 OA 系统，这三个功能层次间的相互联系可以由程序模块的调用和计算机数据网络通信手段实现。

一体化办公自动化系统的含义是利用现代化的计算机网络通信系统把三个层次的 OA 系统集成为一个完整的 OA 系统，使办公信息的流通更为合理，减少许多不必要的重复输入信息的环节，以期提高整个办公系统的效率。

一体化、网络化的 OA 系统的优点是，不仅在本单位内可以使办公信息的运转更为紧凑有效，而且也有利于和外界的信息沟通，使信息通信的范围更广，能更方便、快捷地建立远距离的办公机构间的信息通信，并且有可能融入世界范围内的信息资源共享。

4.3　办公自动化的信息流管理

4.3.1　信息生成与输入

1. 语音识别

语音识别是一门交叉学科。近年来，语音识别技术取得显著进步，开始从实验室走向市场。人们预计，语音识别技术将进入工业、家电、通信、汽车电子、医疗、家庭服务、消费电子产品等各个领域。语音识别技术所涉及的领域包括信号处理、模式识别、概率论和信息论、发声机理和听觉机理、人工智能等。

语音识别方法主要是模式匹配法：在训练阶段，用户将词汇表中的每一词依次说一遍，并且将其特征矢量作为模板存入模板库。在识别阶段，将输入语音的特征矢量依次与模板库中的每个模板进行相似度比较，将相似度最高者作为识别结果输出。

根据识别的对象不同，语音识别任务大体可分为三类，即孤立词识别（Isolated Word Recognition）、关键词识别（或称关键词检出，Keyword Spotting）和连续语音识别。其中，孤立词识别的任务是识别事先已知的孤立的词，如"开机""关机"等；连续语音识别的任务则是识别任意的连续语音，如一个句子或一段话；连续语音流中的关键词检测针对的是连续语音，但它并不识别全部文字，而只是检测已知的若干关键词在何处出现，如在一段话中检测"计算机""世界"这两个词。

　　根据针对的发音人，可以把语音识别技术分为特定人语音识别和非特定人语音识别，前者只能识别一个或几个人的语音，而后者则可以被任何人使用。显然，非特定人语音识别系统更符合实际需要，但它要比针对特定人的识别困难得多。

　　另外，根据语音设备和通道，可以分为桌面（PC）语音识别、电话语音识别和嵌入式设备（手机、PDA 等）语音识别。不同的采集通道会使人的发音的声学特性发生变形，因此需要构造各自的识别系统。

　　语音识别的应用领域非常广泛，常见的应用系统有：语音输入系统，相对于键盘输入方法，它更符合人的日常习惯，也更自然、更高效；语音控制系统，即用语音来控制设备的运行，相对于手动控制来说更加快捷、方便，可以用在诸如工业控制、语音拨号系统、智能家电、声控智能玩具等许多领域；智能对话查询系统，根据客户的语音进行操作，为用户提供自然、友好的数据库检索服务，例如家庭服务、宾馆服务、旅行社服务系统、订票系统、医疗服务、银行服务、股票查询服务等。

　　目前在大词汇语音识别方面处于领先地位的 IBM 语音研究小组，是在 20 世纪 70 年代开始它的大词汇语音识别研究工作的。同时期，AT&T 的贝尔研究所也开始了一系列有关非特定人语音识别的实验。这一研究历经 10 年，其成果是确立了如何制作用于非特定人语音识别的标准模板的方法。

　　这一时期所取得的重大进展有以下几个：

　　1）隐式马尔科夫模型（HMM）技术的成熟和不断完善成为语音识别的主流方法。

　　2）以知识为基础的语音识别的研究日益受到重视。在进行连续语音识别的时候，除了识别声学信息外，更多地利用各种语言知识，诸如构词、句法、语义、对话背景方面等的知识来帮助进一步对语音做出识别和理解。同时在语音识别研究领域，还产生了基于统计概率的语言模型。

　　3）人工神经网络在语音识别中的应用研究的兴起。在这些研究中，大部分采用基于反向传播算法（BP 算法）的多层感知网络。人工神经网络具有区分复杂的分类边界的能力，显然它十分有助于模式划分。特别是在电话语音识别方面，由于其有着广泛的应用前景，成了当前语音识别应用的一个热点。

　　另外，面向个人用途的连续语音听写机技术也日趋完善。这方面，最具代表性的是 IBM 公司的 ViaVoice 和 Dragon 公司的 Dragon Dictate 系统。这些系统具有说话人自适应能力，新用户不需要对全部词汇进行训练，便可在使用中不断提高识别率。

　　我国的语音识别研究起始于 1958 年，由中国科学院声学所利用电子管电路识别 10 个元音。直至 1973 年才由中国科学院声学所开始计算机语音识别。由于当时条件的限制，中国的语音识别研究工作一直处于缓慢发展的阶段。

　　进入 20 世纪 80 年代以后，随着计算机应用技术在我国逐渐普及和应用以及数字信号技术的进一步发展，国内许多单位具备了研究语音技术的基本条件。与此同时，国际上语音识别技术在经过了多年的沉寂之后重又成为研究的热点，发展迅速。就在这种形式下，国内许多单位纷纷投入到了这项研究工作中。

　　1986 年 3 月中国高科技发展计划（863 计划）启动，语音识别作为智能计算机系统研究的一个重要组成部分而被专门列为研究课题。在 863 计划的支持下，我国开始了有组织的语音识别技术的研究，并决定了每隔两年召开一次语音识别的专题会议。从此我国的语音识别技术进入了一个前所未有的发展阶段。

2. 图像识别

图像识别是指利用计算机对图像进行处理、分析和理解，以识别各种模式下的对象的技术。一般工业使用中，采用工业相机拍摄图片，然后再利用软件根据图片灰阶差做进一步识别处理。

图像识别是以提取图像的主要特征为基础的。每个图像都有它的特征，如字母 A 有个尖，字母 P 有个圈，而字母 Y 的中心有个锐角等。对图像识别时眼动的研究表明，视线总是集中在图像的主要特征上，也就是集中在图像轮廓曲度最大或轮廓方向突然改变的地方，这些地方的信息量最大。而且眼睛的扫描路线也总是依次从一个特征转到另一个特征上。由此可见，在图像识别过程中，知觉机制必须排除输入的多余信息，抽出关键的信息。同时，在大脑里必定有一个负责整合信息的机制，它能把分阶段获得的信息整理成一个完整的知觉映像。

在人类图像识别系统中，对复杂图像的识别往往要通过不同层次的信息加工才能实现。对于熟悉的图形，只要掌握了它的主要特征，就可以把它当作一个单元来识别，而不再注意它的细节了。这种由孤立的单元材料组成的整体单位叫作组块，每一个组块是同时被感知的。在文字材料的识别中，人们不仅可以把一个汉字的笔画或偏旁等单元组成一个组块，而且能把经常在一起出现的字或词合并成组块来加以识别。

4.3.2 信息处理

1. 信息处理的内容

信息处理主要包括数据的收集、加工、传递、存储、检索和输出。

1）原始数据的收集。这是信息处理的第一步，也是重要的一步，因为收集的原始数据决定着所产生信息的质量，有了全面、系统、真实、客观、及时、准确的原始数据，才能产生高精度的输出信息。数据收集一般经过识别数据、数据分类和数据校验三步。另外，数据的收集在时间上要有规定，这是由信息自身的特点所决定的。

2）信息加工。它将数据进行逻辑的或算术的运算，并根据数据处理问题的性质和实际状况，采用不同处理技术将数据转换成对用户有用的信息。信息加工有以下几种方式：①变换。输入或输出载体的转换处理。②排序。根据项目中指定的标志，将项目整理成按标志排列的逻辑序列的处理。③核对。将不同文件中的同一数据进行校对的处理。④合并。将不同文件中的同类数据合并。⑤更新。将旧文件中的数据及时进行增加、修改和删除处理。⑥选择。根据特定的条件，从文件中提取满足条件的数据。⑦生成。将文件按需要合并或配合在一起，生成一个或多个新文件的数据处理。

3）信息传输。信息的传输形成了企业的信息流，它的好坏直接影响企业效益。信息传输不灵，会造成很多不必要的隔阂。信息传输是保证信息快速准确的关键一步。

4）信息存储。经处理后的信息，有的并非立即就使用，有的信息虽属立即就使用的，但还要留作日后参考。因此，要将信息存储起来。

5）信息检索。从存储着的大量信息中，查找其中需要的信息，就要根据一定的条件，使用一套科学的、迅速的和方便的查找方法和手段。这种方法和手段被称为检索。

6）信息输出。人们进行信息处理的目的，是为其自身服务，如果信息处理之后得不到任何结果，则无任何意义。因此将信息处理后的结果，按照各种要求的形式，提供给有关人员才是信息处理的目的。这是信息处理的最后一步。

2. 信息处理的方式

随着社会的发展，不同时期有不同的信息处理方式。

1）手工处理。手工处理是用人工方式来收集信息，用书写记录来存储信息，用经验和简单手工运算来处理信息，用携带存储体来传递信息。手工处理信息时，从业人员从事的是繁琐、重复性的工作。由于是手工操作，所得到的信息，不仅可靠性低，而且不能被及时准确地送到使用者手中。

2）机械处理。机械处理方式是利用机械工具来进行一定的数据识别，以完成各种信息的处理。机械处理方式比手工处理提高了效率，但没有本质的进步。

3）电子计算机处理。用计算机进行信息处理，极大地提高了信息的价值。这是因为，使用计算机进行信息处理，能及时、准确、适用、经济地为用户提供有价值的信息。用计算机进行信息处理经历了单项处理阶段、综合处理阶段和系统处理阶段。

3. 对信息处理的要求

决策依靠信息，控制和管理也依靠信息，信息的质量对信息使用者来讲是非常重要的，因此对信息处理有严格的要求。这些要求归结为及时、准确、适用、经济。

1）及时。及时包含两层意思：一是对时过境迁并且不能追忆的信息要及时记录；二是信息的加工、检索、传递要快。在现代化生产条件下，经济活动节奏加快，变化也快，因而信息不断生成，如果不及时进行大量的信息加工，为管理提供实时的信息，将会造成工作效率下降，甚至会导致企业的生产过程中断。及时收集、加工和产生信息是使信息发挥真正价值的保证。

2）准确。信息不仅要及时，而且要求准确地反映客观事物。只有准确的信息才有价值，信息失真比无信息更糟。

3）适用。使用信息的人或部门，对信息范围、内容、详细程度和使用方面都有各自的要求，如果得到的信息不实用，则再多的信息也没有价值。

4）经济。信息的及时性、准确性和适用性要建立在经济性的基础上。企业的一切工作要考虑其经济效果，信息处理工作是劳动量大、复杂而投资也较大的工作，对它也要考虑经济效果。因而对信息处理工作的方法和技术要进行经济技术分析，在切实可行的条件下，采用相应的方法、手段，以产生及时、准确、适用的信息。

4. 字处理

字处理（Word Processing）术语是由 IBM 公司在 20 世纪 60 年代中期提出的，而且适合该公司的磁卡片和带打印机产品的应用范围。这个术语在 70 年代中期非常流行，专门用于正文处理的小型计算机那时已在商业上得到了应用。办公室自动化在最近 10 年中得到了发展，总起来说，它指的就是涉及一般办公室工作的计算机应用。

文字处理软件是办公软件的一种，一般用于文字的格式化和排版，文字处理软件的发展和文字处理的电子化是信息社会发展的标志之一。早期的字处理软件是以文字为主，现代的字处理软件可以集文字、表格、图形、图像、声音于一体。现有的中文文字处理软件主要有微软公司的 Word、金山公司的 WPS、永中公司的 office 和开源为准则的 openoffice 等。

5. 数据处理

数据处理是对数据的采集、存储、检索、加工、变换和传输。数据是对事实、概念或指令的一种表达形式，可由人工或自动化装置进行处理。数据的形式可以是数字、文字、图形或声音等。数据经过解释并赋予一定的意义之后，便成为信息。数据处理的基本目的是从大量的、可能是杂乱无章的、难以理解的数据中抽取并推导出对于某些特定的人们来说是有价值、有意义的数据。数据处理是系统工程和自动控制的基本环节。数据处理贯穿于社会生产和社会生活的各个领域。数据处理技术的发展及其应用的广度和深度，极大地影响着人类社会发展的进程。

数据处理离不开软件的支持，数据处理软件包括：用以书写处理程序的各种程序设计语言及其编译程序，管理数据的文件系统和数据库系统，以及各种数据处理方法的应用软件包。为了保证数据安全可靠，还有一整套数据安全保密的技术。

4.3.3 信息管理

办公活动的核心是实现管理，实现管理要通过处理信息来进行，办公活动是以处理信息流为主要业务特征。信息、人、材料和资本一起也是一种。

信息管理工作就是专门监督和控制该机构所有信息的生成、收集、加工、存储、复制、分配，直到销毁的整个过程。图 4-1 所示是信息管理流程示意图。

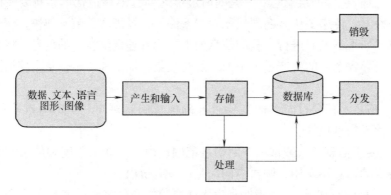

图 4-1　信息管理流程示意图

如果不对信息进行记录和有效的存储管理，导致在用户需要时，不能及时得到相应信息，或在不需要时信息满天飞，那信息将毫无价值。

4.3.4 信息复制与分发

办公自动化系统中，对信息的处理、管理，离不开信息的复制与分发。信息的复制、分发方式，依照信息载体的种类不同而有差异。有的信息附于实物，如报纸、书籍等；有的信息则是以电子信息形式存在的。信息的载体有性质上的区别，信息的复制与分发自然需要采用相应的方式与途径。为了满足办公自动化复杂多变的要求，这些方式与途径也多种多样。有时甚至需要采用多种信息复制与分发方式，使信息自由往来于实物载体与电子载体之上。

（1）复印机　复印机是对纸质信息进行复制的常用工具。

（2）相机排版　相机排版又称照相排版，是利用摄影成像原理，通过摄影曝光，将文字成像在感光材料上，获得印版底片，用底片制版印刷。照相排版取代了融化铅合金铸字过程，彻底消除了铅污染的公害，减轻了排版工作人员的劳动强度，相对于铅活字排版的"热排"而言，被人们称之为"冷排"。尤其是第四代照排机也就是激光照相机的研制推广与应用，被称之为我国印刷技术的第二代革命，使印刷工业告别铅字与火的时代，进入光与电的时代。

（3）计算机制图　计算机制图或称计算机绘图，是利用电子计算机的处理分析功能及一系列自动制图设备，相对于手工绘图而言的一种高效率、高质量的绘图技术。手工绘图使用三角板、丁字尺、圆规等简单工具，是一项细致、复杂和冗长的劳动。不但效率低、质量差，而且周期长，不易于修改。计算机绘图是计算机图学的一个分支，它的主要特点是给计算机输入非图形信息，经过计算机的处理，生成图形信息输出。一个计算机绘图系统可以有不同的组合方式，最简单的是由一台微型计算机加一台绘图机组成。除硬件外，还必须配有各种软件，如操作系统、语言系统、编辑系统、绘图软件和显示软件等。

（4）激光打印　激光打印是利用激光束将数字化图形或文档快速"投影"到一个感光表面（感光鼓），被激光束命中的位置会发生电子充电现象。然后就像磁铁那样，吸引一些纤细的铁粉颗粒，名为"墨粉"。对于单色打印机，这些墨粉是黑色的；而对于彩色打印机，则为青、洋红、黄和黑等颜色。墨粉会从感光鼓上传输到纸面。同时，纸面通过一个高热的滚筒，墨粉随之就被"固定"到纸上了。所有这些步骤数秒之内即可完成。大多数激光打印机都能使用普通、廉价的复印纸，从而有效地降低了成本。激光打印机的输出质量很高，真正实现了"所见即所得"。

（5）电子邮政　电子邮政是邮政事业电子化。现在已出现很多邮政服务项目，但常见的是电邮、话邮和快邮三种形式。电邮也称电子邮递，即利用计算机网络直接传递信件。寄信人利用计算机的终端设备或文字处理机来写信，然后通过计算机网络立即发给收信人。当然写信人和收信人都必须是电邮的账户，普通信件只能发给一个人，但电邮却可以同时发给多人。话邮电话系统中的计算机能把打电话人的声音数字化并保存起来，这就使得话邮比起普通电话来灵活多了。电子邮政可以克服电话服务的缺点，收话人有空时，可检索并收听所存入的电话内容。快邮是利用传真技术将邮件复制品送给收信人，还可以使用卫星通信网进行远距离传真。

传真是近 20 多年发展最快的非话电信业务。将文字、图表、相片等记录在纸面上的静止图像，通过扫描和光电变换变成电信号，经各类信道传送到目的地，在接收端通过一系列逆变换过程，获得与发送原稿相似记录副本的通信方式，称为传真。

电子邮件是一种用电子手段提供信息交换的通信方式，是互联网应用最广的服务。通过网络的电子邮件系统，用户可以以非常低廉的价格（不管发送到哪里，都只需负担网费）、非常快速的方式（几秒钟之内可以发送到世界上任何指定的目的地），与世界上任何一个角落的网络用户联系。

电子邮件可以是文字、图像、声音等多种形式。同时，用户可以得到大量免费的新闻、专题邮件，并实现轻松的信息搜索。电子邮件的存在极大地方便了人与人之间的沟通与交流，促进了社会的发展。

4.3.5　信息通信

信息通信（Information Communication）也称数据通信，是指信息的传输、交换和处理。

信息通信以能量和物质为媒介，超越空间和时间传播信息。在现代化通信系统中，信息通信通常以电子计算机为中心，通过分布在各处的信息终端以及信息传输设备、数字交换设备、通信线路构成的网络系统来完成。整个信息通信过程可以是完全自动化的，可以使任何一个用户与其他用户实现信息交换、信息汇总与分配、询问应答、远程处理等。信息通信技术的发展，不仅可以达到信息传输的目的，而且还可以达到信息资源共享的目的。

（1）语音信箱　语音信箱业务是电信部门向用户提供存储、转发和提取语音信息的服务项目。它比使用录音电话更为经济和方便，并且保证使用者随时随地都能畅通无阻地拨通信箱。它是存放语言声音的信箱，是一种新型、便捷的通信方式，是计算机技术与通信技术紧密结合的产物。语音信箱系统能把语音信号进行管理、存储和访问，为使用该项业务的用户提供一个存储语言信息的空间。

（2）远程会议　远程会议系统主要包含电话会议、网络会议、视频会议。它在会议、教学、培训、指挥、设计、查询、控制等领域具有广泛的应用前景。

远程会议是指利用现代化的通信手段，实现跨区域召开会议的目的。要召开远程会议，通常需要有通信线路、远程会议系统，当然在某些情况下还需要专业的服务来协助获得更好的远程会议效果。

远程会议泛指的是视像会议，将语音和视频图像远程交互共享。对于计算机内的数据交互，传统的方式是转换成视频后传输，这种方式会使图像质量和实时交互性大幅下降。随着会议内容数据化的发展需要，交互式书写系统适时出现，弥补了这一不足。交互式书写系统将笔输入技术、触摸技术、平板显示技术、网络技术、办公教学软件等多项技术综合于一体，将传统的显示终端提升为功能强大的人机交互设备。在不同尺寸的书写屏上，用户可以实现书写、批注、绘画以及计算机操作。通过网络交互功能，可以实现异地数据和批注内容共享，与远程音视频会议系统完美结合。

4.4　自动化办公室在智能建筑中的应用

4.4.1　从智能建筑角度考虑实施问题

1. 办公自动化系统发展成熟的网络手段

（1）数据库系统　数据库系统（Database System）是以计算机软、硬件为工具，把数据组织成数据库形式并对其进行存储、管理、处理和维护数据的高效能的信息处理系统。由以下四个方面有机结合而成：①数据库管理系统：建立和操纵数据库的软件；②数据库：存储和管理某系统或专题的大量关联数据；③应用程序：对数据进行查询、增加、修改、删除等操作的程序包；④人员：数据库管理员（DBA）是数据库管理机构中拥有最高数据库用户特权的一组人员，对数据库系统进行全面管理。

（2）数据通信　数据通信是以计算机为中心，通过线路或通过网络与远程终端直接连接起来，将通信系统对二进制编码的字母、数字、符号以及数字化的声音、图像信息进行传输、交换和处理。远程终端所产生的数据能及时地传送到中央处理器进行处理。处理后的结果又能立即返送给远程终端。除数据源和交换装置外，整个过程不需人工干预。随着计算机技术的发展，交换过程也可能完全自动化，这种通信方式的应用将越来越广。数据通信设备与线路构成数据通信系统，从网络角度又构成数据通信网。

（3）局域网　一个优秀的办公自动化系统中，少不了局域网的使用。如今已十分成熟的局域网技术，在办公的信息流管理过程中，有着不可替代的作用。

2. PDS为网络办公室自动化系统做准备

全面实现办公自动化，需要建设能够全面支持大厦各智能系统信息传输要求的先进可靠的智能信息传输通道，实现大厦的数据、电话、多媒体视像、会议电视、自动控制信号等的灵活、方便和快速的传输。而赖以实现这一切传输的最佳手段就是规划好综合布线系统的建设。

建筑物综合布线系统（Premises Distribution System，PDS），或译作规整化布线系统，又称"开放式布线系统"（Open Cabling System），即建筑物或建筑群内部的传输网络。它是适应综合业务数据网（ISDN）的发展需求而特别设计的一套标准、灵活、开放的布线系统，采用了一系列高质量的标准材料，以模块化的组合方式，把语音、数据、图像和部分控制信号系统，用统一的传输媒介便捷地进行综合。该系统能够使建筑物或建筑群内部的语言、数据通信设备、信息交换设备、建筑物自动化管理设备、物业管理系统之间彼此连接，使建筑物内部的信息通信设备与外部的信息通信网络相连接。同时，它具有实用性、灵活性、模块化、可扩充性、经济性等特点。

综合布线系统一般由六个独立的子系统组成，采用星形结构布放线缆，可使任何一个子系统独立地进入综合布线系统中，其六个子系统分别为：工作区子系统（Work Location）、水平子系统（Horizontal）、管理区子系统（Administration）、干线子系统（Backbone）、设备间子系统（Equipment）、建筑群子系统（Campus）等。

4.4.2　从办公室角度考虑实施问题

1. 自动化办公室的环境

办公环境或称为办公室环境，是直接或者间接作用和影响办公过程的各种因素的综合。从广义上说，它是指一定组织机构的所有成员所处的大环境；从狭义上说，办公环境是指一定的组织机构的秘书部门工作所处的环境，它包括人文环境和自然环境。人文环境包括文化、教育、人际关系等因素。自然环境包括办公室所在地、建筑设计、室内空气、光线、颜色、办公设备和办公室的布局、布置等因素。

随着社会的发展，人们对于办公环境的要求也越来越高，优良的办公环境能够提高办公效率，且有利于组织的沟通和员工的身体健康。办公环境包括工作区的空间、温度、采光、通风、吸音设施和条件等，还包括办公室墙壁、门窗装修和装饰的样式、色彩，办公桌椅、柜架的样式和摆放方式以及各种办公设备、办公用品耗材和饮水设备的摆放方式等。一般来说，构成健康安全的办公环境的基本要素有以下几个：

1）空气。办公室内要有良好的通风条件，室内的通风和良好的空气条件能够提高工作的效率。

2）光线。办公室的光线应充足，局部照明要达到要求，可采取人工光或人工光与自然光结合等方式。

3）声音。办公室要保持肃静、安宁的气氛，地面、墙面、顶棚应有一定的吸声、静音装置。

4）空间。办公区建筑必须坚固安全，办公设备的摆放应整齐，布局要合理，办公室空间及座位空间要适当，座位间要留有通道，在通道的拐角处要注意桌椅、设备的摆放的安全。

5）绿化。办公室内摆放一些花木，会使办公室内空气更清新，布置更优雅。

2. 办公室空间的规划原则

办公空间规划是指为了有效利用办公室的有限空间，为办公室人员提供令人满意的舒适工作环境，使之有益于工作人员的身心健康，提高办公效率，并且有助于办公室工作人员之间的沟通与协调配合，需要对办公室的空间进行合理的设计与安排，并保留对办公场所进行重新改造和扩展的余地。

办公室空间的规划，应遵循以下原则：

1）在保证正确、有效的前提下，办公室的分布应有利于尽量缩短信息沟通的距离。

2）根据工作需要不仅仅是根据级别来为不同工作人员分配办公空间。

3）合理利用一切空间，除特殊需要外，设备机具和每个工作人员所占的时间均不能过大或过小，以免徒增开支或碍手碍脚，妨碍有效工作。

4）尽量设置大而开放的办公室，以缩短工作流程，降低办公间成本，便于沟通联系和控制监督，便于环境控制。

5）各种共用设备尽可能置于共用办公区域并靠近窗户。

6）工作人员的办公位置应主要依工作程序规定的次序排列，尽量成直线，减少交叉。

7）应使与外界联系多的部门或人员便于与外界接触，同时不干扰其他部门或工作人员的工作。

8）应使带机密性的部门不易与外界接触。

9）注意遵守各种安全规则，保证安全。

10）留有重新规划和扩展的余地，适时根据工作的变化和需要调整空间分配比例，不断完善规划方案。

3. 开放布局与传统布局

要制订一个合适的办公布局方案，需先要认真了解各种布局类型办公室的特点，并要结合本组织的规模、人数、结构、经营特点和工作情况进行设计。办公布局方案可分为两种布局方式：开放式办公室布局和传统式办公室布局。

（1）开放式办公室布局　办公场所开放式布局的概念始于德国，是指按照工作职能、业务活动和技术分工来确定组织员工的工作部门和工作团队、小组的区划布局，又称之为灵活布局。开放式布局又可分为全开放式办公室和半开放式办公室。全开放式办公室是指一个完全敞开的大空间，没有任何隔板，整个办公室空间一览无余，可以在办公室的任何一个角度看到每位员工的座位。半开放式办公室一般是用高低不等的软包装隔板区分开不同的工作部门，因为隔板通常只有齐胸高，因此，当人们站起身来时，仍然可以看到其他部门员工的座位。开放式办公室内的每个办公位置通常包括办公桌椅、计算机、电话、文件柜、档案柜和办公文具等设备和用具。所有单个工作位置的组合主要是按工作运转流程和信息的流程来安排的，而每位员工的工作位置是由分配的任务决定的。

开放式办公室的工作空间通常是由可移动的物件来确定的，因而工作位置可以根据需要移动、变化。这种设计为组织降低了成本，提高了工作效率。具体而言，开放式办公室的主

要优点有:

1）降低建筑成本和能源成本。开放式设计提供了较大的灵活性，减少了照明等能源成本的损耗。

2）提高了办公室的空间利用率，节省了面积，使有限的空间能够容纳更多的员工。

3）减少了交流的心理障碍，易于沟通，开放式的设计，管理者有更多的机会和员工接触，便于加深与员工的交流。

4）更易于管理者对员工进行监督和指导。拆掉了墙壁，管理者能更直接地观察员工的行为，了解他们的工作状况。

5）可以共享办公设备，形成集中化的管理和服务。

开放式办公室也有它的不足:

1）缺少单独办公的机会。一些管理层的人员抱怨开放式办公室剥夺了他们单独办公的权利，感到降低了自己的身份和地位。

2）难于集中工作的注意力。部分员工感到在一个很大的办公区域里跟许多人一起工作，容易分散注意力，或感到自己的一举一动都在别人的监控之下，从而产生不适感。

3）办公区域噪声太大。开放式设计会使隔壁工作人员的谈话声、电话铃声、办公设备的嘈杂声不绝于耳。

4）难于保密。开放式办公设计不宜于会计和法律等部门进行有效的工作，因为这些部门需要高度保密。

（2）传统式办公室布局　传统式办公室又称为封闭式办公室，是指用墙壁将办公空间分隔成若干有门、窗的独立房间的办公室布局。每个房间都有一人或多人办公，一般是按照工作任务或职能分工划分办公室。每个办公室配有办公桌椅、计算机、传真机、文件柜、书架、绿色植物、饮水机等。封闭式办公室至今仍然是一些单位办公场所主要采用的设计方式。

作为传统的办公室形式，它有着自己的优势:

1）可满足单独办公和无噪声办公环境的理想办公要求，比较安全。

2）易于员工集中精力，避免受到外界干扰，加强了办公室内部的沟通，适合于从事专业性强、分工细致的工作。

3）保密性强。

封闭式办公室的主要不足:建筑成本和能源成本高、费用大，影响管理经营的效益。

4.4.3　如何构造一个办公自动化系统

办公自动化系统包括硬件和软件两部分。计算机技术、通信技术和自动化技术是办公自动化的支撑技术，这些技术对办公自动化的支持主要体现在办公自动化所用的硬件和软件上。办公硬件是指计算机设备、通信设备和各种办公用的电子装备和机器设备；办公软件包括公用支撑软件和应用软件以及支持办公设备的各种系统软件。

1. 办公自动化硬件

办公自动化硬件从横向划分，分为下列几类:

1）办公信息的输入、输出设备:如打印机、扫描仪、传声器（俗称麦克风）、音箱、手写笔等。

2）信息处理设备：指各种个人计算机、工作站或服务器等。

3）信息复制设备：指复印机、磁盘、磁带、光盘刻录机等。

4）信息传输设备：电话、传真机、计算机局域网、广域网等。

5）信息存储设备：如硬盘、ZIP、光盘存储系统等。

6）其他辅助设备：交通工作、空调、UPS、碎纸机、传呼设备等。

从纵向的发展来看，现在办公自动化软硬件的品种越来越多，功能越来越强，性能越来越先进。

2. 办公自动化软件

像电话、传真机、复印机等，我们称之为办公设备，而不能称之为办公自动化系统。办公自动化绝不只是对各种办公自动化设备的购置和使用，先进的设备只是办公自动化的物质基础，没有功能全面的办公自动化软件，最终也还是不能实施办公自动化的。

随着新技术、新产品的出现，办公自动化的软件也随之发展。我们可以将办公自动化软件分为 OA 工具及平台软件、系统级应用软件两大类，其中 OA 工具及平台软件包括：WPS 文字处理软件、Office 套装软件（含 Word、Excel、PowerPoint、Access、Outlook）、Lotus 系统、IBM 的中文语音识别录入软件、OCR 汉字识别软件、手写输入系统及 MS Exchange 的消息系统等。这些软件作为办公自动化应用的平台或工具，解决个体的办公自动化是不成问题的，但要实现全员的信息的交流、交换，工作的协同，则还不够，还需要办公自动化系统级应用软件。以前，这种综合、大型的办公自动化软件系统没有通用的产品，需要由办公自动化方案提供商在确定的平台上按用户的具体情况量身开发。而现在，市面上已经逐渐出现了通用的商品化办公自动化软件产品，用户只需要购买回来就可以着手实施了，这可以节省大量的时间及开发资金，并避免开发风险。

4.5 办公自动化软件

软件（Software）是一系列按照特定顺序组织的计算机数据和指令的集合。一般来讲，软件被划分为系统软件、应用软件和介于这两者之间的中间件。软件并不只是包括可以在计算机（这里的计算机是指广义的计算机）上运行的程序，与这些计算机程序相关的文档一般也被认为是软件的一部分。简单地说，软件就是程序加文档的集合体。

办公自动化软件在企业应用定位上主要以"办公自动化"为核心。运用流转技术，实现对文件实体在网络上的传递，并通过定义接收者的先后顺序，实现审批流转路径的定制功能。以企业在行政办公上审批、批阅文件为线索，实现符合企业行政要求的审批结构体系，达到"审批自动化"的目的，从而节省纸质文件传递在时间和人力成本上的浪费，提高审批的工作效率。

4.5.1 办公自动化的软件体系

办公自动化系统的软件体系由两大类构成：一是系统软件，二是应用软件。应用软件又可划分为几个不同的层次：其一是公用软件，二是办公事务处理软件，三是管理信息系统软件，四是决策支持软件。

（1）公用软件 它是办公自动化系统中最基本的应用软件，是针对办公自动化系统中所需的共同的基本管理功能而发展起来的。目前公用软件的基本功能包括：数据库管理功能、文字处理功能、图形处理功能、图像处理功能、声音处理功能、文字排版功能、表格处理功能、办公通信功能、模型方法支持功能和知识库支持功能等。为完成这些功能产生了对应的软件，如数据库管理软件、文字处理软件等。随着计算机技术的发展和办公自动化程度的增加，该层软件的功能范畴也将逐渐扩大和增加，同时各种生成和开发工具软件也将不断产生。

（2）事务处理软件　它的目的是完成各种事务处理，提高办公效率。该层是整个办公自动化系统的基础层，担负各种办公信息的收集、加工、存储和事务处理，为管理控制层和决策层提供信息。该层软件是根据事务性办公业务的功能而设计的，它的特点是独立性强、简单，易于实现和应用。但从目前发展来看，多以单项事务处理应用软件为主，而且通用性差。

（3）管理信息系统软件　它的主要功能是对信息进行管理。管理信息系统软件规模较大，结构复杂，需硬件支持。由于信息系统的功能、目标、特点和服务对象不同，出现了各种信息系统软件。又由于信息系统软件开发耗资多，周期长，工作量大，而且通用性差，因而大型的高层的管理信息系统软件很少，一般是以子系统方式提供的管理信息系统应用软件，如生产管理子系统软件、财务管理子系统软件等。

（4）决策支持软件　决策支持软件是办公自动化的最高阶段。决策支持系统以最优化的管理和最高的社会、经济效益为目标，以智能化的方式提供多种决策支持信息。决策支持系统必须以计算机技术、人工智能、经济数学模型为基础，其支撑环境是知识库管理系统和一系列模型方法工具的软件包。

4.5.2　办公自动化的系统软件

办公自动化的系统软件层包括操作系统和编译系统。

（1）操作系统　操作系统是控制和管理计算机软件、硬件资源，合理组织计算机工作流程以及方便用户的程序的集合。在微机中，应该采用单用户的 DOS 操作系统。在超级微机、小型机中，应该采用多用户分时的 UNIX 操作系统。UNIX 操作系统是多用户、多任务、分时的操作系统，多用户指在一个主机带的多个终端上，多个用户可以通过各自的终端同时使用计算机；多任务是指每个用户可以同时进行几项工作。UNIX 操作系统具有良好的用户界面，丰富的实用程序，可移植性好，具有可扩充性及开发性，文件和设备统一管理，具有树形结构的文件系统并可以拆卸。UNIX 系统具有很强的生命力。

（2）编译系统　在高级语言编译系统中，有很多语言是办公自动化系统中常用的，如 COBOL 语言、C 语言、Basic 语言、Fortran 语言、Pascal 语言等。COBOL 语言用于数据处理，是办公自动化事务处理中重要的高级语言。COBOL 语言易于移植，可用于微机，也可用于小型机和大、中型机，它的结构严谨，层次分明，数据处理功能强。C 语言是 UNIX 操作系统主要使用的语言，它的第一个应用就是编制 UNIX 系统。C 语言功能强，可移植性好，具有丰富的数据类型以及高度的灵活性，既具有高级语言的通用性，又具有汇编语言的特殊处理功能，既适合系统软件的开发，也适合办公自动化应用软件的开发。Basic 语言是一种解释执行的高级语言，它简单易学，灵活方便，既可用于数据处理，也可用于科学计算。Fortran 语言是为科学计算设计的语言。Pascal 语言体现了程序设计原则，简单易学，适宜程序设计教学。

4.5.3 办公自动化的公共软件

1. Microsoft Office Word

Microsoft Word 是微软公司的一个文字处理器应用程序。它最初是由 Richard Brodie 为了运行 DOS 的 IBM 计算机而在 1983 年编写的。随后的版本可运行于 Apple Macintosh（1984年）、SCO UNIX 和 Microsoft Windows（1989 年），并成为了 Microsoft Office 的一部分。Word 给用户提供了用于创建专业而优雅的文档的工具，帮助用户节省时间，并得到优雅美观的结果。一直以来，Microsoft Word 都是最流行的文字处理程序。作为 Office 套件的核心程序，Word 提供了许多易于使用的文档创建工具，同时也提供了丰富的功能集供创建复杂的文档使用。

Microsoft Word 在当前使用中是占有巨大优势的文字处理器，这使得 Word 专用的档案格式 Word 文件（.doc）成为事实上最通用的标准。Word 文件格式的详细资料并不对外公开，Word 文件格式不只一种，因为随着 Word 软件本身的更新，文件格式也会或多或少的改版，新版的格式不一定能被旧版的程序读取（大致上是因为旧版并未内建支援新版格式的能力）。微软已经详细公布 Word 97 的 DOC 格式，但是较新的版本资料仍未公开，只有公司内部、政府与研究机构能够获知。业界传闻说某些 Word 文件格式的特性甚至连微软自己都不清楚。

其他与 Word 竞争的办公室作业软件，都必须支持事实上最通用的 Word 专用的档案格式。因为 Word 文件格式的详细资料并不对外公开，通常这种兼容性是借由逆向工程来达成。许多文字处理器都有汇出、汇入 Word 档案专用的转换工具，譬如 AbiWord 或 OpenOffice（参照文本编辑器当中关于其他竞争软件的说明）。Apache Jakarta POI 是一个开放原始码的 Java 数据库，其主要目标是存取 Word 的二进制文件格式。不久前，微软自己也提供了检视器，能够不用 Word 程序就检视 Word 文件，如 Word Viewer 2003。

Microsoft office Word 97 到 Microsoft office Word 2003 之前的 Word 文件格式都是二进制文件格式。不久以前，微软声明他们接下来将以 XML 为基础的档案格式作为他们办公室套装软件的格式。Word 2003 提供 WordprocessingML 的选项，这是一种公开的 XML 档案格式，由丹麦政府等机构背书支持。Word 2003 的专业版能够直接处理非微软的档案规格。

2. Microsoft Office Excel

Microsoft Excel 是微软公司的办公软件 Microsoft office 的组件之一，是由 Microsoft 为 Windows 和 Apple Macintosh 操作系统的计算机而编写和运行的一款试算表软件。Excel 是微软办公套装软件的一个重要组成部分，它可以进行各种数据的处理、统计分析和辅助决策操作，广泛地应用于管理、统计财经、金融等众多领域。

Excel 中大量的公式函数可以应用选择，使用 Microsoft Excel 可以执行计算、分析信息并管理电子表格或网页中的数据信息列表与数据资料图表制作，可以实现许多方便的功能，带给使用者方便。

与其配套组合的有：Word、PowerPoint、Access、InfoPath 及 Outlook、Publisher。Excel 2013、2010、2007 和老一点的 Excel 2003 较为多见，Excel 2002 版本用得不是很多。比 Excel 2000 老的版本很少见了。最新的版本增添了许多功能，使 Excel 功能更为强大。

Excel 2003 支持 VBA 编程，VBA 是 Visual Basic For Application 的简写形式。VBA 可以实现执行特定功能或是重复性高的操作。

3. Microsoft Office PowerPoint

Microsoft Office Powerpoint 是微软公司设计的演示文稿软件。用户不仅可以在投影仪或者计算机上进行演示，也可以将演示文稿打印出来，制作成胶片，以便应用到更广泛的领域中。利用 Microsoft Office Powerpoint 不仅可以创建演示文稿，还可以在互联网上召开面对面会议、远程会议或在网上给观众展示演示文稿。Microsoft Office Powerpoint 做出来的东西叫作演示文稿，它是一个文件，其格式扩展名为"ppt"；或者也可以保存为 pdf、图片格式等，2010 及以上版本中可保存为视频格式。演示文稿中的每一页就叫幻灯片，每张幻灯片都是演示文稿中既相互独立又相互联系的内容。

一套完整的 PPT 文件一般包含片头、动画、PPT 封面、前言、目录、过渡页、图表页、图片页、文字页、封底、片尾动画等；所采用的素材有文字、图片、图表、动画、声音、影片等。国际领先的 PPT 设计公司有 ThemeGallery、Powered Templates、PresentationLoad 等；随着我国的 PPT 应用水平逐步提高，应用领域也越来越广。PPT 正成为人们工作、生活的重要组成部分，在工作汇报、企业宣传、产品推介、婚礼庆典、项目竞标、管理咨询、教育培训等领域占有举足轻重的地位。

Microsoft Office PowerPoint 使用户可以快速创建极具感染力的动态演示文稿，同时集成更为安全的工作流和方法以轻松共享这些信息。

4.6 办公自动化展望

4.6.1 输入技术

对于未来的办公自动化系统，从目前看来，有发展前景的输入技术包括声纹识别、声音回答、语言翻译、图像识别、人工智能等。如果解决了上述问题，将会把办公自动化水平推动到一个更高的层次。

1. 声纹识别技术

声纹识别是生物识别技术的一种，也称为说话人识别，包括两类，即说话人辨认和说话人确认。不同的任务和应用会使用不同的声纹识别技术，如缩小刑侦范围时可能需要辨认技术，而银行交易时则需要确认技术。

所谓声纹（Voiceprint），是用电声学仪器显示的携带言语信息的声波频谱。

人类语言的产生是人体语言中枢与发音器官之间一个复杂的生理物理过程，人在讲话时使用的发声器官——舌、牙齿、喉头、肺、鼻腔在尺寸和形态方面差异很大，所以任何两个人的声纹图谱都有差异。每个人的语音声学特征既有相对稳定性，又有变异性，不是绝对的、一成不变的，这种变异可来自生理、病理、心理、模拟、伪装，也与环境干扰有关。尽管如此，由于每个人的发音器官都不尽相同，因此在一般情况下，人们仍能区别不同的人的声音或判断是否是同一人的声音。

声纹识别的应用有一些缺点，比如同一个人的声音具有易变性，易受身体状况、年龄、情绪等的影响；比如不同的传声器和信道对识别性能有影响；比如环境噪声对识别有干扰；

又比如混合说话人的情形下人的声纹特征不易提取。尽管如此，与其他生物特征相比，声纹识别的应用有一些特殊的优势：

1）蕴含声纹特征的语音获取方便、自然，声纹提取可在不知不觉中完成，因此使用者的接受程度也高。

2）获取语音的识别成本低廉，使用简单，一个传声器即可，在使用通信设备时更无须额外的录音设备。

3）适合远程身份确认，只需要一个传声器或电话、手机就可以通过网路（通信网络或互联网络）实现远程登录。

4）声纹辨认和确认的算法复杂度低。

5）配合一些其他措施，如通过语音识别进行内容鉴别等，可以提高准确率。

这些优势使得声纹识别的应用越来越受到系统开发者和用户青睐，声纹识别的世界市场占有率为 15.8%，仅次于指纹和掌纹的生物特征识别，并有不断上升的趋势。

2. 人工智能技术

人工智能（Artificial Intelligence），英文缩写为 AI，它是研究、开发用于模拟、延伸和扩展人的智能的理论、方法、技术及应用系统的一门新的技术科学。人工智能是计算机科学的一个分支，它企图了解智能的实质，并生产出一种新的能以人类智能相似的方式做出反应的智能机器，该领域的研究包括机器人、语言识别、图像识别、自然语言处理和专家系统等。人工智能从诞生以来，理论和技术日益成熟，应用领域也不断扩大，可以设想，未来人工智能带来的科技产品，将会是人类智慧的"容器"。

人工智能是对人的意识、思维的信息过程的模拟。人工智能不是人的智能，但能像人那样思考、也可能超过人的智能。

人工智能是一门极富挑战性的科学，从事这项工作的人必须懂得计算机知识、心理学和哲学。人工智能是包括十分广泛的科学，它由不同的领域组成，如机器学习、计算机视觉等，总的说来，人工智能研究的一个主要目标是使机器能够胜任一些通常需要人类智能才能完成的复杂工作。但不同的时代、不同的人对这种"复杂工作"的理解是不同的。

人工智能的定义可以分为两部分，即"人工"和"智能"。"人工"比较好理解，争议性也不大。有时我们会要考虑什么是人力所能制造的，或者人自身的智能程度有没有高到可以创造人工智能的地步，等等。但总的来说，"人工系统"就是通常意义下的人工系统。

关于什么是"智能"，很难定义清楚。这涉及其他的诸多问题，诸如意识（Consciousness）、自我（Self）、思维（Mind）（包括无意识的思维，即 Unconscious Mind）等概念的探讨。人唯一了解的智能是人类本身的智能，这是普遍认同的观点。但是我们对我们自身智能的理解都非常有限，对构成人类智能的必要元素的了解同样有限，所以就很难定义什么是"人工"制造的"智能"了。因此人工智能的研究往往涉及对人的智能本身的研究。其余关于动物或其他人造系统的智能也普遍被认为是人工智能相关的研究课题。

人工智能在计算机领域内得到了更加广泛的重视，并在机器人、经济政治决策、控制系统、仿真系统中得到了应用。

著名的美国斯坦福大学人工智能研究中心尼尔逊教授对人工智能下了这样一个定义："人工智能是关于知识的学科——怎样表示知识以及怎样获得知识并使用知识的科学。"而美国麻省理工学院的温斯顿教授认为："人工智能就是研究如何使计算机去做过去只有人才能做的智能工作。"这些说法反映了人工智能学科的基本思想和基本内容。即人工智能是研究人类智能活动的规律，构造具有一定智能的人工系统，研究如何让计算机去完成以往需要人的智力才能胜任的工作，也就是研究如何应用计算机的软硬件来模拟人类某些智能行为的基本理论、方法和技术。

人工智能是计算机学科的一个分支，20 世纪 70 年代以来被称为世界三大尖端技术（空间技术、能源技术、人工智能）之一，也被认为是 21 世纪三大尖端技术（基因工程、纳米科学、人工智能）之一。这是因为近 30 年来它获得了迅速的发展，在很多学科领域都获得了广泛应用，并取得了丰硕的成果，人工智能已逐步成为一个独立的分支，无论在理论和实践上都已自成一个系统。

人工智能是研究使计算机来模拟人的某些思维过程和智能行为（如学习、推理、思考、规划等）的学科，主要包括计算机实现智能的原理、制造类似于人脑智能的计算机、使计算机能实现更高层次的应用。人工智能将涉及计算机科学、心理学、哲学和语言学等学科。可以说几乎是自然科学和社会科学的所有学科，其范围已远远超出了计算机科学的范畴。人工智能与思维科学的关系是实践和理论的关系，人工智能是处于思维科学的技术应用层次，是它的一个应用分支。从思维观点看，人工智能不仅限于逻辑思维，要考虑形象思维、灵感思维才能促进人工智能的突破性的发展，数学常被认为是多种学科的基础科学，数学也进入语言、思维领域，人工智能学科也必须借用数学工具，数学不仅在标准逻辑、模糊数学等范围发挥作用，数学进入人工智能学科，它们将互相促进而更快地发展。

4.6.2 信息处理

1. 互联网信息处理

互联网既是蕴藏着浩如烟海的信息的信息源，也是网络化的办公自动化系统对信息进行繁复处理的重要依托。

云计算（Cloud Computing）是基于互联网的相关服务的增加、使用和交付模式，通常涉及通过互联网来提供动态易扩展且经常是虚拟化的资源。云是网络、互联网的一种比喻说法。云计算是通过使计算分布在大量的分布式计算机上，而非本地计算机或远程服务器中，企业数据中心的运行将与互联网更相似。这使得企业能够将资源切换到需要的应用上，根据需求访问计算机和存储系统。

最简单的云计算技术在网络服务中已经随处可见，例如搜索引擎、网络信箱等，使用者只要输入简单指令即能得到大量信息。

云计算具有超大规模、虚拟化、高可靠性、通用性、高可扩展性、按需服务、极其廉价等特性，但同时，它也存在潜在的危险性。云计算服务除了提供计算服务外，还必然提供了存储服务。但是云计算服务当前垄断在私人机构（企业）手中，而他们仅仅能够提供商业信用。政府机构、商业机构（特别像银行这样持有敏感数据的商业机构）对于选择云计算服务应保持足够的警惕。一旦商业用户大规模使用私人机构提供的云计算服务，无论其技术优势有多强，都不可避免地让这些私人机构以"数据（信息）"的重要性挟制整个社会。对于信息社会而言，"信息"是至关重要的。另一方面，云计算中的数据对于数据所有者以外的其他用户是保密的，但是对于提供云计算的商业机构而言确实毫无秘密可言。所有这些潜在的危险，是商业机构和政府机构选择云计算服务、特别是国外机构提供的云计算服务时，不得不考虑的一个重要的前提。

云计算的普及和应用还有很长的道路，社会认可、人们习惯、技术能力，甚至是社会管理制度等都应做出相应的改变，方能使云计算真正普及。但无论怎样，基于互联网的应用将会逐渐渗透到每个人的生活中，对我们的服务、生活都会带来深远的影响。

2. 内部信息系统处理

如果出于对相关信息保密的考虑，不利用或不完全利用互联网进行信息处理，还可以使用内部信息系统。鉴于办公过程中任务的特性与复杂程度，内部信息系统需要配备一定的高性能计算机，并配有相应的网络开发维护技术人员。

4.6.3　有偿信息服务

信息时代人们对信息的需求越来越大，但是有很多有价值的信息，由于信息的开发利用和管理远远跟不上时代发展的需要。一方面需要信息的用户无处查找，另一方面，拥有信息资源的一方，不能充分开发利用信息的价值。有偿信息服务，或者说信息有偿服务，抑或信息服务有偿化，是解决这一困境的有效途径。档案信息的有偿服务成为档案管理的重要问题。信息领域的服务有偿化，才能有效推动相关领域的开发利用，在信息供需方之间搭建一道平坦而广阔的桥梁。

4.6.4　无纸办公室

无纸办公室，即在办公过程中不用纸张，在无纸化办公环境中，计算机、应用软件、通信网络是三个最基本的要素。

无纸化办公是指利用现代化的网络技术进行办公。主要传媒工具是计算机、ipad、手机等现代化办公工具，可以实现不用纸张和笔进行各种业务以及事务处理。无纸化办公从20世纪末开始，在本世纪初逐渐增加并渐渐普及。

无纸办公是为社会减少纸张的浪费，提倡环保办公的理念，也是预示现代科技时代的来临，有助于高效办公。尽管未来几十年之内也不能全部变成无纸化办公，但随着更多的信息都是以数字或电子的形式储存和维护，因此，管理数据的更新应用也就浮出水面。未来将会使我们越来越走向无纸化办公。在会计方面，人们对电子工作报告具有新鲜感。在零售市场，电子工作流程正在取代传统的装货单、发货单、发票和其他纸单据。

行政机关、企事业单位常对内对外发布公文、新闻、公告、通知，以前是通过打印、粘贴，流动性弱、影响小、受众面窄。采用无纸化办公可以通过计算机和网络将这些信息传递到各自工作人员或员工的计算机上。企业当前传真都是采用传统的传真机，纸张、油墨、电费、机器维修保养费、员工时间等都是企业的成本开支，社会在进步，创新和符合潮流、实用的产品是社会的主流，使用无纸传真管理系统已经是社会的趋势。

第5章 通信自动化

5.1 概述

5.1.1 通信自动化系统的内容

通信自动化系统（Comunication Automation System，CAS）是智能建筑的"中枢神经"系统，它具备对来自智能建筑内外的各种信息的收集、处理、存储显示、检索和提供决策支持的能力，其功能有语音通信、数据通信、图形图像通信，以满足智能建筑办公自动化、建筑内外通信的需要，提供最有效的信息服务。

通信自动化系统主要提供大楼内外的一切语音和数据通信，也就是说，既要保证楼内话音、数据、图像的传输，又要与楼外远程数据通信网，包括公用电话网（PSTN）、用户电报网、传真网、分组交换网（X. 25）、数字数据网（DDN）、卫星通信网（VAST）、无线通信网以及因特网（Internet）等相通，以利于互通信息、共享资源。

5.1.2 通信自动化系统的现状与未来趋势

在智能建筑中建立起来的通信自动化系统随着信息时代的到来，正在发生着根本性的和突飞猛进的变化，其表现为：

（1）通信网络中的设备 在通信网络中，终端设备向数字化、智能化、多功能化发展，传输链路向数字化、宽带化发展，交换设备广泛采用数字程控交换机，并向适合宽带要求的ISDN快速分组交换机方向发展。

（2）通信自动化系统 通信自动化系统本身正朝着数字化、综合化、智能化和个人化方向发展。其含义是：

1）数字化：是指在系统中，全面使用数字技术，包括数字终端、数字传输、数字交换等。

2）综合化：是将各种信息源的业务，综合在一个数字通信网络中，为用户提供综合性优质服务，即不但满足人们对电话、数据、电视、传真业务的需求，而且能满足未来人们对信息服务的更高要求。

3）智能化：则是在通信网络中赋予智能控制功能，使网络结构更具灵活性。它是以智能数据库为基础，不但能传输信息，还能存储和处理信息，使用户有控制网络的能力，在网络中容易变动业务性质。

4）个人化：就是实现个人通信，达到任何人在任意时间内，能与任何地方的人进行通信。采用与网络无关的唯一个人通信号码，不受地理位置和终端的限制，通用于有线和无线通信系统。

在智能建筑中，信息通信技术的重要发展方向之一，就是业务的多媒体化，宽带综合业务数字网的发展使得这种多媒体通信成为可能。人们利用宽带化信息传输技术传输多媒体信息，在计算机的参与下，用户之间可以进行相互交谈，看到对方的图像，共同修改文本，检索数据库，利用语言识别、图像识别、指纹识别等技术进行媒体转换，使智能建筑信息通信技术达到一个崭新的境界。

5.2 通信自动化系统的网络基础

5.2.1 计算机通信及通信网络基础

智能建筑的产生和发展是计算机技术和现代建筑业发展的必然结果。计算机网络系统是智能建筑的重要基础设施之一，楼宇管理自动化系统就是通过计算机网络实现的。

智能建筑的通信系统是基于两个基本技术领域演变来的：一是计算机技术，另一个是通信技术。通信网络为计算机之间的数据传递和交换提供了必要的手段；数字计算机技术的发展渗透到通信技术中，又提高了通信网络的各种功能。因此，在智能建筑中的计算机网络系统并不是单纯的计算机网络，而是指能够互换信息且独立自治的计算机与通信子系统的集合。目前，智能建筑就是未来"信息高速公路"网站的主节点，是信息时代的基本信息集散地。

智能建筑的计算机系统是一个局域网系统，它分为主干线、楼内各层子网或楼宇子网、与外界的通信联网三个部分，并且具有网络规模大、覆盖面适中、传输速率高、计算机主机反应快速等特点。这些特点既是对智能建筑计算机网络提出的要求，也是作为对网络产品进行选择的依据。

1. 计算机通信网络的概念与组成

计算机通信从属于"Telecommunication"的范畴，是指能够互换信息且独立自治的计算机与通信子系统的集合，它可形式化地描述为：

计算机通信网络＝｛计算机主机,通信子网，协议｜自治的主机按协议经通信子网互联｝

计算机通信网络至少涉及三个方面的问题：

1）必须有两台（或两台以上）自治的计算机，并相互连接才能构成计算机通信网络。

2）需要一条通道（或通信子系统）才能把两台（或两台以上）自治的计算机连接起来。

3）计算机之间要交换信息，彼此之间必须要遵守某些规定和约定，这就是所谓的"通信协议（Protocol）"。

显然，计算机通信网以传递系统信息为目的。因此，人们对"计算机通信网"的研究，主要集中在系统网络中的信息如何高效、可靠地传输，计算机之间交换信息所需要的通信协议是什么，以及对网络中的通信设备如何控制和管理等。至于网络中传送的信息具有什么含义则是次要的。

下面从计算机技术和通信技术互相发展、互相渗透的角度来进一步阐述这两者的关系。

（1）从通信到计算机 现在提供话音、数据、图像和视频传输服务的通信设备，几乎都离不开数字技术和计算机系统。以电话这一最常见的通信系统为例，可以看出通信向计算机技术渗透的趋势，它主要表现在两个方面：一是电话网的不断发展和演变；二是用户业务需求的不断增长。原先的电话网都是采用模拟技术实现接入和交换的，现在数字技术正不断地用于信息传输和交换，已经向着全数字的宽带综合业务数字网（B-ISDN）逐渐演变。这主要是由于数字技术的许多优越性：

1）数字设备的成本价格大幅度下降，如大规模和超大规模集成电路的使用。

2）便于实现线路共享，采用数字技术的"时分复用"，比基于模拟的"频分复用"更有效。

3）容易并入全数字网，因为监控网络状态和控制网络运行的绝大多数信号本身就是数字信号。

因此，现代电话网不可避免地要使用数字技术，而且这些技术都离不开具有高效自动完成信息存取和处理能力的计算机。其实电话网中的许多设备要么就是计算机本身，要么就是由计算机控制的。例如，数字程控交换机实际上就是一台用于电话交换网的专用计算机。

（2）从计算机到通信　在通信设备不断使用计算机技术的同时，计算机也在越来越多地使用通信技术。我们知道，许多数据处理的事务通常需要一组协同工作的计算机来实现，这称为分布式处理。分布式处理不仅要依靠通信设备将系统中的终端和计算机互联起来，而且要求计算机本身也必须具备通信能力，并能实现高速且可靠的信息传输和交换。

因此两台不同系统中的计算机之间要进行文件传送，必须要解决这样的问题：

1）源系统必须激活一条直接的通信路径，或者通知通信网络，告知它所要通信的目的系统的标志。

2）源系统必须确定目的系统已经准备好接收数据。

3）源系统中的文件传送应用程序（应用进程）必须确定目的系统中的文件管理程序已经准备好接收该文件并存储它。

4）如果两个系统的文件格式不兼容，一个或另一个系统必须执行某种格式转换。

5）对于可能发生的传送差错或故障，应采取某种措施以保证目的系统最终能接收到正确的文件。

计算机通信网主要由通信子系统、数据通信系统和通信网环境三大部分组成。

通信子系统是计算机通信网组成的核心要素。其功能有：

1）决定系统数据发送/接收的方式，数据的封装拆卸、传输速率等，从而将不同类型的数据转换为双方相互认可的形式，这是一项"面向应用进程"的功能。

2）为信息的传输确定了合适的数据通路或网络路径，包括通路的建立、维护和撤销，无差错数据传输（差错控制），网络中的路由选择与速率匹配（流量控制），以及网络间的互联等。

数据通信系统为计算机间的信息交互提供了传输媒介，并提供可靠的数据传送能力。数据通信系统既可以是单条的直接传输通路（如双绞线、同轴电缆、光纤或无线信道），也可以是互联的多条传输通路，即通信网络。应用进程（Application Process，AP）的作用是为用户提供网络服务，更多的是依赖于用户业务；应用进程之间的通信称为"用户到用户的通信"。在应用进程与通信子系统之间必须提供相应的接口，其作用类似于操作系统中的系统协调功能。

计算机到网络的通信提供了计算机接入通信网的功能，并定义了相应的接口规范（如HS232 或者 MODEM 的 V 系列等）。

所有互联的通信子系统，以及数据通信系统包括在内的环境，称为"通信网环境"。

基于对上述计算机通信网组成的要素分析，计算机通信网按照其功能可划分为信息交换和信息处理两部分，相应地由通信子网和资源子网两部分组成。

资源子网是计算机通信的本地系统环境，包括主机、终端和应用程序等。其主要功能有：用户资源配置、数据的处理和管理、软/硬件共享以及负载均衡等。当然，还必须包括一个合适的接口，以保证主机能无缝地（Seamless）接入一个通信子网。

根据上述观点，只要有一个适配的界面，并且遵守一定的协议，现有的或未来的电信网络包括电话网（PSTN）、数据网（PSDN）、综合业务数字网（1SDN）、宽带综合业务数字网（B-ISDN）、无线蜂窝网、卫星通信网等，都可以用作计算机通信网的通信子网。因此，也可以说计算机通信网是电信网的增值应用。

综上所述，计算机通信网就是一个由通信子网承载、传输和共享资源子网的各类信息的系统。

2. 通信网络的分类

计算机通信网作为传输信息的网络体系，从系统工程的观点来看是一个大系统，如上所述，它包括了许多子系统。也就是说，通信网设有许多子网，对此可以有许多种不同的分类方法。

从计算机网络方面的分类方式有很多，最主要的有以下几种，见表5-1。

表5-1　通信网络分类

按运营方式划分	按业务划分	按使用范围划分
国内共用通信网	电话网	市内电话网、农村电话网、本地电话网、长途电话网
	电报网	共用电报网、用户电报网
	数据网	本地数据网、全国数据网
	传真网	本地传真网、地区性传真网、全国性传真网
	移动通信网	本地移动通信网、漫游移动通信
	综合业务数字网（ISDN）	本地ISDN、全国性ISDN
国际共用通信网	电话网、公众电报网、用户电报网、数据传真网、综合业务数字网	① 各网均由两端的国内网络部分和国际电路组成 ② 电报网、数据传真网均具有自动存储转发功能

（1）按照网络技术本质特征分类　最能反映网络技术本质特征的分类标准是分布距离。按分布距离可以将通信网络分为局域网、城域网和广域网。

1）局域网（Local Area Network，LAN）：一般指覆盖范围在10km以内，一座楼房或一个单位内部的网络。由于传输距离直接影响传输速率，因此，局域网内的通信，由于传输距离短，传输速率一般都比较高。目前，局域网的传输速率一般可达到10Mbit/s和100Mbit/s，高速局域网的传输速率可达到1000Mbit/s。

2）城域网（Metropolitan Area Network，MAN）：其覆盖范围在局域网和广域网之间，一般指覆盖范围为一个城市的网络。

3）广域网（Wide Area Network，WAN）：是指远距离的、大范围的计算机网络。跨地区、跨城市、跨国家的网络都是广域网。由于广域的覆盖范围广,联网的计算机多,因此广域网上的信息量非常大,共享的信息资源很丰富。Internet 是全球最大的广域网,它覆盖的范围遍布全世界。

（2）按照网络功能逻辑分类

1）资源子网:计算机网络首先是一个通信网络,各计算机之间通过通信媒体、通信设备进行数字通信,在此基础上各计算机可以通过网络软件共享其他计算机上的硬件资源、软件资源和数据资源。从计算机网络各组成部件的功能来看,各部件主要完成两种功能,即网络通信和资源共享。把计算机网络中实现网络通信功能的设备及其软件的集合称为网络的通信子网,而把网络中实现资源共享功能的设备及其软件的集合称为资源子网。

资源子网的组成:在局域网中,资源子网主要由网络的服务器、工作站、共享的打印机和其他设备及相关软件所组成。资源子网的主体为网络资源设备,包括用户计算机（也称工作站）、网络存储系统、网络打印机、独立运行的网络数据设备、网络终端、服务器、网络上运行的各种软件资源、数据资源等。

2）通信子网:是指网络中实现网络通信功能的设备及其软件的集合,通信设备、网络通信协议、通信控制软件等属于通信子网,是网络的内层,负责信息的传输。主要为用户提供数据的传输、转接、加工、变换等。通信子网的设计方式:通信子网的设计一般有两种方式:①点到点通道;②广播通道。通信子网的组成:通信子网主要包括中继器、集线器、网桥、路由器、网关等硬件设备。

（3）按照传输技术分类　按照传输技术可以分为广播式网络和点到点式网络。

1）广播式网络。在广播式网络中,多个节点共享通信信道。当一个计算机利用共享通信信道发送报文时,网络上其他计算机都会像收听广播一样得到报文。在发送的报文分组中带有目的地址,当某计算机的节点地址与该目的地址相同时,该计算机就接收这个报文分组。

2）点到点式网络。点到点式网络可以由物理线路直接连接两台计算机,也可以由复杂线路结构连接多台计算机。点对点网络使得发信者与接收者之间可能有多条通信通道,决定分组从发信者到接收者的路由需要有路由选择算法。

3. 通信网络的拓扑结构

在计算机网络结构设计中,首先要解决在给定的计算机位置及保证流量和可靠性的条件下,通过选择适当的线路、设备、连接方式与流量分配,使整个网络的结构合理、效率较高、成本较低,为此人们引入了网络拓扑的概念。所谓通信网络的拓扑结构是指通信子网中交换节点的互联模式。

拓扑学是几何学的一个分支,它是从图论演变过来的。拓扑学首先把实体抽象成与其大小、形状无关的点,将连接实体的线路抽象成线,近而研究点、线、面之间的关系。计算机网络拓扑是通过网络中节点与通信线路之间的几何关系表示网络结构,反映出网络中各实体间的结构关系。计算机网络拓扑主要是指通信子网的拓扑构型。

（1）集中式拓扑结构　集中式通信网络又称为"星形网"。若很多个主机或终端较集中配置在某处时,可采用集中器或复用器。集中器具有存储功能,因而其输入链路容量总和可超过输出链路的容量;而复用器的输入链路容量则不能超过其输出链路的容量。星形拓扑图如图 5-1 所示。

星形拓扑结构是最古老的一种连接方式，大家每天都使用的电话就属于这种结构。在电话网络中，这种中心结构是专用自动交换分机（PABX）。在数据网络中，这种设备是主机或集线器。星形拓扑要求至少有一个集线器（Hub）实现计算机之间的连接，两台计算机不能直接相连。现在普遍使用的服务器/客户机局域网一般使用的就是星形拓扑。在星形网中，可以在不影响系统其他设备工作的情况下，非常容易地增加和减少设备。

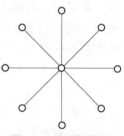

图 5-1　星形拓扑图

星形拓扑的优点是传输速率快，容易在网络中增加新的站点，结构简单，建网容易，控制和管理方便。但是其可靠性差，因为中心系统一旦损坏，整个系统便趋于瘫痪。对此中心系统通常采用双机热备份，以提高系统的可靠性。还应指出，以 Hub 构成的星形拓扑网络结构，虽然呈星形布局，但它使用的访问介质的机制却仍是共享媒体的总线方式。

（2）总线型拓扑结构　总线型网络结构属于共享信道的广播式通信网络结构。由于它只有单一信道，所以一个时刻只能有一个站（主机或终端）发送信息。在此网络中，如果多于一个站要同时发送信息，那就要通过某种协议安排分时发送。总线型拓扑图如图 5-2 所示。

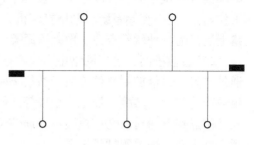

图 5-2　总线型拓扑图

总线型网络结构费用低，数据端用户入网灵活，站点或某个端用户失效也不会影响其他站点或端用户通信。缺点是一次仅能有一个端用户发送数据，其他端用户必须等待到获得发送权才可以发送数据。总线型网络必须解决多个节点访问总线的介质访问控制（MAC）问题，介质访问获取机制较复杂。其安全性也较低，监控比较困难，不能集中控制。由于所有的工作站通信均通过一条公用的总线，因此实时性也较差。尽管有上述一些缺点，但由于布线结构简单、实现容易、易于扩展、可靠性较好，增删不影响全网工作，所以是 LAN 技术中使用最普遍的一种。

（3）环形拓扑结构　环形拓扑图如图 5-3 所示。在环形网络中，信息流向只是单方向的，每个收到信息包的站都向它的下游站传发该信息包（分组），信息包在环网中旅行一圈，当信息包经过目的站时，目的站根据信息包中的目的地址判断出自己是接收站，并把该信息包复制到自己的接收缓冲区中。为了解决环上的哪个站可以发送信息，平时在环上流通着一个叫令牌（Token）的特殊信息包，只有得到令牌的站可以发送信息。当一个站发送完信息后，就把令牌向下传送，以便下游的站可以得到发送的机会；当没有信息发送时，环网上只有令牌流通。

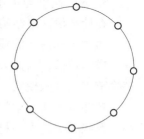

图 5-3　环形拓扑图

环形拓扑结构的优点是通信设备和线路消耗少，网络中的各工作站都是独立的。由于环上传输的任何信息都必须穿过所有端点，因此，如果环的某一点断开，环上所有通信便会终止。为了克服这种缺点，每个端点除与一个环相连外，还连接到备用环上，当主环出现故障时，会自动转到备用环上。但是由于环路是闭合的，所以不便于扩充，系统响应延时长，信息传输效率较低。

（4）树形拓扑结构　在局域网中常用的拓扑结构多属规则型（如星形、环形或总线型），而在广域网中常见的互联拓扑结构则是树形和不规则型。树形网络中除了叶节点之外的所有树节点和根节点都是交换节点，它与星形网络一样都是具有一定集中控制功能的通信子网。在共用交换电话网中，与单个程控交换机相连的电话网络是星形结构的简单例子，而程控交换机的进一步互联，就形成了复杂的树形结构或不规则结构。树形拓扑图如图5-4所示。

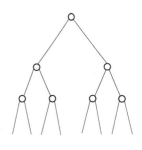

图5-4　树形拓扑图

4. 局域网

局域网（Local Area Network，LAN）是指在某一区域内由多台计算机互联成的计算机组。一般是方圆几千米以内，将各种计算机、外部设备和数据库等互相连接起来组成的计算机通信网。它可以通过数据通信网或专用数据电路，与远方的局域网、数据库或处理中心相连接，构成一个较大范围的信息处理系统。局域网可以实现文件管理、应用软件共享、打印机共享、扫描仪共享、工作组内的日程安排、电子邮件和传真通信服务等功能。局域网严格意义上是封闭型的，它可以由办公室内几台甚至上千上万台计算机组成。决定局域网的主要技术要素为：网络拓扑、传输介质与介质访问控制方法。

LAN 同 WAN 和 MAN 相比具有下列特性：

1）地理范围较小。

2）数据传输速率较快。

3）网络拓扑结构灵活多变，便于扩充和系统重构。

4）协议简单。

5）局域网通过集线器（Hub）、网桥（Bridge）、路由器（Router）、交换器（Switch）很容易实现异种网络相连，特别是在 TCP/IP 协议支持下实现互操作和协同工作。

6）多媒体信息传输（数字、语言、图像）。

7）网络建设配置容易。

（1）局域网的传输介质

1）双绞线。双绞线（Twisted Pair）是由一对或者一对以上的相互绝缘的导线按照一定的规格互相缠绕（一般以逆时针缠绕）在一起而制成的一种传输介质，属于信息通信网络传输介质。双绞线过去主要是用来传输模拟信号的，但现在同样适用于数字信号的传输，是一种常用的布线材料。

双绞线分为有屏蔽双绞线（Shielded Twisted Pair，STP）与无屏蔽双绞线（Unshielded Twisted Pair，UTP）。有屏蔽双绞线在双绞线与外层绝缘封套之间有一个金属屏蔽层。屏蔽层可减少辐射，防止信息被窃听，也可阻止外部电磁干扰的进入，使屏蔽双绞线比同类的无屏蔽双绞线具有更高的传输速率。无屏蔽双绞线是一种数据传输线，由四对不同颜色的传输线所组成，广泛用于以太网络和电话线中。无屏蔽双绞线电缆最早在1881年被用于贝尔发明的电话系统中。1900年美国的电话线网络也主要由 UTP 所组成，由电话公司所拥有。实际应用中，应根据不同应用配合、线对数、传输速率选择不同厂家、不同型号的双绞线电缆。

2）同轴电缆。同轴电缆（Coaxial）是指有两个同心导体，而导体和屏蔽层又共用同一轴心的电缆。最常见的同轴电缆由绝缘材料隔离的铜线导体组成，在里层绝缘材料的外部是另一层环形导体及其绝缘体，然后整个电缆由聚氯乙烯或特氟纶材料的护套包住。

3）光纤电缆（光缆）。光纤电缆（Optical Fibre Cable）是一种通信电缆，由两个或多个玻璃或塑料光纤芯组成，这些光纤芯位于保护性的覆层内，由塑料 PVC 外部套管覆盖。沿内部光纤进行的信号传输一般使用红外线。

（2）局域网协议体系 电气和电子工程师协会（Institute of Electrical and Electronics Engineers，IEEE）是一个国际性的电子技术与信息科学工程师的协会，是目前全球最大的非营利性专业技术学会，其会员人数超过 40 万人，遍布 160 多个国家。IEEE 致力于电气、电子、计算机工程和与科学有关的领域的开发和研究，在太空、计算机、电信、生物医学、电力及消费性电子产品等领域已制定了 900 多个行业标准，现已发展成为具有较大影响力的国际学术组织。

IEEE 从 1980 年开始制定局域网协议体系结构及机关标准，形成了 IEEE 802 系列标准。IEEE 802 又称为 LMSC（LAN/MAN Standards Committee，局域网/城域网标准委员会），致力于研究局域网和城域网的物理层和 MAC 层中定义的服务和协议，对应 OSI 网络参考模型的最低两层（即物理层和数据链路层）。IEEE 802 也指 IEEE 标准中关于局域网和城域网的一系列标准。

1）Ethernet 网。以太网最早由 Xerox（施乐）公司创建，于 1980 年由 DEC、Intel 和 Xerox 三家公司联合开发成为一个标准。以太网是应用最为广泛的局域网，包括标准以太网（10Mbit/s）、快速以太网（100Mbit/s）和 10G（10Gbit/s）以太网，它们都符合 IEEE 802.3。

以太网技术的最初进展来自于施乐帕洛阿尔托研究中心的许多先锋技术项目中的一个。人们通常认为以太网发明于 1973 年，当年罗伯特·梅特卡夫（Robert Metcalfe）给他 PARC 的老板写了一篇有关以太网潜力的备忘录。但是梅特卡夫本人认为以太网是之后几年才出现的。在 1976 年，梅特卡夫和他的助手 David Boggs 发表了一篇名为《以太网：局域计算机网络的分布式包交换技术》的文章。1977 年底，梅特卡夫和他的合作者获得了"具有冲突检测的多点数据通信系统"的专利。多点传输系统被称为 CSMA/CD（带冲突检测的载波侦听多路访问），以太网从此诞生。

带冲突检测的载波侦听多路访问（CSMA/CD）技术规定了多台计算机共享一个通道的方法。这项技术最早出现在 1960 年由夏威夷大学开发的 ALOHAnet 中，它使用无线电波为载体。这个方法比令牌环网或者主控制网要简单。当某台计算机要发送信息时，必须遵守以下规则：

① 开始：如果线路空闲，则启动传输，否则转到第④步。

② 发送：如果检测到冲突，继续发送数据直到达到最小报文时间（保证所有其他转发器和终端检测到冲突），再转到第④步。

③ 成功传输：向更高层的网络协议报告发送成功，退出传输模式。

④ 线路忙：等待，直到线路空闲。线路进入空闲状态，等待一个随机的时间，转到第①步，除非超过最大尝试次数。

⑤ 超过最大尝试传输次数：向更高层的网络协议报告发送失败，退出传输模式。

就像在没有主持人的座谈会中，所有的参加者都通过一个共同的媒介（空气）来相互交谈。每个参加者在讲话前，都礼貌地等待别人把话讲完。如果两个人同时开始讲话，那么他们都停下来，分别随机等待一段时间再开始讲话。这时，如果两个参加者等待的时间不同，冲突就不会出现。如果传输失败超过一次，将采用退避指数增长时间的方法，退避的时间通过截断二进制指数退避算法（Truncated Binary Exponential Backoff）来实现。

目前市场上各种厂家推出的 Ethernet 网卡都必须严格遵守 IEEE 802.3 标准，才能在同一局域网上运行。

2）FDDI。FDDI 的英文全称为 "Fiber Distributed Data Interface"，即光纤分布式数据接口，它是于 20 世纪 80 年代中期发展起来的一项局域网技术，它提供的高速数据通信能力要高于当时的以太网（10Mbit/s）和令牌网（4Mbit/s 或 16Mbit/s）的通信能力。FDDI 标准由 ANSI X3T9.5 标准委员会制定，为繁忙网络上的高容量输入/输出提供了一种访问方法。FDDI 技术与 IBM 公司的 Token Ring 技术相似，并具有 LAN 和 Token Ring 所缺乏的管理、控制和可靠性措施，FDDI 可支持长达 2km 的多模光纤。FDDI 网络的主要缺点是价格同前面所介绍的 "快速以太网" 相比贵许多，且因为它只支持光缆和 5 类电缆，所以使用环境受到限制，从以太网升级更是面临大量移植问题。

① 编码方式。当数据以 100Mbit/s 的速度输入/输出时，在当时 FDDI 与 10Mbit/s 的以太网和令牌环网相比性能有相当大的改进。但是随着快速以太网和千兆以太网技术的发展，使用 FDDI 的人就越来越少了。因为 FDDI 使用的通信介质是光纤，这一点它比快速以太网及现在的 100Mbit/s 令牌网传输介质要贵许多，然而 FDDI 最常见的应用只是提供对网络服务器的快速访问，所以在目前 FDDI 技术并没有得到充分的认可和广泛的应用。FDDI 另一种常用的通信介质是电话线。

② 访问方法。FDDI 的访问方法与令牌环网的访问方法类似，在网络通信中均采用 "令牌" 传递。它与标准的令牌环又有所不同，主要在于 FDDI 使用定时的令牌访问方法。FDDI 令牌沿网络环路从一个节点向另一个节点移动，如果某节点不需要传输数据，FDDI 将获取令牌并将其发送到下一个节点中。如果处理令牌的节点需要传输，那么在指定的称为 "目标令牌循环时间"（Target Token Rotation Time，TTRT）的时间内，它可以按照用户的需求来发送尽可能多的帧。因为 FDDI 采用的是定时的令牌方法，所以在给定时间中，来自多个节点的多个帧可能都在网络上，以为用户提供高容量的通信。

FDDI 可以发送两种类型的包：同步的和异步的。同步通信用于要求连续进行且对时间敏感的传输（如音频、视频和多媒体通信）；异步通信用于不要求连续脉冲串的普通的数据传输。在给定的网络中，TTRT 等于某节点同步传输需要的总时间加上最大的帧在网络上沿环路进行传输的时间。FDDI 使用两条环路，所以当其中一条出现故障时，数据可以从另一条环路上到达目的地。连接到 FDDI 的节点主要有两类，即 A 类和 B 类。A 类节点与两个环路都有连接，由网络设备如集线器等组成，并具备重新配置环路结构以在网络崩溃时使用单个环路的能力；B 类节点通过 A 类节点的设备连接在 FDDI 网络上，B 类节点包括服务器或工作站等。

③ LAN 技术。光纤分布数据接口（FDDI）是目前成熟的 LAN 技术中传输速率最高的一种。这种传输速率高达 100Mbit/s 的网络技术所依据的标准是 ANSIX3T9.5。该网络具有定时令牌协议的特性，支持多种拓扑结构，传输媒体为光纤。使用光纤作为传输媒体具有多种优点：较长的传输距离，相邻站间的最大长度可达 2km，最大站间距离为 200km；具有较

大的带宽，FDDI 的设计带宽为 100Mbit/s；具有对电磁和射频干扰的抑制能力，在传输过程中不受电磁和射频噪声的影响，也不影响其他设备；光纤可防止传输过程中被分接偷听，也杜绝了辐射波的窃听，因而是最安全的传输媒体。

由光纤构成的 FDDI，其基本结构为逆向双环。一个环为主环，另一个环为备用环。一个顺时针传送信息，另一个逆时针传送信息。当主环上的设备失效或光缆发生故障时，通过从主环向备用环的切换可继续维持 FDDI 的正常工作。这种故障容错能力是其他网络所没有的。

FDDI 使用了比令牌环更复杂的方法访问网络。和令牌环一样，也需在环内传递一个令牌，而且允许令牌的持有者发送 FDDI 帧。和令牌环不同，FDDI 网络可在环内传送几个帧。这可能是由于令牌持有者同时发出了多个帧，而非在等到第一个帧完成环内的一圈循环后再发出第二个帧。

令牌接受了传送数据帧的任务以后，FDDI 令牌持有者可以立即释放令牌，把它传给环内的下一个站点，无须等待数据帧完成在环内的全部循环。这意味着，第一个站点发出的数据帧仍在环内循环的时候，下一个站点可以立即开始发送自己的数据。FDDI 标准和令牌环介质访问控制标准 IEEE 802.5 十分接近。

④ FDDI 和 IEEE 802.5 特征比较见表 5-2。

表 5-2　对比图

特　　性	FDDI	IEEE 802.5
介质类型	光纤	屏蔽双绞线
数据速率	100Mbit/s	4Mbit/s
可靠性措施	可靠性规范	无可靠性规范
数据编码	4B/5B 编码	差分曼彻斯特编码
编码效率	80%	50%
时钟同步	分布式时钟	集中式时钟
信道分配	定时令牌循环时间	优先级位
令牌发送	发送后产生新的令牌	接收完后产生新的令牌
环上帧数	可多个	最多一个

3）Novell 网络。Novell 网是局域网的一种，是局部小范围使用的。Internet 是广域网，是世界性的。Novell 网可以加入到 Internet 中。Novell 网所使用的协议，不能和 Windows 网通信。如果 Novell 网要加入 Internet ，必须安装 TCP/IP 协议。

Novell 公司（诺勒有限公司）是一个老字号的网络公司，在 20 世纪 80 年代和 90 年代公司成长非常迅速，几乎垄断了整个网络市场，但是在微软公司视窗软件加入了网络功能后，使该公司的业务受到影响，一度业绩低落。Novell 公司是最早涉足网络操作系统的公司。1981 年，Novell 提出了文件服务器的概念。1982～1994 年，Novell 公司在其总裁 Raymond Noorda（1924—2006）的领导下，创造了网络操作系统历史上辉煌的一页，他还领导了与 Microsoft 公司的抗衡。1983 年，Novell 公司开始推出 Netware 操作系统，这个产品在网络操作系统市场曾经雄霸一方，占到 70% 的份额。Netware 操作系统的版本很多，具有代表性的主要有: Netware 3. 11 SFT Ⅲ、Netware 3. 12、Netware 4. 1、Netware 4. 11、IntranetWare 以及 Netware 5、Netware 6 等。当年它的优点包括: 对网络硬件要求低、兼容 DOS 命令，其应用环境与 DOS 相似，有丰富的应用软件支持，技术完善、可靠，例如在无盘工作站组建方面的优势。20 世纪 90 年代后期，由于公司策略的失误，Netware 的市场份额日趋缩小。

Netware 属基于服务器的网络操作系统，现在国内越来越少人使用。但其优点非常显著，在 Netware 做文件服务时，可靠性及效率都远远高于基于 Microsoft 的系统，这些特点使得有些网络启动型的系统，如网吧，还是选用基本 Novell 做骨干。

4) 令牌环网。

① 工作原理。令牌环网 (Token Ring) 是一种 LAN 协议，定义在 IEEE 802.5 中，其中所有的工作站都连接到一个环上，每个工作站只能同直接相邻的工作站传输数据。通过围绕环的令牌信息授予工作站传输权限。

IEEE 802.5 中定义的令牌环源自 IBM 令牌环 LAN 技术。两种方式都基于令牌传递 (Token Passing) 技术。虽有少许差别，但总体而言，两种方式是相互兼容的。

令牌环网 (Token Ring) 适合于低速网络，光纤分布式数据接口 (FDDI) 适合于高速网络。

② 工作方式。令牌环网的媒体接入控制机制采用的是分布式控制模式的循环方法。在令牌环网中有一个令牌 (Token) 沿着环形总线在入网节点计算机间依次传递，令牌实际上是一个特殊格式的帧，本身并不包含信息，仅控制信道的使用，确保在同一时刻只有一个节点能够独占信道。当环上节点都空闲时，令牌绕环行进。节点计算机只有取得令牌后才能发送数据帧，因此不会发生碰撞。由于令牌在网环上是按顺序依次传递的，因此对所有入网计算机而言，访问权是公平的。

令牌在工作中有 "闲" 和 "忙" 两种状态。"闲" 表示令牌没有被占用，即网中没有计算机在传送信息; "忙" 表示令牌已被占用，即网中有信息正在传送。希望传送数据的计算机必须首先检测到 "闲" 令牌，将它置为 "忙" 的状态，然后在该令牌后面传送数据。当所传数据被目的节点计算机接收后，数据被从网中除去，令牌被重新置为 "闲"。令牌环网的缺点是需要维护令牌，一旦失去令牌就无法工作，需要选择专门的节点监视和管理令牌。

③ 工作特点。实际上，令牌环不是广播介质，而是用中继器 (Repeater) 把单个点到点线路链接起来，并首尾相接形成环路。由于发送的帧沿环路传播时能到达所有的站，所以可以起到广播发送的作用。中继器是连接环网的主要设备，它的主要功能是把本站的数据发送到输出链路上，也可以把发送给本站的数据复制到站中。一般情况下，环上的数据帧由发送站回收，这种方案有两种好处: 实现组播功能: 当帧在环上循环一周时，可以多个站复制; 允许自动应答: 当帧经过目标站时，目标站可以改变帧中的应答字段，从而不需要返回专门的应答帧。

④ 令牌环网的物理层规范。IEEE 802.5 使用屏蔽双绞线 (STP) 和无屏蔽双绞线 (UTP) 两种传输介质，最大站数均为 250，前者数据效率较高，可达 16Mbit/s，后者数据效率较低，一般为 4Mbit/s。与 IEEE 802.5 兼容的 IBM 令牌环也使用屏蔽双绞线，并规定使用星形拓扑结构，其他规定与 802.5 相同。

5. OSI 七层模型

OSI（Open System Interconnection），即开放式系统互联参考模型，它把网络协议从逻辑上分为了七层。每一层都有相关、相对应的物理设备，比如常规的路由器是三层交换设备，常规的交换机是二层交换设备。

OSI 七层模型是一种框架性的设计方法，建立七层模型的主要目的是为解决异种网络互联时所遇到的兼容性问题，其最主要的功能就是帮助不同类型的主机实现数据传输。它的最大优点是将服务、接口和协议这三个概念明确地区分开来，通过七个层次化的结构模型使不同的系统不同的网络之间实现可靠的通信。

1）物理层：主要定义物理设备标准，如网线的接口类型、光纤的接口类型、各种传输介质的传输速率等。它的主要作用是传输比特流（就是由 1、0 转化为电流强弱来进行传输，到达目的地后再转化为 1、0，也就是我们常说的数-模转换与模-数转换）。这一层的数据叫作比特。

2）数据链路层：定义了如何格式化数据以进行传输，以及如何控制对物理介质的访问。这一层通常还提供错误检测和纠正，以确保数据的可靠传输。

3）网络层：在位于不同地理位置的网络中的两个主机系统之间提供连接和路径选择。Internet 的发展使得从世界各站点访问信息的用户数大大增加，而网络层正是管理这种连接的层。

4）传输层：定义了一些传输数据的协议和端口号（WWW 端口 80 等），例如：TCP（传输控制协议，传输效率低，可靠性强，用于传输可靠性要求高、数据量大的数据）、UDP（用户数据报协议，与 TCP 特性恰恰相反，用于传输可靠性要求不高、数据量小的数据，如 QQ 聊天数据就是通过这种方式传输的）。主要是将从下层接收的数据进行分段和传输，到达目的地址后再进行重组。常常把这一层数据叫作段。

5）会话层：通过传输层（端口号：传输端口与接收端口）建立数据传输的通路。主要在系统之间发起会话或者接收会话请求（设备之间需要互相认识，可以是 IP，也可以是 MAC 或者是主机名）。

6）表示层：确保一个系统的应用层所发送的信息可以被另一个系统的应用层读取。例如，PC 程序与另一台计算机进行通信，其中一台计算机使用扩展二-十进制交换码（EBC-DIC），而另一台则使用美国信息交换标准码（ASCII）来表示相同的字符。如有必要，表示层会通过使用一种通格式来实现多种数据格式之间的转换。

7）应用层：是最靠近用户的 OSI 层。这一层为用户的应用程序（例如电子邮件、文件传输和终端仿真）提供网络服务。

6. 网络互联设备和集线器

如果说由于微型计算机的普及，导致了若干台微机相互连接，从而产生了局域网的话，那么由于网络的普遍应用，为了在更大范围内实现相互通信和资源共享，网络之间的互联便成为一种信息快速传达的最好方式。

网络互联时，必须解决如下问题：在物理上如何把两种网络连接起来。一种网络如何与另一种网络实现互访与通信，如何解决它们之间协议方面的差别，如何处理速率与带宽的差别，解决这些问题的协调、转换机制的部件就是中继器、网桥、路由器、接入设备和网关等。

（1）中继器　中继器（Repeater）是局域网环境下用来延长网络距离的最简单、最廉价的网络互联设备，操作在 OSI 的物理层，中继器对在线路上的信号具有放大再生的功能，用于扩展局域网网段的长度（仅用于连接相同的局域网网段）。中继器是连接网络线路的一种装置，常用于两个网络节点之间物理信号的双向转发工作。中继器主要完成物理层的功能，负责在两个节点的物理层上按位传递信息，完成信号的复制、调整和放大功能，以此来延长网络的长度。由于存在损耗，在线路上传输的信号功率会逐渐衰减，衰减到一定程度时将造成信号失真，因此会导致接收错误。中继器就是为解决这一问题而设计的。它完成物理线路的连接，对衰减的信号进行放大，保持与原数据相同。一般情况下，中继器的两端连接的是相同的媒体，但有的中继器也可以完成不同媒体的转接工作。从理论上讲中继器的使用是无限的，网络也因此可以无限延长。事实上这是不可能的，因为网络标准中都对信号的延迟范围作了具体的规定，中继器只能在此规定范围内进行有效的工作，否则会引起网络故障。

（2）网桥　网桥（Bridge）也叫桥接器，是连接两个局域网的一种存储/转发设备，它能将一个大的 LAN 分割为多个网段，或将两个以上的 LAN 互联为一个逻辑 LAN，使 LAN 上的所有用户都可访问服务器。它像一个聪明的中继器。中继器从一个网络电缆里接收信号，放大它们，将其送入下一个电缆。相比较而言，网桥对从关卡上传下来的信息更敏锐一些。网桥是一种对帧进行转发的技术，根据 MAC 分区块，可隔离碰撞。网桥将网络的多个网段在数据链路层连接起来。网桥将两个相似的网络连接起来，并对网络数据的流通进行管理。它工作于数据链路层，不但能扩展网络的距离或范围，而且可提高网络的性能、可靠性和安全性。

（3）路由器　路由器（Router）是连接因特网中各局域网、广域网的设备，它会根据信道的情况自动选择和设定路由，以最佳路径按前后顺序发送信号。路由器是互联网络的枢纽、"交通警察"。目前路由器已经广泛应用于各行各业，各种不同档次的产品已成为实现各种骨干网内部连接、骨干网间互联和骨干网与互联网互联互通业务的主力军。路由和交换机之间的主要区别就是交换机发生在 OSI 参考模型第二层（数据链路层），而路由发生在第三层（网络层），这一区别决定了路由和交换机在移动信息的过程中需使用不同的控制信息，所以说两者实现各自功能的方式是不同的。

（4）网关　网关（Gateway）又称网间连接器、协议转换器，是多个网络间提供数据转换服务的计算机系统或设备。在使用不同的通信协议、数据格式或语言，甚至体系结构完全不同的两种系统之间，网关就是一个翻译器，网关对收到的信息要重新打包，以适应目的系统的需求，同时起到过滤和保证安全的作用。网关工作在 OSI/RM 的传输层及以上的所有层次，它是通过重新封装信息来使它们能够被另一种系统处理的，为此网关还必须能够同各种应用进行通信，包括建立和管理会话、传输以及解析数据等。事实上现在的网关已经不能完全归为一种网络硬件，而可以概括为能够连接不同网络的软件和硬件的结合产品。

（5）集线器　集线器的英文称为"Hub"。"Hub"是"中心"的意思，集线器的主要功能是对接收到的信号进行再生整形放大，以扩大网络的传输距离，同时把所有节点集中在以它为中心的节点上。它工作于 OSI（开放系统互联参考模型）第一层，即"物理层"。集线器与网卡、网线等传输介质一样，属于局域网中的基础设备，采用 CSMA/CD（一种检测协议）介质访问控制机制。集线器每个接口简单地收/发比特，收到 1 就转发 1，收到 0 就转发 0，不进行碰撞检测。集线器属于纯硬件网络底层设备，基本上不具有类似于交换机的

"智能记忆"能力和"学习"能力。它也不具备交换机所具有的 MAC 地址表，所以它发送数据时都是没有针对性的，而是采用广播方式发送。也就是说，当它要向某节点发送数据时，不是直接把数据发送到目的节点，而是把数据包发送到与集线器相连的所有节点。

Hub 是一个多端口的转发器，当以 Hub 为中心设备时，网络中某条线路产生了故障，并不影响其他线路的工作。所以 Hub 在局域网中得到了广泛的应用，大多数的时候它用在星形与树形网络拓扑结构中。

7. 常用设备

网络互联的实现，离不开工作于 OSI 七层模型的不同层次的各种设备。网络互联的常用设备在 OSI 七层模型中的工作层次及其主要功能见表 5-3。需要特别指出的是，虽然集线器在网络的互联中可以起到一定作用，但是由于集线器所连接的所有计算机都属于同一个 LAN，所以它不能算是一种"网络互联设备"。

表 5-3　常用设备表

互 联 设 备	工 作 层 次	主 要 功 能
中继器	物理层	对接收信号进行再生和发送，只起到扩展传输距离的作用，对高层协议是透明的，但使用个数有限
集线器	物理层	多端口的中继器
网桥	数据链路层	根据帧物理地址进行网络之间的信息转发，可缓解网络通信繁忙度，提高效率。只能够连接相同 MAC 层的网络
二层交换机	数据链路层	指传统的交换机，多端口网桥
三层交换机	网络层	带路由功能的二层交换机
路由器	网络层	通过逻辑地址进行网络之间的信息转发，可完成异构网络之前的互联互通，只能连接使用相同网络协议的子网
多层交换机	高层（第 4~7 层）	带协议转换的交换机
网关	高层（第 4~7 层）	最复杂的网络互联设备，用于连接网络层以上执行不同协议的子网

5.2.2　综合业务数字网系统

综合业务数字网（Integrated Services Digital Network，ISDN）是一个数字电话网络国际标准，是一种典型的电路交换网络系统。

综合业务数字网俗称"一线通"。它除了可以用来打电话，还可以提供诸如可视电话、数据通信、会议电视等多种业务，从而将电话、传真、数据、图像等多种业务综合在一个统一的数字网络中进行传输和处理，这也就是"综合业务数字网"名字的来历。

它通过普通的铜缆以更高的速率和质量传输语音和数据。ISDN 是欧洲普及的电话网络形式。GSM 移动电话标准也可以基于 ISDN 传输数据。因为 ISDN 是全部数字化的电路，所以它能够提供稳定的数据服务和连接速度，不像模拟线路那样对干扰比较明显。在数字线路上更容易开展更多的模拟线路无法或者比较难以保证质量的数字信息业务，例如除了基本的打电话功能之外，还能提供视频、图像与数据服务。ISDN 需要一条全数字化的网络用来承载数字信号（只有 0 和 1 这两种状态），与普通模拟电话最大的区别就在这里。

1. 历史形成

当今人们对通信的要求越来越高，除原有的语音、数据、传真业务外，还要求综合传输高清晰度电视、广播电视、高速数据传真等宽带业务。计算机技术、微电子技术、宽带通信技术和光纤传输的发展，为满足这些迅猛增长的通信需求提供了基础。

早在 1985 年 1 月，CCITT 第 18 研究组就成立了专门小组着手研究宽带 ISDN，并提出了关于 B-ISDN 的建设性框架。此后，人们就采用同步时分方式（Synchronous Transfer Mode，STM）还是异步传输模式（Asynchronous Transfer Mode，ATM）进行了多年讨论，到 1989 年，由于解决了 ATM 存在的许多问题，一致同意采用 ATM 方式，并要求 CCITT 加速制定 ATM 标准，以促进 B-ISDN 的发展。由此在 1990 年 11 月召开的第 18 研究组全体会议上通过了关于 B-ISDN 的 I-系列建议草案。

2. 主要种类

ISDN 有窄带和宽带两种。窄带 ISDN 有基本速率（2B + D，144kbit/s）和一次群速率（30B + D，2Mbit/s）两种接口。基本速率接口包括两个能独立工作的 B 信道（64kbit/s）和一个 D 信道（16kbit/s），其中 B 信道一般用来传输话音、数据和图像，D 信道用来传输信令或分组信息。B 代表承载，D 代表控制。

宽带可以向用户提供 1.55Mbit/s 以上的通信能力。但是由于宽带综合业务数字网技术复杂，投资巨大，还不大可能投入大量的使用，而窄带综合业务数字网已经非常成熟，完全具备了商用化推广的条件，因此各地开通的 ISDN 指的综合业务数字网实际上是窄带 ISDN。由于使用了数字线路，数据传输的比特误码特性比电话线路至少改善了 10 倍。ISDN 用途非常广泛，只是对于普通人来说只有上网一项是最常用的了。

3. 访问方式

ISDN 有两种访问方式：

1）基本速率接口（BRI）：由 2 个 B 信道、每个带宽 64kbit/s 和一个带宽 16kbit/s 的 D 信道组成，三个信道设计成 2B + D。

2）主速率接口（PRI）：由很多的 B 信道和一个带宽 64kbit/s 的 D 信道组成，B 信道的数量取决于不同的国家和地区北美、中国香港和日本：23B + 1D，总位速率为 1.544 Mbit/s（T1）；欧洲、中国大陆和澳大利亚：30B + D，总位速率为 2.048 Mbit/s（E1）。

语音呼叫通过数据通道（B）传送，控制信号通道（D）用来设置和管理连接。呼叫建立的时候，一个 64kbit/s 的同步信道被建立和占用，直到呼叫结束。每一个 B 通道都可以建立一个独立的语音连接，多个 B 通道可以通过复用合并成一个高带宽的单一数据信道。

D 信道也可以用于发送和接收 X.25 数据包，接入 X.25 报文网络。

4. 优缺点分析

（1）优点

1）综合的通信业务：利用一条用户线路，就可以在上网的同时拨打电话、收发传真，就像两条电话线一样。

2）传输质量高：由于采用端到端的数字传输，传输质量明显提高。

3）使用灵活方便：只需一个入网接口，使用一个统一的号码，就能从网络得到所需要使用的各种业务。用户在这个接口上可以连接多个不同种类的终端，而且有多个终端可以同时通信。

4）上网速率可达 128kbit/s。

（2）缺点

1）相对于 ADSL 和 LAN 等接入方式来说，速度不够快。

2）长时间在线费用会很高。

3）设备费用并不便宜。

5. 产业预测

对于 ISDN 主要有两种观点。最普遍的观点是用户希望有一个从家庭连接到电话和数据网络的好于普通模拟调制解调器性能的数字连接。典型的最终用户的互联网连接就是基于这种观点的，而对各种调制解调器的比较以及运营商的产品及价目（性能、价格）比较等都是从这点出发的。大部分这方面的讨论都是基于这种观点，但是实际上作为数据连接服务，ISDN 事实上已经被 DSL 技术淘汰。

然而还有另外一种观点：对于电信产业，ISDN 还没有完全被判死刑。一个电话网可以看作是一个不同交换系统之间的有线连接集合。它也作为智能网技术通过端到端的电路交换数字服务为公共交换电话网（PSTN）提供更多的新服务。

ISDN 自始至终没有在美国的电话网络上得到广泛应用，已经是一种过时的技术。不过在录音工作室它还有一些用处，特别是配音演员和导演制片不在一个地方的时候，ISDN 在这时就凸显了实时非 over-the-Internet 服务的优势，其逼真的语言质量堪比 POTS 服务。

5.2.3　智能建筑内的宽带接入

进入 21 世纪，智能化大楼和小区将步入高速发展的阶段。其中，通信和网络是这些建筑的核心部分，而网络的宽带化则是未来发展的必然趋势。

宽带网可提供信息服务：

1）高速 Internet 服务：用户的上网速率可达到几兆至几十兆。

2）VOD 视频点播：利用宽带网可提供高质量的音、视频及图像。

3）远程医疗：可开展远程医疗咨询、家庭医疗服务、医疗机构共享式教学及医生与病人进行实时交互的网络会话。

4）远程教学：可达到实时性教学和非实时性教学的目的。

5）远程办公：用户的 PC 与 Internet 相连，通过企业网关与企业总部相连，共享企业内部网络上的资源，从而在家里和外地都可以办公。

6）视频会议和可视电话：可提供点到点、点到多点的视频会议业务。

7）电子商务等其他业务。

宽带接入方式有以下几种：

（1）xDSL 宽带接入　DSL（Digital Subscriber Line）即数字用户线路，是以铜质电话线为传输介质的一组传输技术，包括 ADSL、HDSL、IDSL、SDSL、VDSL 等，统称为 xDSL。各种用户线路的区别主要表现在信号的传输速率与传输距离以及上行传输速率与下行传输速率是相同还是不相同（即对称的还是非对称的）上。

目前 xDSL 接入应用较多的是 ADSL 技术。ADSL（Asymmetrical Digital Subscriber Line）不对称式数字用户线路，其上行传输速率最高可达 1Mbit/s，其下行传输速率最高可达 8Mbit/s，传输距离为 2~5km。它通过普通电话线，以高速率提供高质量的话音、数字和视频服务。几乎不投入资金就可对现有的线路设施进行改造。

（2）HFC 双向接入技术　HFC（Hybrid Fiber-Coaxial）即混合光纤同轴电缆网，它采用分层树形结构，是一个共享型网络，带宽较宽（40Mbit/s）。由于上行和下行信道由多个用户共享，必然会降低每个用户实际可用的带宽。因此每个光节点分配的宽带接入方式用户数不宜过多，最好在 500 户以内。HFC 的优势在于，可以利用有线电视网络实现宽带数据接入。

（3）光纤接入网　光纤接入是指利用电信光纤接入优势，实现光纤到大楼（FTTB）、光纤到小区（FTTZ），向用户提供各种品种、各种规格的信息业务。它可以满足用户各类窄带和宽带需求。光纤接入方式主要有：FTTB + LAN 和 FTTB + 多媒体引入线。对于楼内有综合布线系统（PDS）的智能化楼宇或小区用户，用户采用 PC 等直接通过 LAN 接入骨干网到达业务源，实现高速上网、VOD 点播等宽带业务。在光纤到小区的基础上，利用多媒体引入线，可以实现网络到用户最后 100m 的信息接入，实现"四网（电话、电视、数据、物业管理）融合、一线进户"的要求。

（4）其他接入方式　随着技术的不断进步，一些新型接入技术也应运而生，如光纤到用户（FTTH）、光纤到办公室（FTTO）、无线接入技术 LMDS（Local Multipoint Distribution Service），即本地多点分配服务等。这些技术的带宽很宽，上网速率高，但目前国内应用不多。

5.3　卫星通信系统

5.3.1　卫星通信系统简介

卫星通信系统实际上也是一种微波通信，它以卫星作为中继站转发微波信号，在多个地面站之间通信，卫星通信的主要目的是实现对地面的"无缝隙"覆盖，由于卫星工作于几百、几千、甚至上万千米的轨道上，因此覆盖范围远大于一般的移动通信系统。但卫星通信要求地面设备具有较大的发射功率，因此不易普及使用。

卫星通信系统由卫星端、地面端、用户端三部分组成。卫星端在空中起中继站的作用，即把地面站发上来的电磁波放大后再返送回另一地面站，卫星星体又包括两大子系统：星载设备和卫星母体。地面站则是卫星系统与地面公众网的接口，地面用户也可以通过地面站出入卫星系统形成链路，地面站还包括地面卫星控制中心及其跟踪、遥测和指令站。用户端即是各种用户终端。

在微波频带，整个通信卫星的工作频带约有 500MHz 宽度，为了便于放大和发射及减少交调干扰，一般在卫星上设置若干个转发器，每个转发器被分配一定的工作频带。目前的卫星通信多采用频分多址技术，不同的地球站占用不同的频率，即采用不同的载波，比较适用于点对点大容量的通信。近年来，时分多址技术也在卫星通信中得到了较多的应用，即多个地球站占用同一频带，但占用不同的时隙。与频分多址方式相比，时分多址技术不会产生互调干扰，不需用上下变频把各地球站信号分开，适合数字通信，可根据业务量的变化按需分配传输带宽，使实际容量大幅度增加。另一种多址技术是码分多址（CDMA），即不同的地球站占用同一频率和同一时间，但利用不同的随机码对信息进行编码来区分不同的地址。CDMA 采用了扩展频谱通信技术，具有抗干扰能力强、有较好的保密通信能力、可灵活调度传输资源等优点。它比较适合于容量小、分布广、有一定保密要求的系统使用。

5.3.2　卫星通信系统的组成

卫星系统组成框图如图5-5所示。

由图5-5可知，卫星的主要设备包括下列七大系统。

（1）位置与姿态控制系统　从理论上讲，静止卫星的位置相对于地球来说是静止不动的，但是实际上它并不是经常能够保持这种相对静止的状态。这是因为地球并不是一个真正的圆球形状，使得卫星对地球的相对速度受到影响。同时，当太阳、月亮的辐射压力发生强烈变化时，由于它们所产生的对卫星的干扰，也往往会破

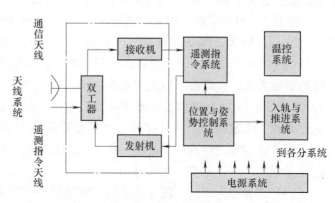

图5-5　卫星系统组成图

坏卫星对地球的相对位置。这些都会使卫星漂移出轨道，使得通信无法进行。负责保持和控制自己在轨道上的位置就是轨道控制系统的任务之一。仅仅使卫星保持在轨道上的指定位置还远远不够，还必须使它在这个位置上有一个正确的姿态。因为卫星上定向天线的波束必须永远指向地球中心或覆盖区的中心，由于定向波束只有十几度或更窄，波束指向受卫星姿态变化的影响相当大，再加上卫星距离地球表面有36000km，姿态差之毫厘，将导致天线的指向谬之千里。再者，太阳能电池的表面必须经常朝向太阳，所有这些都要求对卫星姿态进行控制。

（2）天线系统　通信卫星的天线系统包括通信天线和遥测指令天线。要求两种天线体积小、质量轻、可靠性高，寿命长、增益高、波束永远指向地球，分别采用消旋天线和全向天线。

（3）转发器系统　空间转发器系统是通信卫星的主体。实际上是一部高灵敏度的宽带收发信机，其智能就是以最小的附加噪声和失真以及尽可能高的放大量来转发无线信号。

（4）遥测指令系统　遥测指令系统的主要任务是把卫星上的设备工作情况原原本本地告诉地面上的卫星测控站，同时忠实地接收并执行地面测控站发来的指令信号。

（5）电源系统　现代通信卫星的电源同时采用太阳能电池和化学电池。要求电源系统体积小、质量轻、效率高、寿命长。

（6）温控系统　温控系统能使卫星内部和表面温度保持在允许的范围内，否则将影响卫星上的电子设备的性能和寿命，甚至会发生故障。另外，在卫星壳体或天线上温差过大的时候，往往产生变形，对天线的指向、传感器的精度以及喷嘴的方向性等都会带来不良影响。

（7）入轨与推进系统　静止卫星的轨道控制系统主要是由轴向和横向两个喷射推进系统构成的。轴向喷嘴是用来控制卫星在纬度方向的漂移，横向喷嘴是用来控制卫星因环绕速度发生变化造成卫星在经度方向的漂移。喷嘴是由小的气体（一种气体燃料）火箭组成的，它的点火时刻和燃气的持续时间由地面测控站发给卫星的控制信号加以控制。推进系统的另一职能是采用自旋稳定、重力梯度稳定和磁力稳定等方法对卫星进行姿态

控制。

图 5-6 中所示的姿态控制方法就是自旋控制。这种卫星被送上天时，在与火箭分离之前由火箭中的一个旋转装置使它以每分钟 10 ~ 100 转的速度旋转。旋转的卫星好像陀螺一样，旋转轴始终指向一个方向，就不会随意翻滚了。但是装在卫星轴上的天线却不能随着星体转，所以要装上一个消旋装置，使天线稳稳地瞄准地球。

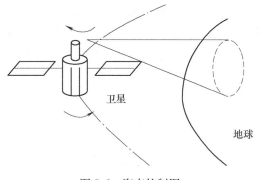

图 5-6　姿态控制图

5.3.3　模拟和数字卫星通信

卫星通信系统的特性是由特定的基带处理、多路复用，调制和多址技术的组合方式来确定的。采用不同的基带处理就意味着同时采用相应的多路复用、调制以及多址技术。按基带处理方式不同，卫星通信系统可分为模拟卫星通信系统和数字卫星通信系统。

（1）模拟卫星通信系统　在卫星通信发展初期，主要采用在地面微波中继通信所采用的模拟通信技术，其特点是基带的形成是按各种信号的频率特性，采用频谱搬移的方法排列而成的。对于话音信号，先采用单边带（SSB）调制将其频谱分别搬移到互不重叠的频率上形成多路信号组成的基带信号，对于电视信号，则先将其伴音采用调频（FM）方法调制到副载波上，排列在电视图像信号频谱高频端之外，图像信号和副载波信号频谱之间保留必要的间隔而不相互干扰。在接收端再进行频谱分离，形成各路原信号。

（2）数字卫星通信系统　随着对卫星通信容量的要求的迅速增长以及微电子技术、计算机技术的发展，数字卫星通信技术得到了很快的发展。和模拟通信系统相比，数字通信系统具有以下主要特点：

1）多址连接能增大传输容量。在数字卫星通信方式中，一般采用时分多址连接方式，即每瞬间只发送（放大）一路载波，这样，行波管功放工作在饱和区也不会产生交调干扰，所以传输容量可以加大。

2）能够把传输速率不同的数字信号进行复接和多址连接，便于综合业务数字网配合工作以及和地面通信网的连接。

3）便于进行纠错和加密。

4）便于利用大规模集成电路及其他先进技术，从而降低成本。

5.3.4　卫星通信的多址方式

卫星移动通信系统的最大特点是利用卫星通信的多址传输方式，为全球用户提供大跨度、大范围、远距离的漫游和机动、灵活的移动通信服务，是陆地蜂窝移动通信系统的扩展和延伸，在偏远的地区、山区、海岛、受灾区、远洋船只及远航飞机等的通信方面更具独特的优越性。卫星移动通信系统按所用轨道分，可分为静止轨道（GEO）和中轨道（MEO）、低轨道（LEO）卫星移动通信系统。GEO 系统技术成熟、成本相对较低，目前可提供业务的 GEO 系统有 INMARSAT 系统、北美卫星移动系统 MSAT、澳大利亚卫星移动通信系统；LEO 系统具有传输时延短、路径损耗小、易实现全球覆盖及避开了静止轨道的拥挤等优点，目前典型的系统有 Iridium、Globalstar、Teldest 等系统；MEO 则兼有 GEO、LEO 两种系统的优缺点，典型的系统有 Odyssey、AMSC、INMARSMT-P 系统等。另外，还有区域性的卫星移动系统，如亚洲的 AMPT、日本的 N-STAR、巴西的 ECO-8 系统等。

1. 多址技术

在卫星通信中，卫星起到了类似基站的作用。通常，一颗卫星可以同时与多个地球站（用户终端）通信，因此从卫星到地球站（用户终端）是多路的，而用户终端到卫星则是单路的。通过卫星转发器的中继，多个用户信号在射频信道上进行复用，建立各自的信道，以实现点到多点的多边通信，这就是多址技术。多址技术是在通信信号复用的基础上，处理由不同地球站信号发往共用卫星时，通信容量的分配和建立各用户之间通信链路的技术。

2. 多址连接的种类

目前，卫星通信中常用的多址连接接入方式是：频分多址（Frequency Division Multiple Access，FDMA）、时分多址（Time Division Multiple Access，TDMA）、空分多址（SDMA）也称卫星交换—时分多址（Space Division Multiple Access，SS-TDMA）、码分多址（Code Division Multiple Access，CDMA）等。

FDMA（频分多址）即不同的用户分配在时隙相同而频率不同的信道上，按照这种技术，把在频分多路传输系统中集中控制的频段根据要求分配给用户。

TDMA（时分多址）即把时间分割成周期性的帧（Frame），每一个帧再分割成若干个时隙向基站发送信号，在满足定时和同步的条件下，基站可以分别在各时隙中接收到各移动终端的信号而不干扰。

CDMA（码分多址）是基于码分技术（扩频技术）和多址技术的通信系统，系统为每个用户分配各自特定的地址码。地址码之间具有相互准正交性，从而在时间、空间和频率上都可以重叠。

SDMA（空分复用接入）是一种卫星通信模式，它利用碟形天线的方向性来优化无线频域的使用并减少系统成本。这种技术是利用空间分割构成不同的信道。

3. 多址技术的应用举例

（1）铱星（Iridium）系统　铱星系统属于低轨道卫星移动通信系统，由 Motorola 公司提出并主导建设，由分布在 6 个轨道平面上的 66 颗卫星组成，这些卫星均匀地分布在 6 个轨道面上，轨道高度为 780 km。主要为个人用户提供全球范围内的移动通信，采用地面集中控制方式，具有星际链路、星上处理和星上交换功能。铱星系统除了提供电话业务外，还提供传真、全球定位（GPS）、无线电定位以及全球寻呼业务。从技术上来说，这一系统是极为先进的，但从商业上来说，它是极为失败的，存在着目标用户不明确、成本高昂等缺点。目前该系统基本上已复活，由新的铱星公司代替旧铱星公司，重新定位，再次引领卫星通信的新时代。铱星系统采用的是 TDMA/FDMA 多址方式。

（2）全球星（Globalstar）系统　Globalstar 系统设计简单，既没有星际电路，也没有星上处理和星上交换功能，仅仅定位为地面蜂窝系统的延伸，从而扩大了地面移动通信系统的覆盖，因此降低了系统投资，也减少了技术风险。GIobalstar 系统由 48 颗卫星组成，均匀分布在 8 个轨道面上，轨道高度为 1389km。它有 4 个主要特点：一是系统设计简单，可降低卫星成本和通信费用；二是移动用户可利用多径和多颗卫星的双重分集接收，提高接收质量；三是频谱利用率高；四是地面关口站数量较多。Globalstar 系统采用的是 CDMA 多址通信方式，相同的一组频率在每颗卫星的 16 个点波束中再用。在每一个频分子信道中，采用不同的伪随机码（PN）来区别不同的逻辑信道。

（3）轨道通信（Orbcomm）系统　Orbcomm 卫星通信系统是由美国轨道科学公司和加拿大全球通信公司共同组建的全球卫星通信星座。该系统具有投资小、周期短、兼备通信和定位能力、卫星质量轻、用户终端为手机、系统运行自动化水平高和自主功能强等优点。Orbcomm 系统由 36 颗小卫星及地面部分（含地面信关站、网络控制中心和地面终端设施）组成，其中 28 颗卫星在 5 个轨道平面上：第 1 轨道平面为 2 颗卫星，轨道高度为 736/749 km；第 2 至第 4 轨道平面的每个轨道平面布置 8 颗卫星，轨道高度为 775km；第 5 轨道平面有 2 颗卫星，轨道高度为 700km，主要为增强高纬度地区的通信覆盖；另外 8 颗卫星为备份。

Orbcomm 系统可提供数据报告、信息报文、全球数据报和指令等基本业务。Orbcomm 系统在设计阶段定位的应用领域主要包括车辆、船只、飞机的跟踪定位；工业设备、输油气管道、海洋与河流水位状态的远程监测；防汛抗旱、森林火灾、环境污染的监测；气象资料、地震情报的收集，商业信息、金融证券、股票期货市场的信息交流；船队、车队及个人之间的通信；公安、消防、银行等部门的专业应用；配置 ORBCOM—MPCMCIA 卡，收发电子邮件。

目前，Orbcomm 系统开展的业务主要有三类：一是交通工具的跟踪定位、搜索目标、抢险救灾服务；二是仪表的自动监测，广泛应用在水利、电力、油田、天然气等行业，完成数据的自动采集以及车辆、管道运输、环境的监控等功能；三是信息传递，包括收发电子邮件、股票金融等信息。它直接连入 Internet，以电子邮件的形式为用户服务。可以说 Orbcomm 通信卫星系统是一个太空中的电子邮件发送网，由于数据传输速率只有 2400bit/s，Orbcomm 系统只能提供近实时的速率双向数据通信业务，而不能提供话音、视频等业务。

Orbcomm 系统采用的是 TDMA 多址通信方式。

5.3.5　卫星通信地球站

1. 概况

卫星通信地球站（Satellite Communications Earth Station）是卫星通信系统中设置在地球上（包括大气层中）的通信终端站。用户通过卫星通信地球站接入卫星通信线，进行相互间的通信，主要业务为电话、电报、传真、电传、电视和数据传输。20 世纪 60 年代中期，为使卫星通信进入实用阶段，主要使用地球同步轨道通信卫星。卫星通信使用微波频段。由于卫星距地球 3 万多千米，电波路径损失很大，因此地球站需要采用大口径天线、大功率发射机和高灵敏度低噪声的接收系统。

卫星通信地球站按使用方式分为固定站、可搬运站和移动站（船载、车载、飞机载）；按通信性能分为标准站和非标准站。在标准站中又分为 A、B、C、D 四种类型。A、B、D 三种站的天线口径分别为 29 ~ 32m、11m 和 4.5 ~ 5m，用于 6GHz（上行）和 4GHz（下行）通信频段的系统；C 型站天线口径为 16 ~ 20m，用于 14GHz（上行）和 11GHz（下行）通信频段的系统。典型的卫星通信地球站的基本组成包括天线系统、高功率发射系统、低噪声接收系统、信道终端系统、电源系统、监控系统。为实现用户间通信，还需有地面接口系统、信息传输系统和信息交换中心。

随着对卫星通信需求的日益增长和通信卫星技术的迅速发展，卫星通信地球站的种类日益增多，数量巨大。进入 21 世纪以来，世界各国竞相发展便于移动、便于安装的小型卫星通信地球站，随之出现了一种甚小口径通信终端（VSAT）地球站，具有广阔的应用前景。

2. 工作过程

卫星通信地球站的工作过程与微波接力通信终端站类似。发信时，每站的用户信号（电话、电报、图像、数据等）经基带处理、调制、上变频、功率放大，变换成适于卫星信道传输的形式，由天线对准卫星发送，卫星则将收到的信号经转发器变频、放大及其他处理后发回地面。各地球站天线接收到卫星转来的全部信号，经过与发射相应的反变换和处理，从中选出属于本站的信号分送给有关用户。为克服电波远程传播的巨大损耗、时延和噪声干扰的影响并有效地利用卫星的功率、频带等资源，以提高卫星通信系统的通信容量和质量，地球站一般须采用较先进的设备和技术措施，如高增益、宽频带的天线，大功率的行波管或多腔速调管发信机，低噪声的参量放大器或场效应晶体管放大器收信机，性能优良的终端机（包括回波抑制设备），有效的多址连接和分配方式以及多路复用技术等。军用卫星通信地球站通常还采用：良好的保密机，以提高保密性；扩展频谱技术，以提高抗干扰能力；体积小、质量轻和便于架设拆运的结构，以改善机动能力和抗毁能力。衡量地球站性能的主要指标是天线的接收增益（G）同接收系统的噪声温度（T）的比值，称为地球站的接收品质因数。G/T 值越高，则地球站接收微弱信号的能力越强，需占用卫星的功率越小，但站的设备将越庞大复杂。战略通信地球站都是大、中型固定站，其天线口径为 $10 \sim 30$m。战术通信地球站大都是车载式、舰载式、机载式以及背负式等小型移动站，G/T 值不可能太高，因而要求卫星有较大的功率。

20 世纪 60 年代，美、苏等国就建成了军用卫星通信系统，作为其战略和战术通信网的重要组成部分。我国于 20 世纪 70 年代初开始发展卫星通信；80 年代初，中国人民解放军已建成了若干卫星通信地球站。

随着电子技术与空间技术的进步，军用卫星通信地球站正向数字化、自动化、小型化和使用更高频段的方向发展。

5.4 闭路电视系统

闭路电视监控系统（CCTV）是安全技术防范体系中的一个重要组成部分，是一种先进的、防范能力极强的综合系统，它可以通过遥控摄像机及其辅助设备（镜头、云台等）直接观看被监视场所的一切情况，可以使被监视场所的情况一目了然，且提供录像可供事后查询和分析。同时，电视监控系统还可以与防盗报警系统、门禁系统等其他安全技术防范体系联动运行，使其防范能力更加强大。

5.4.1 闭路电视系统简介

闭路电视监控系统能在人们无法直接观察的场合，却能实时、形象、真实地反映被监视控制对象的画面，并已成为人们在现代化管理中监控的一种极为有效的观察工具。由于它具有只需一人在控制中心操作就可观察许多区域、甚至远距离区域的独特功能，因此被认为是安保工作之必须手段。

闭路电视监控系统能提供某些重要区域近距离的观察、监视和控制，系统符合国家有关技术规范。一般应设置电视摄像机，以实现全方位监控。系统的主要设备应配置电视监视器、时滞录像机和画面处理器等，使用户能调看任意一个画面和遥控操作任意一台有遥控功能摄像机的云台和变焦功能。

闭路电视（又称 CCTV）监控系统是安防领域中的重要组成部分，系统通过摄像机及其辅助设备（镜头、云台等），直接观察被监视场所的情况，同时可以把监视场所的情况进行同步录像。另外，电视监控系统还可以与防盗报警系统等其他安全技术防范体系联动行动，使用户安全防范能力得到整体的提高。

5.4.2　闭路电视系统的组成

概括地说，CCTV 系统由前端、传输、终端三部分组成。

前端用于获取被监控区域的图像。一般由摄像机和镜头、云台、编码器、防尘罩等组成。

传输部分的作用是将摄像机输出的视频（有时包括音频）信号馈送到中心机房或其他监视点。一般由馈线、视频电缆补偿器、视频放大器等组成。

终端用于显示和记录、视频处理、输出控制信号、接收前端传来的信号。一般包括监视器、各种控制设备和记录设备等。

5.4.3　闭路电视信号的传输

当监控现场与控制中心较近时采用视频图像、控制信号直接传输的方式；当距离较远时，采用射频、微波或者光纤传输的方式。

常用设备有：同轴电缆、双绞线、光纤。可传输距离由近到远依次递增。

一提起图像传输，人们首先总会想起同轴电缆，因为同轴电缆是较早使用，也是使用时间最长的传输方式。同时，同轴电缆具有价格较便宜、敷设较方便的优点，所以，一般在小范围的监控系统中，由于传输距离很近，使用同轴电缆直接传送监控图像对图像质量的损伤不大，能满足实际要求。在监控系统中使用同轴电缆时，为了保证有较好的图像质量，一般将传输距离范围限制在四五百米左右。

由于传统的同轴电缆监控系统存在着一些缺点，特别是传输距离受到限制，所以寻求一种经济、传输质量高、传输距离远的解决方案十分必要。视频信号在双绞线上要实现远距离传输，必须进行放大和补偿，双绞线视频传输设备就是完成这种功能的。加上一对双绞线视频收发设备后，可以将图像传输到 1～2km，如果采用中继方式，还可以成倍增加传输距离，而且，传输图像的质量可以与光端机媲美。双绞线和双绞线视频传输设备价格都很便宜，不但没有增加系统造价，反而在距离增加时其造价与同轴电缆相比下降了许多。

光纤和光端机应用在监控领域里主要是为了解决两个问题：一是传输距离，二是环境干扰。光端机为监控系统提供了灵活的传输和组网方式，信号质量好、稳定性高。近些年来，由于光纤通信技术的飞速发展，光纤和光器件的价格下降很快，使得光纤监控系统的造价大幅降低，所以光纤和光端机在监控系统中的应用越来越普及。

5.4.4　闭路电视系统的设备

闭路电视的主要设备：

1）摄像机。在系统中，摄像机处于系统的最前沿，它将被摄物体的光图像转变成电信号——视频信号，为系统提供信号源，因此它是系统中最重要的设备之一。

2）摄像机镜头。摄像机光学镜头的作用是把被观察目标的光像聚焦于 CCD 传感器件上，在传感器件上产生的图像将是物体的倒像，尽管用一个简单的凸透镜就可以实现上述目的，但这时的图像质量不高，不能在中心和边缘都获得清晰的图像，为此往往附加若干透镜元件，组成一道复合透镜，方能得到满意的图像。

3）云台。它与摄像机配合使用能达到上下左右转动的目的。扩大一台摄像机的监视范围，同时能在一定范围内跟踪目标并进行摄像，提高了摄像机的实用价值。由于使用环境不同，云台的种类很多。

4）防护罩（防尘罩）和支架、解码器。防尘罩的作用是用来保护摄像机和镜头不受诸如有害气体、灰尘及人为有意破坏等环境条件的影响。解码器则用来完成对摄像机镜头、全方面云台的总线控制。支架是用于摄像机安装时作为支撑的，并将摄像机连接于安装部位的辅助器件上。

5）监视器。监视器是电视监控系统的终端显示设备。整个系统的状态最终都要体现在监视的屏幕上。监视器的优劣直接影响着整个系统的最终效果。

6）信号传输设备。

7）控制中心控制设备与监视设备，包括视频信号分配放大器、矩阵（视频信号切换器）、终端控制器（操作键盘）、报警扩展打印器、字符发生器及电梯层楼叠加显示器、终端解码器、终端控制器、多画面分割器、视频移动探测器、隔离接地环路变压器、计价及控制机柜。

5.4.5　卫星电视接收系统

卫星电视接收系统主要由接收天线、高频头和卫星接收机三部分组成。卫星电视接收系统中的接收天线收集广播卫星转发的电磁波信号，再由馈源送到高频头，高频头将天线接收到的射频信号经低噪声放大、变频后，由同轴电缆送到接收机，经接收机处理后将图像和伴音信号送到电视机。

（1）接收天线　卫星信号接收属于定向接收，采用圆形抛物面天线接收卫星发射到地球的无线电信号，并利用抛物面的反射聚焦原理收集一定频率范围内的有用信号。为了使接收信号达到最大值，需要反复调整天线的水平和俯仰角度，使接收天线的方位与卫星处于同一条轴线上。接收信号的强弱与抛物面天线的口径有关，口径越大信号越强。但增大天线口径需要增加经费投入，同时天线体积增加还会带来天线基础的承重问题和天线的抗风能力问题，所以我们只能根据实际条件和需要选择天线口径。

（2）高频放大器　高频放大器通常称为高频头。前馈式天线的高频头安装在抛物面天线正前方聚焦点处的馈源上，后馈式天线的高频头安装在抛物面天线底部外的馈源上。馈源的主要作用是收集有用的无线电信号，高频头的主要功能是功率放大和变频。不经过功率放大和变频，卫星下行信号就无法被卫星接收机所用，即使把高频头的功能设计在卫星接收机内部或者把高频头放置在卫星接收机旁边，天线所接收的微弱信号经馈线传输衰减后，卫星接收机也无法正常工作。高频头的频率变换公式为

卫星接收机的输入信号频率 = 高频头的本振频率 − 卫星下行信号频率

以 C 波段为例，卫星接收机的输入信号频率范围是 950～1750MHz，高频头的本振频率为 5.15GHz，卫星下行信号频率范围是 34～42GHz。

（3）卫星接收机　卫星接收机是用于接收卫星转发的电视节目的设备。它的主要功能是把卫星接收天线和高频头所提供的射频信号转变成视频和音频信号。卫星接收机主要有两种类型，一种是模拟接收机，另一种是数字接收机。目前因为大部分信号均已经数字化，所以模拟接收机基本已经绝迹。数字卫星电视接收机接收的是数字信号，是目前比较常用的接收机。

5.5　电话通信系统

5.5.1　电话通信系统简介

电话通信作为主要的通信技术，得到人们的广泛应用，是目前国内外采用的主要通信方式，在社会发展过程中起到了举足轻重的作用，同时在现代信息社会中占有十分重要的地位。随着社会经济的不断发展，人民生活水平的不断提高，人们对电话的需求量日益增多。随着网络电话的快速发展，计算机通信技术资源组建电话通信系统为电话通信开辟了一条新的途径。利用计算机网络来实现电话用户音频数据流的高速传输及交换的计算机网络电话通信系统，促使人们研制了基于计算机技术、电子技术和通信技术的计算机网络电话通信系统的用户终端，在很大程度上改善了电话通信技术的效果，促进了电话通信技术的快速发展。

电话通信的特点是通话双方要求实时对话，因而要在一个相对短暂的时间内在双方之间临时接通一条通路，故电话通信系统应具有传输和交换两种功能。这种系统通常由用户线路、交换中心、局间中继线和干线等组成。电话通信网的交换设备采用电路交换方式，由接续网络（又称交换网络）和控制部分组成。话路接续网络可根据需要临时向用户接通通话用的通路，控制部分用来完成用户通话建立全过程中的信号处理并控制接续网络。在设计电话通信系统时，主要以接收话音的响度来评定通话质量，在规定发送、接收和全程参考当量后即可进行传输衰耗的分配。另一方面，根据话务量和规定的服务等级（即用户未被接通的概率——呼损率）来确定所需机、线设备的能力。

5.5.2　通信原理基础知识

1. 通信的概念

通信按传统理解就是信息的传输与交换，信息可以是语音、文字、符号、音乐、图像等。任何一个通信系统，都是从一个称为信息源的时空点向另一个称为信宿的目的点传送信息。以各种通信技术，如以长途和本地的有线电话网（包括光缆、同轴电缆网）、无线电话网（包括卫星通信、微波中继通信网）、有线电视网和计算机数据网为基础组成的现代通信网，通过多媒体技术，可为家庭、办公室、医院、学校等提供文化、娱乐、教育、卫生、金融等广泛的信息服务。可见，通信网络已成为支撑现代社会的最重要的基础结构之一。

（1）通信的定义　通信是传递信息的手段，即将信息从发送器传送到接收器。

（2）相关概念

1）信息：可被理解为消息中包含的有意义的内容。信息一词在概念上与消息的意义相似，但它的含义却更普通化、抽象化。

2）消息：消息是信息的表现形式，消息具有不同的形式，例如符号、文字、话音、音乐、数据、图片、活动图像等。

也就是说，一条信息可以用多种形式的消息来表示，不同形式的消息可以包含相同的信息。例如：分别用文字（如访问特定网站）和话音（如拨打121特服号）发送的天气预报，所含信息内容相同。

3）信号：信号是消息的载体，消息是靠信号来传递的。信号一般为某种形式的电磁能（电信号、无线电、光）。

（3）通信的目的　通信的目的是为了完成信息的传输和交换。

2. 模拟通信系统与数字通信系统

通信系统中的消息可以分为以下两种：

1）连续消息（模拟消息）：消息状态连续变化。如语音、图像。

2）离散消息（数字消息）：消息状态可数或离散。如符号、文字、数据。

信号是消息的表现形式，消息被承载在电信号的某一参量上。因此信号同样可以分为以下两种：

1）模拟信号：电信号的该参量连续取值。如普通电话机收发的语音信号。

2）数字信号：电信号的该参量离散取值。如计算机内PCI/ISA总线的信号。

模拟信号和数字信号可以互相转换。因此，任何一个消息既可以用模拟信号表示，也可以用数字信号表示。

相应地，通信系统也可以分为模拟通信系统与数字通信系统两大类。

1）模拟通信系统：模拟通信系统在信道中传输的是模拟信号，如图5-7所示。

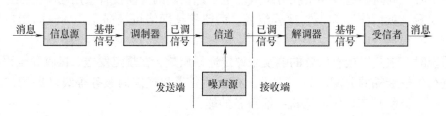

图5-7　模拟通信系统

2）数字通信系统：数字通信系统在信道中传输的是数字信号，如图5-8所示。

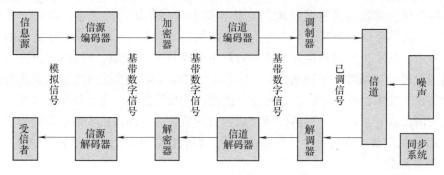

图5-8　数字通信系统

3. 调制解调原理

1）调制就是对信号源的信息进行处理加到载波上，使其变为适合于信道传输的形式的过程，就是使载波随信号而改变的技术。一般来说，信号源的信息（也称为信源）含有直流分量和频率较低的频率分量，称为基带信号。基带信号往往不能作为传输信号，因此必须把基带信号转变为一个相对基带频率而言频率非常高的信号以适合于信道传输，这个信号叫作已调信号，而基带信号叫作调制信号。调制是通过改变高频载波即消息的载体信号的幅度、相位或者频率，使其随着基带信号幅度的变化而变化来实现的。

2）解调是从携带消息的已调信号中恢复消息的过程。在各种信息传输或处理系统中，发送端用所欲传送的消息对载波进行调制，产生携带这一消息的信号。接收端必须恢复所传送的消息才能加以利用，这就是解调。

解调是调制的逆过程。调制方式不同，解调方法也不一样。与调制的分类相对应，解调可分为正弦波解调（有时也称为连续波解调）和脉冲波解调。正弦波解调还可再分为幅度解调、频率解调和相位解调，此外还有一些变种，如单边带信号解调、残留边带信号解调等。同样，脉冲波解调也可分为脉冲幅度解调、脉冲相位解调、脉冲宽度解调和脉冲编码解调等。对于多重调制需要配以多重解调。

4. 通信网络的组成

众多的用户要想完成互相之间的通信过程，就要靠由传输媒质组成的网络来完成信息的传输和交换，这样就构成了通信网络。

通信网络从功能上可以划分为接入设备、交换设备、传输设备。

1）接入设备：包括电话机、传真机等各类用户终端，以及集团电话、用户小交换机、集群设备、接入网等。

2）交换设备：包括各类交换机和交叉连接设备。

3）传输设备：包括用户线路、中继线路和信号转换设备，如双绞线、电缆、光缆、无线基站收发设备、光电转换器、卫星、微波收发设备等。

此外，通信网络正常运作需要相应的支撑网络的存在。支撑网络主要包括数字同步网、信令网、电信管理网三种类型。

1）数字同步网：保证网络中的各节点同步工作。

2）信令网：可以看作是通信网的神经系统，利用各种信令完成保证通信网络正常运作所需的控制功能。

3）电信管理网：完成电信网和电信业务的性能管理、配置管理、故障管理、计费管理、安全管理。

5.5.3 程控用户交换机及入网方式

程控交换机，全称为存储程序控制交换机（与之对应的是布线逻辑控制交换机，简称布控交换机），也称为程控数字交换机或数字程控交换机。通常专指用于电话交换网的交换设备，它以计算机程序控制电话的接续。程控交换机是利用现代计算机技术，完成控制、接续等工作的电话交换机。

（1）设备类型 数字程控交换机分为长途交换机、本地交换机等。另外还有专用于信令网和智能网的类型。1970 年，法国开通了世界上第一部程控数字交换机，采用时分复用技术和大规模集成电路。随后全世界都大力开发该设备，进入 20 世纪 80 年代，程控和数字交换机开始在世界上普及。

（2）设备功能　数字程控交换机的基本功能主要为：用户线接入、中继接续、计费、设备管理等。本地交换机自动检测用户的摘机动作，给用户的电话机回送拨号音，接收话机产生的脉冲信号或双音多频（DTMF）信号，然后完成从主叫到被叫号码的接续（被叫号码可能在同一个交换机也可能在不同的交换机）。在接续完成后，交换机将保持连接，直到检测出通信的一方挂机。其中通话接续部分是利用交换机中的数字交换网络，采用 PCM 方式实现数字交换的，控制部分是通过软件由计算机来实现的。

（3）基本构成　电话交换机的主要任务是实现用户间通话的接续。基本划分为两大部分：话路设备和控制设备。话路设备主要包括各种接口电路（如用户线接口和中继线接口电路等）和交换（或接续）网络；控制设备在纵横制交换机中主要包括标志器与记发器，而在程控交换机中，控制设备则为电子计算机，包括中央处理器（CPU）、存储器和输入/输出设备。

程控交换机实质上是采用计算机进行"存储程序控制"的交换机，它将各种控制功能、方法编成程序，存入存储器，利用对外部状态的扫描数据和存储程序来控制、管理整个交换系统的工作。

（4）信令系统（Signaling System）　在交换机内各部分之间或者交换机与用户、交换机与交换机间，除传送话音、数据等业务信息外，还必须传送各种专用的附加控制信号（信令），以保证交换机协调动作，完成用户呼叫的处理、接续、控制与维护管理功能。按信令的作用区域划分，可分为用户线信令与局间信令，前者在用户线上传送，后者在局间中继线上传送。如果按信令的功能划分，则可分为监视信令、地址信令与维护管理信令。

5.5.4　电话移动通信系统

移动通信是指通信的双方至少有一方处于运动中进行信息交换的通信形式，它保持用户能随时随地快速可靠地进行多种信息交换。

移动通信的形式种类较多，在智能建筑中较常采用的主要有：用于建筑自身物业管理的无线调度系统和用于楼内人员办公保持无线通信的无绳电话系统。

智能建筑无线调度系统是建筑内部及其在建筑周围，为建筑内部管理及其他业务服务的移动通信系统。一般情况下可不接入公用网，在允许的情况下，也可直接接入市话网或通过程控数字用户交换机接入公用网，保持有线与无线的畅通。无线调度系统的通信范围可达 20km，工作方式一般采用半双工制，即收发同频，但不可同时收发；也可采用双工制，即收发分别采用不同频率，双向通话。无线调度系统分成基地台、天馈系统、移动台三部分。

（1）基地台　基地台主要由收信机、发信机、无线信道控制器（Repeater Management Continuer，RMC）、有线线路分配器（Land line Trunk Controller，LTC）、无线自动交换机（Air Patch，APH）、专用电源等组成。

1）收信机、发信机。发信机的功能是将所要传送的基带信号经过调制、变频或混频将频谱搬移到发信频率，再经过放大到额定功率，馈送到天线将信号发射出去。收信机则相反，将天线收到的微弱信号经过处理还原成语音基带信号。

2）无线信道控制器。用于控制和管理整个系统的运行，包括为无线用户按需分配信道、显示信道号、通话状态、监测话音质量，为系统管理、有线电话互联终端等提供接口，每个语言信道均需要一套收发信机。

3）有线线路分配器。为系统连接有线电话网提供接口，包括接自市话局的直线、中继线及接自智能建筑内部的程控数字用户交换机的内线，将以无线调度为主的无线通信系统扩展到有线电话网。

4）无线自动交换机。无线自动交换机是无线信道交换驳接器，使系统内部无线用户与无线用户的双工通信可不再通过有线线路转接，大大提高通信的质量和效率。APH 具备寻找空闲信道、可动态分配天线链路、全自动驳接等能力。

5）专用电源。为系统提供工作电源。

（2）天馈系统　天馈系统包括从天线到传输电缆馈线接头为止的所有匹配、平衡、移相或其他耦合装置，天馈系统的功能是有效地将送来的高频传导电流转变成空间的电磁波，或者反过来，将空间的电磁波转变成馈线中的信号功率。对于便携式移动通信设备，天线直接和收发信设备安装在一起，作用相同。

（3）移动台　即便携式移动通信设备，作为调度系统，一般采用无线对讲机。

系统组台要求：调度系统基地台宜设置在建筑的顶层，天线设置在建筑物的顶部，直接架设在楼顶的简单基座上，一方面加大有效覆盖区，另一方面尽量缩短馈线长度，减少信号衰减，同时保证天线的牢固性。

5.5.5　IP 电话通信系统

IP 电话是一种通过互联网或其他使用 IP 技术的网络，来实现新型的电话通信。随着互联网日渐普及，以及跨境通信数量大幅飙升，IP 电话也被应用在长途电话业务上。由于世界各主要大城市的通信公司竞争加剧，以及各国电信相关法令松绑，IP 电话也开始应用于固网通信，其低通话成本、低建设成本、易扩充性及日渐优良化的通话质量等主要特点，被目前国际电信企业看成是传统电信业务的有力竞争者。

VoIP（Voice over Internet Protocol）又名宽带电话或网络电话，是一种以 IP 电话为主，并推出相应的增值业务的技术。VoIP 相对比较便宜，VoIP 电话不过是互联网上的一种应用，网络电话不受管制。因此，从本质上说，VoIP 电话与电子邮件、即时信息或者网页没有什么不同，它们均能在经过了互联网连接的机器间进行传输。这些机器可以是计算机，或者是无线设备，比如手机或者掌上设备等。过去 IP 电话主要应用在大型公司的内联网内，技术人员可以复用同一个网络提供数据及语音服务，除了简化管理，更可提高生产力。

IP 电话是按国际互联网协议规定的网络技术内容开通的电话业务，中文翻译为网络电话或互联网电话，简单来说就是通过 Internet 网进行实时的语音传输服务。它是利用国际互联网 Internet 为语音传输的媒介，从而实现语音通信的一种全新的通信技术。由于其通信费用的低廉（每分钟互联网通信费用为人民币 6 分 6 厘，而普通电话的国际通信费每分钟需十几元人民币），所以也有人称之为廉价电话。网络电话、互联网电话、经济电话或者廉价电话，这些都是人们对 IP 电话的不同称谓，其实质基本都是一个意思，现在用得最广泛、也是比较科学的叫法即"IP 电话"。其原理是将普通电话的模拟信号进行压缩打包处理，通过 Internet 传输，到达对方后再进行解压，还原成模拟信号，对方用普通电话机等设备就可以接听。

（1）话音编码　世界多个标准组织和工业实体提出了很多话音编码方案。其中包括国际电信联盟的 G.711（速率为 64kbit/s）、G.723.1（速率为 5.3kbit/s 或者 6.3kbit/s）、G.729A（速率为 8kbit/s）编码方案。微软、Intel 等业界巨头也有自己的编码方案。

（2）先天缺陷

1）通话质量受到网络好坏的影响。

2）停电时候无法使用。

3）清晰度与传统的固话有差距（网络正常情况下，通话音质与传统电话无明显差距）。

4）存在被偷听偷录的风险。

5）可以随意改号，容易造成犯罪（必须经运营商允许，用户自己不可以随意改号）。

（3）发展　在我国，IP 电话以香港的应用层面较大。早在 1990 年代中期，不少大型公司（如轩尼斯以及 LVMH）就透过 IP 电话技术，为海外分公司提供直线电话接往公司的总部。早期的 IP 电话由于频宽问题，会使通信出现很严重的机械声音，但现在已经不再出现。目前在香港提供 IP 电话服务的，有最先推出这种服务的香港宽带、透过视像电话提供服务的和记环球电讯、租借同属九龙仓集团的 i-CABLE 有线宽带网络提供服务的九仓电讯，以及利用软件技术提供服务的新世界电讯，至此，全香港只剩下市场占有率最大、历史最悠久的电讯盈科一家固网商未提供这项服务。

（4）政策　我国大陆对于 VoIP 的政策：工信部明令禁止运营商发展 VoIP 业务。

2012 年 3 月 17 日工信部发出了《关于做好发放 3G 牌照后续工作的通知》，通知中明确规定了三家运营商的业务经营范围。

在这份下发给三大电信运营商的文件中，对于 WiFi 和 VoIP 业务依然没有松动的迹象。三家运营商都被允许开展 IP 电话业务，但是都仅限于 Phone—Phone 的电话业务。

出于保护运营商语音业务收入的考虑，政府主管部门一直严禁 WiFi 和 VoIP 的发展。但是随着 3G 时代的到来，三大电信运营商都已经在全国部署 WiFi 热点，而民间的 VoIP 业务也是发展得如火如荼。

2013 年 1 月 8 日，工信部在官方网站登出《移动通信转售业务试点方案》，开始征求意见。

2013 年 5 月 17 日，工信部公布了《移动通信转售业务试点方案》，标志着虚拟运营时代即将到来。

5.6　建筑物自动控制网络数据通信协议

BACnet 协议，是为解决不同厂商楼宇自控产品的互操作性而提出的、一种楼宇自动控制网络的数据通信协议。这一标准协议用于实现建筑的通信自动化，如应用于空调系统和其他暖通设备等。

5.6.1　BACnet 发展由来

楼宇自动控制网络数据通信协议（即 A Data Communication Protocol for Building Automation and Control Networks，简称《BACnet 协议》）是由美国暖通、空调和制冷工程师协会（ASHRAE）组织的标准项目委员会 135P（Stand Project Committee，即 SPC 135P）历经八年

半时间开发的。该协议是针对采暖、通风、空调、制冷控制设备所设计的，同时也为其他楼宇控制系统（例如照明、安保、消防等系统）的集成提供一个基本原则。

随着信息技术及整个信息产业的发展，楼宇自动化系统（BAS）正朝集成化、智能化和网络化方向迈进。

现场总线仅对楼宇自控系统的现场控制级网络进行了定义，而楼宇自控系统网络的标准化进程并不满足于现场控制级网络的公开化和标准化，而进一步追求整体通信解决方案的标准化。

长期以来，众多厂家各自不同的专有协议阻碍了 BAS 系统的发展。一个不具备开放性、不能实现互操作的系统给系统的运行、维护和升级改造带来了不便。因此，用户期望不同厂家的产品能使用同一种标准通信语言，实现互操作和开放性。

受 20 世纪 70 年代能源危机的影响，在楼宇自控系统中，空调与冷热源系统（HVAC&R）最先意识到开放性标准的重要性。

1987 年，在美国纽约召开了由楼宇自控领域专家组成的关于"标准化能量管理系统协议"的圆桌会议，会议决定由 ASHRAE 资助制定一个标准楼宇自控网络数据通信协议。

建筑物自动控制设备的功能有两个：控制功能和数据通信功能。

标准项目委员会（Standard Project Commission，SPC）制定了以下数据通信协议模型：

1）网络设备的对等性（Peer）。

2）网络设备的单元——对象（Object），一个对象的集合模型。

3）数据通信功能是通过读写某些对象的属性和其他协议的"服务"而实现的。

4）设备的完善性（Sophistication）。

5）遵循 ISO 的"分层"通信体系结构。

6）规定了 BAS 集成的基本原则。

7）协议的不断完善特性。

5.6.2　BACnet 体系结构

BACnet 数据通信协议为一种开放的网络协议，其次是分层的通信体系结构。分层思想来源于分层原理（Layering Principle）。SPC 确定了 BACnet 的 4 层体系结构。

1）物理层。

2）数据链路层。

3）网络层。

4）应用层。

BACnet 没有严格规定采用何种网络拓扑结构，其中的网络设备可与 4 种局域网之一进行物理互连：物理网段、网段、网络和网际网。

5.6.3　BACnet 各层功能

1. 物理层/数据链路层的功能

1）数据链路层的最基本的功能是向该层用户提供透明的和可靠的数据传送基本服务。透明性是指该层上传输的数据的内容、格式及编码没有限制，也没有必要解释信息结构的意义；可靠的传输使用户免去对丢失信息、干扰信息及顺序不正确等的担心。在物理层中这些情况都可能发生，在数据链路层中必须用纠错码来检错与纠错。数据链路层是对物理层传输原始比特流的功能的加强，将物理层提供的可能出错的物理连接改造成为逻辑上无差错的数据链路，使之对网络层表现为一个无差错的线路。如果想用尽量少的词来记住数据链路层的含义，那就是："帧和介质访问控制"。

2）LonTalk 协议。协议定义：LonTalk 通信协议是 LonWorks 技术的核心。该协议提供一套通信服务，使装置中的应用程序能在网上对其他装置发送和接收报文而无须知道网络拓扑、名称、地址或其他装置的功能。LonTalk 协议能有选择地提供端到端的报文确认、报文证实和优先级发送，以便设定有界事务处理时间。

LonWorks 即现场总线，是指安装在制造或过程区域的现场装置与控制室内的自动装置之间的数字式、串行、多点通信的数据总线。它是一种工业数据总线，是自动化领域中的底层数据通信网络。

简单说，现场总线就是以数字通信替代了传统 4～20mA 模拟信号及普通开关量信号的传输，是连接智能现场设备和自动化系统的全数字、双向、多站的通信系统。主要解决工业现场的智能化仪器仪表、控制器、执行机构等现场设备间的数字通信以及这些现场控制设备和高级控制系统之间的信息传递问题。

2. 网络层的功能

网络层将报文直接传递到一个远程的 BACnet 设备、广播到一个远程的 BACnet 网络或广播到所有 BACnet 中的所有 BACnet 设备。

1）设备：唯一的号码和一个 MAC 地址。

2）功能：实现两个异类的 BACnet 连接。

3. 应用层的功能

应用层也称为应用实体（AE），它由若干个特定应用服务元素（SASE）和一个或多个公用应用服务元素（CASE）组成。每个 SASE 提供特定的应用服务，例如文件运输访问和管理（FTAM）、电子文电处理（MHS）、虚拟终端协议（VAP）等。CASE 提供一组公用的应用服务，例如联系控制服务元素（ACSE）、可靠运输服务元素（RTSE）和远程操作服务元素（ROSE）等。

5.6.4 BACnet 对象模型

BACnet 的最成功之处就在于采用了面向对象的技术，定义了一组具有属性的对象（Object）来表示任意的楼宇自控设备的功能，从而提供了一种标准的表示楼宇自控设备的方式。BACnet 目前定义了 18 个对象，每个对象都有一组属性，属性的值描述对象的特征和功能。

5.6.5 BACnet 的服务

在 BACnet 中，把对象的方法称为服务（Service）。服务就是一个 BACnet 设备可以用来向其他 BACnet 设备请求获得信息，命令其他设备执行某种操作或者通知其他设备有某个事件发生的方法。在 BACnet 设备中要运行一个"应用程序"，负责发出服务请求和处理收到的服务请求，这个应用程序实际上就是一个执行设备操作的软件。BACnet 定义了 35 个服务，并且将这 35 个服务划分为 6 个类别。

（1）对象访问服务 提供了读/写对象属性以及生成/删除对象的功能。此类服务功能容易理解。

（2）远程设备服务　提供了设备诊断和维护的功能。其中，Confirmed Private Transfer 和 Unconfirmed Private Transfer 服务为标准服务扩展提供了机制，是所有扩展服务的基础。

（3）文件访问服务　提供了读/写文件的"原子"操作功能。BACnet 标准没有规定文件的物理形式，不论是流文件，还是记录文件，均可以用此类服务来访问。

（4）安全服务　BACnet 的可选服务。BACnet 的安全体系只提供一些有限的安全措施，如数据完整性、操作员认证等。

（5）虚拟终端服务　提供了双向的字符数据交换机制。此类服务允许用户作为一个终端连在一个 BACnet 设备上，可以交换标准以外的私有信息，以实现用户对 BACnet 设备的特殊设置。因此，此类服务也可以作为一种安全服务来使用。

（6）报警与事件服务　处理环境状态的变化，提供了 BACnet 设备预设的请求值改变通告、请求报警或事件状态摘要、发送报警或事件通知、收到报警通知确认等功能。

5.6.6　BACnet 与 Internet 的互联

BACnet 利用其简洁的网络层屏蔽了不同的底层差异，可以使 BACnet 标准包含不同的局域网技术，也可以利用广域网技术，甚至可以利用未来的网络技术。这就使 BACnet 网络可以由具有不同传输介质和通信速率的网段所组成，不仅提高了网络互联的能力，而且提高了网络的性能/价格比，使 BACnet 具有更为广泛的应用空间。

BACnet 设备采用 BACnet 数据通信协议，Internet 采用 IP，两者互联需要增加采用传输层协议 TCP/IP（Internet Protocol）、UDP（数据报协议）/IP。

用户数据协议（User Datagram Protocol，UDP）是一个简单的面向数据报的传输层（Transport Layer）协议，IETF RFC 768 是 UDP 的正式规范。在 TCP/IP 模型中，UDP 为网络层（Network Layer）以下和应用层（Application Layer）以上提供了一个简单的接口。UDP 只提供数据的不可靠交付，它一旦把应用程序发给网络层的数据发送出去，就不保留数据备份（所以 UDP 有时候也被认为是不可靠的数据报协议）。UDP 在 IP 数据报的头部仅仅加入了复用和数据校验（字段）。由于缺乏可靠性，UDP 应用一般必须允许一定量的丢包、出错和复制。

第6章 消防自动化

6.1 火灾自动报警系统

火灾自动报警系统（Fire Automation System, FAS, 又称为消防自动化系统）是人们为了早期发现通报火灾，并及时采取有效措施控制和扑灭火灾，而设置在建筑物中或其他场所的一种自动消防设施，是人们同火灾作斗争的有力工具。

火灾报警系统一般由火灾探测器、区域报警器和集中报警器组成；也可以根据工程的要求同各种灭火设施和通信装置联动，以形成中心控制系统，即由自动报警、自动灭火、安全疏散诱导、系统过程显示、消防档案管理等组成一个完整的消防控制系统。火灾探测器是探测火灾的仪器，由于在火灾发生的阶段，将伴随产生烟雾、高温和火光。这些烟、热和光可以通过探测器转变为电信号报警或使自动灭火系统启动，及时扑灭火灾。区域报警器能将所在楼层的探测器发出的信号转换为声光报警，并在屏幕上显示出火灾的房间号；同时还能监视若干楼层的集中报警器（如果监视整个大楼的则设于消防控制中心）输出信号或控制自动灭火系统。集中报警是将接收到的信号以声光方式显示出来，其屏幕上也具体显示出着火的楼层和房间号，机上时钟记录下首次报警时间点，利用本机专用电话，还可迅速发出指示和向消防队报警。此外，也可以控制有关的灭火系统或将火灾信号传输给消防控制室。

6.1.1 火灾自动报警系统的组成

火灾自动报警系统是由触发器件、火灾报警装置、火灾警报装置及具有其他辅助功能的装置组成的。它能够在火灾初期，将燃烧产生的烟雾、热量和光辐射等物理量，通过感温、感烟和感光等火灾探测器变成电信号，传输到火灾报警控制器，并同时显示出火灾发生的部位，记录火灾发生的时间。一般火灾自动报警系统和自动喷水灭火系统、室内外消火栓系统、防排烟系统、通风系统、空调系统、防火门、防火卷帘、挡烟垂壁等相关设备联动，自动或手动发出指令，启动相应的装置。

1. 触发器件

在火灾自动报警系统中，自动或手动产生火灾报警信号的器件称为触发件，主要包括火灾探测器和手动火灾报警按钮。火灾探测器是能对火灾参数（如烟、温度、火焰辐射、气体浓度等）响应，并自动产生火灾报警信号的器件。按响应火灾参数的不同，火灾探测器分成感温火灾探测器、感烟火灾探测器、感光火灾探测器、可燃气体探测器和复合火灾探测器五种基本类型。不同类型的火灾探测器适用于不同类型的火灾和不同的场所。手动火灾报警按钮是手动方式产生火灾报警信号、启动火灾自动报警系统的器件，也是火灾自动报警系统中不可缺少的组成部分之一。

2. 火灾报警装置

在火灾自动报警系统中，用以接收、显示和传递火灾报警信号，并能发出控制信号和具有其他辅助功能的控制指示设备称为火灾报警装置。火灾报警控制器就是其中最基本的一种。火灾报警控制器担负着为火灾探测器提供稳定的工作电源，监视探测器及系统自身的工作状态，接收、转换、处理火灾探测器输出的报警信号，进行声光报警，指示报警的具体部位及时间，同时执行相应辅助控制等诸多任务，是火灾报警系统中的核心组成部分。

在火灾报警装置中，还有一些如中断器、区域显示器、火灾显示盘等功能不完整的报警装置，它们可视为火灾报警控制器的演变或补充。在特定条件下应用，与火灾报警控制器同属火灾报警装置。

火灾报警控制器的基本功能主要有：主、备用电源自动转换功能，备用电源充电功能，电源故障监测功能，电源工作状态指标功能，为探测器回路供电功能，探测器或系统故障声光报警功能，火灾声、光报警功能，火灾报警记忆功能，时钟单元功能，火灾报警优先报故障功能，声报警音响消音及再次声响报警功能。

3. 火灾警报装置

在火灾自动报警系统中，用以发出区别于环境声、光的火灾警报信号的装置称为火灾警报装置。它以声、光音响方式向报警区域发出火灾警报信号，以警示人们采取安全疏散、灭火救灾措施。

4. 联动控制设备

在火灾自动报警系统中，当接收到火灾报警后，能自动或手动启动相关消防设备并显示其状态的设备，称为联动控制设备。主要包括火灾报警控制器，自动灭火系统的控制装置，室内消火栓系统的控制装置，防烟排烟系统及空调通风系统的控制装置，常开防火门、防火卷帘的控制装置，电梯回降控制装置，以及火灾应急广播、火灾警报装置，消防通信设备、火灾应急照明与疏散指示标志等控制装置中的部分或全部。消防控制设备一般设置在消防控制中心，以便于实行集中统一控制。也有的消防控制设备设置在被控消防设备所在现场，但其动作信号则必须返回消防控制室，实行集中与分散相结合的控制方式。

5. 消防电源

火灾自动报警系统属于消防用电设备，其主电源应当采用消防电源，备用电源采用蓄电池。系统电源除为火灾报警控制器供电外，还为与系统相关的消防控制设备等供电。

6.1.2　火灾自动报警系统的功能

火灾自动报警系统由于组成形式不同，功能也有差别。其基本形式有：

1. 区域报警系统

对于建筑规模小、保护对象仅为某一区域或某一局部范围的建筑，常使用区域报警系统，系统具有独立处理火灾事故的能力。火灾区域报警系统框图如图 6-1 所示。

区域报警系统多为环状结构，也可为枝状结构（见图 6-1）。但是需加楼层报警确认灯。一个报警区域设置一台区域火灾报警控制器，最多不超过两台。系统可设置一些功能简单的消防联动控制设备。

2. 集中报警系统

由于楼宇体量增大的需要，区域消防系统的容量及性能已

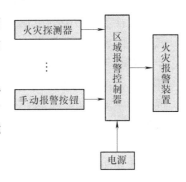

图 6-1　火灾区域报警系统框图

经不能满足要求，因此有必要构成火灾集中报警系统。火灾集中报警系统应设置消防控制室，集中报警系统及其附属设备应安置在消防控制室内。系统构成框图如图6-2所示。

该系统中的若干台区域报警控制器被设置在按楼层划分的各个监控区域内，一台集中报警控制器用于接收各个区域报警控制器发送的火灾或故障报警信号，具有巡检各区域报警控制器和探测器工作状态的功能。该系统的联动灭火控制信号视具体要求，可由集中报警控制器发出，也可由区域报警控制器发出。

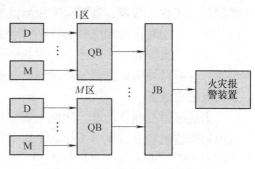

图6-2　火灾集中报警系统框图

区域报警控制器与集中报警控制器在结构上没有本质区别。区域报警控制器只是针对某个被监控区域，而集中报警控制器则是针对多区域的，作为区域监控系统的上位管理机或集中调度机。

3. 控制中心报警系统

对于建筑规模大、需要集中管理的多个智能建筑，应采用控制中心报警系统。该系统能显示各消防控制室的总状态信号并负责总体灭火的联络与调度。

系统至少应有一台集中报警控制器和若干台区域报警控制器，还应联动必要的消防设备，进行自动灭火工作。一般系统控制中心室（又称消防控制室）安置有集中报警控制器柜和消防联动控制器柜。消防灭火设备如消防水泵、喷淋水泵、排烟风机、灭火剂贮罐、输送管路及喷头等则安装在欲进行自动灭火的场所及其附近。火灾消防控制中心报警系统框图如图6-3所示。

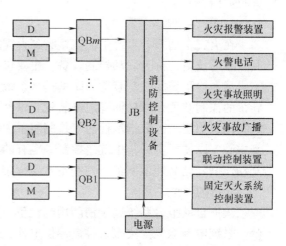

图6-3　火灾消防控制中心报警系统框图

6.1.3　火灾自动报警系统的工作原理

火灾发生时，安装在保护区域现场的火灾探测器，将火灾产生的烟雾、热量和光辐射等火灾特征参数转变为电信号，经数据处理后，将火灾特征参数信息传输至火灾报警控制器；或直接由火灾探测器做出火灾报警判断，将报警信息传输到火灾报警控制器。火灾报警控制器在接收到探测器的火灾特征参数信息或报警信息后，经报警确认判断，显示报警探测器的部位，记录探测器火灾报警的时间。处于火灾现场的人员，在发现火灾后可立即触动安装在现场的手动火灾报警按钮，手动报警按钮便将报警信息传输到火灾报警控制器，火灾报警控制器在接收到手动火灾报警按钮的报警信息后，经报警确认判断，显示动作的手动报警按钮的部位，记录手动火灾报警按钮报警的时间。火灾报警控制器在确认火灾探测器和手动火灾报警按钮的报警信息后，驱动安装在被保护区域现场的火灾警报装置，发出火灾警报，向处于被保护区域内的人员警示火灾的发生。

火灾探测报警系统的工作原理图如图 6-4 所示。

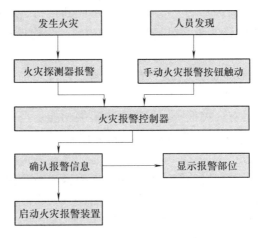

图 6-4 火灾探测报警系统的工作原理图

6.1.4 火灾报警控制器

火灾报警控制器是智能防火系统的重要组成部分。在智能防火系统中，火灾探测器是系统的"感觉器官"，随时监测周围环境的火灾情况。而火灾报警控制器则是系统的"躯体"和"大脑"，是系统的核心。它可以供给火灾探测器高稳定的直流电源，监测连接的各类火灾探测器的正常运行状态，以保证火灾探测器的长期、稳定、有效地工作。当火灾发生时，接收火灾探测器传来的火灾信号，迅速、正确地进行转换和数据处理，指示报警的具体部位和时间，同时执行相应的辅助控制等诸多任务。因此，火灾报警控制器除了具有控制、记忆、识别和报警功能外，还具有自动检测、联动控制、打印输出、通信广播等功能。

1. 火灾报警控制器的功能

火灾报警控制器将报警与控制融为一体，其功能主要有以下几个方面。

1) 迅速而准确地发出报警信号。安装在现场的火灾探测器，当检测到火灾信号时，便及时向火灾报警控制器发送，经报警控制器判断确认，如果是火灾，则立即发出声、光报警信号，其中光报警信号可显示出火灾地址及何种探测器动作等。光报警信号采用红色信号灯，光源明亮，字符清楚，一般要求在距光源 3m 处仍能清晰可见。声报警信号一般采用警铃。

火灾报警控制器发送火灾信号，一方面由报警控制器本身的报警装置发出报警，同时也控制现场的声、光报警装置发出报警。

现代消防系统使用的报警显示常常分为预告报警和紧急报警。两者的区别在于预告报警是在探测器已经动作，即探测器已经检测到火灾信息，但火灾处于燃烧的初期，如果此时能用人工方法及时扑灭火灾，而不必动用消防系统的灭火设备，对于"减小损失，有效灭火"来说，是十分有益的。而紧急报警则是表示火灾已经被确认，火灾已经发生，需要动用消防系统的灭火设备快速扑灭火灾。

实现两者的区别，最简单的方法就是在被保护现场安装两种不同灵敏度的探测器，其中高灵敏度探测器作为预告报警，而低灵敏度的探测器则作为紧急报警。

2) 火灾报警控制器在发出火警信号的同时，经适当延时，发出灭火控制信号，启动联动灭火设备。

3）火灾报警控制器为确保其安全可靠且长期不间断运行，对本机的重要线路和部件要求能自动监测。一旦出现线路断线、短路及电源欠电压、失电压等故障时，及时发出有别于火灾的声、光报警信号。

4）当火灾报警控制器出现火灾报警或故障报警后，可先手动消除声报警，但光信号继续保留。消声后，如再次出现其他区域火灾或其他设备故障时，音响设备能自动恢复再响。

5）火灾报警控制器具有火灾报警优先于故障报警功能。当火灾与故障同时发生或者先故障而后火灾（故障与火灾不应发生在同一探测部位）时，故障报警信号让位于火灾报警信号，即火灾报警信号优先。

6）火灾报警控制器具有记忆功能。当出现火灾报警或故障报警时，能立即记忆火灾或事故地址与时间，尽管火灾或事故信号已消失，但记忆并不消失。只有当人工复位后，记忆才消失，恢复正常监控状态。火灾报警控制器还能启动自动记录设备，记下火灾状况，以备事后查询。

7）可为火灾探测器提供工作电源。

2. 火灾报警控制器的分类

火灾报警控制器的分类方式有很多种，可按容量、用途、使用环境、防爆性能、信号处理方式、系统线制等众多参数进行分类。

（1）按用途分类 火灾报警控制器按用途可分为区域报警控制器、集中报警控制器和通用型报警控制器。

1）区域报警控制器。区域报警控制器是以微处理器为核心的控制器件，其主程序是对探测器总线上的各探测器进行循环扫描，采集信息，并对采集的信息进行分析处理，具有声光报警、自检及巡检、计时和电源等功能。一般区域报警控制器直接连接火灾探测器，对火灾探测器进行监测、巡检、供电与备电。

2）集中报警控制器。集中报警控制器的组成及工作原理与区域报警控制器基本相同，除具有区域报警控制器的功能以外，还具有扩展外控的功能，如联动火警广播、火警电话、火灾事故照明等。集中报警控制器一般不与火灾探测器相连，而是与区域火灾报警控制器相连，用于接收区域控制器火灾信号、显示火灾部位、记录火灾信息、协调联动控制和构成终端显示等，常用于较大的系统。

3）通用型报警控制器。通用型报警控制器兼有区域、集中两级报警控制器的双重特点。通过设置或修改某些参数，既可以作为区域控制器连接探测器，又可以作为集中控制器连接区域报警控制器。

（2）按系统线制分类 所谓系统线制是指火灾探测器与火灾报警控制器之间的传输线的线数，可分为多线制和总线制两种类型。

1）多线制系统。多线制系统中每个探测器需要两条或更多的导线与控制器相连接，连接到控制器的总线数为 $M = KN + C$，其中：K 为每一个探测器所连接的线数；N 为该控制器连接的探测器的个数；C 为控制器连接到探测器的共用线数（电源线、地线、信号线及自诊断线等）。当连接探测器较多时，多线制系统线数多，施工复杂且线路故障多，可靠性不高，现已被逐渐淘汰。

2）总线制系统。总线制系统采用两条或四条导线构成总线回路，所有探测器都与之相连，每只探测器有一个编码电路，具有独立的地址信息，报警控制器采用串行通信方式访问每一个探测器。总线制系统用线量少，设计、施工均较方便，因此是目前广泛应用的一种方式。总线制系统按构成总线的条数可分为四线制和二线制。图 6-5 为四线制总线连接方式。

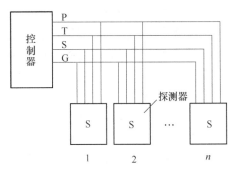

图 6-5　四线制总线连接方式

四线制总线连接方式中的四条总线分别为 P 线、T 线、S 线和 G 线，其中 P 线传输探测器的电源、编码、选址信号；T 线传输自检信号以判断探测部位或传输线是否有故障；S 线传输探测部位的信息；G 线为公共地线。P、T、S、G 线均为并联方式连接，S 线上的信号对探测部位而言是分时的。由于总线制采用了编码选址方式，使控制器能准确地确定具体的报警位置，调试安装简单，系统的运行可靠性大大提高。

二线制总线连接方式如图 6-6 所示。二总线制系统只有 G 线和 P 线两条总线，其中 G 线为公共地线，P 线完成供电、选址、自检、获取信息等功能。二总线是目前应用最广泛的一种方式，无阈值智能火灾报警系统即建立在二总线的运行机制上。

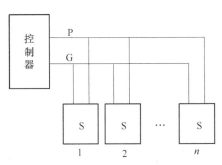

在总线连接方式中，由总线构成的回路是非常重要的，如果总线回路发生故障，则总线上所有火灾探测器的功能将失效，甚至会损坏火灾探测器。因此，在采用总线制时，系统中必须采取短路隔离措施，如分段加装短路隔离器，以保证系统正常运行。

图 6-6　二线制总线连接方式

以微型计算机为基础的现代消防系统，其基本结构及原理如图 6-7 所示。

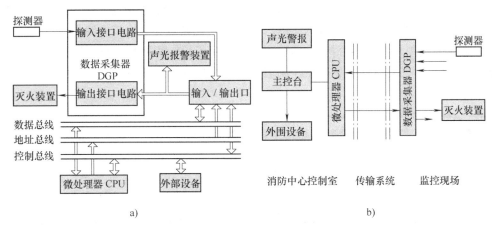

图 6-7　以微型计算机为基础的火灾自动报警系统
a）基本原理图　b）结构示意图

系统中，火灾探测器和消防控制设备与微处理器间的连接必须通过输入/输出接口来实现。

数据采集器 DGP 一般多安装于现场，它一方面接收探测器传来的信息，经变换后，通过传输系统送入微处理器进行运算处理；另一方面，它又接收微处理器传来的指令信号，经转换后传送到现场有关监控点的控制装置。显然，DGP 是微处理器与现场监控点进行信息交换的重要设备，是系统输入/输出接口电路部件。

传输系统的功用是传递现场（探测器、灭火装置）与微处理器之间的所有信息，一般由两条专用电缆线构成数字传输通道，宏观世界可以方便地加长传输距离，扩大监控范围。

对于不同型号的计算机报警系统，其主控台和外围设备的数量、种类也是不同的。通过主控台可校正（整定）各监控现场正常状态值（给定值），对各监控现场控制装置进行远距离操作，并显示设备的各种参数和状态。主控台一般安装在中央控制室或各监控区域的控制室内。

外围设备一般应设有打印机、记录器、控制接口、警报装置等，有的还具有闭路电视监控装置，对被监控现场火情进行直接的图像监控。

（3）按容量分类

1）单路火灾报警控制器其控制器仅处理一个回路的控制器工作信号，一般仅用在某些特殊的联动控制系统。

2）多路火灾报警控制器其控制器能同时处理多个回路的探测器工作信号，并显示具体报警部位。相对而言，它的性能价格比较高，也是目前最常见的使用类型。

（4）按主机电路设计分类

1）普通型火灾报警控制器其电路设计采用通用逻辑组合形式，具有成本低廉、使用简单等特点，易于实现以标准单元的插板组合方式进行功能扩展，其功能一般较简单。

2）微机型火灾报警控制器其电路设计采用微机结构，对硬件及软件程序均有相应要求，具有功能扩展方便、技术要求复杂、硬件可靠性高等特点。目前绝大多数火灾报警控制器均采用此形式。

（5）按信号处理方式分类

1）有阈值火灾报警控制器使用有阈值火灾探测器，处理的探测信号为阶跃开关量信号，对火灾探测器发出的报警信号不能进一步处理，火灾报警取决于探测器。

2）无阈值模拟量火灾报警控制器基本使用无阈值火灾探测器，处理的探测信号为连续的模拟量信号。其报警主动权掌握在控制器方面，可以具有智能结构，是现代火灾报警控制器的发展方向。

（6）按结构形式分类

1）壁挂式火灾报警控制器其连接探测器回路数相应少一点，控制功能较简单。一般区域火灾报警控制器常采用这种结构。

2）台式火灾报警控制器其连接探测器回路数较多，联动控制较复杂，操作使用方便，一般常见于集中火灾报警控制器。

3）柜式火灾报警控制器与台式火灾报警控制器基本相同，内部电路结构大多设计成插板组合式，易于功能扩展。

（7）按使用环境分类

1）陆用型火灾报警控制器即最通用的火灾报警控制器。要求环境温度 $-10\sim50℃$，相对湿度 $\leqslant92\%$（$40℃$），风速 $<5m/s$，气压 $85\sim106kPa$。

2）船用型火灾报警控制器的工作环境温度、湿度等要求均高于陆用型的。

（8）按防爆性能分类

1）非防爆型火灾报警控制器无防爆性能，目前民用建筑中使用的绝大部分火灾报警控制器都属于这一类。

2）防爆型火灾报警控制器适用于易燃易爆场合。

6.1.5 主机智能系统与分布式智能系统

火灾自动报警系统从智能化方面又可分为主机智能系统和分布式智能系统两类。

主机智能系统采用模拟量探测器作为火灾传感器，探测器本身不判定火警，只是将代表火灾敏感值的一个模拟信号或一个同敏感值等效的数字编码通过总线传输到火灾报警控制器（主机），由主机内置软件将探测器传回的信号与火灾典型信号进行比较，以决定是否报警。这种主机智能系统的灵敏度信号特征模拟可根据探测器所在的环境特点设定，并且由于探测器内部设有专有芯片，可自动补偿各类环境中干扰和灰尘积累对探测器灵敏度的影响，对电干扰及线路分布参数的影响进行自动处理，从而为实现各种智能特性、减少误报、准确报警提供了技术基础。但因整个系统的监测、判断功能全部由主机完成，因此系统软件程序复杂，而且探测器巡检周期长，会造成探测器点大部分时间失去控制，降低系统的可靠性。

分布式智能系统将主机智能系统中对探测信号的处理、判断功能分散配置在终端传感器和控制器中。在这种系统中，探测器具有一定的智能，对火灾特征信号直接进行分析和智能处理，做出恰当的智能判决，然后将这些判决信号传递给控制器；控制器再做进一步的智能处理，完成更充分的判决并显示判决结果。分布式智能系统中探测器与控制器是通过总线进行双向信息交流的，控制器不但收集探测器传来的火灾特征信号分析判决信息，还对探测器的运行状态进行监视和控制。由于探测器有了一定的智能处理能力，因此控制器的信息处理负担大为减轻，可以从容不迫地实现多种管理功能，提高了系统的稳定性和可靠性，并且在传输速率不变的情况下，总线可以传输更多的信息，使整个系统的响应速度和运行能力大大提高。

6.2 火灾探测器的分类与原理

6.2.1 火灾探测器的分类

1. 按结构造型分类

火灾探测器按结构造型分类可分成点型和线型两大类。

（1）点型探测器 点型探测器是一种响应某一点周围的火灾参数的火灾探测器，大多数火灾探测器属于点型火灾探测器。

（2）线型火灾探测器 线型火灾探测器是一种响应某一连续线路周围的火灾参数的火灾探测器，其连续线路可以是"硬"的，也可以是"软"的。如线型定温火灾探测器，是由主导体、热敏绝缘包覆层和合金导体一起构成的"硬"连续线路。又如红外光束线型感烟火灾探测器，是由发射器和接收器二者中间的红外光束构成的"软"连续线路。

2. 按探测火灾参数分类

火灾探测器按照探测火灾参数的不同可分为感温、感烟、感光、可燃气体和复合式等几大类。

（1）感烟火灾探测器　感烟火灾探测器是一种响应燃烧或热解产生的固体或液体微粒的火灾探测器，是使用量最大的一种火灾探测器。因为它能探测物质燃烧初期所产生的气溶胶或烟雾粒子浓度，因此，有的国家称感烟火灾探测器为"早期发现"探测器。

常见的感烟火灾探测器有离子型、光电型等几种。

1）离子感烟探测器由内外两个电离室为主构成。外电离室（即检测室）有孔与外界相通，烟雾可以从该孔进入传感器内；内电离室（即补偿室）是密封的，烟雾不会进入。火灾发生时，烟雾粒子窜进外电离室，干扰了带电粒子的正常运行，使电流、电压有所改变，破坏了内外电离室之间的平衡，探测器就会产生感应而发出报警信号。

2）光电感烟探测器内部有一个发光元件和一个光敏元件，平常由发光元件发出的光，通过透镜射到光敏元件上，电路维持正常，如有烟雾从中阻隔，到达光敏元件上的光就会显著减弱，于是光敏元件就把发光强度的变化转换成电流的变化，通过放大电路发出报警信号。

3）吸气式感烟探测器一改传统感烟探测器等待烟雾飘散到探测器被动进行探测的方式，而是采用新的理念，即主动对空气进行采样探测，当保护区内的空气样品被吸气式感烟探测器内部的吸气泵吸入采样管道，送到探测器进行分析，如果发现烟雾颗粒，即发出报警。

（2）感温火灾探测器　感温火灾探测器是仅次于感烟火灾探测器、使用广泛的火灾早期报警探测器，是一种响应异常温度、温升速率和温差的火灾探测器。常用的火灾探测器是定温火灾探测器、差温火灾探测器和差定温火灾探测器。

定温火灾探测器是在规定时间内火灾引起的温度上升超过某个定值时启动报警的火灾探测器。点型定温式探测器利用双金属片、易熔金属、热电偶热敏半导体电阻等元件，在规定的温度值上产生火灾报警信号。差温火灾探测器是在规定时间内火灾引起的温度上升速率超过某个规定值时启动报警的火灾探测器。点型差温式探测器是根据局部的热效应而动作的，主要感温器件是空气膜盒、热敏半导体电阻元件等。差定温式探测器结合了定温和差温两种作用原理并将两种探测器结构组合在一起，一般多是膜盒式或热敏半导体电阻式等点型组合式探测器。

与感烟火灾探测器和感光火灾探测器比较，感温火灾探测器的可靠性较高，对环境条件的要求更低，但对初期火灾的响应要迟钝些，报警后的火灾损失要大些。它主要适用于因环境条件而使感烟火灾探测器不宜使用的某些场所；并常与感烟火灾探测器联合使用组成与门关系，对火灾报警控制器提供复合报警信号。

（3）感光火灾探测器　感光火灾探测器又称为火焰探测器，它是一种能对物质燃烧火焰的光谱特性、光照强度和火焰的闪烁频率敏感响应的火灾探测器。常用的感光探测器有红外火焰型和紫外火焰型两种。

感光火灾探测器的主要优点是响应速度快，其敏感元件在接收到火焰辐射光后的几毫秒，甚至几个微秒内就发出信号，特别适用于突然起火无烟的易燃易爆场所。它不受环境气流的影响，是唯一能在户外使用的火灾探测器。另外，它还有性能稳定、可靠、探测方位准确等优点，因而得到普遍重视。

（4）可燃气体探测器 可燃气体火灾探测器是一种能对空气中可燃气体含量进行检测并发出报警信号的火灾探测器。它通过测量空气中可燃气体爆炸下限以内的含量，以便当空气中可燃气体含量达到或超过报警设定值时，自动发出报警信号，提醒人们及早采取安全措施，避免事故发生。可燃气体探测器除具有预报火灾、防火防爆功能外，还可以起监测环境污染的作用。

常用的可燃气体探测器有催化型可燃气体探测器和半导体型可燃气体探测器两种类型。半导体型可燃气体探测器是利用半导体表面电阻变化来测定可燃气体浓度的。当可燃气体进入探测器时，半导体的电阻下降，下降值与可燃气体浓度具有对应关系。催化型可燃气体探测器是利用难熔金属铂丝加热后的电阻变化来测定可燃气体浓度的。当可燃气体进入探测器时，铂丝表面引起氧化反应（无焰燃烧），其产生的热量使铂丝的温度升高，而铂丝的电阻率便发生变化。

（5）图像型火灾报警器 图像型火灾报警器通过摄像机拍摄的图像与主机内部的燃烧模型的比较来探测火灾，主要由摄像机和主机组成，可分为双波段和普通摄像型两种。双波段火灾图像报警系统是将普通彩色摄像机与红外线摄像机结合在一起。

（6）复合式火灾探测器 复合式火灾探测器指响应两种以上火灾参数的火灾探测器，主要有感温感烟火灾探测器、感光感烟火灾探测器、感光感温火灾探测器等。

（7）其他 除上述火灾探测器以外，还包括探测泄漏电流大小的漏电流感应型火灾探测器；探测静电电位高低的静电感应型火灾探测器；还有在一些特殊场合使用的，要求探测极其灵敏、动作极为迅速，以至于要求探测爆炸声产生的某些参数的变化（如压力的变化）信号，来抑制消灭爆炸事故发生的微差压型火灾探测器；以及利用超声原理探测火灾的超声波火灾探测器等。

3. 其他分类

火灾探测器按探测到火灾后的动作可分为延时型和非延时型两种。目前国产的火灾探测器大多为延时型探测器，其延时范围为 3 ~ 10s。

火灾探测器按安装方式可分为外露型和埋入型两种。一般场所采用外露型，在内部装饰讲究的场所采用埋入型。

火灾探测器按使用环境分类可分为陆用型、船用型、耐寒型、耐酸型、耐碱型和防爆型。

6.2.2 离子感烟式火灾探测器

感烟探测器是用于探测物质燃烧初期在周围空间所形成的烟雾粒子浓度，并自动向火灾报警控制器发出火灾报警信号的一种火灾探测器。它响应速度快、能及早发现火情，是使用量最大的一种火灾探测器。

离子感烟式探测器是对某一点周围空间烟雾响应的火灾探测器。它是应用烟雾粒子改变电离室电离电流原理的感烟火灾探测器。

根据探测器内电离室的结构形式，又可分为双源和单源感烟式探测器。

（1）电离电流形成原理 感烟电离室是离子感烟探测器的核心传感器件，其电离电流形成示意图如图 6-8 所示。

在图 6-8 中，P_1 和 P_2 是一对相对的电极。在电极之间放有 α 放射源镅-241，由于它持

续不断地放射出 α 粒子，α 粒子以高速运动撞击空气分子，从而使极板间空气分子电离为正离子和负离子（电子），这样电极之间原来不导电的空气就具有了导电性。

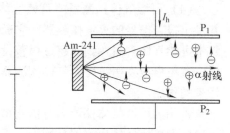

图6-8 电离室电离电流形成示意图

如果在极板 P_1 和 P_2 间加上电压 U，极板间原来做杂乱无章运动的正负离子，此时在电场作用下做有规则的运动。正离子向负极运动，负离子向正极运动，从而形成了电离电流 I_h。施加的电压 U 越高，则电离电流越大。当电离电流增加到一定值时，外加电压再增高，电离电流也不会增加，此时电流称为饱和电流 I_s，如图6-9所示。

离子感烟探测器的感烟原理：当烟雾粒子进入电离室后，被电离的部分正离子与负离子被吸附到烟雾粒子上，使正、负离子相互中和的概率增加，而且离子附着在体积比自身体积大许多倍的烟雾粒子上，会使离子运动速度急剧减小；另一方面，由于烟粒子的作用，α 射线被阻挡，电离能力降低，电离室内产生的正负离子数减少。最后导致的结果就是电离电流减小。显然，烟雾浓度大小可以以电离电流的变化量大小进行表示，从而实现对火灾过程中烟雾浓度这个参数的探测。

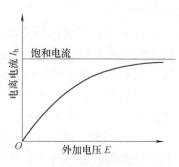

图6-9 电离电流与电压的关系

（2）双源式感烟探测原理 图6-10a所示是一种双源双电离室结构的感烟探测器，即每一电离室都有一块放射源。一室为检测用开室结构电离室；另一室为补偿用闭室结构电离室。这两个室反向串联在一起，检测室工作在其特性的灵敏区，补偿室工作在其特性的饱和区，即流过补偿室的电离电流不随其两端电压的变化而变化。

从图6-10b给出的曲线可知，在正常情况下，探测器两端的外加电压 U_0，即回路电压，等于两电离室电压之和，即 $U_0 = U_1 + U_2$。

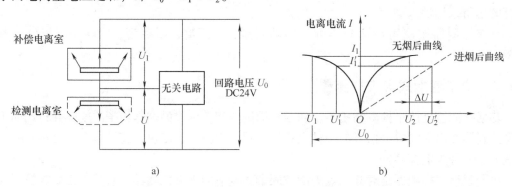

图6-10 双源式感烟探测器的电路原理和工作特性
a）电路原理 b）工作特性

当火灾发生时，烟雾进入检测电离室后，电离电流减小，相当于检测电离室阻抗增加，又因双室串联，回路电流减小，故检测室两端的电压从 U_2 增加到 U_2'，$\Delta U = U_2' - U_2$，当该增量增加到一定值时，开关控制电路动作，发出报警信号。此报警信号传输给报警器，实现了火灾自动报警。

（3）单源式感烟探测原理 单源式离子感烟探测器的工作原理与双源式基本相同，但结构形式则完全不同。它是利用一个放射源在同一平面（也有不在同一平面的）形成两个电离室，即单源双室。检测电离室与补偿电离室的比例相差很大，其几何尺寸也大不相同。两室基本是敞开的，气流是互通的，检测室直接与大气相通，而补偿室则通过检测室间接与大气相通。图 6-11 所示为单源双室离子感烟探测器的结构示意图。

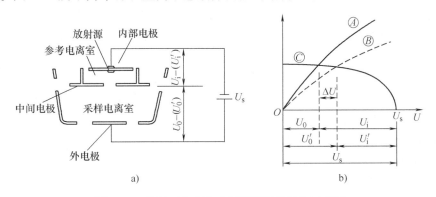

图 6-11 单源双室离子感烟探测器的结构示意图

a）结构图 b）工作特性

U_s—加在内外电离室两端的电压 U_i—无烟时加在补偿电离室两端的电压 U_0'—有烟时加在检测电离室两端的电压

从图 6-11 可知，检测室与补偿室共用一个放射源，补偿室包含在检测室之中，补偿室小，检测室大。检测室的 α 射线是通过中间电极中的一个小孔放射出来的。由于这部分 α 射线的作用，使检测室中的空气部分被电离，形成空间电荷区。因为放射源的活度是一定的，中间电极的小孔面积是一定的，从小孔中放射出的 α 粒子也是一定的，正常情况下，它不受环境影响，因此，电离室的电离平衡是稳定的，可以确定地进行烟雾量的检测。

单源双室电离室与双源双室电离室相比具有以下优点：

1）由于两电离室同处在一个相通的空间，只要两个电离室的比例设计合理，既能保证早期火灾时顺利进行烟雾检测，迅速报警，又能保证在环境变化时两室同时变化。因此它工作稳定，环境适应能力强。不仅对环境因素（温度、湿度、气压和气流）的慢变化能很好地适应，也对快变化有更好的适应性，提高了抗潮、抗温性能。

2）增强了抗灰尘、抗污染的能力。当灰尘轻微地层积在放射源的有效源面上，导致放射源发射的 α 粒子的能力和强度明显变化时，会引起工作电流变化，补偿室和检测室的电流均会变化，从而检测室分压的变化不明显。

3）一般双源双室离子感烟探测器是通过改变电阻的方式实现灵敏度调节的，而单源双室离子感烟探测器是通过改变放射源的位置来改变电离室的空间电荷分布的，即源极和中间的距离连续可调，可以比较方便地改变检测室的静态分压，实现灵敏度调节。这种灵敏度调节连续且简单，有利于探测器响应阈值一致性的调整。

4）因为单源双室只需一个更弱的 α 放射线，这比双源双室的电离室源强可减少一半，而且也克服了双源双室电离室要求双源相互匹配的缺点。

总之，单源双室离子感烟探测器具有不可比拟的优点，它灵敏度高且连续可调，环境适应能力强，工作稳定，可靠性高，放射源活度小，特别是抗潮湿性大大优于双源双室离子感烟探测器，在缓慢变化的环境中使用时不会发生误报。

在相对湿度长期偏高、气流速度大、有大量粉尘和水雾滞留、有腐蚀性气体、正常情况下有烟滞留等情况的场所不宜选用离子感烟探测器。

6.2.3　光电感烟式火灾探测器

光电感烟探测器是利用火灾时产生的烟雾粒子对光线产生遮挡、散射或吸收的原理并通过光电效应而制成的火灾探测器。光电感烟探测器可分为遮光型和散射型。

1. 遮光型光电感烟探测器

遮光型光电感烟探测器具体又可分为点型和线型两种类型。

（1）点型遮光感烟探测器　点型遮光感烟探测器主要由光束发射器、光电接收器、暗室和电路等组成。其原理示意图如图 6-12 所示。

当火灾发生，有烟雾进入暗室时，烟粒子将光源发出的光遮挡（吸收），到达光敏元件的光能将减弱，其减弱程度与进入暗室的烟雾浓度有关。当烟雾达到一定浓度时，光敏元件接收的发光强度下降到预定值，通过光敏元件启动开关电路并经后面的电路鉴别确认，探测器即动作，向火灾报警控制器发送报警信号。

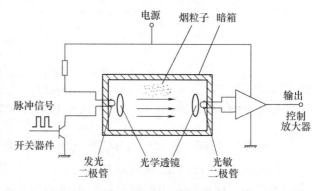

图 6-12　点型遮光感烟探测器原理示意图

光电感烟探测器的电路原理框图如图 6-13 所示。它通常由稳压电路、脉冲发光电路、发光元件、光敏元件、信号放大电路、开关电路、抗干扰电路及输出电路等组成。

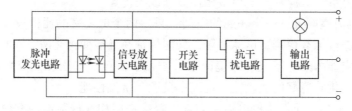

图 6-13　光电感烟探测器的电路原理框图

（2）线型遮光感烟探测器　线型遮光感烟探测器是一种能探测到被保护范围中某一线路周围烟雾的火灾探测器。探测器由光束连接（软连接），其间不能有任何可能遮断光束的障碍物存在，否则探测器将不能正常工作。常用的有红外光束型、紫外光束型和激光型感烟探测器三种，故而又称线型感烟探测器为光电式分离型感烟探测器。其工作原理如图 6-14 所示。

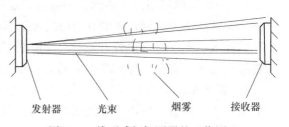

图 6-14　线型感烟探测器的工作原理

在无烟情况下，光束发射器发出的光束射到光接收器上，转换成电信号，经电路鉴别后，报警器不报警。当火灾发生并有烟雾进入被保护空间时，部分光线束将被烟雾遮挡（吸收），则光接收器收到的光能将减弱，当减弱到预定值时，通过其电路鉴定，光接收器便向报警器送出报警信号。

在接收器中设置有故障报警电路，以便当光束为飞鸟或人遮住、发射器损坏或丢失、探测器因外因倾斜等原因而不能接收光束时，故障报警电路要锁住火警信号通道，向报警器送出故障报警信号。接收器一旦发出火警信号便自保持确认灯亮。

感烟火灾探测器的激光是由单一波长组成的光束，这类探测器的光源有多种，由于其方向性强、亮度高、单色性和相干性好等特点，在各领域中都得到了广泛应用。在无烟情况下，脉冲激光束射到光接收器上，转换成电信号，报警器不发出报警。一旦激光束在发射过程中有烟雾遮挡而减少到一定程度，使光接收器信号显著减弱，报警器便自动发出报警信号。

红外光和紫外光感烟探测器是利用烟雾能吸收或散射红外光束或紫外光束的原理制成的感烟探测器，具有技术成熟、性能稳定可靠、探测方位准确、灵敏度高等优点。

线型感烟火灾探测器适用于初始火灾有烟雾形成的高大空间、大范围场所。

2. 散射型光电感烟探测器

散射型光电感烟探测器是应用烟雾粒子对光的散射作用并通过光电效应而制成的一种火灾探测器。它和遮光型光电感烟探测器的主要区别在暗室结构上，而电路组成、抗干扰方法等基本相同。由于是利用烟雾对光线的散射作用，因此暗室的结构就要求光源 E（红外发光二极管）发出的红外光线在无烟时，不能直接射到光敏元件 R（光敏二极管）。实现散射型的暗室各有不同，其中一种是在光源与光敏元件之间加入隔板（黑框），如图 6-15 所示。

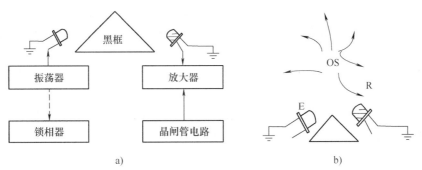

图 6-15　散射型光电感烟探测器的结构示意图
a）结构图　b）工作原理示意图

无烟雾时，红外光无散射作用，也无光线射在光敏二极管上，二极管不导通，无信号输出，探测器不动作。当烟雾粒子进入暗室时，由于烟粒子对光的散射作用，光敏二极管会接收到一定数量的散射光，接收散射光的数量与烟雾浓度有关，当烟的浓度达到一定程度时，光敏二极管导通，电路开始工作。由抗干扰电路确认是有两次（或两次以上）超过规定水平的信号时，探测器动作，向报警器发出报警信号。光源仍由脉冲发光电路驱动，每隔 3 ~ 4s 发光一次，每次发光时间为 100μs 左右，以提高探测器抗干扰能力。

光电式感烟探测器在一定程度上可克服离子感烟探测器的缺点，除了可在建筑物内部使用以外，更适合于电气火灾危险较大的场所。使用中应注意，当附近有过强的红外光源时，可导致探测器工作不稳定。

在可能产生黑烟、有大量积聚粉尘、可能产生蒸汽和油雾、有高频电磁干扰、过强的红外光源等情形的场所不宜选用光电感烟探测器。

6.2.4 感温式火灾探测器

感温式火灾探测器：火灾时物质的燃烧产生大量的热量，使周围温度发生变化。感温式火灾探测器是对警戒范围中某一点或某一线路周围温度变化时响应的火灾探测器。它是将温度的变化转换为电信号以达到报警目的。根据监测温度参数的不同，一般用于工业和民用建筑中的感温式火灾探测器有定温式、差温式、差定温式等几种。

1. 定温式火灾探测器

定温式火灾探测器是在规定时间内，火灾引起的温度上升超过某个定值时启动报警的火灾探测器。它有点型和线型两种结构形式，其线型结构的温度敏感元件呈线状分布，所监测的区域是一条线带。当监测区域中某局部环境温度上升达到规定值时，可熔的绝缘物熔化使感温电缆中两导线短路，或采用特殊的具有负温度系数的绝缘物质制成的可复用感温电缆产生明显的阻值变化，从而产生火灾报警信号。点型结构是利用双金属片、易熔金属、热电偶、热敏半导体电阻等元件，在规定的温度值产生火灾报警信号。

2. 差温式火灾探测器

差温式火灾探测器是在规定时间内，火灾引起的温度上升速率超过某个规定值时启动报警的火灾探测器。它也有线型和点型两种结构，线型结构差温式火灾探测器是根据广泛的热效应而动作的，主要的感温元件有按面积大小蛇形连续布置的空气管、分布式连接的热电偶以及分布式连接的热敏电阻等。

点型结构差温式火灾探测器是根据局部的热效应而动作的，主要感温元件有空气膜盒、热敏半导体电阻元件等。消防工程中常用的差温式火灾探测器多是点型结构，差温元件多采用空气膜盒和热敏电阻。当火灾发生时，建筑物室内局部温度将以超过常温数倍的异常速率升高，膜盒型差温火灾探测器就是利用这种异常速率产生感应并输出火灾报警信号。它的感热外罩与底座形成密闭的气室，只有一个很小的泄漏孔能与大气相通。当环境温度缓慢变化时，气室内外的空气可通过泄漏孔进行调节，使内外压力保持平衡。如遇火灾发生，环境温升速率很快，气室内空气由于急剧受热膨胀来不及从泄漏孔外逸，致使气室内空气压力增高，将波纹片鼓起与中心接线柱相碰，于是接通了电触点，便发出火灾报警信号。这种探测器具有灵敏度高、可靠性好、不受气候变化影响的特性，因而应用十分广泛。

3. 差定温式火灾探测器

差定温式火灾探测器结合了定温式和差温式两种感温作用原理，并将两种探测器的结构组合在一起。在消防工程中，常见的差定温式火灾探测器是将差温式、定温式两种感温火灾探测器组装结合在一起，兼有两者的功能，若其中某一功能失效，则另一种功能仍然起作用，因此大大提高了火灾监测的可靠性。差定温式火灾探测器一般多是膜盒式或热敏半导体电阻式等点型结构的组合式火灾探测器。差定温式火灾探测器按其工作原理，还可分为机械式和电子式两种。

感温探测器对火灾发生时温度参数的敏感，其关键是由组成探测器的核心部件——热敏元件决定。热敏元件是利用某些物体的物理性质随温度变化而发生变化的敏感材料制成的，例如易熔合金或热敏绝缘材料、双金属片、热电偶、热敏电阻、半导体材料等。定温、差定温探头的各级灵敏度探头的动作温度分别不大于 1 级 62℃、2 级 70℃、3 级 78℃。

感温式火灾探测器适宜安装于起火后产生烟雾较小的场所。平时温度较高的场所不宜安装感温式火灾探测器。

6.2.5　感光式火灾探测器

感光火灾探测器又称火焰探测器，它是一种能对物质燃烧火焰的光谱特性、光照强度和火焰的闪烁频率敏感响应的火灾探测器。它能响应火焰辐射出的红外、紫外和可见光。工程中主要有红外火焰型和紫外火焰型两种。

感光探测器的主要优点是：响应速度快，其敏感元件在接收到火焰辐射光后的几毫秒，甚至几微秒内就发出信号，特别适用于突然起火无烟的易燃易爆场所；它不受环境气流的影响，是唯一能在户外使用的火灾探测器；它性能稳定、可靠、探测方位准确。因而在火灾发展迅速，有强烈的火焰和少量烟、热的场所，应选用火焰探测器。

在可能发生无焰火灾、在火焰出现前有浓烟扩散、探测器的镜头易被污染、探测器的"视线"（光束）易被遮挡、探测器易受阳光或其他光源直接或间接照射、在正常情况下有明火作业及 X 射线与弧光影响等情形的场所不宜选用火焰探测器。

1. 红外感光火灾探测器

红外感光火灾探测器是一种对火焰辐射的红外敏感响应的火灾探测器。红外线波长较长，烟粒对其吸收和衰减能力较弱，即使有大量烟雾存在的火场，在距火焰一定距离内，仍可使红外线敏感元件感应，发出报警信号。因此这种探测器误报少，响应时间快，抗干扰能力强，工作可靠。

图 6-16 为 JGD-1 型红外火焰探测器原理框图。JGD-1 型红外感光火灾探测器是一种点型火灾探测器。火焰的红外线输入红外滤光片滤光，排除非红外光线，由红外光敏管接收转变为电信号，经放大器 1 放大和滤波器滤波（滤掉电源信号干扰），再经内放大器 2 积分电路等触发开关电路，点亮发光二极管（LED）确认灯，发出报警信号。

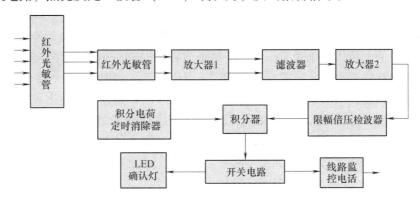

图 6-16　JGD-1 型红外火焰探测器原理框图

2. 紫外感光火灾探测器

紫外感光火灾探测器是一种对紫外光辐射敏感响应的火灾探测器。紫外感光探测器由于使用了紫外光敏管为敏感元件，而紫外光敏管同时也具有光敏管和充气闸流管的特性，所以它使紫外感光火灾探测器具有响应速度快、灵敏度高的特点，可以对易燃物火灾进行有效报警。

由于紫外光主要是由高温火焰发出的，温度较低的火焰产生的紫外光很少，而且紫外光的波长也较短，对烟雾穿透能力弱，所以它特别适合于有机化合物燃烧的场合，例如油井、输油站、飞机库、可燃气罐、液化气罐、易燃易爆品仓库等，特别适用于火灾初期不产生烟雾的场所（如生产储存酒精、石油等场所）。火焰温度越高，火焰强度越大，紫外光辐射强度也越高。

图 6-17 为紫外火焰探测器结构示意图。火焰产生的紫外光辐射，从反光环和石英玻璃窗进入，被紫外光敏管接收，变成电信号（电离子）。石英玻璃窗有阻挡波长小于 185nm 的紫外线通过的能力，而紫外光敏管接收紫外光上限波长的能力，取决于光敏管电极材质、温度、管内充气的成分、配比和压力等因素。紫外线实验灯发出紫外线，经反光环反射给紫外光敏管，用来进行探测器光学功能的自检。

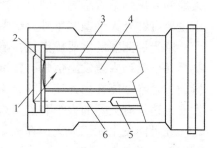

图 6-17　紫外火焰探测器结构示意图
1—反光环　2—石英玻璃窗
3—光学遮护板　4—紫外光敏管
5—紫外线实验灯　6—测试紫外线

紫外火焰探测器对强烈的紫外光辐射响应时间极短，25ms 即可动作。它不受风、雨、高气温等影响，室内外均可使用。

6.2.6　可燃气体火灾探测器

可燃气体包括天然气、煤气、烷、醇、醛、炔等。可燃气体火灾探测器是一种能对空气中可燃气体浓度进行检测并发出报警信号的火灾探测器。它通过测量空气中可燃气体爆炸下限以内的含量，当空气中可燃气体浓度达到或超过报警设定值时自动发出报警信号，以提醒人们及早采取安全措施，避免事故发生。可燃气体探测器除具有预报火灾、防火防爆功能外，还可以起到监测环境污染的作用，和紫外火焰探测器一样，主要在易燃易爆场合安装使用。

催化型可燃气体探测器是用难溶的铂（Pt）金丝作为探测器的气敏元件。工作时，铂金丝要先被靠近它的电热体预热到工作温度。铂金丝在接触到可燃气体时，会产生催化作用，并在自身表面引起强烈的氧化反应（即所谓"无烟燃烧"），使铂金丝的温度升高，其电阻增大，并通过由铂金丝组成的不平衡电桥将这一变化取出，通过电路发出报警信号。

半导体可燃气体探测器是一种用对可燃气体高度敏感的半导体器件作为气敏元件的火灾探测器，可以对空气中散发的可燃气体，如烷（甲烷、乙烷）、醛（丙醛、丁醛）、醇（乙醇）、炔（乙炔）等或气化可燃气体，如一氧化碳、氢气及天然气等进行有效的监测。

半导体气敏元件具有如下特点：灵敏度高，即使浓度很低的可燃气体也能使半导体器件的电阻发生极其明显的变化，可燃气体的浓度不同，其电阻值的变化也不同，在一定范围内成正比变化；检测电路很简单，用一般的电阻分压或电桥电路就能取出检测信号，制作工艺简单、价廉、适用范围广，对多种可燃性气体都有较高的敏感能力；但选择性差，不能分辨混合气体的某单一成分的气体。

图 6-18 是半导体可燃气体探测器的电路原理图。U_1 为探测器的工作电压，U_2 为探测器

检测部分的信号输出，由 R_3 取出作用于开关电路，微安表用来显示其变化。探测器工作时，半导体气敏元件的一根电热丝先将元件预热至它的工作温度。无可燃气体时，U_2 值不能产生报警信号，微安表指示为零。在可燃气体接触到气敏半导体时，其阻值（A、B 间电阻）发生变化，U_2 的变化将使开关电路导通，发出报警信号。调节电位器 RP 可任意设定报警点。

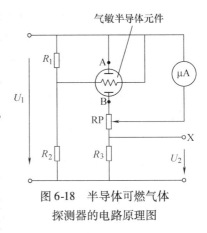

图 6-18　半导体可燃气体
探测器的电路原理图

可燃气体探测器要与专用的可燃气体报警器配套使用组成可燃气体自动报警系统。若把可燃气体爆炸浓度下限（L·E·L）定为 100%，而预报的报警点通常设在 20% ~ 25%L·E·L 的范围，则不等空气中可燃气体浓度引起燃烧或爆炸，报警器就提前报警了。

6.2.7　复合式探测器

除以上介绍的火灾探测器外，复合式火灾探测器也逐步引起重视和应用。现实生活中火灾发生的情况多种多样，往往会由于火灾类型不同以及火灾探测器性能的局限，造成延误报警甚至漏报火情。目前，人们除了大量应用普通点型火灾探测器以外，还希望能够寻求一种更有效地探测多种类型火情的复合式点型探测器，即一个火灾探测器同时能响应两种或两种以上的火灾参数。

感烟感温复合式火灾探测器，将普通感烟和感温火灾探测器结合在一起，以期在探测早期火情的前提下，对后期火情也给予监视，属于早期探火与非早期探火的复合。就其多层次探测和杜绝漏报火情而言，无疑要比普通型火灾探测器优越得多。一般采取"或"的复合方式，将会大大提高探报火情的可靠性和有效性，极具实用价值。

离子、光电感烟复合式火灾探测器是探测早期各类火情最理想的火灾探测器。它既可以探测到开放燃烧的小颗粒烟雾，又可以探测到闷燃火产生的大颗粒烟雾。离子感烟火灾探测器和光电感烟火灾探测器的传感特性，决定了二者复合后的火灾探测器其性能要优越得多，似乎最具有实用意义。

采取"或"方式复合的火灾探测器，无论是离子感烟部分探测到火情，还是光电感烟部分探测到火情，都给予及时报警。"或"方式虽然扩大了探测火情范围，但同时也可能增加非火情报警率。这是因为组成"或"方式的两部分受环境影响，都会引起复合后的火灾探测器产生非火情报警，无形之中受各类因素影响的可能性增加了，而采取降低灵敏度解决非火情报警不可取。所以，要使"或"方式复合火灾探测器既要发挥抑制非火情报警的特性，又要力争不缩小探测火情的范围，只能寄希望于离子和光电火灾探测器都能独立完成全范围火情的探测。

综上所述，感烟与感温复合式火灾探测器以及离子光电感烟复合式火灾探测器都是具有实际意义和发展潜力的。两者相比，后者的实用价值、特性要明显高于前者。此外，复合式火灾探测器并不是尽善尽美的。组成复合的两种探测器本身存在的问题依然存在，而且在被复合之后还会有新的问题出现。随着科学技术的进步，不久的将来定会生产出人们所期望的、比较完善的复合式火灾探测器。

在工程设计中应正确选用探测器的类型，对有特殊工作环境条件的场所，应分别采用耐寒、耐酸、耐碱、防水、防爆等功能的探测器，才能有效地发挥火灾探测器的作用，延长其使用寿命，减少误报和提高系统的可靠性。

6.3 消防联动控制系统

现代火灾报警控制器除具有自动报警功能外，几乎都具有一定的联动减灾和灭火控制功能。有的消防控制系统为了强化灭火与减灾控制功能也采用专用的联动控制器，通过 RS-485 接口分别与集中报警控制器和各类手动控制盘连接。

6.3.1 消防联动控制系统的组成及功能

消防联动控制系统由消防联动控制器、模块、消防电气控制装置、消防电动装置等消防设备组成，完成消防联动控制功能；并能接收和显示消防应急广播系统、消防应急照明和疏散指示系统、防烟排烟系统、防火门及卷帘系统、消火栓系统、各类灭火系统、消防通信系统、电梯等消防系统或设备的动态信息。

1. 联动控制

联动控制是指火灾确认以后，对一系列防止火灾蔓延和有利于人员疏散的措施进行的联动控制，包括防火门、防火卷帘、防火水幕、防排烟设施、火灾事故照明及疏散标志以及消防电梯等的联动控制。

（1）防火门、防火卷帘、防火水幕 对于一个大的建筑群或高层建筑，为了将火灾限制在一个小的范围，尽快将火扑灭，往往将它分为若干区。防火门、防火卷帘、防火水幕都属于防火、防烟的分隔设施，它们也是水平方向防火分区的"界门"。

正常状态下，防火门被电磁销（或永磁铁）扣住，当火灾发生时，可以通过手动或自动使电磁销解锁，使之关闭。

按照《民用建筑电气设计规范》，疏散通道的电动防火卷帘两侧应各设专用的感烟及感温两种探测器，以及声、光报警信号和手动控制按钮（应有防误操作措施）。当火灾发生时应采取两次下落的控制方式，即卷帘两侧的任何一只感烟探测器报警时，消防联动控制器发出控制信号给输出模块，由输出模块输出控制信号给防火卷帘控制箱，使防火卷帘下落至距该层地平面1.8m处停止，既起到防止烟雾向另一防火分区扩散的作用，又不阻止人员的疏散；当火灾蔓延、温度上升时，两侧的任一只感温探测器报警时，消防联动控制器第二次发出控制信号，经另一个输出模块将防火卷帘下落至地平面，彻底阻止烟雾及火势蔓延。两次动作均需将动作的反馈信号经输入模块传送回消防控制室，使控制室能知道防火卷帘的状态。防火卷帘控制原理框图如图6-19所示。

在控制器上，有自动和手动两种工作方式的选择。在自动方式下，火警条件满足时，控制器自动控制防火卷帘下降。在自动方式下，

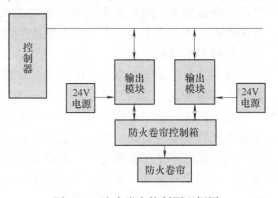

图6-19 防火卷帘控制原理框图

手动操作有效。在手动方式下，控制器的自动控制无效，仅手动启动命令有效。

除了控制器能控制防火卷帘门升降外，在防火卷帘的两侧各安装一组手动开关，该组开关可手动控制防火卷帘门升、降或停在中间的某个位置。此外，还可以通过链条，人工将防火建立升起来。这个功能在防火卷帘误动作且控制失灵时，对打开通道也有一定的作用。

防火水幕宜采用定温式感温探测器，并和水幕管网中的水流指示器组成防火水幕控制电路。

（2）防排烟设施　防排烟系统在整个消防联动控制系统中的作用非常重要。因为在火灾事故中造成的人身伤害，大部分是因为窒息的原因造成的，而且燃烧产生的大量烟气如不及时排除，还可影响人们的视线，使疏散的人群不容易辨别方向，从而造成不应有的伤害，同时也影响消防人员对火场环境的观察及灭火措施的准确性，降低灭火效率。

建筑物内的防排烟系统包括机械防排烟设施和开启外窗的自然防排烟设施，与消防自动报警系统构成联动控制的则主要是指机械加压送风防烟和机械排烟设施。

当火灾报警控制器确认建筑物内某层发生火灾后，由消防控制室的联动控制柜或系统中装于现场的智能监测模块输出电信号或继电器触点信号，接通火灾层及相邻上、下两层的电磁排烟阀，并起动相关的排烟风机和正压送风机，停止相应范围内的空调风机和其他送、排风机，同时将信号反馈至消防控制室。消防控制室内还应设置手动启动按钮，以便对机械防烟、排烟设施进行应急控制。

（3）火灾事故照明和疏散标志　火灾发生时，正常照明供电线路或者被烧毁，或者为了避免电气线短路而使事故扩大，必须人为切断全部或部分区域的正常照明，但是为了保证灭火活动正常进行和人员疏散，在建筑物内必须设置应急事故照明的疏散照明标志。

事故照明的照度不应低于一般照明的 10%。消防控制室、消防水泵房、防排烟机房、配电室及自备发电机房、电话总机房以及火灾时仍需检测工作的气体房间的事故照明，仍应保证正常照明的照度。备用照明电源的切断时间不应超过 15s，对商业区不应超过 1.5s，因此一般均采用低压备用电源自带投入方式恢复供电。事故照明用的照明器必须选用瞬时点燃的白炽灯、荧光灯等作光源。

疏散照明是确保人员从室内向安全地点撤离而设置的照明。一般在疏散通道、公共出口处，如疏散楼梯、防烟楼梯间及其前室、消防电梯及其前室、疏散走道等处，设置疏散照明指示灯，灯位高度以宜于人们观察为准，如出口顶部、疏散走道及其转角处距该层地面 1m 以下的墙面等处，且间距不应大于 20m。用蓄电池作备用电源（推荐如此），其连续供电时间不应小于 20min，高度超过 100m 的高层建筑连续供电时间不应少于 30min。火灾事故照明及疏散标志应在消防控制室内进行电源切换控制。

（4）消防电梯　消防电梯是高层建筑特有的必备设备。其作用有两个：一是当火灾发生时，正常电梯断电和不防烟火而停止使用，消防电梯则作为垂直疏散的通道之一被启用；二是作为消防队员登高扑救的重要运送工具。消防电梯间的前室应靠外墙设置。这样布置，可利用外墙上开设的窗户进行自然排烟，前室的门应采用耐火等级不低于 0.9h 的乙级防火门或具有二次降落功能的防火卷帘。电梯轿厢的内装修应采用不燃烧材料，且应设消防专门电话。消防电梯应设供消防队员专门使用的操作按钮。虽然可由客梯或工作电梯兼消防电梯，但这种情况的客梯或工作电梯应满足对消防电梯的特殊要求。消防电梯的电梯房、机房均应采用耐火极限不低于 2h 的隔墙隔开。消防电梯的动力、控制线路也应采用阻燃性电线电缆，且应采取防水措施。当建筑物需要不少于 2 台消防电梯时，消防电梯应分别设置在不同防火分区内。

2. 灭火系统

建筑物内的灭火系统是根据灭火介质来划分的，包括自动水灭火系统和自动气体灭火系统。

3. 消防通信与广播系统

（1）消防应急广播系统 消防应急广播系统是火灾疏散和灭火指挥的重要设备，在整个消防控制管理系统中起着极其主要的作用。火灾发生时，应急广播信号由音源设备发出，经功率放大器放大后，由模块切换到指定区域的音箱实现应急广播。消防应急广播系统主要由音源设备、功率放大器、输出模块、音箱等设备构成。在为商场等大型场所选用功率放大器时，应能满足三层所有音箱启动的要求，音源设备应具有放音、录音功能。如果业主要求应急广播平时作为背景音乐的音箱时，功率放大器的功率应选择大于所有广播功率的总和，否则功率放大器将会过载保护导致无法输出背景音乐。

（2）消防电话系统 消防电话系统是一种消防专用的通信系统，通过消防电话可及时了解火灾现场的情况，并及时通告消防人员救援。它有总线制和多线制两种主机。总线制消防电话系统由消防电话总机、消防电话接口模块固定消防电话分机、消防电话插孔、手提消防电话分机等设备构成，所有电话插孔和电话分机与主机通话都要经过电话接口模块。而多线制消防电话系统则没有电话接口模块，一路线上的所有电话插孔和电话分机与多线制电话主机面板上的呼叫操作键是一一对应的，一般设置为每个单元一路电话。

火灾报警与消防控制关系如图 6-20 所示。由于每个建筑的使用性质和功能要求不同，选择消防泵联动控制中的哪些内容，也应根据工程的实际情况来决定。但无论选择消防泵联动控制中的哪些内容，其控制装置均应集中于消防控制室内，即使控制设备分散在其他房间，其操作信号也应反馈到消防控制室。

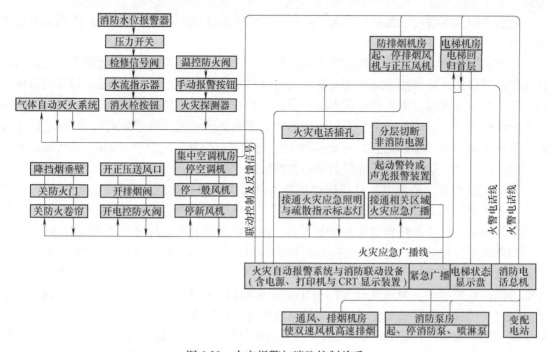

图 6-20　火灾报警与消防控制关系

消防控制室对联动控制应具备以下功能：火灾报警后停止有关部位风机，关闭防火门，接收和显示相应的反馈信号；起动有关部位防烟、排烟风机（包括正压送风机）和排烟阀，接收并显示其反馈信号；控制防烟垂壁等防烟设施。火灾确定后，关闭有关部位的防火门、防火卷帘，接收、显示其反馈信号；强制控制电梯全部停于首层，接收、显示其反馈信号。接通火灾事故照明和疏散指示标志灯，切断有关部位的非消防电源，应按照疏散顺序接通火灾（现场）警报装置和火灾广播，并应确保设置的对内外的消防通信设备良好有效，应能解除所有疏散通道上的门禁控制功能。

消防控制室对室内消火栓系统能控制消防泵的启停，显示启泵按钮的位置，显示消防水池的水位状态、消防泵的电源状态，显示消防泵的工作状态、故障状态。对自动喷水灭火系统应能控制系统的启停，显示报警阀、闸阀及水流指示器的工作状态，显示消防水池的水位状态、消防泵的电源状态，显示喷淋泵的工作状态、故障状态。对管网启停灭火系统，应能显示系统的手动、自动工作状态；在报警、喷射各阶段，控制室应有相应的声光报警信号，并能手动切除这些信号；在延时阶段，应自动关闭防火门窗，停止通风空调系统，关闭有关部位的防火门；在被保护场所主要进入口处，应设置手动紧急启停控制按钮；主要出入口上方应设气体灭火剂喷放指示标准灯及相应的声光报警信号；宜在防护区外的适当部位设置气体灭火控制盘的组合分配系统及单元控制系统；气体灭火系统防护区的报警、喷放及防火门（帘）、通风空调等设备的状态信号应送至消防控制室。对泡沫、干粉灭火系统，应能控制系统启停，能显示系统工作状态。对泡沫灭火系统，应能控制泡沫泵及消防泵的启停，控制泡沫灭火系统有关电动阀门的开启、关闭，显示系统的工作状态。对于粉末灭火系统，应能控制系统的启停，显示系统的工作状态。

6.3.2　自动水灭火系统

水灭火系统结构简单、造价低廉、性能稳定、工作可靠，且维护使用方便，因此是建筑物最主要的灭火系统。水灭火系统可分为室内消火栓灭火系统和室内自动喷水灭火系统两类。

1. 室内消火栓灭火系统

该系统主要由高位水箱（蓄水池）、散布于建筑物内各处的消火栓、消防水泵及控制器以及连接它们的管网组成。从与火灾自动报警装置联动控制的角度出发，对室内消火栓灭火系统的控制主要是指对消防水泵的起动控制。消防水泵的起动控制分为远程自动控制和就地手动控制。图 6-21 为常见的消防水泵控制电路图。图 6-21 中的 SB1，SB2，…，SBn 为装于各消防栓箱内的起动按钮。按钮采用动断（常闭）触点串联 "或" 逻辑方式起动消防水泵。这是一种传统式接法，可监视断线故障，适用于中小工程。在图 6-21 中，KA1 和 KT 始终带电，不节能。如将消火栓按钮 SB1 ~ SBn 的动合（常开）触点并联来起动泵，则可克服上述缺点，但没有断线监视功能。在大中型工程中，也经常通过总线或多线来起动泵。当消防水泵控制柜的转换开关 SAC 处于自动位置上，又发生火灾时，某区域内的消火栓箱内消火栓按钮被按下后，动断触点断开，使中间继电器 KA1 断电，其动断触点闭合接通 KA2，从而自动接通接触器 KM，起动消防水泵，并接通消火栓箱内消防按钮指示灯 HL1 ~ HLn 信号回路。总停止按钮 SM2 装于消防控制室控制台上，当火灾扑灭后，可由消防控制室直接停止消防水泵的工作。当消防水泵控制柜的转换开关 SAC 处于手动位置上时，可由操作人员在现场的消防水泵控制柜处，按 SA1 起动泵，按 SA2 停泵。

SM1 为消防控制室内装设的遥控按钮，可以直接远程起动消防水泵。

SP 为装于消防水管网中的压力传感器，其作用是监测管网水压，防止管网因压力过大而爆裂。消防水泵主回路的热继电器 KR 动作的动断触点只能用于报警，不可用于跳闸保护。这是因为维持消防用水的紧急需要，远比保护消防水泵电动机要重要得多。

另一个远程控制消防水泵工作的器件是装于高位水箱消防出水管上的水流报警启动器。发生火灾时，当高位水箱向管网供水时，水流冲击水流报警启动器，将报警信号通过消防自动报警系统线路传送至消防中心控制室，

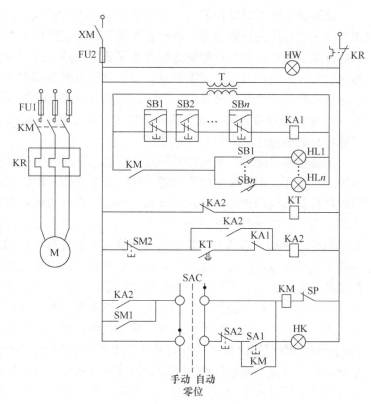

图 6-21　常见的消防水泵控制电路图

并通过联动使消防中心动合触点 SM1 闭合，起动消防水泵。

值得指出的是，目前有的建筑物内消防水管网中只装设防止管网爆裂的安全阀而未装压力继电器，此时不宜采用联动控制而直接起动消防水泵，因为火灾报警按钮启动的同时并不意味着消火栓的使用，消防水泵起动而不喷水可能造成管网过压而爆裂。所以，此时应在确认火灾后通过消火栓按钮起动消防水泵，这样起动消防水泵和启用消火栓（放水闸阀打开）几乎同时进行，则不会出现上述问题。

2. 室内自动喷水灭火系统

自动喷水灭火系统可分为干式、湿式、雨淋式、喷雾式和预作用式等多种方式。干式和湿式的区别主要在于管网在正常状态下是否有消防水存在。雨淋式和湿式的区别则主要是采用雨淋阀而非湿式报警阀控制消防水流。预作用式自动喷淋水系统是近年来发展起来的水灭火系统，其预作用是指火灾报警系统报警的同时，通过联动控制喷水灭火系统管网排气阀预先排除管网内的压缩空气，使灭火时消防水能够迅速进入管网，从而克服了干式自动喷水灭火系统在喷头打开后需先放走管网内的压缩空气，才能让消防水进入进行喷洒灭火的缺点，也避免了湿式自动喷水灭火系统存在消防水渗漏而污染室内装修的弊病。喷雾式采用水雾喷头，与上述喷水灭火系统相比，相同体积的灭火水所产生的水雾，其水滴的表面积可增大近百倍。因此，水雾的吸热效果更好，汽化迅速，可快速降低燃烧物表面温度，而形成的水蒸气又降低了灭火区域的氧气浓度，使燃烧停止。由于水雾的特点，使得喷雾式自动喷水灭火系统不但能扑灭一般固体可燃性火灾，还能扑灭可燃性液体火灾和电气火灾。

湿式自动喷水灭火系统框图如图 6-22 所示。

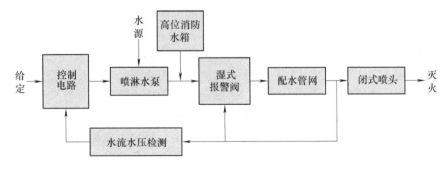

图 6-22　湿式自动喷水灭火系统框图

水箱在正常状态下维持管网的压力，在火灾初期给管网提供灭火用水。湿式报警阀是一个安装在总供水干管上的单向阀，当管网中有喷头喷水时，阀门上下的平衡压力被打破，使阀板开启而连接供水设备和配水管网。闭式喷头的喷水口由感温元件组成的释放机构封闭，根据感温元件的不同可分为易熔金属式、双金属片式和玻璃球式三种，其中以玻璃球式应用最多。水流指示器用于检测该水流指示器安装处的水流情况。当闭式喷头开启进行喷水灭火时，水管中产生水流，水流指示器电触点动作，接通延时电路（延时 20～30s）；延时时间到，通过继电器触发，发出声、光信号并传给控制室，指示发生火灾的具体区域。

自动喷水灭火控制主要是指对喷淋泵的启、停控制，其控制逻辑与消防水泵的启、停控制类似，这里不再赘述。在图 6-22 中，闭式喷头在湿式自动喷水灭火系统中起温度探测的作用，当火灾现场的环境温度达到喷头公称动作温度时，喷头破裂，管道中的压力水经破裂喷头喷出，在配水干管中产生水流并驱动水流指示器。水流指示器将水流转换为电信号或开关出水口压力差，原来处于关闭的湿式报警阀自动开启，在压力水驱动下，湿式报警阀、水力警铃和压力开关动作，压力开关输出信号与水流指示器信号配合，联动火灾自动报警系统中的联动控制器，起动喷淋泵，给自动喷水灭火系统加压供水，达到持续自动喷水灭火的目的。

消防水泵的喷淋水泵均设置有备用泵，因此在消防水泵的喷淋水泵控制电路设计时必须考虑备用泵自动投入环节。

6.3.3　自动气体灭火系统

目前工程上常用的自动气体灭火系统主要是指二氧化碳灭火系统和卤代烷代替物（如七氟丙烷）灭火系统。二氧化碳和七氟丙烷均属于气体灭火介质。二氧化碳的灭火机理主要是对可燃物质起窒息和少量冷却降温作用；七氟丙烷的灭火原理则是灭火剂参与物质燃烧的化学反应，消除维持燃烧所必需的活性游离基 H 和 OH，生成稳定的水分子、二氧化碳以及活性较低的游离基 R，从而抑制燃烧达到灭火的目的。

以上两种灭火剂在灭火时，会对在场人员的身体造成危害，甚至窒息死亡，所以灭火时人员必须撤离现场。

二氧化碳和七氟丙烷在一定温度和一定压力下均可以以液态储存，作为灭火剂释放出来后又成为气体状态，在灭火后不留痕渍，且不导电。在工程上，通常将气体灭火系统作为自动水灭火系统的补充，用于一些重要的资料文献和储品库，以及电力、电信和大中型计算机房的灭火。

自动气体灭火系统主要由气体储存钢瓶、容器阀、启动气瓶、喷头、管网及装于管网上的压力信号器组成。当设置在灭火区内的火灾探测器发出火灾信号以后，经火灾报警控制器确认，驱动联动控制柜给出灭火指令信号，引爆启动气瓶电爆管使启动气瓶开启，通过管道释放出高压氮气，用以启动储气钢瓶的瓶头阀，释放储存气体，此时仍为液态的气体，经分配阀、相应部分的管路以及通过布置于灭火区内的喷头，喷出二氧化碳或七氟丙烷气体进行灭火。压力信号器负责检测管道内的压力并将其转换为电信号或开关信号，作为反馈信号反馈至消防控制中心，实现联动的闭环自动控制。

6.3.4 消防联动控制器

专用的联动控制器与火灾报警控制器配合，通过数据通信，接收并处理来自火灾报警控制器的报警点数据，然后对与其配套的执行器件发出控制信号，实现对各类消防设备的控制。联动控制器及其配套执行器件相当于整个火灾自动报警控制系统的"躯干和四肢"。

联动控制器具有以下几项基本功能：

1）为与其直接相连的部件供电。

2）直接或间接起动受其控制的设备。

3）直接或间接地接收来自火灾报警控制器或火灾触发器件的相关火灾报警信号，发出声、光报警信号。声报警信号能手动消除，光报警信号在联动控制器设备复位前应予保持。

4）在接收到火灾报警信号后，按 GB 50116—2013《火灾自动报警系统设计规范》所规定的逻辑关系，完成下列功能：

① 切断火灾发生区域的正常供电电源。

② 起动消防栓灭火系统的消防泵，并显示状态。

③ 起动自动喷水灭火系统的喷淋泵，并显示状态。

④ 打开雨淋灭火系统的控制阀，起动雨淋泵并显示状态。

⑤ 打开气体或化学灭火系统的容器阀，在容器阀动作之前手动急停，并显示状态。

⑥ 控制防火卷帘门的半降、全降，并显示状态。

⑦ 控制防火门，并显示其所处的状态。

⑧ 关闭空调送风系统的送风机、送风口，并显示状态。

⑨ 打开防排烟系统的排烟机、正压送风机及排烟口、送风口，关闭排烟机、送风机，并显示其状态。

⑩ 控制普通客梯，使其自动降至首层并切断电源；

使受其控制的火灾应急广播投入使用；

使受其控制的疏散、诱导指示设备投入工作；

使受其控制的警报装置进入工作状态。

使与其连接的警报装置进入工作状态。

对于以上各功能，应能以手动或自动两种方式进行操作。

5）当联动控制器设备内部、外部发生下述故障时，应能在100s内发出与火灾报警信号有明显区别的声光故障信号：

　　① 与火灾报警控制器或火灾触发器件之间的连接线断路（断路报火警除外）；

　　② 与接口部件间的连接断路、短路；

　　③ 主电源欠电压；

　　④ 给备用电源充电的充电器与备用电源之间的连接线断路、短路；

　　⑤ 在备用电源单独供电时，其电压不足以保证设备正常工作。

　　6）联动控制器设备应能以手动和自动两种方式进行操作。

　　7）联动控制器设备处于手动操作状态时，如果进行操作，必须用密码或钥匙才能进入操作状态。

　　8）具有隔离所控制设备功能的联动控制器设备，应设有隔离状态指示，并能查寻和显示被隔离的部位。

　　9）联动控制器的电源设备应具有电源转换功能。当主电源断电时，能自动转换到备用电源；当主电源恢复时，能自动转换到主电源。主、备电源应有工作状态指示。主电源容量应能保证联动控制器在下述最大负载条件下，连续工作 4h 以上：

　　① 受控设备的数量不超过 50 个时，所有设备均处于动作状态。

　　② 受控设备的数量超过 50 个时，20% 的设备（但不少于 50 个）处于动作状态。

6.4　火灾自动报警系统与消防联动控制系统的设计

6.4.1　火灾探测器的选择与布置

　　火灾探测器的选用应按照国家标准《火灾自动报警系统设计规范》和《火灾自动报警系统施工验收规范》的有关要求来进行。火灾探测器的选用涉及的因素很多，主要有火灾的类型、火灾形成的规律、建筑物的特点以及环境条件等，下面进行具体分析。

　　火灾分为两大类：一类是燃烧过程极短暂的爆燃性火灾；另一类是具有初始阴燃阶段，燃烧过程较长的一般性火灾。对于第一类火灾，必须采用可燃气体探测器实现灾前报警，或采用感光火灾探测器对爆燃性火灾瞬间产生的强烈光辐射做出快速报警反应，这类火灾没有阴燃阶段，燃烧过程中烟雾少，用感烟火灾探测器显然不行。爆燃性火灾燃烧过程中虽然有强热辐射，但总的来说感温火灾探测器的响应速度偏慢，不能及时做出报警反应。一般性火灾初始的阴燃阶段，产生大量的烟和少量的热，只有很弱的火光辐射，此时应选用感烟火灾探测器。单纯作为报警用的探测器，应选用非延时工作方式的；报警后联动消防设备的探测器，则选用延时工作方式的。烟雾粒子较大时宜采用光电感烟火灾探测器；烟雾粒子较小时，由于小烟雾粒子对光的遮挡和散射能力较弱，光电感烟火灾探测器灵敏度降低，此时宜采用离子感烟火灾探测器。若火灾形成规模，在产生大量烟雾的同时，光和热的辐射也迅速增加，这时应同时选用感烟、感光及感温火灾探测器，把它们组合使用。建筑物的室内高度不同，对火灾探测器的选用有不同的要求：房间高度超过 12m，感烟火灾探测器不适用；房间高度超过 8m，则感温火灾探测器不适用，这种情况下只能采用感光火灾探测器。对于较大库房及货场，宜用线型激光感烟火灾探测器，而采用其他点型火灾探测器，则效率不高。在粉尘较多、烟雾较大的场所，感烟火灾探测器易出现误报，感光火灾探测器的镜头易受污染而导致探测器漏报,因此,这种场合只能采用感温火灾探测器。在较低温度的场合,宜采用差温或差定温火灾探测器,不宜采用定温火灾探测器。在温度变化较大的场合,应采用定温火灾探测器,不宜采用差温火灾探测器。风速较大或气流速度大于 5m/s 的场所不宜采用感烟火灾探测器,使用感光火灾探测器则无任何影响。

最后要强调的是,在火灾探测器与灭火装置联动时,火灾探测器的误报警将导致灭火设备自动启动,从而带来不良影响,甚至严重的后果。这就对火灾探测器的准确性及可靠性有了更高的要求,一般都采用同类型或不同类型的两个探测器的组合来实现双信号报警,很多时候还要加上一个延时报警判断,才能产生联动控制信号。需要说明的是,同类型探测器组合使用时,应该是一个具有高一些的灵敏度,另一个灵敏度低一些。

1. 探测器种类的选择

应根据探测区域的环境条件、火灾特点、房间高度、安装场所的气流状况等,选择适宜类型的探测器或几种探测器的组合。

(1) 根据火灾特点、环境条件及安装场所确定探测器的类型

1) 火灾初期有阴燃阶段,产生大量的烟和少量的热,火焰辐射很少或没有,应选用感烟火灾探测器。不适于选用感烟火灾探测器的场所:正常情况下有烟的场所,经常有粉尘及水蒸气等固体、液体微粒出现的场所,火灾发展迅速并产生少量烟气的爆炸性场所。

离子感烟与光电感烟火灾探测器的适用场合基本相同,但应注意它们各有不同的特点。离子感烟火灾探测器对人眼看不到的微小颗粒同样敏感,例如人能嗅到的油漆味、烤焦味等都能引起探测器动作,甚至一些分子量大的气体分子,也会使探测器发生动作,在风速过大(例如大于 6m/s)时将引起探测器不稳定,且其敏感元件的寿命较光电感烟火灾探测器的短。

2) 对于有强烈的火焰辐射而仅有少量烟和热产生的火灾,如轻金属及它们的化合物的火灾,应选用感光火灾探测器,但不宜在火焰出现前有浓度扩散的场所及探测器的镜头易被污染、遮挡以及有电焊、X 射线等影响的场所中使用。

3) 火灾发展迅速,产生大量的热、烟和火焰辐射的场合,可选用感温火灾探测器、感烟火灾探测器、火焰探测器或其组合。

4) 感温火灾探测器作为火灾形成的早期报警非常有效,因其工作稳定,不受非火灾性烟雾、汽尘等干扰,凡无法应用感烟火灾探测器、允许产生一定的物质损失的非爆炸性场合都可采用感温火灾探测器,特别适用于经常存在大量粉尘、烟雾、水蒸气的场所及相对湿度经常高于 95% 的房间,但是不宜用于有可能产生阴燃火的场所。

5) 火灾发展迅速,有强烈的火焰辐射和少量烟、热,应选用火焰探测器。

6) 在通风条件较好的车库内可采用感烟火灾探测器,一般的车库内可采用感温火灾探测器。

7) 火灾形成特征不可预料时,可进行模拟试验,根据试验结果选择探测器。

各种探测器都可配合使用,如感烟与感温火灾探测器的组合宜用于大中型机房、洁净厂房以及有防火卷帘设施的部位。对于蔓延迅速、有大量的烟和热产生、有火焰辐射的火灾,如油品燃烧,宜选用三种探测器的配合。

总之,感烟火灾探测器具有稳定性好、误报率低、寿命长、结构紧凑、保护面积大等优点,得到了广泛应用。其他类型的探测器,只在某些特殊场合作为补充才用到。

（2）根据房间高度选择探测器 由于各种探测器特点各异，其适于房间高度也不一致，为了使选择的探测器更有效地达到保护目的，表6-1列举了三种常用的探测器对房间高度的要求，仅供学习及设计参考。

表6-1 根据房间的高度选择点型火灾探测器

房间高度 h/m	感烟探测器	感温探测器			火焰探测器
		一 级	二 级	三 级	
$12 < h \leqslant 20$	不适合	不适合	不适合	不适合	适合
$8 < h \leqslant 12$	适合	不适合	不适合	不适合	适合
$6 < h \leqslant 8$	适合	适合	不适合	不适合	适合
$4 < h \leqslant 6$	适合	适合	适合	不适合	适合
$h \leqslant 4$	适合	适合	适合	适合	适合

当同一房间内高度不同，且较高部分的顶棚面积小于整个房间顶棚面积的10%时，只要这一顶棚部分的面积不大于一只探测器的保护面积，则该较高的顶棚部分同整个顶棚面积一样看待。否则，较高的顶棚部分应如同分隔开的房间处理。

在按房间高度选用探测器时，应注意这仅仅是按房间高度对探测器选用的大致划分，具体选用时还需结合火灾的危险度和探测器本身的灵敏度档次来考虑。如判断不准，需做模拟试验后最后确定。按表6-1和表6-2所列情况确定探测器，如同时有两种以上探测器符合，应选保护面积大的探测器。

2. 探测器数量的确定

在实际工程中房间功能及探测区域大小不一，房间高度、屋顶坡度也各异，那么怎样确定探测器的数量呢？规范规定：每个探测区域内至少设置一只火灾探测器。一个探测区域内所设置探测器的数量应按式（6-1）计算。

$$N \geqslant \frac{S}{K \cdot A} \tag{6-1}$$

式中 N——单个探测区域内所设置的探测器的数量，N 应取整数（即小数进位取整数）；

　　　S——单个探测区域的地面面积（m^2）；

　　　A——探测器的保护面积（m^2），指一只探测器能有效探测的地面面积。由于建筑物房间的地面通常为矩形，因此，所谓探测器有效探测的地面面积，实际上是指探测器能探测到的矩形地面面积。探测器的保护半径 R（单位为 m）是指一只探测器能有效探测的单向最大水平距离；

　　　K——安全修正系数，特级保护对象 K 取 $0.7 \sim 0.8$，一级保护对象 K 取 $0.8 \sim 0.9$，二级保护对象 K 取 $0.9 \sim 1.0$。

火灾探测器数量根据设计者的实际经验选取，并考虑发生火灾时对人和财产的破坏程度、火灾危险性大小、疏散及扑救火灾的难易程度及对社会的影响大小等多种因素。

对于一个探测器而言，其保护面积和保护半径的大小与探测器的类型、探测区域的面积、房间高度及屋顶坡度都有一定的联系。表6-2说明了两种常用的探测器保护面积、保护半径与其他参量的相互关系。

表6-2　感烟探测器、感温探测器的保护面积及保护半径

火灾探测器种类	地面面积 S/m^2	房间高度 h/m	探测器的保护面积和保护半径					
			屋顶坡度 θ					
			$\theta \leqslant 15°$		$15° < \theta \leqslant 30°$		$\theta > 30°$	
			A/m^2	R/m	A/m^2	R/m	A/m^2	R/m
感烟探测器	$S \leqslant 80$	$h \leqslant 12$	80	6.7	80	7.2	80	8.0
	$S > 80$	$6 < h \leqslant 12$	80	6.7	100	8.0	120	9.9
		$h \leqslant 6$	60	5.8	80	7.0	100	9.0
感温探测器	$S \leqslant 30$	$h \leqslant 8$	30	4.4	30	4.9	30	5.5
	$S > 30$	$h \leqslant 8$	20	3.6	30	4.9	40	6.3

对探测器类型的确定必须全面考虑，确定了类型，数量也就被确定了。下面就介绍在类型、数量确定之后如何布置及安装，以及在有梁等特殊情况下探测区域如何划分。

3. 探测器的布置

探测器布置及安装得合理与否，会直接影响保护效果。一般火灾探测器应安装在屋内顶棚表面或顶棚内部（没有顶棚的场合，安装在室内吊顶板表面上）。考虑到维护管理的方便，其安装面的高度不宜超过20m。

在布置探测器时，首先要考虑安装间距，再考虑梁的影响及特殊场所探测器的安装要求，下面分别叙述。

（1）安装间距的确定　安装间距的确定相关规范规定：探测器周围0.5m内不应有遮挡物（以确保探测效果）。探测器至墙壁、梁的水平距离不应小于0.5m，如图6-23所示。

探测器在房间中布置时，如果是多只探测器，那么两探测器的水平距离和垂直距离称为安装间距，分别用 a 和 b 表示。安装间距 a、b 的确定方法有如下五种。

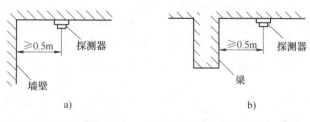

图6-23　探测器与相邻墙、梁的允许最小距离示意图

1）计算法。从表6-2中可以查得保护面积 A 和保护半径 R，从而计算出直径 $D(2R)$，根据所算 D 值大小对应保护面积 A 在图6-24所示曲线（粗实线，即由 D 值所包围部分）上取一点，此点所对应的数即为安装间距 a、b 值。注意，实际应不大于查得的 a、b 值。具体布置后，再检验探测器到最远点水平距离是否超过了探测器的保护半径，如超过，应重新布置或增加探测器的数量。

图6-24所示曲线中的安装间距是以二维坐标的极限曲线的形式给出的，即给出感温火灾探测器的三种保护面积（$20m^2$、$30m^2$ 和 $40m^2$）及其五种保护半径（3.6m、4.4m、4.9m、5.5m和6.3m）所适宜的安装间距极限曲线 $D_1 \sim D_5$，给出感烟火灾探测器的四种保护面积（$60m^2$、$80m^2$、$100m^2$ 和 $120m^2$）及其六种保护半径（5.8m、6.7m、7.2m、8.0m和9.9m）所适宜的安装间距极限曲线 $D_6 \sim D_{11}$（含 D_9'）。

在图6-24中，A 为探测器的保护面积（m^2）；a、b 为探测器的安装间距（m）；$D_1 \sim D_{11}$

（含 D_9'）为在不同保护面积 A 和保护半径 R 下确定探测安装间距 a、b 的极限曲线；Y、Z 为极限曲线的端点（在 Y 和 Z 两点间的曲线范围内，保护面积可得到充分利用）。由此可见，这种方法不需要查表，可非常方便地求出 a、b 值。

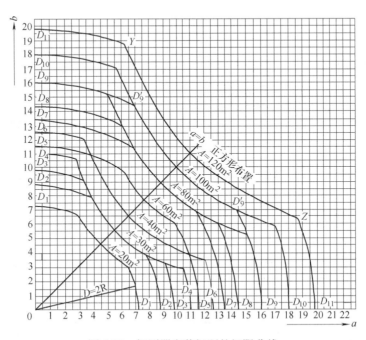

图 6-24　探测器安装间距的极限曲线

2）经验法。一般点型火灾探测器的布置为均匀布置，根据工程实际总结计算方法如下：

$$横向距离\ a = \frac{该房间（该探测区域）的长度}{横向安装间距个数 + 1} = \frac{该房间的长度}{横向探测器个数}$$

$$纵向间距\ b = \frac{该房间（该探测区）的宽度}{纵向安装间距个数 + 1} = \frac{该房间的宽度}{纵向探测器个数}$$

另外，根据人们的实际工作经验，推荐由保护面积和保护半径决定最佳安装间距的选择表，见表 6-3 供设计时参考使用。

表 6-3　由保护面积和保护半径决定最佳安装间距选择表

探测器种类	保护面积 A/m^2	保护半径 R 的极限值/m	参照的极限曲线	最佳安装间距 a、b 及保护半径 R 值/m									
				$a \times b$	R	$a \times b$	R	$a \times b$	R	$a \times b$	R	$a \times b$	R
感温火灾探测器	20	3.6	D_1	4.5×4.5	3.2	5.0×4.0	3.2	5.5×3.6	3.3	6.0×3.3	3.4	6.5×3.1	3.6
	30	4.4	D_2	5.5×5.5	3.9	6.1×4.9	3.9	6.7×4.8	4.1	7.3×4.1	4.2	7.9×3.8	4.4
	30	4.9	D_3	5.5×5.5	3.9	6.5×4.6	4.0	7.4×4.1	4.2	8.4×3.6	4.6	9.2×3.2	4.9
	30	5.5	D_4	5.5×5.5	3.9	6.8×4.4	4.0	8.1×3.7	4.5	9.4×3.2	5.0	10.6×2.8	5.5
	40	6.3	D_6	6.5×6.5	4.6	8.0×5.0	4.7	9.4×4.3	5.2	10.9×3.7	5.8	12.2×3.3	6.3

（续）

探测器种类	保护面积 A/m²	保护半径 R 的极限值/m	参照的极限曲线	最佳安装间距 a、b 及保护半径 R 值/m									
				$a \times b$	R	$a \times b$	R	$a \times b$	R	$a \times b$	R	$a \times b$	R
感烟火灾探测器	60	5.8	D_5	7.7×7.7	5.4	8.3×7.2	5.5	8.8×6.8	5.6	9.4×6.4	5.7	9.9×6.1	5.8
	80	6.7	D_7	9.0×9.0	6.4	9.6×8.3	6.3	10.2×7.8	6.4	10.8 7.4	6.5	11.4 7.0	6.7
	80	7.2	D_8	9.0×9.0	6.4	10.0×8.0	6.4	11.0×7.3	6.6	12.0×6.7	6.9	13.0×6.1	7.2
	80	8.0	D_9	9.0×9.0	6.4	10.6×7.5	6.5	12.1×6.6	6.9	13.7×5.8	7.4	15.4×5.3	8.0
	100	8.0	D_9	10.0×10.0	7.1	11.1×9.0	7.1	12.2×8.2	7.3	13.3×7.5	7.6	14.4×6.9	8.0
	100	9.0	D_{10}	10.0×10.0	7.1	11.8×8.5	7.3	13.5×7.4	7.7	15.3×6.5 9.2	8.3	17.0×5.9	9.0
	120	9.9	D_{11}	11.0×11.0	7.8	13.0×9.2	8.0	14.9×8.1	8.5	16.9×7.1		18.7×6.4	9.9

在较小面积的场所（$S \leqslant 80\text{m}^2$），探测器应尽量居中布置，使保护半径较小，探测效果较好。

3）查表法。所谓查表法，是根据探测器种类和数量从表中查得适当的安装间距 a 和 b 值，按其布置即可。

4）正方形组合布置法。如图 6-25 所示，这种方法的安装间距 $a = b$，且完全无"死角"，但使用时受到房间尺寸及探测器数量多少的约束，很难合适。

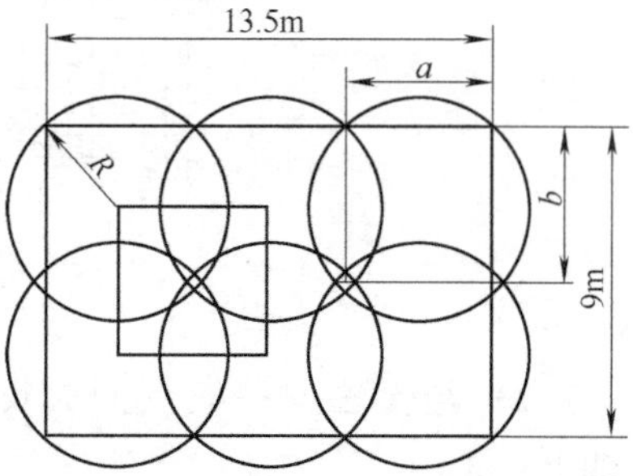

如果不采用查表法，怎样得到 a 和 b 呢？a 和 b 可用下式计算：

$$\text{横向安装间距 } a = \frac{\text{房间长度}}{\text{横向探测器个数}}$$

$$\text{纵向安装间距 } b = \frac{\text{房间宽度}}{\text{纵向探测器个数}}$$

如果恰好 $a = b$ 时，可采用正方形组合布置法。

图 6-25　正方形组合布置法举例

5）矩形组合布置法。具体做法是：当求得探测器的数量后，用正方形组合布置法的 a、b 求解公式计算，如 $a \neq b$，可采用矩形组合布置法。

综上可知，正方形和矩形组合布置法的优点是：可将保护区的各点完全保护起来，保护区内不存在得不到保护的"死角"，且布置均匀美观。上述五种布置法可根据实际情况选取。

（2）梁对探测器的影响　在顶棚有梁时，由于烟的蔓延受到梁的阻碍，探测器的保护面积会受到影响。如果梁间区域的面积较小，梁对热气流（或烟气流）形成障碍，并吸收一部分热量，因而探测器的保护面积必然减少。梁对探测器的影响如图 6-26 及表 6-4 所示。通过查表可以确认一只探测器能够保护的梁间区域个数，减少了计算工作量，按规定，房间高度在 5m 以下，梁高小于 200mm 时，感烟火灾探测器无须考虑梁的影响；房间高度在 5m 以上，梁高大于 200mm 时，探测器的保护面积受房高的影响，可按房间高度与梁高的线性关系考虑。

由图 6-26 可查得三级感温火灾探测器房间高度极限值为 4m，梁高限度为 200mm；二级感温火灾探测器房间高度极限值为 6m，梁高限度为 225mm；一级感温火灾探测器房间极限值为 8m，梁高限度为 275m。感烟火灾探测器房间高度极限值为 12m，梁高限度为 375mm，在线性曲线左边部分均无须考虑梁的影响。

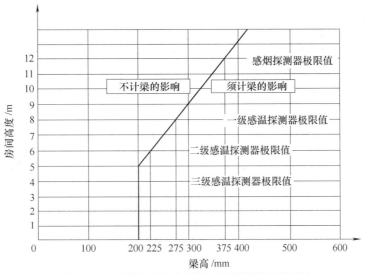

图 6-26　不同高度的房间梁对探测器设置的影响

可见当梁突出顶棚的高度在 200 ~ 600mm 时，应按图 6-24 和表 6-4 确定梁的影响和一只探测器能够保护的梁间区域的数目。

表 6-4　按梁间区域面积确定一只探测器能够保护的梁间区域的个数

探测器的保护面积 A/m^2		梁隔断的梁间区域面积 Q/m^2	一只探测器保护的梁间区域的个数
感温火灾探测器	20	$Q > 12$	1
		$8 < Q \leqslant 12$	2
		$6 < Q \leqslant 8$	3
		$4 < Q \leqslant 6$	4
		$Q \leqslant 4$	5
感温火灾探测器	30	$Q > 18$	1
		$12 < Q \leqslant 18$	2
		$9 < Q \leqslant 12$	3
		$6 < Q \leqslant 9$	4
		$Q \leqslant 6$	5
感烟火灾探测器	60	$Q > 36$	1
		$24 < Q \leqslant 36$	2
		$18 < Q \leqslant 24$	3
		$12 < Q \leqslant 18$	4
		$Q \leqslant 12$	5
	80	$Q > 48$	1
		$32 < Q \leqslant 48$	2
		$24 < Q \leqslant 32$	3
		$16 < Q \leqslant 24$	4
		$Q \leqslant 10$	5

当梁突出顶棚的高度超过 600mm 时，被梁阻断的部分需要单独划为一个探测区域，即每个梁间区域应至少设置一只探测器。

当被梁阻断的区域面积超过一只探测器的保护面积时，则应将被阻断的区域视为一个探测区域，并应按规范相关规定计算探测器的设置数量。探测区域的划分如图 6-27 所示。

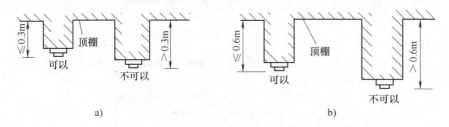

图 6-27　在梁上安装探测器时，梁的最允许高度
a）感温探测器　b）感烟探测器

当梁间净距小于 1m 时，可视为平顶棚。

如果探测区域内有过梁，当感温火灾探测器安装在梁上时，其探测器下端到安装面必须在 0.3m 以内；当感烟火灾探测器安装在梁上时，其探测器下端到安装面必须在 0.6m 以内，如图 6-27 所示。

（3）探测器在一些特殊场合安装时的注意事项

1）在宽度小于 3m 的内走道的顶棚设置探测器时，应居中布置，感温火灾探测器的安装间距不应超过 10m，感烟火灾探测器的安装间距不应超过 15m，探测器至端墙的距离不应大于安装间距的一半，在内走道的交叉和汇合区域上，必须安装一只探测器，如图 6-28 所示。

2）房间被书架、储藏架或设备等阻断分隔，其顶部至顶棚或梁的距离小于房间净高 5% 时，则每个被隔开的部分至少安装一只探测器，如图 6-29 所示。

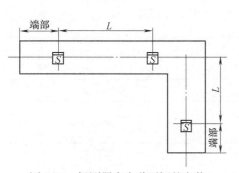

图 6-28　探测器在走道顶棚的安装

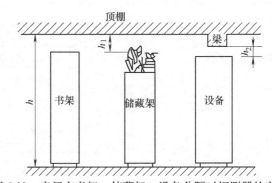

图 6-29　房间有书架、储藏架、设备分隔时探测器的安装

3）在空调机房内，探测器应安装在离送风口 1.5m 以上的地方，离多孔送风顶棚孔口的距离不应小于 0.5m，如图 6-30 所示。

4）楼梯或斜坡道至少每 15m 垂直距离（Ⅲ级灵敏度的火灾探测器为 10m）应安装一只探测器。

5）探测器宜水平安装，如需倾斜安装时，角度不应大于 45°，当屋顶坡度大于 45° 时，应加木台或类似方法安装探测器，如图 6-31 所示。

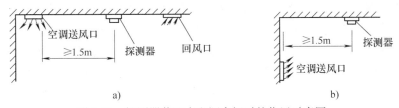

图 6-30 探测器装于有空调房间时的位置示意图

a）探测器与相邻墙的水平距离　b）探测器与相邻梁的水平距离

6）楼井、升降机井设置探测器时，其位置宜在井道上方的机房顶棚上，如图 6-32 所示。这种设置既有利于井道中火灾的探测，又便于日常检验维修。因为通常在电梯井、升降机井的提升井绳索的井道盖上有一定的开口，烟会顺着井绳冲到机房内部，为尽早探测火灾，规定用感烟火灾探测器保护，且在顶棚上安装。

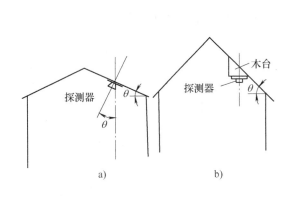

图 6-31 探测器的安装角度

a）$\theta \leqslant 45°$时　b）$\theta > 45°$时

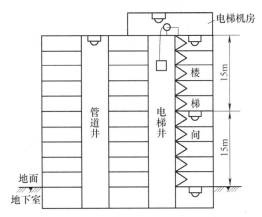

图 6-32 探测器在井道上方机房顶棚上的设置

7）当房屋顶部有热屏障时，感烟探测器下表面距顶棚的距离应符合表 6-5 的要求。

表 6-5　感烟火灾探测器下表面距顶棚（或屋顶）的距离

探测器的安装高度 h/m	感烟火灾探测器下表面距顶棚（或屋顶）的距离 d/mm					
	$\theta \leqslant 15°$		$15 < \theta \leqslant 30°$		$\theta > 30°$	
	最　小	最　大	最　小	最　大	最　小	最　大
$h \leqslant 6$	30	200	200	300	300	500
$6 < h \leqslant 8$	70	250	250	400	400	600
$8 < h \leqslant 10$	100	300	300	500	500	700
$10 < h \leqslant 12$	150	350	350	600	600	800

8）顶棚较低（小于 2.2m）、面积较小（不大于 $10m^2$）的房间安装感烟火灾探测器时，宜设置在入口附近。

9）在楼梯间、走廊等处安装感烟火灾探测器时，宜安装在不直接受外部风吹入的位置处。安装光电感烟火灾探测器时，应避开日光或强光直射的位置。

10）在浴室、厨房、开水房等房间连接的走廊安装探测器时，应避开其入口边缘 1.5m。

11）安装在顶棚上的探测器边缘与不突出的扬声器的边缘的水平间距不小于 0.1m；与照明灯具的边缘的水平间距不小于 0.2m；与自动喷水灭火喷头的边缘的水平间距不小于 0.3m；与多孔送风顶棚孔口的边缘的水平间距不小于 0.5m；与高温光源灯具（如碘钨灯、容量大于 100W 的白炽灯等）的边缘的水平间距不小于 0.5m；与电风扇的边缘的水平间距不小于 1.5m；与防火卷帘、防火门的边缘的水平间距一般在 1~2m 的适当位置。

下列场所可不设置探测器：

1）厕所、浴室及其类似场所。

2）不能有效探测火灾的场所。

3）不便维修、使用（重点部位除外）的场所。

6.4.2 火灾报警控制器和消防联动控制器的设计

1. 火灾报警控制器的设计

在确定探测器、控制模块的位置和数量以后，还必须确定一下报警控制器的形式，这对绘制平面敷设图是非常有帮助的。

（1）报警控制器的确定　这里所指的形式是联动形式。一般联动形式有以下几种：

1）自动联动。当火灾确定后，由报警控制器输出信号给控制模块，控制相关消防设备的开启或关闭，如开启消防水泵、排烟风机、正压送风机、紧急广播，关闭空调机组、新风机组、卷帘门等。

2）手动联动。当火灾确定后，由值班人员根据火灾的情况和具体的地点，来确定开启或关闭一些消防设备，报警器只起报警作用。

3）自动、手动联动并存。当火灾确定后，由报警控制器的逻辑关系来判断，输出信号给控制模块，控制其消防设备的开启或关闭，同时值班人员也可根据情况，手动开启或关闭相关消防设备。

在工程中，选择第三种报警控制器系统形式的最多，即自动、手动联动并存，好处是自动、手动互补，万一自动报警控制器设备有所损坏或维修不及时，手动可以控制消防设备，减少损失；当值班人员有事或疲劳时，又可以自动控制，减少由火灾带来的损失。不利之处是设备投资较大。

第一种形式一般使用在不是很重要、人员出入也较少的建筑物内，要求对设备必须进行经常性的检查，一旦发现设备有不正常现象，应及时更换或进行处理，否则，一旦失火，后果不堪设想。

第二种形式一般使用在人员比较固定，仅设一些消防水泵等设施的地方，如一些小区居民楼等，只设有消防水泵，消防设备、系统投资很少。

（2）火灾自动报警控制器的选择　火灾自动报警控制器的选择和方案中所选消防系统的形式有关：

1）若选择的是区域消防系统，则火灾自动报警控制器应选择区域报警控制器。区域报警控制器是负责对一个报警区域进行火灾探测的自动工作装置。一个报警区域包括很多个探测区域（或称探测部位）。一个探测区域可设置一个或几个探测器进行火灾探测，同一个探测区域的若干个探测器是互相并联的，共同占有一个部位编号，同一个探测区域容许并联的探测器数量视产品型号不同而有所不同。一台区域报警控制器的容量（即其所能探测的部位数）也视产品型号不同而不同，一般为几十个部位。区域报警控制器平时巡回探测该报警区内各个部位探测器的工作状态，发现火灾信号或故障信号，及时发出声光报警信号。如果是火灾信号，在声光报警的同时，联动继电器触点动作，开启或关闭某些消防设备的功能，如排烟风机、防火门、防火卷帘等。如果是故障信号，则只是声光报警，不联动消防设备。区域报警控制器接收到来自探测器的报警信号后，在本机发出声光报警的同时，还可以将报警信号传送给位于消防控制室内的集中报警控制器。有的产品设有自检按钮，用于检测各路报警线路故障（短路或开路）发出模拟火灾信号，检测探测器的功能及线路情况是否完好，当有故障时，便发出故障报警信号（只进行声、光报警，而记忆单元和联动单元不动作）。

采用区域报警系统时，设置火灾自动报警控制器的总台数不应超过两台，主要是为了限制区域报警系统的规模，以便于管理。一般设置区域报警系统的建筑规模较小，火灾报警区域不多且保护范围不大。

区域报警控制器的设置，若受建筑用房面积的限制，可以不专门设置消防值班室，而由有人值班的房间（如保卫部门值班室、配电室、传达室等）代管，但该值班室应昼夜有人值班，并且应由消防、安保部门直接领导管理。

2）若选择的是集中消防系统或控制中心消防系统，则火灾自动报警控制器应选择集中报警控制器。集中报警控制器是集中报警系统的总控设备，它接收来自区域报警控制器的火灾或故障报警信号，并发出总报警信号。集中报警控制器还有两个独特功能：一个是具有巡检指令发出单元；另一个是具有总检指令发出单元。

集中报警控制器应设在专用的消防控制室或消防值班室内，不能安装在其他值班室内而由其他值班人员代管，或用其他值班室兼作集中报警控制器值班室，这主要是为了加强管理，保证系统可靠运行。

2. 联动控制器的设计

联动控制器是消防控制设备中的重要部分，它的设置一方面要根据系统中联动控制点的数量和要求来确定，另一方面必须与火灾报警控制器配合使用。

联动控制器与火灾报警控制器一起安装在消防控制室（中心）或消防值班室，其安装要求及方法与火灾报警控制器相同。

6.4.3　现场消防设备的控制

1. 防火门的控制

防火门在建筑中的状态是：平时处于开启状态，当火灾发生时，控制其关闭。

一般规定，在火灾确认后，防火门应能自动关闭，并有反馈信号提供。在消防工程的应用中，防火门通常都与消防监控系统联动。

防火门的控制可以用手动控制或电动控制，当采用电动控制时，需要在防火门上配相应的闭门器及释放开关。

防火门按其安装方式的不同，其释放开关有两种：一种平时通电吸合，使防火门处于开启状态，当火灾确认后，通过联动装置自动控制或手动控制切断电源，防火门通过闭门器自动关闭；另一种是将电磁铁、液压泵和弹簧制成一个整体装置，平时不通电，防火门被固定销扣住呈现开启状态，当火灾确认后，联动装置自动或手动控制给电磁铁通电，电磁铁通电后，吸合销子，此时防火门通过闭门器自动关闭。

2. 防火卷帘的控制

防火卷帘门的卷放有现场操作控制、远程操作控制两种方式：

（1）现场操作　现场操作即人们常说的手动操作，这种操作形式的特点是在现场防火卷帘门的旁边操作现场的按钮，控制防火卷帘门的卷放，在消防工程中无论设不设消防控制中心，现场操作控制都是不可缺少的。

（2）远程操作　在消防工程中，设有消防控制中心或区域控制器（盘）才能实现远程操作。在远程操作控制中可以有两种控制方式：手动控制和自动控制。

1）手动控制。在消防控制中心设手动控制盘，手动控制盘上设有控制防火卷帘门的卷放按钮和状态指示灯，当火灾确认后，操作人员通过操作按钮来实现控制，不受感温、感烟探测器的影响。在工程施工中，一般采用两种辐射实现：一种是从现场直接将控制线敷设到消防控制中心，这样施工工作量大，施工费用高，可靠性比较高，这种方式采纳得较少；另一种是通过总线实现，施工工作量少，工程采用得较多。

2）自动控制。当感温、感烟探测器报警时，将报警信号送入火灾自动报警控制器，通过控制模块和返信模块来实现防火卷帘门的卷放和状态接收。

3. 排烟阀、排烟送风的控制

平时排烟阀、排烟风机处于关闭和停止状态，当火灾发生时，要求将相关部位的排烟阀打开，排烟风机起动，并将其反馈信号送出。

排烟阀大部分都采用防火排烟阀。当烟道温度达到280℃时，烟气中已带火，如不停止排烟，烟火就有扩大到上层的危险，造成新的危险。

排烟阀有两种操作方式：

1）现场操作：操作安装在现场的机械开关，使排烟阀开启，开启装置应安装在墙面上，距离地面0.8~1.5m处。

2）远距离操作：也叫远程控制，即在消防控制中心或区域控制器上可进行操作。远距离操作有两种控制方式：

① 手动操作：操作安装在消防控制中心或区域控制器上的电气开关，使排烟阀开启。

② 自动报警控制：用感烟、感温探测器或一些其他的火灾报警设备，如破碎玻璃报警按钮等，用它们做报警状态信号，在自动报警控制器上进行逻辑编程；当火灾发生时，自动报警控制器接到火灾报警设备的报警信号，发出命令，通过联动模块，自动将排烟阀开启。

排烟阀与排烟风机在规定中要求必须联动，当任何一个排烟阀被开启时，排烟风机也应启动。

1）现场操作排烟风机一般在现场都设有就地起动盘，盘上安装有手动、自动切换开关，当切换开关设在手动状态时，操作盘上的起动按钮，即可实现现场手动操作。

2）当火灾发生时，自动报警控制器接到火灾报警设备的报警信号，发出命令，通过联动模块，自动将排烟风机起动。

平时排烟风机处于停止状态，当火灾发生时，起动排烟风机，并将其反馈信号送出。

4. 送风阀、正压送风的控制

送风阀大部分采用防火送风阀，它的控制要求和防火排烟阀的要求一样，但是要注意它的防火动作温度，其防火动作温度值在规范中规定为70℃。

送风阀的操作方式分为手动操作和远距离操作，操作方式和排烟阀操作方式一样。

正压送风机的控制要求和排烟风机的控制要求一样，控制原理也基本相同，只是风机的运行方式有两种：一种是当火灾发生时，投入运行，平时处于停止状态，此种运行方式称为单级运行，风机为单速风机；另一种是正常时，处于低速运行，作通风设备用，当火灾发生时，再高速运行，此种运行方式称为双级运行，风机为双速风机。

5. 自动喷淋泵的控制

喷淋泵平时处于停止状态，起动时有两种控制方式：

1）现场操作：喷淋泵在现场都设有就地起动盘，盘上安装有手、自动切换开关，当切换开关设在手动状态时，操作盘上的起动按钮，即可实现现场手动操作。

2）远距离操作：也叫远程操作，即在消防控制中心或区域控制器上可进行操作。在排烟风机就地起动盘上，将切换开关设在自动状态时，才能实现远距离操作，分为两种控制方式：

① 手动操作：操作安装在消防控制中心或区域报警控制器上的电气开关，使喷淋泵开启。

② 自动报警控制：湿式报警器上压力开关的动作信号或探测器报警信号，如感温探测器或破碎玻璃报警按钮等，和水流指示器的动作信号一同送入消防控制中心或区域控制器上，用它们做报警状态信号，在自动报警控制器上进行逻辑编程，当符合逻辑时，自动报警控制器发出命令，通过联动模块，自动将喷淋泵开启。

6. 消防给水泵的控制

消防给水泵又称消防水泵，它的基本控制方式有三种：

1）现场操作：消防水泵在现场都设有就地起动盘，盘上安装有手、自动切换开关，当切换开关设在手动状态时，操作盘上的起动按钮，即可实现现场手动操作。

2）远距离操作：也叫远程操作，即在消防控制中心或区域控制器上可进行操作。在消防水泵就地起动盘上，将切换开关设在自动状态时，才能实现远距离操作，分为以下两种控制方式：

① 手动操作：操作安装在消防控制中心或区域报警控制器上的电气开关，使消防水泵开启。

② 自动报警控制：当消防控制中心或区域报警控制器接到消防栓内按钮动作信号或破碎玻璃报警按钮动作信号时，用它们作报警状态信号，在自动报警控制器上进行逻辑编程，当符合逻辑时，自动报警控制器发出命令，通过联动模块、自动将消防水泵开启。

3）消防栓按钮直接操作：位于消防栓箱内的消防栓按钮被按动时，可直接将消防水泵起动。

7. 消防电梯的控制

高层建筑中一般都安装有两种电梯：一种是非消防电梯，当火灾确认后，消防控制中心或区域报警器发出命令，强制非消防电梯全部降至首层，并发出反馈信号，这时，非消防电梯不能再使用；另一种为消防电梯，当火灾确认后，消防控制中心或区域报警器发出命令，强制消防电梯全部降至首层，并发出反馈信号，等待消防工作人员的使用。

消防电梯有两种控制形式：

1）现场操作：在消防电梯旁边设有就地玻璃破碎按钮，当火灾确认后，击碎玻璃破碎按钮，强制消防电梯全部降至首层，并发出反馈信号。

2）远距离操作：也叫远程操作，即在消防控制中心或区域控制器上可进行操作。远距离操作分为以下两种控制方式：

① 手动操作：操作安装在消防控制中心或区域报警控制器上的电气开关，强制消防电梯全部降至首层，并发出反馈信号。

② 自动报警控制：感温探测器、感烟探测器、破碎玻璃报警按钮等的动作信号送入消防控制中心或区域报警控制器，用它们作报警状态信号，在自动报警控制器上进行逻辑编程，当符合逻辑时，确认为火灾，自动报警控制器发出命令，通过联动模块，强制消防电梯全部降至首层，并发出反馈信号。

6.4.4 消防系统工程设计阶段与图样

消防系统工程设计一般分为两个阶段，即方案设计阶段和施工图设计阶段。方案设计阶段是为施工图设计阶段做准备、计划、选择方案的阶段；施工图设计阶段是对方案设计阶段的实施和具体化阶段。

1. 设计基本要求

1）设计依据。依据建设单位（甲方）对工程的要求或按照上级批准的内容、建筑结构图等，并遵循 GB 50116—2013《火灾自动报警系统设计规范》的要求。

2）设计范围。根据设计任务书的要求和有关设计资料，说明火灾报警及消防工程设计的具体内容分工。

3）设计原则。安全可靠、技术先进、经济合理、使用方便。精心设计，把好设计质量关。

2. 方案设计

首先要详细了解设计单位对火灾自动报警系统的基本要求，了解建筑物的类型、结构、功能特点、室内装修等情况，具体设计步骤如下：

1）确定防火等级。

2）根据建筑物结构划分防火分区，并根据具体结构的使用性能，确定探测器的类型。

3）根据暖通、给水排水、强电提供的图样，按照规范要求确定送风、排烟系统、消火栓系统、水喷淋系统、卷帘门、消防电梯、非消防电源灯的控制形式。

4）根据工程特点及经济条件（资金情况），确定火灾自动报警控制系统及产品。

5）根据划分的防火分区及甲方的具体要求，按照规范要求确定紧急广播和紧急对讲系统及产品。

6）根据以上所选的产品及性能，所划分的防火分区和所要控制的消防设备，按照规范布置火灾探测器、控制模块、返信模块、手动报警按钮、扬声器、对讲电话等。

7）根据所选的火灾自动报警控制系统、紧急广播系统、紧急对讲系统的布置，统计出设备数量。

8）根据所选的设备数量、控制形式，绘制出系统图。

3. 施工图设计

方案设计完成后，根据消防主管部门的审查意见及甲方的新要求，进行调整修改设计方案之后，就可以进行施工图设计。在设计过程中，也要注意与各个专业的配合。

施工图设计是在方案设计的基础上进行的，具体设计步骤如下：

1）根据调整修改后的设计方案，绘制平面敷设图。建筑物各楼层结构用途不同时，应分别绘制各楼层的平面敷设图；如果几个楼层结构、用途相同，也可以由同一张平面敷设图代表，但是应该注明的地方一定要注明清楚。

一般情况下，将火灾自动报警控制系统、紧急广播、紧急对讲系统绘制在同一张平面敷设图中，如图 6-33a 所示。

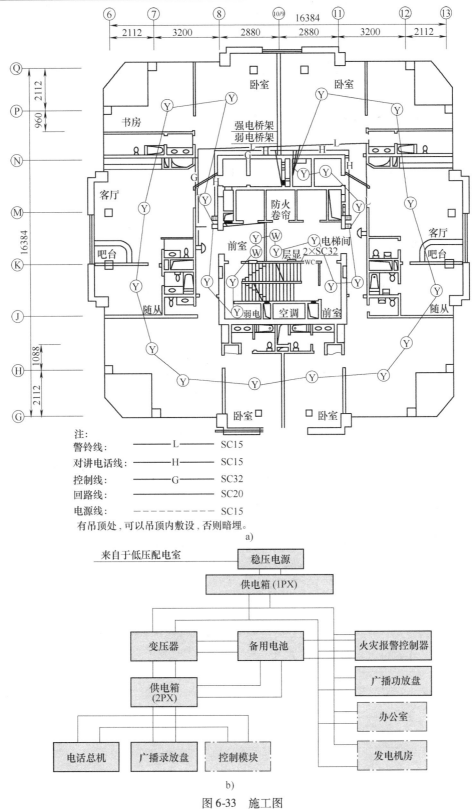

注:

警铃线: ——— L ——— SC15

对讲电话线: ——— H ——— SC15

控制线: ——— G ——— SC32

回路线: ————————— SC20

电源线: – – – – – – – – SC15

有吊顶处,可以吊顶内敷设,否则暗埋。

a)

图 6-33　施工图

a) 平面敷设图　b) 供电系统图

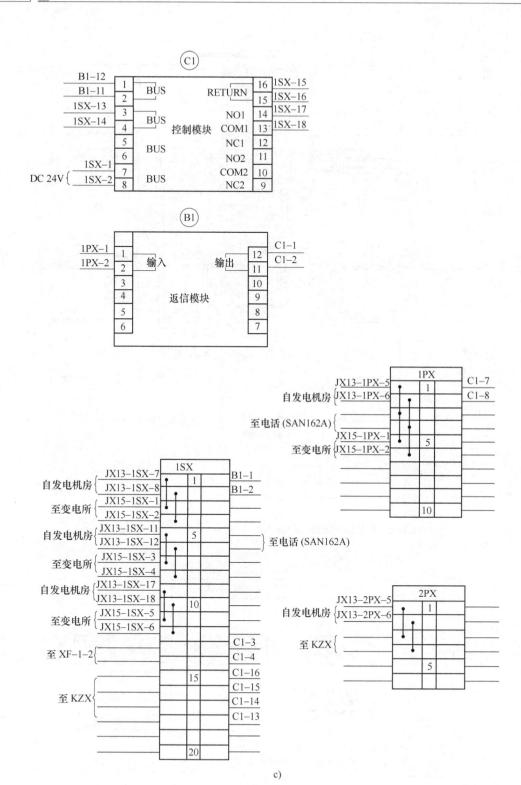

图 6-33　施工图（续）

c）接线箱配线图

2）绘制消防控制中心平面布置图及控制柜正面布置图。

3）绘制火灾自动报警控制系统、紧急广播系统、紧急对讲系统的供电系统图，如图 6-33b 所示。

4）绘制控制柜背面接线图。

5）根据所选的设备、控制对象、连接线的方式等，绘制现场设备接线图。如探测器、控制模块、现场接线箱的配线图，如图 6-33c 所示。

6）必要时还要绘制安装详图。

7）根据设计方案和以上绘制的平面敷设图，重新统计设备数量，编制设备汇总表。

8）根据设计方案和以上绘制的平面敷设图，编制材料清单。

9）根据设计方案和以上绘制的平面敷设图、设备汇总表等重新绘制系统图。

10）根据设计方案和以上绘制的平面敷设图及一些安装标准等，编制施工说明书。

11）最后根据所绘制的图样，编制图样目录。图样目录的编制顺序：图样目录；施工说明书；设备汇总表；材料清单；系统图；供电系统图；控制柜正门布置图及消防系统控制中心平面布置图；控制柜背面接线图；平面敷设图；现场设备接线图、安装图。

6.5　火灾自动报警及消防联动控制系统的设计实例

现以上海某智能大厦为例介绍火灾报警及消防联动控制系统的设计方法。

1. 工程概况

上海某智能大厦是一幢集商场、娱乐、餐饮、办公、客房等为一体的综合大楼，主楼 32 层，群楼 4 层，建筑总面积为 36000m²，建筑总高度为 123m，各层建筑平面分布如下：地下层：车库及设备用房；1、2 层：商场；3 层：餐厅；4 层：娱乐中心；5～18 层：办公室、会议室等；18 层以上：客房。

2. 系统设计

大楼的火灾报警与消防联动系统由大楼中的智能网络构成，均能独立运行操作，所有的报警及指令操作均由消防系统执行。

系统设计包括以下内容：火灾自动报警，消防栓灭火控制系统，自动喷水灭火系统，防火卷帘控制，防排烟、正压送风系统控制，火灾事故广播、警铃控制，气体灭火，安全疏散诱导系统，消防专用通信，电梯管理及非消防电源的断电控制等。

3. 系统配置

整个系统采用控制中心报警系统。选用上海松江电子仪器厂 HJ—2000 系列模拟量火灾报警控制系统，设置了一台 JB—QG—2001 模拟量火灾报警控制器、HJ—1811 总线制联动控制器，配置了消防电话、消防广播，并通过 RS-232 接口连接 CRT 微机显示系统，集中设置在大楼底层消防控制室内。

HJ—2000 是一种智能型火灾报警控制系统。该系统的所有探测器均采用了新型低功耗单片机，能将各种火灾因素及干扰因素如温度、烟浓度、粉尘污染的数值准确无误地传送到控制器，从而减少了火灾误报几率。

采用分布式智能体系，模拟量探测器将检测到的烟浓度、温度等火灾信息以及非火灾的环境信息，经数字滤波处理后传送到控制器，经控制器用各种算法进行火灾判定，然后给出预警和火警信号，从而大大提高了系统的准确报警率。模拟量火灾报警控制器使用了大屏幕 LCD 液晶显示及多 CPU 并行处理技术，所有操作和显示均在汉字菜单的支持下进行，十分直观、方便。多机并行处理软件和全总线技术的使用，使得该系统能支持联动控制模块以及数字量探测器和模拟量探测器，控制模块与探测器之间的所有联动逻辑均可通过现场编程完成。一台控制器可支持 1536 只探测器和模块，其中 930 只为模拟量探测器，576 只为数字量探测器或输入模块。一台控制器可接 3 台联动控制器，每台联动控制器可接 16 个多线制中央外控模块和 128 个总线制控制模块。

各层电梯前室均设置了一块火灾显示盘，用以提供该楼层的火警显示。火警显示盘有表格式和语音式两种：以办公室或客房为主的楼层，多选用表格式；以商场、餐厅、多功能厅、舞厅等为主的楼层，应选用语音式。

在所有被监视的场合，按规范要求分别设置离子感烟、差温感温、定温感温等探测器，共计 1120 只，其中模拟量探测器 960 只，数字探测器 160 只。手动报警按钮、消火栓按钮直接接在输入总线上，水流指示器、监控检修阀、压力开关等，经输入模块 HJ—2750 接到输入总线上。消防电话总机选用二线直线电话 HJ—1756/2，电话线路单独穿管，敷设至带电话插孔的手动报警按钮 HJ—2705B 处，使用时只需将手提电话机的插头插入电话插孔即可和总机通话。消防广播、警铃、警笛、空调机和新风机、防火卷帘、排烟阀、正压送风机阀均通过控制模块 HJ—1825 接到输出总线和控制总线上，其中排烟阀、正压送风阀还需连到 24V 集中供电电源线上。消防泵、喷淋泵、排烟风机、消防电梯等通过双切换盒 HJ—1804 接到多线控制线上，并经过返回信号模块 HJ—1803，将联动外控设备的动作状态信号反馈给联动控制器。在各楼层的弱电竖井内均设置一个接线端子箱，以供各总线在各楼层分线接线用，在接线端子箱内配置 1~2 只短路隔离器 HJ—2751，当回路中发生短路时，隔离器可将该部分回路与输入总线隔离，保证其余部分正常工作。

在主楼的变电室、柴油发电机房、电话总机房、计算机房设置了 1301 卤代烷气体自动灭火系统，在其他场合内采用自动喷水灭火系统灭火。

4. 系统的特点

1）大屏幕 LCD 液晶显示屏有 30 多种汉字显示菜单，操作简单、方便，显示明白、易懂。二级密码菜单用于现场编程，一级密码菜单用于查看。

2）模拟量探测器带有 A-D 转换的微处理芯片，地址码的设置不采用硬件拨码开关，而使用软件编程。并可根据实际使用环境的要求，现场设置、调节、更改最佳的报警灵敏度。

3）通信可靠、巡查速度快，最快可在 3s 内巡查一次。

4）对模拟量探测器能进行"单步跟踪"，在查看每一只探测器的当前值时，可同时显示曲线和数值。感烟探测器以十进制数 0~255 表示烟雾量，能清晰地观察烟雾量的变化情况，感温探测器直接以温度值显示，其示值精度可达 ±0，4℃。

5）"数据采集"能记录 48h 内各模拟量探测器的数值变化情况，对分析和判断火警和由于干扰引起的误报提供了极好的科学数据。

6）对于在使用过程中发生的全部火警情况，能及时记录回路号、探测器编号、报警时间以及开机、关机、复位的运行情况，不会丢失，起到了"黑匣子"的作用。

7）采用分段分组查找火警情况，因此寻址速度快，在 3s 内就能做出判断，发出报警信号。

8）具有火警数据记录功能，能登记 10 只模拟量探测器的火警数据，能将每只探测器火警前 30min、后 20min 火警数据和曲线记录下来，不会丢失，对火警分析提供了正确的依据。

9）"属性编程"的菜单内容完整，对每一个探测器所属的回路、分区、火灾显示盘、火灾显示盘的部位、类型、灵敏度以及地点，都能在同一菜单中设置和表示，查看时非常清楚。

10）联动功能齐全、完善，有"或""与""片""总报""全自动"等逻辑功能。

11）可联网组成更大的系统，能与本机联动控制器、外接联动控制器、个人计算机、16 台区域机以及大楼管理自动化系统（BAS）相接，形成智能化、自动化的大系统。

第7章 安防自动化

7.1 概述

安防自动化系统（Safety Automation System，SAS，以下简称安防系统）是指通过人力防范（简称人防）、实体防范（简称物防）、技术防范（简称技防）对建筑物的主要环境，包括内部环境和周边环境进行全面有效的、全天候的监视，对建筑物内部的人身、财产、文件资料、设备等的安全起着重要的保障作用；为建筑物内的人员和财产营造出安全而舒适的环境，同时也为建筑物的管理人员提供最大便利性和安全性。

1）人力防范（Personal Protection，人防）是指执行安全防范任务的具有相应素质人员或人员群体的一种有组织的防范行为（包括人、组织、管理等）。

2）实体防范（Physical Protection，物防）是指用于安全防范目的、能延迟风险事件发生的各种实体防护手段，包括建（构）筑物、屏障、器具、设备、系统等。

3）技术防范（Technical Protection，技防）是指利用各种电子信息设备组成系统或网络以提高探测、延迟、反应能力和防护功能的安全防范手段。

现在随着人们生活的日益提高和改善，人们对于自身安全和财产安全的要求越来越高。因此，对于生活、工作环境的安全性也相应地提出了更高的要求。建筑物的整体安防已成为现代建筑质量标准中一个非常重要的方面。目前，人身安全和财产安全面临着两方面的因素：一方面是人为因素，是指由人为破坏或实施犯罪过程的行为，如盗窃、抢劫、谋杀等；另一方面是自然因素，是指因建筑物内管线等设备失效而引起的危害，如漏水、漏气、漏电及火灾等。

7.1.1 智能大厦对安防系统的要求

由于智能大厦的大型化、多功能、高层次和高技术的特点，对其安防系统提出了更高的要求，具体要求如下：

（1）防范 不论是对财务、人身或重要数据和情报等的安全保护，都应把防范放在首位，也就是说，安防系统使罪犯不可能进入或在企图犯罪时就能察觉，从而采取措施。把罪犯拒之门外的设施是机械的，如安全栅、防盗门、门障、保险柜等；也可以是机械电气的，如报警门锁、报警防暴门等；还有电气式的各类探测触发器等。

（2）报警 当发现安全遭到破坏时，系统应能在安防中心和有关地方发出特定的声光报警，并把报警信号通过网络传到有关安防部门。

（3）监视记录 在发生报警的同时，系统应能迅速地把出事地点的现场录像和声音传到安防中心进行监视，并实时记录下来。

7.1.2 安防系统的组成

安防系统宜由安全管理系统和若干个相关子系统组成。相关子系统主要包括出入口控制系统、防盗报警系统、电视监控系统、电子巡查管理系统、停车场管理系统。

出入口控制系统主要对防护区域内出入通道进行管理、控制人员的出入和人员在楼内及相关区域的活动范围。

防盗报警系统是对重要区域的出入口、财务及贵重物品库的周界等特殊区域及重要部位建立必要的入侵防范警戒措施。

电视监控系统的主要任务是对建筑物内重要部位的事态、人流等动态状况进行宏观监视、控制，以便对各种异常情况进行实时取证、复核，达到及时处理的目的。

电子巡查管理系统实际上是技术防范与人工防范的结合，用于在下班之后特别是夜间高档办公室的定时定点巡查，是一种防止出现事故的措施。电子巡查管理系统有在线式和离线式两类，应根据建筑物的使用性质、功能特点及安全技术防范管理要求设置。对巡查实时性要求高的建筑物采用在线式电子巡查系统，其他建筑物可采用离线式电子巡查系统。

停车场管理系统由车辆自动识别系统、计费与收费系统、安保监控系统组成，通常包括控制计算机、自动识别装置、临时车票发放及检验装置、挡车器、车辆探测器、监控摄像机、车位状况提示牌等设备。

此外，相关子系统还有访客对讲系统、广播音响系统等。但不论安全技术防范系统规模有多大，子系统有多少，其中出入口控制系统、防盗报警系统和电视监控系统都是系统基本的和通用的三大子系统。

7.1.3 安防系统的智能性

智能化安防技术的主要内涵是其相关内容和服务的信息化、图像信息的传输和存储、数据的存储和处理等。就智能化安防来说，一个完整的智能化安防系统主要包括门禁、报警和监控三大部分。

从产品的角度讲：应具备防盗报警系统、视频监控报警系统、出入口控制报警系统、保安人员巡更报警系统、GPS 车辆报警管理系统和 110 报警联网传输系统等。这些子系统可以是单独设置、独立运行，也可以由中央控制室集中进行监控，还可以与其他综合系统进行集成和集中监控。

防盗报警系统分为周界防卫、建筑物区域内防卫、单位企业空旷区域内防卫、单位企业内设备器材的防卫等。系统的前端设备为各种类别的报警传感器或探测器；系统的终端是显示/控制/通信设备，它可应用独立的报警控制器，也可采用报警中心控制台控制。不论采用什么方式控制，均必须对设防区域的非法入侵进行实时、可靠和正确无误的复核和报警。漏报警是绝对不允许发生的，误报警应该降低到可以接受的限度。考虑到值勤人员容易受到作案者的武力威胁与抢劫，系统应设置紧急报警按钮并留有与 110 报警中心联网的接口。

视频监控报警系统常应用于建筑物内的主要公共场所和重要部位进行实时监控、录像和报警时的图像复核。视频监控报警系统的前端是各种监控摄像机、视频检测报警器和相关附属设备；系统的终端设备是显示/记录/控制设备，常规采用独立的视频监控中心控制台或监控报警中心控制台。安全防范用的视频监控报警系统常规应与防盗报警系统、出入口控制系统联动，由中央控制室进行集中管理和监控。独立运行的视频监控报警系统，画面显示能任意编程、自动或手动切换，画面上必须具备摄像机的编号、地址、时间、日期等信息显示，并能自动将现场画面切换到指定的监视器上显示，对重要的监控画面应能长时间录像。这类系统应具备紧急报警按钮和留有110报警中心联网的通信接口。

出入口控制报警系统是采用现代电子信息技术，在建筑物的出入口对人（或物）的进、出实施放行、拒绝、记录和报警等操作的一种自动化系统。这种操作系统常规由出入口目标识别系统、出入口信息管理系统、出入口控制执行机构三个部分组成。系统的前端设备为各类出入口目标识别装置和门锁开启闭合执行机构；传输方式采用专线或网络传输；系统的终端设备是显示/控制/通信设备，常规采用独立的门禁控制器，也可通过计算机网络对各门禁控制器实施集中监控。出入口控制报警系统常规要与防盗报警系统、闭路视频监控报警系统和消防系统联动，才能有效地实现安全防范。出入口目标识别系统可分为对人的识别和对物的识别。以对人的识别为例，可分为生物特征系统和编码识别系统两类。

一个完整的智能化视频监控安全防范系统，常规还包括安保人员巡更报警系统、访客报警系统以及其他智能化安全防范系统。巡更报警系统通过预先编制的保安巡逻软件，应用通行卡读出器对保安人员巡逻的运动状态（是否准时、遵守顺序等）进行监督，做出记录，并对意外情况及时报警。访客报警系统是使居住在大楼内的人员与访客能双向通话或可视通话，大楼内居住的人员可对大楼内的入口门或单元门实施遥控开启或关闭，当发生意外情况时能及时向保安中心报警。

7.2 出入口控制系统

建立出入口控制系统对于确保保安区域内安全，实现智能化管理是简便有效的措施。出入口控制系统主要目的是有效地管理门的开启与关闭，保证被授权人员的自由出入，限制未被授权人员的进入，对暴力强行进入行为予以报警。为保证以上目的的实现，出入口控制系统应具有以下功能：

1）对出入口人员的凭证能够予以识别，仅当进入者的出入凭证正确时才予以放行，否则将拒绝其进入。出入凭证有磁卡、IC卡等各类卡片，由固定代码式或乱序式键盘输入的密码，人体生物特征（指纹、掌纹、视网膜、脸面、声音等）等。

2）建立相应的出入口管理法则，对出入口进行有效的管理。对保密级要求特别高的场所可设置出入单人多重控制（需要两次输入不同密码）、二人出入法则（即要有两人在场方能进入）等出入门管理法则，也可以对允许出入者设定时间限制。出入凭证的验证可以仅限于进入验证，也可以为出入双向验证。

3）设立限制人员进入的锁具，并依据出入口管理法则和出入口人员的凭证控制其启闭，以及登录所有的进出记录，存入存储器中，供联机检索和打印输出。

7.2.1 出入口控制系统的基本结构

目前，先进的出入口控制子系统是通过计算机网络来进行管理的。其系统结构如图7-1所示。

出入口控制子系统由三个层次的设备组成。第一层是与人直接打交道的设备，包括负责凭证验收的读卡机，作为受控对象的电子门锁，起报警作用的出入口按钮、报警传感器、门传

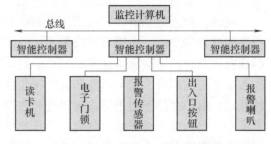

图7-1 出入口控制系统结构框图

感器、报警喇叭等。第二层设备是智能控制器，它将第一层发来的信息同自己储存的信息相比较，做出判断后，再给第一层设备发出相关控制信息。第三层设备是监控计算机，管理整个防区的出入口，对防区内所有的智能控制器所产生的信息进行分析、处理和管理，并作为局域网的一部分与其他子系统联网。

7.2.2 读卡机

读卡机的原理是利用卡片在读卡器中的移动由读卡机阅读卡片上的密码，经解密后送到控制器来判断，读卡机与控制器连接，近距离一般用 RS-232 通信；远距离（1000m 以上）用 RS-232（全双工）、RS-485（半双工）等方式。

1. 非接触式感应卡及读卡机

感应卡片由一片可编程的专用芯片和一组天线组成。芯片是感应卡的核心元件，天线用来发射和接收电磁波。感应卡具有防水、防污能力，可用于潮湿恶劣的环境，使用时无须传统的刷卡动作，非常方便，且感应速度快，可节省识别时间，并且因具备隔墙感应特性，因此有隐秘性。感应卡卡片上的 IC 芯片可以储存资料，不容易仿造，今后会朝着结合门禁、金融、身份证、汽车驾照、电信、公共交通等多功能方向发展，最具有发展的潜力，将会成为未来市场的主流。

感应式门禁系统利用射频感应辨识技术，基本配备包括读卡机、控制器及识别卡（也称感应卡、接近卡）。其感应原理是利用读卡机产生的电磁场，激发识别卡内部的编程芯片，该编程芯片经由激发磁场的电能量而发出一射频电波，此射频电波负载一组识别码（标识码 ID）传回读卡机，读卡机将其信号模组放大后传至解码器，解码器运用模-数转换电路将此信号模组转换成数字型，再经解码后，即透过通信接口以串行传输方式和主计算机及打印机通信连接，完成感应识别功能。

感应卡读卡机依其识别元件（卡片）可分为不需电池的被动发射和需电池供电的主动发射；依其读取单元则可分为天线模组与读卡机分离式和天线与读卡机整合式。产品常用频率范围在 110～125kHz 之间，频率越高，读取距离就越远，使用时越方便。

感应卡的一种工作方式是采用发射和接收频率不同的工作方式，一般接收频率为发射频率的一半。例如发射频率为 125kHz，全双工工作时，接收频率为 62.5kHz，当感应卡进入感读范围内时马上发射回返信号，而此回返信号是和激发电磁场同时存在的，这两组电磁场的频率偏差量可保证在一定的范围内，不论感应卡存在任何环境之中，皆可维持良好效果，所以大部分制造商都采用这种设计来制造射频/标识码（PF/ID）识别系统。

感应卡也称为接近卡，可两面感读，记录进出时间。RF 感应式读卡机是非接触性的，即使频繁地读写或拿来拿去，也不必担心接触不良或资料抹掉。这种无纸化的作业，使效率提升，成为商品物流化最新的好帮手。

2. 接触式卡片及读卡机的类别

（1）威根卡（Wiegand Card） 威根卡也称铁码卡，是目前国外最流行和最新的制造技术，卡片中间以特殊材质的极细金属线排列编码，采用金属磁扰原理，卡片一经剥离，金属线排列便遭破坏，故无法复制。此外，卡片内特殊金属线不会受磁场磁化，所以有防磁、防水、防压效果，可用于极度恶劣的气候区，并可长期使用，是目前安全性较高的卡片。

（2）IC 卡 IC 卡即集成电路卡。在非金融交易类应用中主要用作存储器卡，如果带

CPU 并且 EEPROM 容量在 1KB 以上，则称为智能卡。为了提高安全性，对信用卡或储蓄卡等类智能卡，更有附加上客户指纹特征字节，使用时还需验证指纹的高可靠性系统。为了满足一卡多用的需求，有的采用对卡内存储器（如快闪存储器等）的存储区域作相应划分方式，不同的区域对应不同的用途。智能卡将是未来发展的潮流。

（3）磁条卡与磁条读卡机　磁条卡是以磁条贴在塑胶卡上让读卡机阅读，其优点是价廉、方便；缺点是可用设备轻易复制且易消磁和污损，故需外加密码辨识以提高安全性。磁卡的刷卡机在断电后仍能长时间保存记忆资料，此外，磁条卡也可做开门卡，还可以加设出勤管理功能，达到一卡多用的目的。

（4）条码卡（Bar Code）与条码读卡机　在要求不高的出入口控制场所，广泛应用条码卡，它是以黑白相间的印刷线条或金属条置于塑胶卡的夹层中让读卡机阅读，目前大部分产品是二维条码，用眼睛即可分辨出粗细线条，未来三维码将以矩阵不规律式的黑白的排列，较不易仿冒，使安全性得以显著提升。

7.2.3　生物识别系统

生物特征识别技术是指利用人体生物特征进行身份认证的一种技术。人体可测量、可识别和验证的生物特征包括人的生理特征或行为特征两大类。人的生理特征指每个人所特有的指纹、掌纹、脸形、虹膜、静脉、DNA、骨骼等特征。行为特征则包括人的声音、签名的动作、行走的步态、击打键盘的力度等。生物识别系统对生物特征进行取样，提取其唯一的特征并且转化成数字代码，并进一步将这些代码组成特征模板，人们识别系统交互进行身份认证时，识别系统获取其特征并与数据库中的特征模板进行比对，以确定是否匹配，从而决定接受或拒绝身份的确认。生物识别的技术核心在于如何获取这些生物特征，并将其转换为数字信息，存储于计算机中，利用可靠的匹配算法来完成验证与识别个人身份的过程。

由于人体特征具有人体所固有的不可复制的唯一性，且这一生物密钥无法复制、失窃或被遗忘，生物识别就比传统的身份鉴定方法更具安全、保密的方便性。生物特征识别技术具有不易遗忘、防伪性能好、不易伪造或被盗、随身"携带"和随时随地可用等优点。

生物识别具有普遍性、唯一性、稳定性和不可复制性等特性。

普遍性：生物识别所依赖的身体特征基本上是人人天生就有的，不需要向有关部门申请或制作。

唯一性和稳定性：经研究和经验表明，每个人的指纹、掌纹、面部、发音、虹膜、视网膜、骨骼等都与别人不同，且终身不变。

不可复制性：随着计算机技术的发展，复制钥匙、密码卡以及盗取密码、口令等都变得越发容易，然而要复制人的活体指纹、掌纹、面部、虹膜等生物特征就困难得多。

这些技术特性使得生物识别身份验证方法不依赖各种人造的和附加物品来证明人的自身，而用来证明自身的恰恰是人本身，所以，它不会丢失、遗忘，很难伪造和假冒，是一种"认人不认物"的方便安全的安保手段。

下面介绍几种常见的生物识别技术的类型，它们都有各自的优点和缺点。在实际应用时应注意区分，扬长避短。

（1）指纹识别　指纹是指人的手指末端正面皮肤上凹凸不平产生的纹线。纹线有规律地排列形成不同的纹形。纹形的起点、终点、结合点和交叉点，称为指纹的细节特征点。指纹识别即指通过比较不同指纹的细节特征点来进行鉴别。由于每个人的指纹不同，就是同一人的十指之间，指纹也有明显区别，因此指纹可用于身份鉴定，指纹识别技术是目前最成熟且价格便宜的生物特征识别技术。目前来说，指纹识别的技术应用最为广泛，我们不仅在门禁、考勤系统中可以看到指纹识别技术的身影，市场上也有了更多指纹识别的应用，如笔记本式计算机、手机、汽车、银行支付都可应用指纹识别技术。

（2）掌形识别　掌形识别是 20 世纪 80 年代兴起的一种技术，对于掌形进行识别的设备是建立在对人手几何外形进行三维测量的基础上的。因为每个人的手形都不一样，所以可以作为识别的条件。主要通过确定人手的几个外形上的特征，包括手掌的长度、宽度、厚度和表面积以及手指在不同部位的宽度、手指的长度、手指的厚度和手指弯曲部分的曲率等来实现识别功能。这些数据提供了一套独特的组合关系，保证了识别的快速、准确、可靠。通常情况下，掌纹识别设备错误拒绝发生率约为 0.03%，而错误接受发生率为 0.1%，系统完成一次识别只需要 1s。作为一种已经确立的方法，手掌几何学识别不仅性能好，而且使用也比较方便。它特别适合在用户人数比较多的场合使用。如果需要，这种技术的准确性可以非常高，同时也可以灵活地调整性能以适应更广泛的使用要求。掌形读取器使用的范围很广，且很容易集成到其他系统中，因此成为许多生物特征识别项目中的首选技术。

（3）人脸识别　人脸识别是根据人脸特征来进行身份识别的技术，包括标准视频识别和热成像技术两种。标准视频识别是通过普通摄像头记录下被拍摄者的眼睛、鼻子、嘴的形状及相对位置等人脸特征，然后将其转换成数字信号，再利用计算机进行身份识别。视频人脸识别是一种常见的身份识别方式，现已被广泛用于公共安全领域。热成像技术主要通过分析人脸血液产生的热辐射来产生人脸图像。与视频识别不同的是，热成像技术不需要良好的光源，即使在黑暗情况下也能正常使用。

（4）静脉识别　静脉识别系统就是首先通过静脉识别仪取得个人静脉分布图，从静脉分布图依据专用比对算法提取特征值，通过红外线 CMOS 摄像头获取手指静脉、手掌静脉、手背静脉的图像，将静脉的数字图像存储在计算机系统中，将特征值存储。静脉比对时，实时采取静脉图，提取特征值，运用先进的滤波、图像二值化、细化手段对数字图像提取特征，同时储存在主机中用于静脉特征比对，采用复制的匹配算法对静脉特征进行匹配，从而对个人进行身份鉴定，确认身份。全过程采用非接触式。

（5）虹膜识别　虹膜是位于人眼表明黑色瞳孔和白色巩膜之间的圆环状区域，在红外光下呈现出丰富的纹理信息，如斑点、条纹、细丝、冠状、隐窝等细节特征。虹膜从婴儿胚胎期的第三个月起即开始发育，到第 8 个月虹膜的主要纹理结构已经成形。除非经历危及眼睛的外科手术，此后几乎终生不变。虹膜识别通过对比虹膜图像特征之间的相似性来确定人们的身份，其核心是使用模式识别、图像处理等方法对人眼睛的虹膜特征进行描述和匹配，从而实现自动的个人身份认证。英国国家物理实验室的测试结果表明：虹膜识别是各种生物特征识别方法中错误率最低的。从普通家庭的门禁、单位考勤到银行保险柜、金融交易确定，应用后都可有效简化通行验证手续、确保安全。如果手机加载"虹膜识别"，即使丢失也不用担心信息泄露。机场通关安检中采用虹膜识别技术，将缩短通关时间，提高安全等级。

（6）视网膜识别　视网膜是眼睛底部的血液细胞层。视网膜扫描是采用低密度的红外线去捕捉视网膜的独特特征，血液细胞的唯一模式就因此被捕捉下来。视网膜识别的优点就在于它是一种极其固定的生物特征，因为它是"隐藏"的，故而不可能受到磨损、老化等影响；使用者也无须和设备进行直接的接触；同时它是一个最难欺骗的系统，因为视网膜是不可见的，故而不会被伪造。另一方面，视网膜识别也有一些不完善的地方，如视网膜技术可能会给使用者带来健康的损坏，这需要进一步的研究；设备投入较为昂贵，识别过程的要求也高，因此视网膜扫描识别在普遍推广应用上具有一定的难度。

（7）DNA 识别　人体 DNA 在整个人类范围内具有唯一性（除了同卵双胞胎可能具有相同结构的 DNA 外）和永久性。因此，除了对同卵双胞胎个体的鉴别可能失去它应有的功能外，这种方法具有绝对的权威性和准确性。DNA 鉴别方法主要根据人体细胞中 DNA 分子的结构因人而异的特点进行身份鉴别。这种方法的准确性优于其他任何身份鉴别方法，同时有较好的防伪性。然而，DNA 的获取和鉴别方法（DNA 鉴别必须在一定的化学环境下进行）限制了 DNA 鉴别技术的实时性；另外，某种特殊疾病可能改变人体 DNA 的结构组成，系统无法正确地对这类人群进行鉴别。由于人体约由 30 亿个核苷酸构成整个染色体系统，而且在生殖细胞形成前的互换和组合是随机的，所以世界上没有任何两个人具有完全相同的 30 亿个核苷酸的组成序列，这就是人的遗传多态性。尽管存在遗传多态性，但每个人的染色体必然也只能来自其父母，这就是 DNA 亲子鉴定的理论基础。

（8）声音和签字识别　声音和签字识别属于行为识别的范畴。声音识别主要是利用人的声音特点进行身份识别。声音识别的优点在于它是一种非接触识别技术，容易为公众所接受。但声音会随音量、音速和音质的变化而受到影响，比如，一个人感冒时说话和平时说话就会有明显差异；再者，一个人也可有意识地对自己的声音进行伪装和控制，从而给鉴别带来一定困难。签字是一种传统身份认证手段，现代签字识别技术，主要是通过测量签字者的字形及不同笔画间的速度、顺序和压力特征，对签字者的身份进行鉴别。签字与声音识别一样，也是一种行为测量，因此，同时会受人为因素的影响。

（9）步态识别　步态识别，即使用摄像头采集人体行走过程的图像序列，处理后同存储的数据进行比较，来达到身份识别的目的。中国科学院自动化研究所已经对步态识别进行了一定研究。但是还存在很多问题制约其发展，比如拍摄角度发生改变、被识别人的衣着不同、携带有不同的东西，所拍摄的图像形成轮廓提取的时候会发生改变，影响识别效果。但是该识别技术却可以实现远距离的身份识别，在主动防御上有突出的性能。如果能突破现有的制约因素，在实际应用中必定有用武之地。

7.2.4　出入口控制系统的计算机管理

1. 出入口控制系统网络组成架构

系统设备采用分级组网，在一级中心具备卡证授权功能，二级中心通过数据专线将数据上传至一级中心，并可下控三级客户端。网络实现双向通信，完成监视和控制功能。

2. 出入口控制系统网络管理功能

1）采用 SQL Server 2000 数据库，事件存储容量大、便于扩展。

2）系统在建立一级中心及其他二级端局中心后，通过在一级中心服务器安装一级中心网络管理软件（Pro-Watch Corporate Edition Server，PES），即可通过网络实现对二级端局的统一管理，进而实现对整个系统的门禁网络综合管理。二级端局中心不仅可实现本地门禁控制系统，同时还可以通过拨号、专线及网络等多种方式实现网络下控，直接控制所管辖区的门禁系统。

3）一级中心网络管理软件可实现对各个二级中心网络管理软件（Pro-Watch Regional Server，PRS）进行数据库备份，具有高要求的安全性。

4）对各个二级中心可授权管理，对操作员分配使用权限，且所有操作员均具有对信息的监视权。

5）可对某一指定二级中心授权管理和监视其他的任意二级中心，节约系统维护人员成本，同时对所有操作员接管操作记录并存储。

6）可随时将指定的二级中心升级到一级中心，便于系统的升级。

7）系统软件包含视频接口，对通用视频主机（如派尔高、AD 等品牌）可实现软件内视频联动。

8）基于网络 Site，可通过局域网、广域网或数据专线等多种方式实现一级和二级网络间数据互联。

9）对数据冲突采用冲突解决方案协议，可对多种数据冲突采用最优方案。该协议可以基于接收到的时间、区域、操作员和自然数据变化，任何冲突时间及事务日志将被写入到系统管理报告中。如管理员注意到一个冲突的发生，同步时间可以被校正，以减少冲突发生时间的长度。

10）一级中心可远程对二级中心进行硬件配置，并进行操作。

11）一级中心可对卡进行授权，相关二级中心可快速更改数据库并执行操作。

3. 消防、报警联动功能

出入口控制系统具有消防、报警联动功能，其采用消防火警告警信号直接控制锁电源断电方式及锁电源和控制电源分离方式，并使用不同的电压等级（控制部分为 DC24V，锁电源为 DC12V）。消防控制设备的火警信号接入继电器控制回路中，发生火情时，由继电器控制接触器，并发送火警信号至控制中心并启动报警，由接触器立即切断该楼层锁电源，实现自动开锁功能，以便于人员的逃生；同时，该消防门锁接入控制器的控制回路，在必要时可以由授权人员通过中心软件远程开锁，利于大宗货物的运输。

4. 视频联动功能

出入口控制系统还具有视频联动功能，采用本地网络的软件联动，实现视频和门禁系统共享的门禁软件控制。由门禁系统软件提供告警联动设置，视频系统执行，从而实现视频和门禁的 CCTV 联动，本系统软件可分别对摄像机监视点和监视事件相关联的被指定的摄像机进行设定，与视频主机的连接可以是 RS-232 或其他通信方式。

7.3　防盗报警系统

防盗报警系统的设备一般分为前端探测器、报警控制器。报警控制器是通过一台主机（如同计算机的主机一样）进行处理，包括有线/无线信号的处理，系统本身故障的检测，电源部分、信号输入、信号输出、内置拨号器的处理等几个方面。一个防盗报警系统中，报警控制器是必不可少的。前端探测器包括门磁开关、玻璃破碎探测器、红外探测器和红外/微波双鉴器、紧急呼救按钮。

防盗报警系统是指当非法侵入防范区时，引起报警的装置，它是用来发出出现危险情况信号的。防盗报警系统就是用探测器对建筑内外重要地点和区域进行布防，它可以及时探测非法入侵，并且在探测到有非法入侵时，及时向有关人员示警。譬如门磁开关、玻璃破碎报警器等可有效探测外来的入侵，红外探测器可感知人员在楼内的活动等。一旦发生入侵行为，能及时记录入侵的时间、地点，同时通过报警设备发出报警信号。

7.3.1　防盗报警系统的结构

（1）周界防范报警系统　第一道安全防线：由周界防范报警系统构成，以防范翻围墙和周边进入社区的非法入侵者。采用感应线缆或主动红外线对射器。

（2）社区监控系统　第二道安全防线：由社区监控系统构成，对出入社区和主要通道上的车辆、人员及重点设施进行监控管理。配合小区报警系统和周界防护系统对现场情况进行监控记录，提高报警响应效率。

（3）巡逻管理系统　第三道安全防线：由保安巡逻管理系统构成，通过住宅区保安人员对住宅区内可疑人员、事件进行监管。配合电子巡更系统，确保保安人员的巡逻到位，实现小区物业的严格管理。

（4）可视对讲系统　第四道安全防线：由联网型楼宇可视对讲系统构成，可将闲杂人员拒之梯口外，防止外来人员四处游窜。

（5）探测器系统　第五道安全防线：由家庭防盗报警系统构成，这也是整个安全防范系统网络最重要的一环，也是最后一个环节。当有窃贼非法入侵住户家或发生如煤气泄漏、火灾、老人急病等紧急事件时，通过安装在户内的各种电子探测器自动报警，接警中心将在数十秒内获得警情消息，为此迅速派出保安或救护人员赶往住户现场进行处理。

作为小区安全防范系统的最后一道也是最重要的一道防线，家庭防盗报警系统是利用全自动防盗电子设备，在无人值守的地方，通过电子红外探测技术及各类磁控开关判断非法入侵行为或各种燃气泄漏，通过控制箱扬声器或警灯现场报警，同时将警情通过共用电话网传输到报警中心或业主本人。同时，在家中有人发生紧急情况时，也可通过各种有线、无线紧急按钮或键盘向小区联网中心和业主发送紧急求救信息。

7.3.2　防盗系统中的探测器

入侵探测器是入侵报警系统中的前端装置，由各种探测器组成，是入侵报警系统的触觉部分，相当于人的眼睛、鼻子、耳朵、皮肤等，感知现场的温度、湿度、气味、能量等各种物理量的变化，并将其按照一定的规律转换成适于传输的电信号。

1. 分类

（1）按用途或使用场所不同来分　可分为户内型入侵探测器、户外型入侵探测器、周界入侵探测器和重点物体防盗探测器等。

（2）按探测器的探测原理不同或应用的传感器不同来分　可分为雷达式微波探测器、微波墙式探测器、主动红外式探测器、被动红外式探测器、开关式探测器、超声波探测器、声控探测器、振动探测器等。

（3）按探测器的警戒范围来分

1）点控制型探测器：警戒范围是一个点，如开关式探测器。

2）线控制型探测器：警戒范围是一条线，如主动红外探测器。

3）面控制型探测器：警戒范围是一个平面，如振动探测器。

4）空间控制型探测器：警戒范围是一个立体的空间，如被动红外探测器。

（4）按探测器的工作方式来分

1）主动式探测器。主动式探测器在工作期间要向防范区域不断地发出某种形式的能量，如红外线、微波。

2）被动式探测器。被动式探测器在工作期间本身不需要向外界发出任何能量，而是直接探测来自被探测目标自身发出的某种能量，如红外线、振动等。

（5）按探测器输出的开工信号不同来分

1）常开型探测器：在正常情况下，开关是断开的，EOL 电阻与之并联。当探测器被触发时，开关闭合，回路电阻为零，该防区报警。

2）常闭型探测器。在正常情况下，开关是闭合的，EOL 电阻与之串联。当探测器被触发时，开关断开，回路电阻为无穷大，该防区报警。

（6）按探测器与报警控制器各防区的连接方式不同来分

1）四线制：指探测器上有四个接线端。两个接探测器的报警开关信号输出；另外两个接供电输入线。如红外探测器、双鉴探测器、玻璃破碎探测器等。

2）两线制：指探测器上有两个接线端。分两种情况：一是探测器本身不需要供电，如紧急报警按钮、磁控开关、振动开关等，只需要与报警控制器的防区连接两根线，送出报警开关信号即可；二是探测器需要供电，在这种情况下，接入防区的探测器的报警开关信号输出线和供电输入线是共用的。如火灾探测器。

3）无线制：探测器、紧急报警装置通过其相应的无线设备与报警控制主机通信，其中一个防区内的紧急报警装置不得大于 4 个。

4）公共网络：探测器、紧急报警装置通过现场报警控制设备和/或网络传输接入设备与报警控制主机之间采用公共网络相连。公共网络可以是有线网络，也可以是有线—无线—有线网络。

2. 开关探测器

开关探测器是防盗系统中最基本、简单而经济有效的探测器。它可以把防范现场传感器的位置或工作状态的变化转换为控制电路通断的变化，并以此来触发报警电路。这类探测器的传感器工作状态类似于电路开关，因此称为"开关探测器"。它作为典型入侵探测器，有以下几种类型：

（1）微动开关型　微动开关是一种依靠外部机械力的推动实现电路通断的电路开关，其结构如图7-2所示。

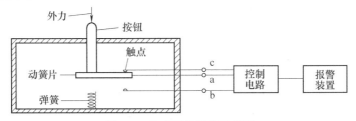

图 7-2　微动开关报警示意图

工作过程为外力通过按钮作用于动簧片上，使其产生瞬时动作，动簧片末端的动触点 a 与静触点 b 快速接通，同时断开触点 c。当外力移去后，动簧片在弹簧的作业下，迅速弹回原位，电路又恢复 a、c 两点接通，a、b 两点断开的状态。

在使用微动开关作为开关报警传感器时，需要将它固定在被保护物之下。一旦被保护物品被意外移动或抬起时，按钮弹出，控制电路发生通断变化，引起报警装置发出声光报警信号。

（2）压力开关型 压力垫也是一种开关探测器，压力垫由固定在地毯背面的两条长条形金属带组成，两条金属带之间由绝缘材料支撑，使两条金属带相互隔离。当入侵者踏上地毯时，两条金属带就接触上，相当于开关点闭合发生报警信号。

（3）磁控开关型 磁控开关由带金属触点的两个簧片封装在充有惰性气体的玻璃管（也称干簧管）和一块磁铁组成，如图 7-3 所示。

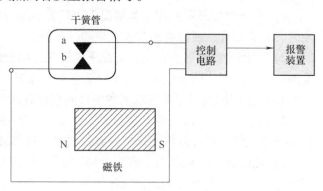

图 7-3 磁控开关报警示意图

当磁铁靠近干簧管时，管中带金属触点的两个簧片在磁场作用下被吸合，a、b 两点接通；当磁铁远离干簧管达到一定距离时，干簧管附近磁场消失或减弱，簧片靠自身弹性作用恢复到原位置，则 a、b 两点断开。使用时，一般把磁铁安装在被防范物体的活动部位（如门扇、窗扇），把干簧管装在固定部位（如门框、窗框），磁铁与干簧管的位置需保持适当距离，以保证门、窗关闭时干簧管触点闭合，门窗打开时干簧管触点断开，控制器产生短路警报信号。

3. 玻璃破碎探测器

玻璃破碎探测器是利用压电陶瓷片的压电效应（压电陶瓷片在外力作用下产生扭曲、变形时将会在其表面产生电荷），可以制成玻璃破碎入侵探测器。对高频的玻璃破碎声音（10～15kHz）进行有效检测，而对 10kHz 以下的声音信号（如说话、走路声）有较强的抑制作用。玻璃破碎声发射频率的高低、强度的大小同玻璃厚度、面积有关。玻璃破碎探测器按照工作原理的不同大致分为两大类：

1）一类是声控型的单技术玻璃破碎探测器，它实际上是一种具有选频作用（带宽 10～15kHz）的具有特殊用途（可将玻璃破碎时产生的高频信号驱除）的声控报警探测器。

2）另一类是双技术玻璃破碎探测器，其中包括声控-振动型和次声波-玻璃破碎高频声响型。它一般用于银行 ATM 机上的玻璃防破坏。

4. 微波探测器

利用微波能量辐射及探测技术构成的探测器称为微波探测器。这类探测器既能警戒空间，也可以警戒周界，按工作原理可以划分为移动式探测器和遮挡式探测器。

（1）微波移动式探测器 微波移动式探测器是利用运动物体产生的超高频无线电波的多普勒频移进行探测，一般由微波探测器和控制器两部分组成。

微波探测器一般由微波振荡器、混频器、放大器、信号处理电路等组成，集中安装在位于保护现场的探头内，其组成框图如图 7-4 所示。控制器包括控制电路、振荡电路、声光报警显示装置等，其组成框图如图 7-5 所示。控制器设置在值班室，微波探测器与控制器之间用导线连接。

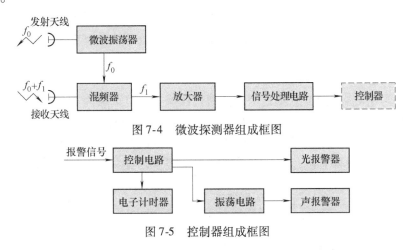

图 7-4 微波探测器组成框图

图 7-5 控制器组成框图

微波振荡器是一个小功率的微波发生器，产生固定频率 f_0 的连续发射信号，其中少部分信号能量送到混频器，大部分信号能量通过天线向所要防范的区域辐射。当防范区域内无移动目标时，接收天线收到的微波信号频率与发射频率相同，均为 f_0。当有移动目标时，由于多普勒效应，反射波的频率变成了 f_0+f_1，通过接收天线送入混频器产生差频信号 f_1，通过放大处理后再送至控制器，此时的差频信号被称为报警信号。它触发控制电路动作，使报警装置发出声光报警信号。当微波信号反射的是静止目标时，则不产生多普勒效应。其回波信号频率与入射波信号频率相同，即 $f_1=0$，这时探测器接收电路没有报警信号输出，即不产生报警信号。

微波信号的波长 λ 取决于无线电波的传输速度和信号频率 f，计算式为

$$\lambda = \frac{300}{f} \tag{7-1}$$

入侵信号的频率取决于入侵者的运动速度以及探测器的工作频率，计算式为

$$f_i = \frac{2f_s \times S_i}{300} \tag{7-2}$$

式中 f_i——入侵者产生的信号频率（Hz）；

f_s——报警系统的工作频率（MHz）；

S_i——入侵者的运动速度（m/s）。

式（7-2）中驻波的波长是报警系统信号波长的 1/2，因此式中需乘一个系数 2。由于入侵信号频率与报警装置频率成正比，当报警装置使用的频率越高时，对于较慢的入侵速度越敏感。微波移动式探测器属于空间型探测器，用于警戒立体空间，一般用于监视室内目标。

（2）微波遮挡式探测器 这种探测器由微波发射机、微波接收机和信号处理器组成。它不是利用多普勒效应工作的，而是分析接收机、发射机之间微波能量的变化，从而实现探测报警。其组成框图如图 7-6 所示。

图 7-6 微波遮挡式探测器组成框图

微波移动式探测器一般用于室外，而室内通常采用微波遮挡式探测器。微波遮挡式探测器必须使发射天线和接收天线的相对放置在监控区域的两端。发射天线发射微波束直接送达接收天线，当有运动目标遮挡微波波速时，接收天线接收到的微波能量减弱甚至消失了，此减弱的信号经检波、放大及比较，即可产生报警信号。

5. 声控探测器

声控探测器用微音器做传感器，用来监测入侵者在防范区域内走动或作案活动发出的声响（如启、闭门窗，拆卸、搬运物品及撬锁时的声响），并将此声响转换为电信号经传输线送入报警控制器。此类报警信号既可供值班人员对防范区进行直接监听或录音，也可同时送入报警电路，在现场声响强度达到一定电频时启动报警装置发出声光报警，如图7-7所示。

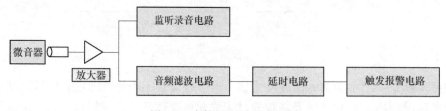

图7-7　声控探测器组成框图

图7-7中报警部分使用了音频滤波电路，通过对它进行调节可使系统鉴别出保护区内所发的正常声音；另外还设有延时电路，延时的时间可以调节，以使系统只有在不正常的声音持续一段时间进行判别后才能发出报警。通过以上措施有助于避免外界干扰（雷电、车辆的噪声）而引起的误报。为了更有效地防止外界干扰，音响报警系统还使用了抵消声音电路，使得建筑物外面所发出的声音不会触发报警，如图7-8所示。

图7-8　声控鉴别探测器组成框图

这种系统装有两个微音器，一个在保护区内，另一个设在建筑物外面（即保护区外面），从建筑物外发出的声音（如行进中的车辆）都可被两个微音器收到。但电路的调整应使得当两个微音器都敏感到同一声音，而外部微音器输出信号大于内部微音器的输出信号时，探测器不触发，这就进一步降低了误报率。

作为视频报警复核装置以外的另一种报警复核装置，声控探测器与其他类型的报警装置配合使用，可以大大降低误报及漏报率。因为任何类型的探测器都存在误报或漏报现象，在配有声控探测器的情况下，当其他类型探测器报警时，值班室可以监听防范现场有无相应的声响，若听不到异常的声响，就可以认为是误报。但是从声控探测器听到防范现场有异常响声时，虽然其他探测器未报警，也可以认为现场已有入侵者，而其他探测器是漏报，应采取相应措施进行巡检。

6. 周界探测器

周界探测器是较特殊的一类探测器。它由若干种能感知周界被入侵的探测器组合而成，常称之为"电子篱笆"。探测器可以固定安装在围墙或栅栏上及地层下，当入侵者接近或越过周界时产生报警信号，常用的有以下几种类型：

1）泄漏电缆传感器。这种传感器是同轴电缆结构，但屏蔽层处留有空隙，电缆在传输时就会向周围泄漏电磁场。把平行安装的两根泄漏电缆分别接到高频信号发生器和接收器上就组成了泄漏电缆探测器。当有入侵者进入埋有泄漏电缆的弹出区时，使空间电磁场的分布状态发生变化，从而使接收机收到的电磁能量产生变化，此能量的变化即可作为报警信号触发探测器工作。

2）光纤探测器。随着光纤技术的发展，传输损耗不断降低，传输距离不断加长。可以把光纤固定在长距离的围栏上，当入侵者跨越光缆时压迫光缆，使光纤中的光传输模式发生变化，探测出入侵者的侵入，探测器发出报警信号。

3）平行线周界传感器。这种周界传感器由多条平行导线构成。在多条平行导线中有一部分平行导线与振荡频率为 1~40kHz 的信号发生器连接，称为场线，工作时场线向周围空间辐射电磁场；另一部分平行导线与报警信号处理器连接，称为感应线。场线辐射的电磁场在感应线中产生感应电流。当入侵者靠近或穿越平行导线时，就会改变周围电磁场的分布状态，相应地使感应线中的感应电流发生变化，报警信号处理器测出此电流变化后作为报警信号发出。

除以上几种类型的周界探测器以外，光束遮断式红外线探测器也是一种常用的周界探测器。

7. 超声波探测器

利用人耳听不到的超声波（20000Hz 以上）来作为探测源进行探测的设备称为超声波探测器，一般用于探测移动物体。

按照其结构和安装方法不同分为两种类型。一种是将两个超声波换能器安装在同一个壳体内，即收、发合置型，其工作原理是基于声波的多普勒效应，也称为多普勒型。其发射的超声波的能场分布具有一定的方向性，一般为面向方向区域呈椭圆形能场分布。另一种是将两个换能器分别放置在不同的位置，即收、发分置型，称为声场型探测器，它的发射机与接收机多采用非定向型（即全向型）换能器或半向型换能器。非定向型换能器产生半球形的能场分布模式，半向型产生锥形能场分布模式。

收、发分置的超声波探测器警戒范围大，可控制几百立方米空间，多组使用可以警戒更大的空间。

安装超声波探测器的空间密封性要求高，不应有大容量的空气流动，不能有过多的门窗且需紧闭，应该避开通风设备及气体的流动。用超声波探测器保护的空间隔音性能要好，以减少外界噪声引起的误报。超声波对物体没有穿透性，因此使用时应避免物体的遮挡，玻璃、隔板、房门等对超声波的反射能力较差，因此不应正对安装。超声波是以空气作为传输介质的，因此空气的温度和相对湿度会影响其探测灵敏度。当温度为 21℃、相对湿度为 38% 时，超声波的衰减最为严重，探测范围也最小。

超声波探测器是探测室内运动物体的空间入侵探测器，由于工作方式的不同，可以分为两种类型。

1）多普勒式探测器。探测器由超声波发射器、超声波接收器和报警装置组成。工作时，发射机发射一定分布模式的超声波充满室内空间，接收机接收从墙壁、顶棚、地板及室内其他物品反射回来的超声波，并与发射波频率进行分析比较。室内没有移动物体时，收发频率不变，不产生报警。当有入侵者在探测区移动时，反射波产生多普勒频移，探测器即可检测出收、发波的频率变化，并以此作为报警信号输出。

2）脉动回波式探测器。脉动回波式探测器的工作原理与多普勒式探测器的不同之处在于，它的发射机向空间发射的超声波能量较大，在室内产生多次反射后，使所防范空间的各个层次、各个角落都充满了密度较高的超声波能量。在入射波和多次反射波的共同作用下，室内空间超声波能量密度立体分布是不均匀的。当室内没有运动物体时，能量密度分布处于某一相对稳定状态。如果室内有运动物体时，就会使空间波腹点和波节点的立体分布状态随着物体的运动而连续变化。接收机就会接收到幅度连续变化的超声波信号，幅度变化频率与超声波频率、物体运动速度成正比。

这种超声波探测器的探测灵敏度与物体的运动方向无关，并且与室内物体多少、位置、角度也无关，还能探测出金属物体后面的入侵者。由于室外的运动物体不影响室内超声波的能量分布状态，因而对室外的运动物体不产生报警。

8. 红外探测器

红外探测器是一种辐射能转换器，主要用于将接收到的红外辐射能转换为便于测量或观察的电能、热能等其他形式的能量。根据能量转换方式，红外探测器可分为热探测器和光子探测器两大类。热探测器的工作机理是基于入射辐射的热效应引起探测器某一电特性的变化，而光子探测器是基于入射光子流与探测材料相互作用产生的光电效应，具体表现为探测器响应元自由载流子（即电子和/或空穴）数目的变化。由于这种变化是由入射光子数的变化引起的，光子探测器的响应正比于吸收的光子数，而热探测器的响应正比于所吸收的能量。

利用红外线能的辐射及接收技术构成的报警装置称为红外线探测器。依工作原理的不同，红外线探测器可分为热感红外线探测器和光束遮断式红外线探测器两种类型。

1）热感红外线探测器。红外光是波长介于微波与可见光之间，具有向外辐射能的电磁波，红外光的波长范围是 $0.78 \sim 1 \times 10^3 \mu m$。不同的物体，其所辐射的红外光波长是有差异的，人体所辐射的红外线的波长主要在 $10 \mu m$ 左右，热感式红外线探测器即据此来侦探人体。

执行红外光能量侦检的感知器，依原理的不同，分为量子型及热能型两种。由于热能型感知器的灵敏度与波长没有依存关系，可在室温下使用，目前作为人体感知器及自动灯控探测器是使用最多的。它具有 $7 \sim 15 \mu m$ 带通特性光学滤波器，能对接近人体温度的红外辐射产生反应。

2）光束遮断式红外线探测器。目前使用最多的为红外线对照式，它由一个红外线发射器与一个接收器以相对方式布置组成。当有人横跨过门窗或其他监视防护区时，遮断不可见的红外线光束而引发警报。为了防止来人可能利用另一个红外光束来瞒过警报器，侦测用的红外线必须先调整至特定的频率，再发送出去，而接收器也必须装有频率与相位鉴别电路，来判别光束的真伪或是防止日光等光源的干扰。较为先进的光束遮断式探测器采用激光为光束。由于激光有直射而不发散的特性，可通过布置许多折射镜，来回交织构成一个防护圈或形成一个防护网，比单纯一道光束的红外线更为有效，但该类装置较为昂贵。

9. 双鉴探测器

鉴于单一类型的探测器误报率较高，可将两种不同探测器（红外、微波、超声波等）的探头组合起来，构成互补探测的复合报警器，称为双鉴探测器。

组合中的两个探测器应满足两个条件：其一是两个探测器有不同的误报机理；其二是两个探头对目标的探测灵敏度必须相同。当上述条件不能满足时，应选择对警戒环境产生误报率最低的两种类型探测器。如果两种探测器对警戒环境误报率都很高，组合起来，误报率也不会显著下降，没有实际意义。

选择的探测器应对外界经常或连续发射的干扰不同时敏感，而对要监测的信号必须同时敏感，也就是要求复合成的探测器双方互相做鉴证，经鉴别同时有效后才能发出报警信号，从而降低误报率，提高可信度。几种双鉴探测器的性能比较见表 7-1。

表 7-1　探测器误报率比较

类　　型	探测器类型	误　报　率	可　信　度
单技术探测器	微波探测器	421%	低
	红外探测器	421%	低
	超声波探测器	421%	低
	声音探测器	421%	低
双鉴式探测器	微波/超声波探测器	270%	中
	遮断红外/遮断红外探测器	270%	中
	超声波/遮断式红外探测器	270%	中
	微波/遮断式红外	1%	高

由两个遮断式红外探测器组合的双鉴探测器完全是两个同种探测器的组合，对环境干扰引起的假报警没用抑制作用。

微波和超声波探测器都是应用多普勒效应，属于相同工作原理的探测器，两者互相抑制探测器本身的误报有一定效果，但对于环境干扰引起的误报抑制作用较差。

超声波和遮断式红外探测器组成的双鉴探测器由两种不同类型的探测器组成，对于本身误报和环境干扰引起的假报警都有一定的相互抑制作用，但由于超声波的传播方式不同于电磁波，是利用空气做媒介进行传播的，而环境湿度对超声波探测器的灵敏度有较大影响。

微波和遮断式红外探测器组合的双鉴探测器，相互抑制本身误报和由环境干扰引起的假报警的效果最好，并采用了温度补偿技术，弥补了单技术遮断式红外探测器灵敏度随温度变化的不足，使微波/遮断式红外双鉴探测器的灵敏度不受环境温度的影响。从表 7-1 可以看出，微波/遮断式红外探测器的误报率最低，可信度最高，因此得到广泛应用。

10. 热探测器

热探测器的换能过程包括热阻效应、热伏效应、热气动效应和热释电效应。光子探测器的换能过程包括光生伏特效应、光电导效应、光电磁效应和光发射效应。而双鉴或三鉴探测器分别多了微波及智能防宠物功能，它们应用也比较广泛，如安装在室内的红外报警，只要有人或移动物体它就会输出信号。

7.3.3　大厦的巡更系统

巡更系统（Guard Tour System）是技术防范与人工防范的结合，巡更系统的作用是要求保安值班人员能够按照预先随机设定的路线顺序地对各巡更点进行巡视，同时也保护巡更人员的安全。在巡更的基础上添加现代智能化技术，加入巡检线路导航系统，可实现巡检地点、人员、事件等显示，便于管理者管理。

（1）工作原理　将巡更点安放在巡逻路线的关键点上，保安在巡逻的过程中用随身携带的巡更棒读取自己的人员点，然后按线路顺序读取巡更点，在读取巡更点的过程中，如发现突发事件可随时读取事件点，巡更棒将巡更点编号及读取时间保存为一条巡逻记录。定期用通信座将巡更棒中的巡逻记录上传到计算机中，管理软件将事先设定的巡逻计划同实际的巡逻记录进行比较，就可得出巡逻漏检、误点等统计报表，通过这些报表可以真实地反映巡逻工作的实际完成情况。

（2）巡更系统的作用　巡更机操作简便，作为治安巡逻的基本配置，其普及度日渐升温；巡检将巡更功能丰富化后，特别适合为客户量身定做。当前，电子巡更巡检系统广泛服务于社会，通过近几年市场销量的显示，呈现出稳中走高的趋势。

（3）巡更系统起到的效果　传统的巡更制度的落实主要依靠巡逻人员的自觉性，管理者对巡逻人员的工作质量只能做定性评估，容易使巡逻流于形式，因此急需加强工作考核，改变传统手工表格、对巡逻人员监督不力的管理方式。巡更系统可以很好地解决这一难题，使人员管理更科学化和准确。

（4）巡更系统的组成及特点　巡更系统包括巡更棒、通信座、巡更点、人员卡（可选）、事件本（可选）、管理软件（单机版、局域版、网络版）等主要部分，如图7-9所示。

1）巡更棒：巡检人员随身携带，用于巡检。

2）通信座或数据线：用于连接巡检器和计算机的通信设备。

3）巡更点：布置于巡检线路中，无须电源、无须布线。

4）管理软件：用于查询、统计，供管理人员使用。

5）人员卡：用于更换巡更人员。

6）充电器：用于给巡更机充电。

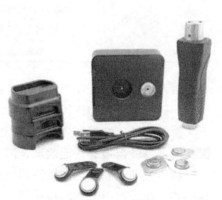

图7-9　巡更系统组成

7）事件本：可事先输入可能发生的事件、巡更时刻。

8）读取事件注：一个管理中心可配一条通信线、一套管理软件、多个巡检器/巡更棒、多个地点卡；人员卡可根据用户要求选配，用于区分巡检人员；夜光标签用于夜间指示，可选配。

7.3.4　防盗报警控制系统

报警控制器接收探测器发出的报警信号，发出声光报警并指示入侵发生的部位、时间。按监控区域的大小，报警控制器分为小型报警控制器、区域报警控制器和集中报警控制器。报警控制器应具有以下功能：

（1）布防与撤防　在正常工作时，工作人员频繁出入探测器区域，报警控制器需要撤防，下班后需要布防，即报警系统投入正常工作。

（2）布防后的延时　如果布防时操作人员正好在探测区域内，这就需要报警控制器能延时一段时间，等操作人员离开后再生效，这就是布防后的延时功能。

（3）防破坏　如果有人对线路和设备进行破坏，报警控制器应发出报警信号，常见的破坏是线路短路或断路。常用方法是在报警控制器连接探测器的线路上加上一定的电流，如果断线，则线路上的电流为零；如短路则电流大大超过正常值。上述任何一种情况发生，都会引起控制器报警，从而达到防止破坏的目的。

（4）联网功能　作为智能保安设备，必须具有联网通信功能，以便把本区域的报警信息送到保安监控中心，由监控中心完成数据分析处理，以提高系统的可靠性等指标。

7.4　电视监视系统

一般来说，电视监控系统是安防体系中防范能力极强的一个综合系统，它通过遥控摄像机及其辅助设备（电动镜头及云台等），在监控中心就可直接观察被监控场所的各种情况，以便及时发现和处理异常情况。整个系统包括摄像、传输、显示和控制四个部分，涉及电学、光学和机械学等相关学科。由于整个监控系统自成体系，这种系统又被称为闭路电视（Close Circuit TV，CCTV）监控系统。不过，以当今电视监控系统的广泛应用来说，通过无线微波传输模拟视音频及控制信号，或通过无线网桥传输数字视音频及控制信号的局部"开路"的电视监控系统已屡见不鲜，经由卫星传输的远程电视监控也已有不少案例。如此说来，以 CCTV 代称的"闭路"电视的面显然"窄"了些。

几十年来，电视技术的发展带动了电视监控技术的发展，而现行电视监控系统的图像质量却仍然停留在 625 行/50 场（对我国现行的 PAL 制而言）、画面宽高比为 4∶3 的普通电视水平，因此其清晰度受到现有电视制式的限制。随着数字电视及数字高清晰度电视的普及，全数字化的高清晰度电视已经在发达国家试播，因此可以相信，在未来的电视监控系统中也将引入高清晰度电视技术，使监控图像的清晰度提高到现有图像的 4 倍以上。到那时，当摄像机在很宽的视场范围内监视整个银行出纳柜台时，则不再会因为看不清监控画面中的钞票面值或是犯罪嫌疑人的面目特征而发愁了。

7.4.1　基本结构

电视监控系统主要由前端（摄像）、传输、终端（显示与记录）与控制四个主要部分所组成，如图 7-10 所示，并具有对图像信号的分配、切换、存储、处理、还原等功能。

（1）前端设备　前端设备的主要任务是为了获取监控区域的图像和声音信息，主要设备是各种摄像机及其配套的设备。由于摄像机需公开或隐蔽地安装在防范区内，除需长时间不间断地工

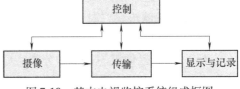

图 7-10　基本电视监控系统组成框图

作外，其环境变化无常，有时还需要在相当恶劣的条件下工作，如风、沙、雨、雷、高温、低温等，因此要满足"全天候"工作的要求。所以，前端设备应有较高的性能和可靠性。

对于电视摄像机，除要有较高的清晰度和可靠性外，通常还需配有自动光圈边角镜头、多功能防护罩、电动云台以及接口控制设备（解码器）等。电视摄像机有黑白和彩色之分。黑白电视摄像机的灵敏度、清晰度较高，价格便宜，安装调试方便。彩色电视摄像机除传送

亮度信号外，还能传送彩色信息。因此，彩色电视摄像机能全面地反映现场景物的图像和色彩，但灵敏度、清晰度相对比较低，而且技术条件要求高，价格较贵。对于一般的安全保卫工作来说，有时并不需要去追求五彩缤纷的图像，而主要是要求有较高的灵敏度和清晰度，因此，除特殊使用的重要场合和照明条件充分满足要求的情况之外，目前国内大多数电视监控系统仍采用黑白电视摄像机。

（2）传输系统　传输系统的主要任务是将前端图像信息不失真地传输到终端设备，并将控制中心的各种指令送到前端设备。根据监控系统的传输距离、信息容量和功能要求的不同，主要有无线传输和有线传输两种方式。目前大多采用有线传输方式。有线传输通常利用电话线、同轴电缆和光纤来传送图像信号。由于光纤具有体积小、质量轻、抗腐蚀、容量大、频带宽、抗干扰性能好等优点，目前在较大型的电视监控系统中大多采用光纤来作为传输线。

（3）终端设备（控制、显示与记录）　终端设备是电视监控系统的中枢。它的主要任务是将前端设备送来的各种信息进行处理和显示，并根据需要向前端设备发出各种指令，由中心控制室进行集中控制。终端设备主要有显示、记录设备和控制切换设备等，如监视器、录像机、录音机、视频分配器、时序切换装置、时间信号发生器、同步信号发生器以及其他一些配套控制设备等。

7.4.2　摄像系统设备

1. 摄像机

在闭路监控系统中，摄像机又称摄像头或 CCD（Charge Coupled Device），即电荷耦合器件。严格来说，摄像机是摄像头和镜头的总称。而实际上，摄像头与镜头大部分是分开购买的，用户根据目标物体的大小和摄像头与物体的距离，通过计算得到镜头的焦距，因此，每个用户需要的镜头都是依据实际情况而确定的。摄像头的主要传感部件是 CCD，它具有灵敏度高、畸变小、寿命长、抗振动、抗磁场、体积小和无残影等特点，CCD 能将光线变为电荷，并可将电荷储存及转移，也可将储存的电荷取出，使电压发生变化，因此 CCD 是理想的摄像元件，它是代替摄像管传感器的新型器件。

CCD 的工作原理是：被摄像物体反射的光线传播到镜头，经镜头聚焦到 CCD 芯片上，CCD 根据光的强弱积聚相应的电荷，经周期性放电，产生表示一幅幅画面的电信号，经过滤波、放大处理，通过摄像头的输出端子输出一个标准的复合视频信号。这个标准的视频信号同家用的录像机、VCD 机和家用摄像机的视频输出是一样的，因此也可以录像或接到电视上观看。

（1）CCD 摄像机的选择和分类　CCD 芯片就像人的视网膜，是摄像头的核心。市场上大部分摄像头采用的是日本 SONY、SHARP、松下和韩国 LG 等公司生产的芯片。因为芯片生产时有不同等级，各厂家获得的途径不同，所以造成 CCD 采集效果也大不相同。在购买时，可以采取如下方法检测；接通电源，连接视频电缆到监视器，关闭镜头光圈，看图像全黑时是否有亮点，屏幕上雪花大不大，这些是检测 CCD 芯片最简单直接的方法，而且不需要其他专用仪器；然后可以打开光圈，看一个静物，如果是彩色摄像头，最后摄取一个色彩鲜艳的物体，查看监视器上的图像是否偏色、扭曲，色彩或灰度是否平滑。好的 CCD 可以很好地还原景物的色彩，使物体看起来清晰、自然；而残次品的图像就会有偏色现象，即使面对一张白纸，图像也会显示蓝色或红色。个别 CCD 由于生产车间的灰尘，靶面上会有杂质，在一般情况下，杂质不会影响图像，但在弱光或显微摄像时，细小的灰尘也会造成不良的后果，一定要仔细挑选。CCD 分类一般如下：

1）按成像的色彩划分为彩色摄像机和黑白摄像机。

① 彩色摄像机。适用于景物细部辨别，如辨别衣着或景物的颜色。

② 黑白摄像机。适用于光线不充足地区及夜间无照明设备的地区。在仅监视景物的位置或移动时，可选用黑白摄像机。

2）依分辨率、灵敏度等级划分，分为一般型和高分辨率型。影像像素在 38 万以下的为一般型，其中，以 25 万像素（512×492）、分辨率为 400 线的产品最普遍；影像像素在 38 万以上的为最高分辨率型。

3）按 CCD 靶面大小划分，CCD 芯片已经开发出多种尺寸，如图 7-11 所示。

目前采用的芯片大多数为 1/3in 和 1/4in。在购买摄像头时，特别是对摄像角度有比较严格要求的时候，CCD 靶面的大小、CCD 与镜头的配合情况将直接影响视场角的大小和图像的清晰度。

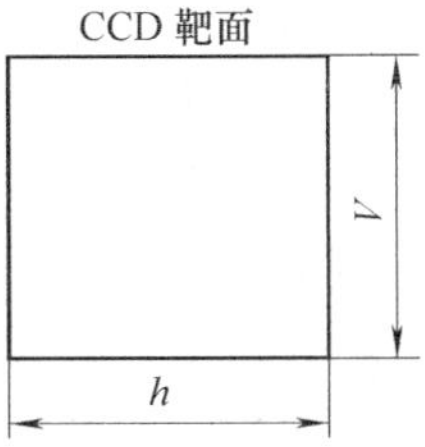

芯片规格 CCD/in	尺寸 /mm	对角线 /mm
1	12.7×9.6	16
2/3	8.8×6.6	11
1/2	6.4×4.8	8
1/3	4.8×3.6	6
1/4	3.2×2.4	4

图 7-11　CCD 芯片尺寸

注：1in = 0.0254m。

4）按扫描制式划分，分为 PAL 制和 NTSC 制。我国采用隔行扫描（PAL）制式（黑白为 CCIR），标准为 625 行、50 场，只有医疗或其他专业领域才用到一些非标准制式。另外，日本为 NTSC 制式，525 行、60 场（黑白为 EIA）。

5）依供电电源划分，分为交流电 110V（NTSC 制式多属此类）、220V 和 24V 以及直流电 12V 和 9V（微型摄像机多属此类）。

6）按同步方式划分，分为如下五种：

① 内同步。用摄像机内同步信号发生电路产生的同步信号来完成操作。

② 外同步。使用一个外同步信号发生器，将同步信号送入摄像机的外同步输入端。

③ 功率同步（线性锁定，Line Lock）。用摄像机 AC 电源完成垂直推动同步。

④ 外 VD 同步。将摄像机信号电缆上的 VD 同步脉冲输入，完成外 VD 同步。

⑤ 多台摄像机外同步。对多台摄像机固定外同步，使每一台摄像机可以在同样的条件下作业，因各摄像机同步，这样，即使其中一台摄像机转换到其他景物，同步摄像机的画面也不会失真。

7）按照度划分，CCD 又分为如下四种：

① 普通型。正常工作需照度 1~3lx。

② 月光型。正常工作需照度 0.1lx 左右。

③ 星光型。正常工作需照度 0.01lx 左右。

④ 红外型。采用红外灯照明，在没有光线的情况下也可以成像。

8）按外观形状分，分为枪式、半球、全球及针孔型等。

（2）CCD 彩色摄像机的主要技术指标

1）CCD 尺寸。即摄像机靶面，原来为 1/2in，现在 1/3in 和 1/4in 也已普及。

2）CCD 像素。像素是 CCD 的主要性能指标，它决定了显示图像的清晰程度，像素越多，图像越清晰。38 万像素以上者为高清晰度摄像机。

3）水平分辨率。分辨率是用电视线（简称线，TV lines）来表示的，彩色摄像机的典型分辨率在 330～500 电视线之间，主要有 330 线、380 线、420 线、460 线、500 线等不同档次，彩色摄像头的分辨率在 330～600 线之间。

4）最小照度也称为灵敏度。它体现了 CCD 对环境光线的敏感程度，或者说是 CCD 正常成像时所需要的最暗光线。照度的单位是 lx（勒克斯），数值越小，表示需要的光线越少，摄像头也越灵敏。月光级和星光级等高敏感度摄像机可工作在很暗的条件下，1～3lx 属一般照度。

5）摄像机电源：交流电为 220V、110V、24V，直流电为 12V 或 9V。

6）信噪比典型值为 46dB，若为 50dB，则图像有少量噪声，但图像质量良好；若为 60dB，则图像质量优良，不出现噪声。

7）视频输出多为 $1V_{p-p}$、75Ω，均采用 BNC 接头。

8）镜头安装方式有 C 方式和 CS 方式，两者不同之处在于感光距离的不同。

（3）CCD 彩色摄像机的可调整功能　单台摄像机和多摄像系统同步方式的选择如下。

1）对于单台摄像机而言，主要的同步方式有下列三种：

① 内同步。利用摄像机内部的晶体振荡电路产生的同步信号来完成操作。

② 外同步。利用一个外同步信号发生器产生的同步信号送到摄像机的外同步输入端来实现同步。

③ 电源同步。也称为线性锁定或行锁定，利用摄像机的交流电源来完成垂直推动同步，即摄像机和电源零线同步。

2）对于多摄像机系统，希望所有的视频输入信号是垂直同步的，这样在变换摄像机输出时，不会造成画面失真，但是由于多摄像机系统中的各台摄像机供电可能取自三相电源中的不同相位，甚至整个系统与交流电源不同步，此时可采取的措施为：将同一个外同步信号发生器产生的不同信号送入各台摄像机的外同步输入端来调节同步。调节各台摄像机的"相位调节"电位器，因摄像机出厂时，其垂直同步是与交流电的上升沿正过零点同相的，故使用相位延时电路可使每台摄像机有不同的相移，从而获得合适的垂直同步，相位调整范围为 0°～360°。

① 自动增益控制。所有摄像机都有一个将来自 CCD 的信号放大到可以使用水准的视频放大器，其放大量（即增益）有较高的灵敏度，可使其在为微光下灵敏，然而在亮光照的环境中，放大器将过载，使视频信号畸变。为此，需利用摄像机的自动增益控制（AGC）电路去探测视频信号电平，适时开关 AGC，从而使摄像机能够在较大的光照范围（动态范围）内工作，即在低照度时自动增加摄像机的灵敏度，从而提高图像信号的强度，以获得清晰的图像。

② 背景光补偿。通常摄像机的 AGC 工作点是通过对整个视场的内容作平均来确定的，但如果视场中包含一个很亮的背景区域和一个很暗的前景目标，则此时确定的 AGC 工作点有可能对于前景目标是不够合适的，背景光补偿有可能改善前景目标显示状况。当背景光补偿为开启时，摄像机仅对整个视场的一个子区域求平均来确定其 AGC 的工作点，此时，如果前景目标位于该子区域内，那么前景目标的可视性有望改善。

③ 电子快门。CCD 摄像机是用光学电控影像表面的电荷积累实践来操纵快门的，电子快门控制摄像机 CCD 的累积时间。当电子快门关闭时，对于 NTSC 型摄像机，其 CCD 累积时间为 1/60s；对于 PAL 型摄像机，则为 1/50s。当摄像机的电子快门打开时，对于 NTSC 型摄像机，其电子快门以 261 步覆盖 1/60 ~ 1/10000s 的范围；对于 PAL 型摄像机，其电子快门则以 311 步覆盖 1/50 ~ 1/10000s 的范围。当电子快门速度增加时，在每个视频场允许的时间内，聚焦在 CCD 上的光减少，结果将降低摄像机的灵敏度。然而，较高的快门速度对于观察运动图像会产生一个停顿动作效应，这将大大增加摄像机的动态分辨率。

④ 白平衡只用于彩色摄像机，其用途是使摄像机图像能精确反映景物状况，有手动白平衡和白平衡两种方式。

⑤ 色彩调整。

（4）DSP 摄像机　在模拟制式的基础上引入部分数字化处理技术，称为数字信号处理（Digital Signal Processor，DSP）摄像机。该摄像机具有以下优点：

1）由于采用了数字检测和数字运算技术而具有智能化背景光补偿功能。常规摄像机要求被摄景物置于画面中央，并要占据较大的面积方能有较好的背景光补偿，否则过亮的背景光可能会降低图像中心的透明度。而 DSP 摄像机将一个画面划分成 48 个小处理区域来有效检测目标，这样即使是很小的、很薄的或不在画面中心区域的景物均能清楚呈现。

2）由于 DSP 技术而能自动跟踪白平衡，即可以在任何条件下检测和跟踪白色，并以数字运算处理来再现原始的色彩。传统的摄像机对画面上的全部色彩作平均处理，这样如果彩色物体在画面上占据很大面积，那么彩色重现将不平衡，也就是不能重现原始色彩，DSP 摄像机将一个画面分成 48 个小处理区域，这样就能够有效检测白色，即使画面上只有很小的一块白色，该摄像机也能跟踪它，从而再现出原始的色彩。在拍摄网络状物体时，可将由摄像机彩色噪声引起的图像混叠减至最少。

（5）摄像机的使用　摄像机的使用很简单，通常只要正确安装镜头、连接信号电缆、接通电源即可工作。但在实际使用中，如果不能正确安装镜头并调整摄像机及镜头的状态，则可能达不到预期使用效果。以下简要介绍摄像机的正确使用方法。

1）安装镜头。摄像机必须配接镜头才可使用，一般应根据应用现场的实际情况来选配合适的镜头，如定焦镜头或变焦镜头、手动光圈镜头或自动光圈镜头、标准镜头、广角镜头或长焦镜头等。另外还应注意镜头与摄像机的接口是 C 型接口还是 CS 型接口（这一点要切记，如果用 C 型镜头直接往 CS 型接口摄像机上旋入时，极有可能损坏摄像机的镜头接口，旋入镜头时应使之旋到位。对于自动光圈镜头，还应将镜头的控制线连接到摄像机的自动光圈接口上；对于电动两可变镜头或三可变镜头，只要旋转镜头到位，暂时不需要校正其平衡状态（只有在后焦距调整完毕后才需要最后校正其平衡状态）。

2）调整镜头光圈与对焦。关闭摄像机上电子快门及逆光补偿等开关，将摄像机对准欲监视的场景，调整镜头的光圈与对焦环，使监视器上的图像最佳。如果是在光照度变化比较大的场合使用摄像机，最好配接自动光圈镜头，并将摄像机的电子快门开关置于 OFF。如果选用了手动光圈镜头，则应将摄像机的电子快门开关置于 ON，并在应用现场最为明亮（环境光照度最大）时，将镜头光圈尽可能开大并仍使图像为最佳（不能使图像过于发白而过载），镜头即调整完毕，装好防护罩并上好支架即可。由于光圈较大，景深范围相对较小，对焦距时应尽可能照顾到整个监视现场的清晰度。当现场照度降低时，若不注意在光线明亮时将镜头的光圈尽可能开大，而是关得比较小，则摄像机的电子快门会自动调在低速上，因此仍可以在监视器上形成较好的图像；但当光线变暗时，由于镜头的光圈比较小，而电子快门也已经处于最慢（1/50s），此时的成像就可能是昏暗一片了。

3）后焦距的调整。后焦距也称背焦距，指的是当安装上标准镜头（标准 C 型、CS 型接口镜头）时，能使被摄景物的成像恰好成在 CCD 的靶面上。一般摄像机在出厂时，对后焦距都做了适当的调整，因此，在配接定焦镜头的应用场合，一般都不需要调整摄像机的后焦距。在有些应用场合，可能出现当镜头对焦环调整到极限位置时仍不能使图像清晰的情况，此时首先必须确认镜头的接口是否正确。如果确认无误，就需要对摄像机的后焦距进行调整。根据经验，在绝大多数摄像机配接电动变焦镜头的应用场合，往往都需要对摄像机的后焦距进行调整。后焦距调整的步骤如下：

① 将镜头正确安装到摄像机上。

② 将镜头光圈尽可能开到最大（目的是缩小景深范围，以准确找到成像焦点）。

③ 通过变焦距调整（Zoom In）将镜头推至望远（Tele）状态，拍摄 10m 以外的一个物体的特写，再通过调整聚焦（Focus）将特写图像调清晰。

④ 进行与上一步相反的变焦距调整（Zoom Out），将镜头拉回至广角（Wide）状态，此时画面变为包含上述特写物体的全景图像，但此时不能再做焦距调整（注意：如果此时的图像变模糊也不能做聚焦调整），而是准备下一步的后焦距调整。

⑤ 将摄像机前端用于固定后焦距调节环的内六角螺钉旋松，并旋转后焦调节环（对没有后焦距调节环的摄像机，则直接旋转镜头而带动其内置的后焦调节环），直至画面最清晰为止，然后暂时旋紧内六角螺钉。

⑥ 重新推镜头到望远状态，观察刚才拍摄的特写物体是否仍然清晰，如不清晰，再重复上述①、②、③步骤。

⑦ 通常只需一两个回合就可完成后焦距调整了。

⑧ 旋紧内六角螺钉，将光圈调整到适当的位置。

2. 镜头

摄像机镜头是视频监视系统的最关键设备，它的质量（指标）优劣直接影响摄像机的调机指标。因此，摄像机镜头选择是否恰当，既关系到系统质量，又关系到工程造价。镜头相当于人眼的晶状体，如果没有晶状体，人眼看不到任何物体；如果没有镜头，那么摄像头所输出的图像就是白茫茫的一片，没有清晰的图像输出，这与家用摄像机和照相机的原理是一致的。当人眼的肌肉无法将晶状体拉伸至正常位置（也就是人们常说的近视眼）时，眼前的景物就变得模糊不清。摄像头与镜头的配合也有类似现象，当图像变得不清楚时，可以调整摄像头的后焦点，改变 CCD 芯片与镜头基准面的距离（相当于调整人眼晶状体的位置），可以使模糊的图像变得清晰。

由此可见，镜头在闭路电视监控系统中的作用是非常重要的。工程设计人员和施工人员都要经常与镜头打交道。设计人员要根据物距、成像大小计算镜头焦距，施工人员经常进行现场调试，其中一部分就是把镜头调整到最佳状态。

（1）镜头的分类　一般来讲，镜头的分类见表 7-2。

表 7-2 镜头的分类

按外形功能分类	按尺寸大小分类	按光圈分类	按变焦类型分类	按焦距长短分类
球面镜头	1in，25min	自动光圈	电动变焦	长焦距镜头
非球面镜头	1/2in，3mm	手动光圈	手动变焦	标准镜头
针孔镜头	1/3in，8.5mm	固定光圈	固定焦距	广角镜头
鱼眼镜头	2/3in			

具体描述如下：

1）按镜头的安装分类。所有的摄像机镜头均是螺纹口的，CCD 摄像机的镜头安装有两种工业标准，即 C 型安装座和 CS 型安装座。两者螺纹部分相同，但从镜头到感光表面的距离不同。C 型安装座镜头安装基准面到焦点的距离是 17.526mm；CS 型安装座为特种 C 型安装座，应将摄像机前部的垫圈取下再安装镜头，其镜头安装基准面到焦点的距离是 12.5mm。如果要将一个 C 型安装座镜头安装到一个 CS 型安装座摄像机上，则需要使用镜头转换器。

2）按摄像机镜头规格分类。摄像机镜头规格应视摄像机的 CCD 尺寸而定，两者应相对应，即摄像机的 CCD 靶面大小为 1/2in 时，则镜头应选 1/2in；若为 1/3in，镜头也应选 1/3in，以此类推。如果镜头尺寸与摄像机 CCD 靶面尺寸不一致，那么观察角度将不符合设计要求，或者出现画面在焦点以外等问题。

3）按镜头光圈分类。镜头有手动光圈（Manual Iris）和自动光圈（Auto Iris）之分，配合摄像机使用，手动光圈镜头适合于亮度不变的应用场合；自动光圈镜头因亮度变更时其光圈也做自动调整，故适合于亮度变化的场合。自动光圈镜头有两类，一类将一个视频信号及电源从摄像机输送到透镜，来控制镜头上的光圈，称为视频输入型；另一类则是利用摄像机上的直流电压来直接控制光圈，称为 DC 输入型。

自动光圈镜头上的 ALC（自动镜头控制）调整用于设定测光系统，可以根据整个画面的平均亮度，也可以根据画面中最亮部分（峰值）来设定基准信号强度，供自动光圈调整使用。一般而言，ALC 已在出厂时设定，可不调整，但是拍摄景物中包含有一个亮度极高的目标时，明亮目标物的影像可能会造成白电平削波现象，而使得全部屏幕变成白色，此时可以调节 ALC 来变换画面。

自动光圈镜头对于下列应用情况是理想的选择：

① 在诸如太阳直射等非常亮的情况下，用自动光圈可有较宽的动态范围。

② 要求在整个视野有良好的聚焦时，用自动光圈镜头有比固定光圈镜头更大的景深。

③ 要求在亮光上因光信号导致的模糊最小时，应使用自动光圈镜头。

4）按镜头的视场大小分类，可分为如下五类：

① 标准镜头。视角 30°左右，在 1/2in CCD 摄像机中，标准镜头焦距定为 12mm；在 1/3in CCD 摄像机中，标准镜头焦距定为 8mm。

② 广角镜头。视角 90°以上，焦距可小于几毫米，可提供较宽广的视野。

③ 远摄镜头。视角 20°以内，焦距可达几米甚至几十米，此镜头可在远距离情况下将拍摄的物体影像放大，但会使观察范围变小。

④ 变倍镜头（Zoom Lens）。也称为伸缩镜头，有手动变倍镜头和电动变倍镜头两类。

⑤ 针孔镜头。镜头直径为几毫米，可隐蔽安装。

5）按镜头焦距分类，可分为如下四类：

① 短焦距镜头。入射角较宽，可提供一个较宽广的视野。

② 中焦距镜头。标准镜头，焦距的长度视 CCD 的尺寸而定。

③ 长焦距镜头。因入射角较狭窄，故仅能提供狭窄视野，适用于长距离监视。

④ 变焦距镜头。通常为电动式，可作广角、标准或远望等镜头使用。

（2）镜头的主要技术指标

1）镜头的成像尺寸应与摄像机 CCD 靶面尺寸相一致。如前所述，有 1/2in、1/3in、1/4in 等规格。1/2in 镜头可用于 1/3in 摄像机，但视角会减少 25% 左右。1/3in 镜头不能用于 1/2in 摄像机。

2）镜头成像质量的内在指标是镜头的光学传递函数与畸变，但是对用户而言，需了解的仅仅是镜头的空间分辨率，以每毫米能够分辨的黑白条纹数为计量单位，计算公式为

$$镜头分辨率 N = \frac{180°}{画幅格式的高度}$$

由于摄像机 CCD 靶面大小已经标准化，如 1/2in 摄像机，其靶面为 6.4mm × 4.8mm，1/3in 摄像机为 4.8mm × 3.6mm。因此，对于 1/2in 的 CCD 靶面，镜头的最低分辨率应为 38 对线/mm；对于 1/2in 格式摄像机，镜头的分辨率应大于 50 对线/mm，摄像机的靶面越小，对镜头的分辨率越高。

3）镜头的光圈（光通量），以镜头的焦距和通光孔径的比值来衡量。

$$F = \frac{f}{d^2}$$

式中　f——镜头焦距；

　　　d——通光孔径。

F 值越小，则光圈越大。如镜头上光圈指数序列的标值为 1.4、2、2.8、4、5.6、8、11、16 和 22 等，其规律是前一个标值时的曝光量正好是后一个标值对应曝光量的 $\sqrt{2}$ 倍。也就是说，镜头的通光孔径分别是 1/1.4、1/2、1/2.8、1/4、1/5.6、1/8、1/11、1/16、1/22，前一数值是后一数值的 $\sqrt{2}$ 倍，因此光圈指数越小，则通光孔径越大，成像靶面上的照度也就越大。所以应根据被监控部分的光线变化程度来选择用手动光圈还是用自动光圈镜头。

4）焦距。焦距计算公式如下：

$$f = \frac{wL}{W} 或 f = \frac{hL}{h}$$

式中　w——图像的宽度（被摄物体在 CCD 靶面上成像宽度）；

　　　W——被摄物体宽度；

　　　L——被摄物体至镜头的距离；

　　　h——图像高度（被摄物体在 CCD 靶面上成像高度）。

焦距的大小决定着视场角的大小。焦距数值小，视场角大，所观察的范围也大，但距离远的物体分辨不很清楚；焦距数值大，视场角小，观察范围小。所以如果要看细节，就选择长焦距镜头；如果看近距离、大场面，就选择小焦距的广角镜头。只要焦距选择合适，距离很远的物体也可以看得清清楚楚。6mm/F1.4 代表焦距为 6mm，最大孔径为 4.29mm。

（3）光圈的选择与应用范围

1）手动光圈镜头是最简单的镜头。适用于光照条件相对稳定的场合，手动光圈由数片金属薄皮构成。光通量靠镜头外径上的一个环调节，旋转此环可使光圈收小或放大。手动光圈镜头可与电子快门摄像机配套，在各种光线下均可使用。

2）自动光圈镜头（EF）应用于在照明条件变化大的环境中或不是用来监视某个固定目标时，比如在户外或人工照明经常开关的地方，自动光圈镜头的光圈动作由电动机驱动，而电动机受控于摄像机的视频信号。

自动光圈镜头目前分为两类：一类称为视频（VIDEO）驱动型，镜头本身包含放大器电路，用以将摄像头传来的视频幅度信号转换成光圈电动机的控制；另一类称为直流（DC）驱动型，利用摄像头上的直流电压来直接控制光圈。这种镜头只包含电流计式光圈电动机，要求摄像头内有放大器电路。对于各类自动光圈镜头，通常还有两项可调整旋钮，一是 ALC 调节（测光调节），有以峰值测光和根据目标发光条件平均测光两种选择，一般取平均测光；另一个是 LEVEL 调节（灵敏度），可将输出图像变得明亮或者暗淡。自动光圈镜头可与任何 CCD 摄像机配套，在各种光线下均可使用，特别用于被监视表面亮度变大、范围较大的场所。为了避免引起光晕现象和烧坏靶面，摄像机一般都配有自动光圈镜头。

（4）焦距的选择与应用范围　根据摄像机到被监控目标的距离选择镜头的焦距。典型的光学放大规格有 6 倍（6.0 ~ 36mm，F1.2）、8 倍（4.5 ~ 36mm，F1.6）、10 倍（8.0 ~ 80mm，F1.2）、12 倍（6.0 ~ 72mm，F1.2）、20 倍（10 ~ 200mm，F1.2）等，并以电动变焦镜头应用最为普遍。为增大放大倍数，除光学放大外，还可施以电子数码放大。

1）定焦距（光圈）镜头一般与电子快门摄像机配套，适用于监视室内某个固定目标。定焦距镜头一般又分为长焦距镜头、中焦距镜头和短焦距镜头。中焦距镜头是焦距与成像尺寸相近的镜头；焦距小于成像尺寸的称为短焦距镜头，短焦距镜头又称为广角镜头，该镜头的焦距通常是 28mm 以下，短焦距镜头主要用于环境照明条件差、监视范围要求宽的场合；焦距大于成像尺寸的称为长焦距镜头，长焦距镜头又称为望远镜头，这类镜头的焦距一般在 150mm 以上，主要用于监视较远处的景物。

2）手动变焦距镜头一般用于科研项目而不用在闭路电视监控系统中。

3）自动变焦距镜头（Auto Zoom Lens）聚焦和变倍的调整，只有电动调整和预置两种，电动调整由镜头内的电动机驱动；而预置则通光镜头内的电位计预先设置调整停止位，这样可以免除成像必须逐次调整的过程，可精确与快速定位，大部分球形罩一体化摄像系统采用带预置位的伸缩镜头。另一项令用户感兴趣的则是快速聚焦功能，它由测焦系统与电动变焦反馈控制系统构成。

电动变焦距镜头的控制电压一般是直流 8 ~ 16V，最大电流为 30mA。所以在选择控制器时，要充分考虑传输线缆的长度，如果距离太远，线路产生的电压下降会导致镜头无法控制，必须提高输入控制电压或更换视频矩阵主机配合解码器控制。自动变焦距镜头可与任何 CCD 摄像机配套，在各种光线下均可使用，变焦距镜头是通过遥控装置来进行光对焦、光圈开度调整、改变焦距大小的。自动变焦距镜头通常要配合自动光圈镜头和云台使用。

3. 云台

摄像机云台是一种用来安装摄像机的工作台，分为手动和电动两种。电动云台在微型电动机的带动下做水平和垂直转动，不同的产品，其转动角度也各不相同。常见技术指标如下：

1）回转范围。云台的回转范围分水平旋转角度和垂直旋转角度两个指标，可根据所用摄像机的设计范围要求加以选用。具体选择方法如下：

① 水平旋转。有 0°~355°云台，两端设有限位开关；还有 360°自由旋转云台，可以做任意 360°旋转。

② 垂直俯仰。大多为 90°，现在已出现可做垂直 360°回转，并可在垂直回转至后方时自动将影像调整为正向的新产品。

2）承载能力。因为摄像机及其配套设备的重量都由云台来承载，选用时必须将云台的承载能力考虑在内。一般轻载云台最大负重约为 9kg，重载云台最大负重约为 45kg。

3）云台使用电压。云台的使用电压有交流 220V、交流 24V 和直流供电三种。

4）云台的旋转速度。普通云台的转速是恒定的；有些场合需要快速跟踪目标，这就要选择高速云台。有的云台还能实现定位功能。

① 恒速云台。只有一档速度，一般水平旋转速度最小值为（60~120）°/s，垂直俯仰速度为（30~3.50）°/s，但快速云台水平旋转和垂直俯仰速度更高。

② 可变速云台。水平旋转速度的范围为（0~4000）°/s；垂直倾斜速度的范围多为（0~1200）°/s，但已有最高达 4000°/s 的产品。

5）安装方式。云台有侧装和吊装两种安装方式，即云台可安装在顶棚和墙壁上。

6）云台外形。分为普通型和球形，球形云台把云台安置在一个半球形防护罩中，除了防止灰尘干扰图像外，还有隐蔽、美观的作用。

7）控制方式。一般的云台均属于有线控制的电动云台。控制线的输入端有五个，其中一个为电源的公共端，另外四个分为上、下、左、右控制端。如果将电源的一端接在公共端上，电源的另一端接在"上"时，则云台带动摄像头向上转，其余类推。还有的云台内装继电器等控制电路，这样的云台往往有六个控制输入端，一个是电源的公共端，另四个是上、下、左、右端，还有一个则是自动转动端。当电源的一端接在公共端，电源的另一端接在自动转动端时，云台将带动摄像机头按一定的转动速度进行上、下、左、右的自动转动。在电源供电电压方面，目前常见的有交流 24V 和 220V 两种。云台的耗电功率，一般是承重量小的功耗小，承重量大的功耗大。目前，还有直流 6V 供电的室内小型云台，可在其内部安装电池，并用红外遥控器进行遥控。目前大多数云台仍采用有线控制方式。云台的安装位置距离控制中心较远且数量较多时，往往采用总线方式传送编码的控制信号并通过终端解码器解出控制信号再去控制云台的转动。在选用云台时，最好选用在云台固定的位置上安装有控制输入端及视频输入/输出端接口的，并且在固定部位与转动部位之间（即与摄像机之间）有用软螺旋线形成的摄像机及镜头的控制输入线和视频输出线的连线，这样的云台安装使用后不会因长期使用导致转动部分的连线损坏，特别是室外用的云台更应如此。

4. 防护罩

防护罩用于对摄像机的保护，分室内和室外两大类。

1）室内防护罩主要起隐蔽和防护作用。室内型防护罩的要求比较简单，其主要功能是保护摄像机，能防尘，能通风，有防盗、防破坏功能。有时也考虑隐蔽作用，不易被察觉，常用带有装饰性的隐蔽防护外罩。

2）室外型防护罩比室内型要求高，主要功能有防尘、防晒、防雨、防冻、防结露和防雪、能通风。一般有控制开关，温度高时开风扇冷却，低时自动加热。下雨时可以控制雨刷器刷雨。

特殊类型可以分为摄像机强制风冷型、水冷型、防爆型、特殊射线防护型等。

5. 云台镜头控制器

在配置了电动镜头和电动云台的闭路电视监控系统中，需要对摄像机进行遥控，来完成诸如控制云台的旋转、控制变焦距镜头的远近及光圈的大小、控制防护罩的各附属功能及摄像机电源的通断等，所有的这些都要靠云台镜头控制器（简称云镜控制器）实现。云镜控制器按路数的多少可分为单路和多路两种，按控制功能可分为水平云镜控制器和全方位云镜控制器两种。

由于云镜控制器输出的是电压信号（通常为 12V 或 24V），每路云台均需 4~8 芯线方可完成控制任务，对于数量多且远的云台系统，控制线路敷设相当麻烦，所以现在已很少使用，取而代之的是多功能键盘。多功能键盘输出的是数据信号，一般只需 2 芯线即可，这种键盘配以相应的解码器，除了可以完成一般的云台旋转及镜头控制外，还可完成许多更加复杂的任务，如比例调速、花样旋转和预置位等（需要云台支持）。

6. 画面处理器

原则上，录制一个信号最好的方式是一对一，也就是用一个录影机录取单一摄像机摄取的画面，每秒录 30 个画面，不经任何压缩，解析度越高越好（通常是 S-VHS）。但如果需要同时监控很多场所，用一对一的方式会使系统庞大、设备数量多、耗材及人力管理上费用大幅提高，为解决上述问题，画面处理器应运而生。画面处理器可最大程度简化系统，提高系统运转效率，一般用一台画面处理器显示多路摄像机图像或一台录像机记录的多台摄像机信号。画面处理设备可分为两大类：画面分割器和多工处理器。

（1）画面分割器　画面分割器多为四分割器（Quad），将四个视频信号同时进行数字化处理，经像素压缩处理，将每个单一画面压缩成 1/4 画面大小，分别放置于信号中 1/4 的位置，在监视器上组合成四分割画面显示。屏幕被分为四个画面，录影机同时实时录取四个画面。VCR 将它视为一个单一的画面来处理，故会牺牲掉画面的解析度及品质。在回放时无须经过解码器，虽然有很多四分割允许画面在回放时以全画面回送，但这只是电子放大，即把 1/4 画面放大成单一画面。画面分割器还有九分割、十六分割等几种，但分割越多，每路图像的分辨率和连续性都会下降，录像效果不好。

分割器的常见功能有：多路音视频输入/输出；可选择显示单一画面图像，也可顺序显示四路输入图像；可以叠加时间和字符；含内建式蜂鸣器报警输入与联动功能；影像移动自动侦测（Motion Detection）功能；快速放像功能；画面静止功能；画中画与图像局部放大功能；可独立调整每路视频的亮度、对比、色彩及色度等；RS-232 远程控制功能；有的还可同网络连接。

（2）多工处理器（Multiplexers）多工处理器也称为图框压缩处理器，按图像最小单位［场或帧，即 1/60s（场切换）或 1/30（帧切换）的图像时间］依序编码个别处理，按摄像机的顺序依次录在磁带上，编上识别码，录像回放时取出相同识别码的图像，集中存放在相应的图像存储器上，再进行像素压缩，然后送给监视器，以多画面方式显示。这种处理器让录像机依序录下每台摄像机输入的画面。每个图框都是全画面（若系统只单取一个图框，其解析度就会缩减成一半），故画质不会有损失。然而画面的更新速率却被摄像机的数量瓜分了。所以会有画面延时的现象。如果要录 10 台摄像机的画面，每台摄像机每秒只能取 3 个图框，虽然回放时每秒仍然有 30 个图框，但却不是 30 个不同的画框。当使用多工处理器时，每秒钟录下来的图框数会减少。市面上不难看到图框处理器接 16 台以上的摄像机，并与 960h 长时间录放像机连接，这种组合方式会造成每几分钟才录一个画面的结果，与其他方式相比，显得没有效率。

（3）多工处理器与画面分割器的优缺点　画面分割器可以实时监视画面动作，没有延迟现象，将四个画面组成一个视频信号进行录像，录像回放时也是以四分割的方式实时回放。有些产品可以进行电子变焦（Zoom）式的放大处理，但其像素小而且清晰度大幅下降，以至于没有意义，故可认为它不能大画面回放。多工处理器由于不损失画面像素，但损失了时间，因此，录像回放时会产生延迟现象，动画效果强烈，所看到的画面是不连续的。回放时可以分割回放，也可以大画面回放。由上述分析可知，画面分割器的优点是不丢失记录，取证效果好，缺点是不能大画面（在不牺牲像素的情况下）回放；而多工处理器的优点是回放功能好，能大画面回放，也能多画面回放，缺点是丢失图像，产生动画效果。

（4）未来功能的发展趋势

1）功能更强的 IC。四分割器强调其画面的清晰性与即时性，而 IC 的品质是关键。目前人们不断研发出新的 IC，改善了画面的品质。另外，微处理器的进步也使其控制管理不同 IC（如影像 IC、记忆体 IC）的能力更好。

2）产品网络化。随着网络的兴盛，未来画面处理器将走向网络化，产品的功能设计将与网络连接，朝向多画面的远端监视系统发展。

3）产品个性化。少量多样的模式会越来越普遍。因为各地区对产品的需求不同，产品的设计将有其独特性，在外观与功能上增加多样性。

4）产品功能丰富化。由于技术日趋成熟，以前的跳台器、移动侦测器等全部成为内建的必备。另外，内建 MODEM、有警报侦测、立即拨号也将成为趋势。

5）同时，多画面分割器有与视频矩阵切换系统相融合的趋势。

（5）单工、双工、全双工　对于画面处理器而言，存在单工、双工、全双工的区别，而这三个概念是众多使用者难以准确定义的，在这里述说其定义。

1）单工。多画面录像与多画面监视不能同时进行，两者选取其一。

① 只能多画面监看，不能多画面同时录像，称为画面分割器。

② 只能多画面录像，不能多画面同时监看，称为场切换或帧切换。

2）双工。多画面录像与多画面监视可以同时进行，互不影响，即在录像状态下可以监看多画面分割图像或全画面，在放像时也可看全画面或分割画面。

3）全双工。可同时接两台录像机，一台进行录像，而另一台用于回放。两者互不干扰。图框处理器则可另外再接一台监视器与录放像机，共接两台监视器与两台录像机，交叉同时监看、录像与回放；可以连接两台监视器和两台录像机，其中一台用于录像作业，另一台用于录像带回放。

（6）矩阵式视频切换器　矩阵式视频切换器通常有两个以上的输出端口，且输出的信号彼此独立。其独有的矩阵切换方式如图 7-12 所示。在该矩阵中，每个交叉点就相当于一个开关，交叉点的接通意味着和其对应的输入信号就从相应输出点输出。需要注意的是，在同一时刻，每一个输出点只能与一个输入点接通。矩阵中的交叉点可以按照系统的实际需要进行通断操作的设定，以完成监控任务。

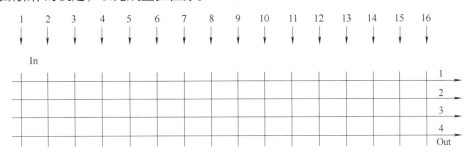

图 7-12 矩阵式视频切换器

切换的控制一般要求和云台、镜头的控制同步；切换的方式平时一般是定时循环切换、报警定点监视。除了信号 I/O 切换功能外，切换器还提供图文叠显、视频输入/输出识别；报警和控制的文字显示、时间显示；键盘或 PC 控制接口、控制摄像机云台动作和其他辅助功能；手控或自动报警复原；视频信号在位检测器等功能。

（7）画面设备应用中的一些误区　画面处理器以损失一些图像质量来换取系统的简单、节省耗材。但保安监控中重要的是识别犯罪特征，不必过分强调作案过程的细节，所以应该能完全接受画面的动画效果。评价多画面分割器性能优劣的关键是影像处理速度和画面的清晰程度。

7. 视频放大器

如果信号的传输距离过长，势必造成信号的衰减，使视频信号的清晰度受到影响。因此，在进行长距离传输时，应使用视频放大器将信号进行放大，以便后期恢复到正常的幅值。需要注意的是，因为视频放大器虽然放大了视频信号，但是同时不可避免地也放大了噪声信号，所以，线路中视频放大器使用不宜过多。另外，加粗线径同样也有减缓信号衰减的作用，两种方法配合使用能大大延长视频信号的传输距离，当两种方法同时使用还不能满足要求时，宜采用其他方法，如后面会提到的光纤传输等。

8. 视频运动检测器

当所监视区域内有活动目标出现时，视频运动检测器可发出警报信号并启动报警联动控制装置。它在闭路电视监控系统中起到报警探测器的作用。

视频运动检测器是根据视频取样报警的，即在监视器屏幕上根据图像内容开辟若干个正方形的隐形警戒区（如画面上的门窗、保险箱或其他重要部位），当监视现场有异常情况发生时，警戒区内图像的亮度、对比度及图像内容（即信号的幅度）均会产生变化，当这一变化超过设定的安全值时，即可发出报警信号。现在单纯的视频运动检测器已很少见到，而是通常和画面处理器、硬盘录像机等整合在一起，作为防盗、防侵入探测报警系统的有益补充。

9. 解码器

解码器完成对摄像机镜头、全方位云台的总线控制。变焦镜头通常有光圈、聚焦、变焦3 个直流电动机，可以正、反向旋转，共有 4 根控制线。电动云台通常有水平旋转和俯仰两个交流电动机，也可以进行正、反向旋转，两个电动机的公共端接在一起，共有 5 根控制线。

当摄像机与控制台距离比较近时，可用直接控制方式来操作摄像机，一共要 9 根控制线，再加上电源控制、雨刷控制就须用 13 芯电缆。因此这种方式只适于近距离使用，一般不超过 100m。

当摄像机与控制台之间的距离超过 100m 时，则采用总线编码方式来操作摄像机，一个摄像机的电动云台和镜头配备一个解码器，解码器主要是将控制器送来的串行数据控制代码转换成控制电压，从而能正确自如地操作摄像机的电动云台和镜头。用此方式，控制电缆可由 13 芯改为 2 芯，电动机的驱动电源就地供给，避免了电动机驱动电源长途传送时的能量损失。

7.4.3 传输系统

传输部分就是系统的图像信号通路。一般来说，传输部分单指的是传输图像信号的通路。但是，由于某些系统除图像外，还要传输声音信号，同时，由于需要有控制中心通过控制台对摄像机、镜头、云台、防护罩等进行控制，因而在传输系统中还包含有控制信号的传输通路，所以这里所讲的传输部分，通常是指所有要传输的信号形成的传输系统的总和。

如前所述，传输部分主要传输的内容是图像信号。因此，重点研究图像信号的传输方式及传输中的相关问题是非常重要的。对图像信号的传输，重点要求在图像信号经过传输系统后，不产生明显的噪声、失真（色度信号与亮度信号均不产生明显的失真），保证原始图像信号（从摄像机输出的图像信号）的清晰度和灰度等级没有明显下降等，这就要求传输系统在衰减方面、引入噪声方面、幅频特性和相频特性方面有良好的性能。在传输方式上，目前闭路电视监控系统多半采用视频基带传输方式；在摄像机距离控制中心较远的情况下，也有采用射频传输方式或光纤传输方式的。对这些不同的传输方式，所使用的传输介质及传输线路都有较大的不同。目前国内闭路电视监控的视频传输一般采用同轴电缆作介质，但同轴电缆的传输距离有限，随着技术的不断发展，新型传输系统也日趋成熟，如光纤传输、射频传输、电话线传输等。

（1）同轴电缆传输　在闭路电视监控系统中，同轴电缆是传输视频图像最常用的媒介。同轴电缆以芯线为导体，外用聚乙烯同心圆状绝缘体覆盖，再外面是金属编织物的屏蔽层，最外层为聚乙烯封皮。同轴电缆对外界电磁波和静电场具有屏蔽作用，导体截面积越大，传输损耗越小，可以将视频信号传输更长的距离。摄像机输出通过同轴电缆直接传输至监视器，若要保证能够清晰地加以显示，则应对同轴电缆的长度有限制。如果要传得更远，一种方法是改用截面积更大的同轴电缆类型，另一种方法是加入视频放大器，通过补偿视频信号中容易衰减的高频部分，使经过长距离传输的视频信号仍能保持一定的强度，以此来增长传输距离。此外，所有电缆均应是阻抗为 75Ω 的纯铜芯电缆，绝对不可用镀铜或铝芯电缆。采用同轴电缆传送视频信号时，由于存在不平衡电源线负载等因素，会导致各点之间存在地电位差，其电压峰-峰幅值为 0 ~ 10V。为此应采用被动式接地隔离变压器（Ground Isolation Transformer），它可放置在同轴电缆中存在地电位差的任何一处，并可放置多个，用它可以消除地电位差带来的问题，并有效降低 50Hz 频率的工模电压。

（2）光纤传输　光纤是能使光以最小的衰减从一端传到另一端的透明玻璃或塑料纤维，光纤的最大特性是抗电子干扰、通信距离远。光纤有多模光纤和单模光纤之分。单模光纤只有单一的传输路径，一般用于长距离传输；多模光纤有多种传输路径。多模光纤的带宽为

50～500MHz/km；单模光纤的带宽为 2000MHz/km。光纤波长有 850nm、1310nm 和 1550nm 等，850nm 波长区为多模光纤通信方式；1550nm 波长区为单模光纤通信方式；1310nm 波长区有多模和单模两种。光纤按纤维直径划分有 50μm 缓变型多模光纤、62.5μm 缓变增强型多模光纤和 8.3μm 突变型单模电缆。光纤的包层直径均为 125μm，故有 62.5/125μm、50/125μm、9/125μm 等不同种类。由光纤集合而成的光缆，室外松管型为多芯光缆，室内紧包缓冲型有单缆和双缆之分。

（3）无线传输　在布线有限制的情况下，近距离的无线传输是最方便的。无线视频传输由发射机和接收机组成，每对发射机和接收机有相同的频率，可以传输彩色和黑白视频信号，并可以有声音通道。无线传输的设备体积小巧、重量轻，一般采用直流供电。另外，由于无线传输具有一定的穿透性，不需要布视频电缆等特点，因此也常用于闭路电视监控系统（一般常用于公安、铁路、医院等场所）。值得注意的是，现在常用的无线传输设备采用 2400MHz 频率，传输范围有限，一般只能传输 200～300m，而大功率设备又有可能干扰正常的无线电通信，受到限制。

（4）电话线传输　另一种长距离传输视频的方法是利用现有的电话线路，由于近几年电话的安装和普及，电话线路分布到各个地区，构成了现成的传输网络。电话线传输系统就是利用现有的网络，在发送端加一个发射机，在监控端加一个接收机，不需要计算机，将调制解调器与电话线相连，这样就构成了一个传输系统。由于存在电话线路带宽限制和视频图像数据量大的矛盾，因此传输到终端的图像都不连续，而且分辨率越高，帧与帧之间的间隔就越长；反之，如果想取得相对连续的图像，就必须以牺牲清晰度为代价。

7.4.4　显示与记录

显示部分一般由几台监视器（或带视频输入的普通电视机）组成。它的功能是将传送过来的图像一一显示出来。在闭路电视监视系统，特别是由多台摄像机组成的闭路电视监控系统中，一般都不是一台监视器对应一台摄像机进行显示，而是几台摄像机的图像信号用一台监视器轮流切换显示。这样做一是可以节省设备，减少空间的占用；二是没有必要一一对应显示。因为被监视场所不可能同时发生意外情况，所以平时只要隔一定的时间（比如几秒、十几秒或几十秒）显示一下即可。当某个被监视的场所发生情况时，可以通过切换器将这一路信号切换到某一台监视器上一直显示，并通过控制台对其遥控跟踪记录。所以在一般的系统中，通常都采用 4∶1、8∶1、甚至 16∶1 的摄像机对监视器的比例数设置监视器的数量。目前，常用的摄像机对监视器的比例数为 4∶1，即四台摄像机对应一台监视器轮流显示，当摄像机的台数很多时，再采用 8∶1 或 16∶1 的设置方案。另外，由于画面分割器的应用，在有些摄像机台数很多的系统中，用画面分割器把几台摄像机送来的图像信号同时显示在一台监视器，也就是显示在一台较大屏幕的监视器上，把屏幕分为几个面积相等的小画面，每个画面显示一台摄像机送来的画面，这样可以大大节省监视器，并且操作人员观看起来也比较方便。但是，这种方案不宜在一台监视器上同时显示太多的分割画面，否则会使某些细节难以看清楚，影响监控的效果，一般来说，四分割或九分割较为合适。为了节省开支，对于非特殊要求的闭路电视监控系统，监视器可采用有视频输入端子的普通电视机，而不必采用画面分割器，可选用较大屏幕的监视器，监视器放置的位置应在适合操作的架子上。系统传输的图像信号可依靠相关设备进行切换、记录、重放、加工和复制等图像处理，摄像机拍摄的图像则由监视器重现出来，主要设备有视频切换器、画面分割器、录像机和监视器等。

（1）视频切换器 视频切换器是闭路电视监控系统的常用设备，其功能是从多路视频输入信号中选出一路或几路送往监视器或录像机进行显示或录像。

（2）画面分割器

（3）监视器 监视器是闭路电视系统的终端显示设备，整个系统的运行效果都要由监视器来体现。监视器与摄像机数量的比例为 1：2 ~ 1：5。监视器的主要性能是视频通道频率响应、水平分辨率、灰度等级和屏幕大小等。通频带（通带宽度）是衡量监视器信号通道频率特性的技术指标。通常要求监视器的通频带应不小于 6MHz，业务级规定频率响应为 8MHz，高清晰度监视器频率响应在 10MHz 以上。监视器分黑白和彩色两类，又有一般分辨率和高分辨率之分，分辨率（清晰度）表征了监视器重现图像细节的能力。监视器水平清晰度最低要求：黑白≥400 线；彩色≥330 线。业务级规定不小于 600 线，高清晰度监视器大于 800 线。灰度等级是衡量监视器能分辨亮暗层次的技术指标，最高为 9 级。一般要求不小于 8 级。常用的监视器规格有 14.7in、21in 和 29.7in，也有选用彩色电视机作为图像监视器的。

（4）录像机

1）长时间录像机。长时间录像机也称为长延时录像机。这种录像机的主要功能和特点是，可以用一盘 180min 的普通录像带，录制长达 12/24/48h、甚至更长时间的图像内容，减少图像记录所需录像带的数量、节省了重放时的观看时间。

2）硬盘录像机。以视频矩阵主机、画面处理器、长时间录像机为代表的模拟闭路监控系统，采用录像带作为存储介质，以手动和自动相结合的方式实现现场监控。这种传统方法常有回放图像质量不能令人满意、远距离传输质量下降多、检索不易、不便操作管理、影像不能进行处理等缺陷。

硬盘录像机用计算机取代了原来模拟式闭路监视系统的视频矩阵主机、画面处理器、长时间录像机等多种设备。硬盘录像机把模拟的图像转化成数字信号，因此也称数字录像机。它以 MPEG 图像压缩技术实时地储存于计算机硬盘中，存储容量大，安全可靠，检索图像方便快速，可以通过扩展增加硬盘，增大系统存储容量。可以连续录像几十天以上。

数字录像机可存储报警信号前后的画面。系统可以自动识别每帧图像的差别，利用这一点可以实现自动报警功能。在被监视的画面之中设立自动报警区域（例如房间的某区域、窗户、门等），当自动报警区域的画面发生变化时（如有人进入自动报警区域），数字监控录像机自动报警，拨通预先设置的电话号码、报警的时间将自动记录下来。报警区域的图片被自动保存到硬盘上。

7.4.5 控制设备的功能与实现

1. 集成监控系统

系统主机和各种摄像机、监视器、电动云台、录像机等外围设备集合起来，可以组成闭路电视监控系统，如图 7-13 所示。

控制键盘经内部的编码器编码后，将其发出的动作指令经主机的微处理器，发向相应的控制电路。系统中云台、电动镜头及防护罩等设备的控制线路经解码器接到系统的通信总线，接收系统主机的控制指令，完成相应的动作。摄像机所拍摄的视频图像经视频输入送到系统主机内的视频矩阵切换，对应的由监听头传来的音频信号送入到音频矩阵切换，按照系统主机发出的控制指令从相应的输出口输出到监视器。

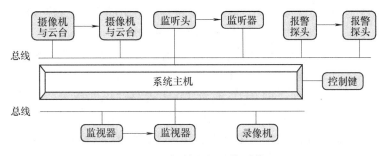

图7-13 闭路电视监控系统

报警探头、门磁开关、脚踏开关和紧急按钮等报警设施发出的报警信号可由报警输入接口送入到系统主机，再由主机发出一系列的联动指令。现在有一种闭路电视监控系统把云台、变焦距镜头和摄像机封装在一起，组成一体化摄像机。它配有高级的伺服系统，云台具有很高的旋转速度，还可以预置监视点和巡视路径。平时按设定的路线进行自动巡视，一旦发生报警，就能很快对准报警点，进行定点的监视和录像，一台摄像机可以起到几台摄像机的作用。为节省成本，在闭路电视监控系统中的某些监视点仅设置声音监控，同样有拾音源、传输系统、矩阵切换系统、监听、放大和录音等系统。

2. 同轴视控矩阵切换控制系统

该系统是以微处理器为核心，是具有视频矩阵切换和对摄像机前端有控制能力的系统。同轴视控传输技术是当今监控系统设备的发展主流，它只需要一根视频电缆即可同时传输来自摄像机的视频信号以及对云台、镜头、预置功能等所有的控制信号，这种传输方式节省材料和成本、施工方便、维修简单，在系统扩展和改造时更具灵活性。

同轴视控传输实现方法有两类：一类采用频率分割，即把控制信号调制在与视频信号不同的频率范围内，然后同视频信号复合在一起传送，再在现场解调，将两者区分开；另一类利用视频信号场消影期间来传送控制信号，类似于电视图文传送。同轴视控矩阵切换控制主机通过单根电缆实现对云台、镜头等摄像前端的动作控制，所以必定要主机端编码，经传输后由前端译码方式来完成。这就决定了在摄像前端也需要有完成动作控制译码和驱动的解码器装置。与普通视频矩阵切换控制系统不同的是，此类解码器与主机之间只有一个连接同轴电缆的BNC接插口。

3. 微机控制或微机一体化的矩阵切换与控制系统

该系统是随着计算机应用的普及而出现的计算机式切换器，有的由计算机芯片和外围电路控制，有的直接以微机控制，除完成常规的视频矩阵切换和对摄像机前端的控制外，它还具有很强的计算机功能，例如有较强的键盘密码系统，可以有效防止无权者操作使用；有启动配置程序，能够以下拉式菜单的方式进行程序控制；有系统诊断程序，以监视系统所有的功能；有打印机接口，可以输出整个系统的操作情况；有网络互联功能；有多种输入/输出接口；有的系统还有视频图像的移动探测报警功能。微机一体化控制系统均内置有多路报警输入与输出，可配接多台分控键盘和连接较多的解码器。大型系统可用于分级层控联网。

7.5 电子巡查管理系统

电子巡检系统是一种监督巡逻、巡检过程的装置。2010 年，随着政府、社区和各行各业对巡逻、巡检工作的重视，电子巡更市场也在不断拓展。

为了防止意外、确保安全，现代社会的许多场合都需要对一定区域进行周而复始的巡检。在巡更机诞生以前，对于巡检的监督主要是靠纸笔签到完成，这就存在代签、补签无据可查的问题。电子巡更是一种通过 RFID 或者 TM 卡等移动识别技术，将巡更、巡检工作中的信息自动、准确记录下来的管理系统，它的出现，是对巡逻、巡检过程监控手段的进步。

电子巡检系统的工作原理是将巡更点安放在巡逻路线的关键点上，保安在巡逻的过程中用随身携带的巡更棒读取自己的人员点，然后按线路顺序读取巡更点，在读取巡更点的过程中，如发现突发事件可随时读取事件点，巡更棒将巡更点编号及读取时间保存为一条巡逻记录。定期用通信座将巡更棒中的巡逻记录上传到计算机中。管理软件将事先设定的巡逻计划同实际的巡逻记录进行比较，就可得出巡逻漏检、误点等统计报表，通过这些报表可以真实地反映巡逻工作的实际完成情况。

7.5.1 在线式电子巡查系统

在线式电子巡查系统一般多以共用防盗防侵入报警系统设备方式实现，可由防盗防侵入报警系统中的报警接收与控制主机编程确定巡更路线，每条路线上有数量不等的巡更点，巡更点可以是门锁或读卡机，视作一个防区。巡更人员在走到巡更点处，通过按钮、刷卡、开锁等手段，以无声报警表示该防区巡更信号，从而将保安值班人员到达每个巡更点的时间、巡更点动作等信息记录到系统中，从而在中央控制室通过查阅巡更记录就可以对巡更质量进行考核，这样，对于是否进行了巡更、是否偷懒绕过或减少巡更点、增大巡更间隔时间等行为均有考核的凭证，也可以此记录来判别案发大概时间。倘若巡更系统与闭路电视系统综合在一起，更能检查是否巡更到位。监控中心也可以通过对讲系统或内部通信方式与保护值班人员沟通和查询。在线式电子巡更系统的组成如图 7-14 所示。

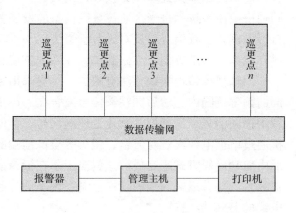

图 7-14　在线式电子巡更系统的组成

各巡更点安装控制器，通过有线或无线方式与中央控制主机联网，有相应的读入设备，保安值班人员用接触式或非接触式卡把自己的信息输入控制器，送到控制主机。相对于离线式，在线式巡更要考虑布线或其他相关设备，因此，投资较大，一般在较大范围的巡更场合较少使用。不过在线式有一个优点是离线式所无法取代的，那就是它的实时性好，比如当巡更人员没有在指定的时间到达某个巡更点时，管理人员或计算机能立刻警觉并做出相应反应，适合用于实时性要求较高的场合。另外，离线式也常嵌入到门禁、楼宇对讲等系统中，利用已有的布线体系，节省投资。

7.5.2 离线式电子巡查系统

离线式电子巡更系统是一种被普遍采用的电子巡更系统。这种电子巡更系统由带信息传输接口的手持式巡更器（数据采集器）、金属存储芯片或称信息按钮（预定巡更点）组成，按照宾馆、厂矿企业和住宅小区等场所的巡更管理要求而开发。该系统的使用可提高巡更的管理效率及有效性，能更加合理、充分地分配保安力量。通过转换器，可将巡更信息输入计算机，管理人员在计算机上能快速查阅巡更记录，大大降低了保安人员的工作量，并真正实现了保安人员的自我约束、自我管理。将电子巡更系统与楼宇对讲、周边防盗、电视监控系统结合使用，可互为补充，全面提高安防系统的综合性能，并使整个安防系统更加合理、有效、经济。离线式电子巡更系统的组成如图 7-15 所示。

保安值班人员开始巡更时，必须确认好设定的巡视路线，在规定时间区段内顺序到达每一个巡更点，以巡更钥匙去碰触巡更点。如果途中发生意外情况，应及时与保安监控值班室联系，监控值班室的计算机系统通过打印机将各巡更站的巡更情况打印出来，详细列出巡更日期和每一巡更点的地点、缺巡资料以及到达巡更点的时间，以便核对保安值班人员是否按照规定对每一个要求的巡更点进行巡视，确保小区的安全。离线式电子巡更系统较先进，它以视窗软件运行，巡更资料存储在计算机内，可以对已完成的巡更记录随时进行读取和查询，包括班次、巡更点、巡更

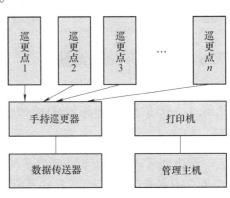

图 7-15 离线式电子巡更系统的组成

时间、巡更人等信息，并作保安值班人员的考勤记录，是一种全新的收集与管理数据的方法。离线式电子巡更系统除需一台计算机及 Windows 操作系统外，还应有巡更探头（也称为下载器）。巡更探头由金属浇铸而成，内有 9V 锂电池供电的 RAM 存储器，容量在 128KB 以上，内置日期和时间，有防水外壳，能存储 5000 条信息。而接触记忆卡是有不锈钢封装的存储器芯片，每个接触记忆卡在制作时均被注册了一个唯一的序列号（ID），用强力胶将接触记忆卡固定在巡更点上。这样，保安值班人员的巡更探头只需插入巡更探头的存储单元中，即可完成一次存读。此后，每个保安值班人员的巡更探头只需插入巡更探头数据发送器，就可通过串行口与计算机连通，而读出其中的巡更记录。巡更探头数据发送器上还有电源及发送、接收状态指示灯。离线式电子巡更系统灵活、方便，也不需要布线，故可应用于宾馆和智能大厦，也可作为保安值班人员的考勤记录，还可延伸用于动态巡逻、监察消防安全、电力煤气用水读数等场合。周界报警作为智能楼宇和智能小区报警的一个子系统，与其他各类报警子系统共用一套计算机报警响应系统。周界防范系统可扩充至数十个防区，可混合使用四线、总线、无线连接方式，所以防区可以编程为十余种防区类型之一。主机板上固定了几个常用防区，所以探头使用编码方式，以两线制总线并联连接。所有的报警接收主机、控制键盘和报警处理计算机均放置在小区的中央监控室。在计算机屏幕上可以标注各报警与巡更点，实时监控各个报警点和巡更点的状态，并以电子地图判断保安值班人员的位置。对报警点可以任意分区，定时自动对各个报警子系统进行布、撤防。可以设置"计算机管理"功能，从而真正实现小区内松外紧的防范体系。该系统由数据采集器、数据变送

器、信息按钮及管理软件组成。数据采集器具有内存储器，可以一次性存储大量巡更记录，内置时钟能准确记录每次作业的时间。数据变速器与计算机进行串口通信，信息按钮内设随机产生的不可更改的唯一编码，并具有防水、防腐蚀功能，因此它能适用于室外恶劣环境。

系统特别开发的管理软件具有保安值班人员、巡更点登录、随时读取数据、记录数据（包括存盘、打印、查询）和修改设置等功能。一个或几个巡更人员共用一个信息采集器，每个巡更点安装一个信息按钮，巡更人员只需携带轻便的信息采集器到各个指定的巡更点采集巡更信息即可。操作完毕后，管理人员只需在主控制室将信息采集中记录的信息通过数据变送器传送到管理软件中，即可查阅、打印各巡更人员的工作情况。

由于信息纽扣体积小、重量轻、安装方便，并且采用不锈钢封装，因此，可以适用于较恶劣的室外环境。因为此套系统为无线式，所以巡更点与管理计算机之间无距离限制，应用场所相对灵活。

7.6 停车场管理系统

7.6.1 停车场管理系统的组成

1. 主要设备

停车场管理系统配置包括停车场控制机、自动吐卡机、远程遥控、远距离卡读感器、感应卡（有源卡和无源卡）、自动道闸、车辆感应器、地感线圈、通信适配器、摄像机、传输设备、停车场系统管理软件等。这种系统有助于公司企业、政府机关等对于内部车辆和外来车辆的进出进行现代化的管理，对加强企业的管理力度和提高公司的形象有较大的帮助。

2. 控制器介绍

停车场专用控制器：专为停车场系统自主研制，采用四层板设计，信号和电源分层走线，集成度高、可靠性强；功能全面，接口丰富，电压适应范围大；防脉冲冲击，可确保使用的安全性和可靠性；全表面贴片工艺生产，三防处理保护电路板免受环境的侵蚀，非常适合停车场的使用环境。支持各种 RS-485/非接触式 ID、IC 卡读卡机，远距离有源、无源卡读卡机，兼容性强，可与市场上各种道闸配合使用。一块板可控制一进一出，减少布线和施工难度，自带设定键盘和 LCD 显示，可独立设定运行控制参数，既可脱机又可联网运行。在脱机状态无须对计算机和网络的依赖，可对卡片授权、挂失、查询、进行时间设置等管理。在联网状态，通过管理软件，实现实时监控、收费、报表等综合管理 RS-485 联网，最远传输距离可达 1500m，最多可实现 99 台控制器联网管理。

7.6.2 停车场管理系统的应用

整个停车场管理系统实行中央计算机集中监控，并采用感应式 IC 卡控制进出车辆，使停车场收费系统建成方便、安全、高效的控制体系。针对停车场的实际情况，具有一个出入口的停车场收费系统标准设计，由一套图像型感应式 IC 卡计算机收费管理系统组成，整个收费管理系统包括入口、出口、收费管理处三大部分。

若停车场的出、入口在一起，则在停车场进出口车道中央设一个安全岛，岛上安装出入口控制设备，设收费管理处。若停车场的出、入口不在一起，则在停车场进口车道安装入口设备，在停车场出口车道安装出口设备，并在出口处设收费管理处。

图像型感应式 IC 卡计算机收费管理系统使用感应卡读卡器来分辨停车场的用户。系统用视窗操作，使用者能轻松掌握系统操作。图像识别系统可在全天候条件下工作，对各种情况的牌照字符进行识别。因系统具有车辆图像捕捉功能，所以系统除对临时外来车辆及固定月租卡车辆进行收费管理以外，同时也可保证停放车辆的安全，能有效地防止车辆丢失。

为了有效完成临时卡、月租卡的挂失处理，防止不法分子用停车卡后进入停车场偷车的情况发生，采用图像捕捉卡将入口处摄取的车辆图像存入计算机图像数据库，当车辆出场时，计算机自动调出进场图像与出场图像比对，经人工识别，确认同一卡号、同一车辆后再予以放行，异常者报警。

如果是单出入口系统，停车场月租卡的发售及临时卡的授权、收费均由收费管理处的计算机及台式读写器完成。如果是多出入口系统，月租卡一般由上位管理服务器来完成授权发放。

1. 入口部分

临时车进入停车场时，设在车道下的车辆检测线圈检测车到，入口处的票箱显示屏则灯光提示驾驶人按键取卡，驾驶人按键，票箱内发卡器即发送一张 IC 卡，经输卡机芯传送至入口票箱出卡口，并完成读卡过程。同时启动入口摄像机，摄录一幅该车辆图像，并依据相应卡号，存入收费管理处的计算机，自动路闸起栏放行车辆，车辆通过车辆检测线圈后自动放下栏杆。

对月卡车辆不需按键取卡，只将卡在读卡器上识读，若卡有效栏杆升起，车辆放行；若卡无效，则不允许入场。

当场内车位满时，入口满位显示屏则显示"满位"并自动关闭入口处读卡系统，不再发或读卡。

2. 出口部分

月租卡车辆驶出时，车辆检测线圈检测车到，驾驶人把月租卡在出口感应天线处掠进，出口票箱内 IC 卡读卡器读取该卡的特征和有关 IC 卡信息，判别其有效性。同时启动出口摄像机，摄录一幅该车辆图像，并依据相应卡号，存入收费管理处的计算机，收费处计算机自动调出入口图像进行人工对比。收费员确认无误并且月卡有效，自动路闸起栏放行车辆，车辆感应器检测车辆通过后，栏杆自动落下；若无效，则报警，不允许放行。

临时车驶出停车场时，在出口处，驾驶人将 IC 卡交给收费员，收费员在收费读卡器上晃一下，同时启动出口摄像机，摄录一幅该车辆图像，并依据相应卡号，存入收费管理处的计算机，计算机根据 IC 卡记录信息自动调出入口图像进行人工对比，并自动计算出应交费用，并通过收费显示牌显示，提示驾驶人交费。收费员收费及图像对比确认无误后，按确认键，电动栏杆升起。车辆通过埋在车道下的车辆检测线圈后，电动栏杆自动落下，同时收费计算机将该车信息记录到交费数据库内。

3. 收费管理处

收费管理处由收费管理计算机（内配图像捕捉卡）、台式读写器、报表打印机、对讲主机、收费显示屏等组成。收费管理计算机除负责与出入口票箱读卡器、台式读写器通信外，还负责对报表打印机和收费显示屏发出相应控制信号，同时完成同一卡号入口车辆图像与出场车辆车牌的对比、车场数据采集下载、读写用户 IC 卡、查询打印报表、统计分析、系统维护和月租卡发行功能。一进一出停车场管理系统如图7-16所示。

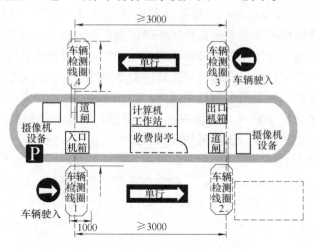

图7-16　一进一出停车场管理系统图

7.7　智能建筑安全防范工程设计标准和要求

7.7.1　通用型公共建筑安全防范工程设计

通用型公共建筑安全防范工程设计用于新建、扩建和改建的通用型公共建筑安全工程，包括办公楼建筑、宾馆建筑、商业建筑（商场、超市）、文化建筑（文体、娱乐）等的安全防范工程。通用型公共建筑安全防范工程，根据其安全管理要求、建筑投资、系统规模、系统功能等因素，由低至高分为基本型、提高型、先进型三种类型。

根据相关设计标准，通用型建筑设防区域和部位的选择应符合下列规定。

1）周界。建筑物单体、建筑物群体外层周界、楼外广场、建筑物周围外墙、建筑物地面层、建筑物顶层等。

2）出入口。建筑物、建筑物群周界出入口、建筑物地面层出入口、办公室门、建筑物内或楼群间通道出入口等。

3）通道。周界内主要通道、门厅（大堂）、楼内各楼层内部通道、各楼层电梯厅、自动扶梯口等。

4）公共区域。会客厅、商务中心、购物中心、会议厅、酒吧、咖啡厅、功能转换层、避难层、停车库（场）等。

5）重要部位。重要工作室、财务出纳室、建筑机电设备监控中心、信息机房、重要物品库、监控中心等。

三种类型的通用型公共建筑设计标准的对比见表7-3，从表中列出的标准项目对比可以看出，安防系统随着功能要求的增加，对区域的监控要求逐步加强。例如对于通道，基本型建筑要求宜预留电视安防监控系统管线和接口。提高型公共建筑提出楼内各层门厅宜设置电视安防监控装置，而先进型公共建筑要求各层通道应设置防盗报警系统或电视安防监控系统。因此在设计阶段，必须确定建筑类型以及功能的要求，进行合理的安防系统设计。

表 7-3 三种类型的通用型公共建筑安全防范工程设计标准的比较

公共建筑类型	基 本 型	提 高 型	先 进 型
周界	1. 地面层的出入口（正门和其他出入口）、外窗宜有电子防护设施 2. 顶层宜设置事体防护设施或电子防护设施	在满足基本型条件的基础上，应加入 1. 地面层出入口（正门和其他出入口）宜设置电视安防监控系统 2. 顶层宜设置实体防护或/和电子防护设施	与提高型建筑要求相同
出入口	各层安全出口、疏散出入口安装出入口控制系统时，应与消防报警系统联动。在火灾报警的同时应自动释放出入口控制系统，不应设置延时功能，疏散门在出入口控制系统释放后应能随时开启，以便消防人员顺利进入实施火灾救援	1. 楼内各层门头宜设置电视安防监控装置 2. 各层安全出口、疏散出口的防护符合基本型的规定	1. 楼内各层门头的防护应符合提高型建筑的设计要求 2. 各层安全出口、疏散出口的防护应符合基本型的规定
通道	1. 各层通道宜预留电视安防监控系统管线和接口 2. 电梯厅和自动扶梯口应预留电视安防监控系统管线和接口	1. 各层通道宜设置防盗报警系统或/和电视安防监控系统 2. 电梯厅和自动扶梯口宜设置电视安防监控系统	1. 各层通道宜设置防盗报警系统或/和电视安防监控系统 2. 电梯厅和自动扶梯口应设置电视安防监控系统
公共区域	1. 避难层、功能转换层应视实际需要预留电视安防监控系统关系和接口 2. 会客厅、商务中心、会议区、商店、文体娱乐中心等宜预留电视安防监控系统管线和接口	1. 避难层、功能转换层宜设置电视安防监控系统 2. 停车库（场）宜设置停车库（场）管理系统，并视实际需要预留电视安防监控系统管线和接口 3. 会客厅、商务中心、会议区、商店、文体娱乐中心等宜设置视频安防监控系统	1. 避难层、功能转换层宜设置电视安防监控系统 2. 停车库（场）管理系统和电视安防监控系统 3. 会客区、商务中心、会议区、商店、文体娱乐中心等应设置电视安防监控系统
重要部位	1. 重要工作室应安装防盗安全门，可设置出入口控制系统、防盗报警系统 2. 大楼设备监控中心应设置防盗安全门，宜设置出入口控制系统、电视安防监控系统和防盗报警系统 3. 信息机房应设置防盗安全门，宜设置出入口控制系统、电视安防监控系统和防盗报警系统 4. 楼内财务出纳室应设置防盗安全门、紧急报警装置，宜设置防盗报警系统和电视安防监控系统 5. 重要物品库应设置防盗安全门、紧急报警装置，宜设置出入口控制系统、电视安防监控系统和防盗报警系统 6. 公共建筑中开始的银行营业场所的安防工程设计，应符合本规范有关银行建筑的规定	1. 重要工作室应设置防盗安全门、出入口控制系统，宜设置防盗报警系统 2. 大楼设备监控中心应设置防盗安全门、出入口控制系统，宜设置电视安防监控系统和防盗报警系统 3. 信息机房应设置防盗安全门、出入口控制系统，宜设置电视安防监控系统和防盗报警系统 4. 楼内财务出纳室应设置防盗安全门、紧急报警系统，防盗报警系统，宜设置电视安防监控系统 5. 重要物品库应设置防盗安全门、紧急报警系统、出入口控制系统，宜设置防盗报警系统和视频安防监控系统	与提高型建筑要求相同

（续）

公共建筑类型	基 本 型	提 高 型	先 进 型
监控中心设置	可位于值班室内	系统的组建模式为组合式安全防范系统。监控中心应为专用工作间，其面积不宜小于 $30m^2$，宜设独立的卫生间和休息室	系统的组建模式为集成式安全防范系统。监控中心应为专用工作间，其面积不宜小于 $50m^2$，应设独立的卫生间和休息室

7.7.2 住宅小区安全防范工程设计

在智能建筑设计标准中，住宅小区的定义是指总建筑面积在 50 000m^2 以上（含 50 000m^2）的住宅群。《安全防范工程技术规范》（GB 50348—2004）标准适用于该类小区设置监控中心的新建、扩建、改建的住宅小区安全防范工程。住宅小区的安全防范工程，根据建筑面积、建筑投资、系统规模、系统功能和安全管理要求等，由低至高分为基本型、提高型、先进型三种类型。住宅小区安全防范工程的设计，应遵从人防、物防、技防有机结合的原则，在设置物防、技防设施时，应考虑人防的功能和作用。安全防范工程的设计，必须纳入住宅小区开发建设的总体规划中，统筹规划，统一设计，同步施工。在标准中，明确提出总建筑面积在 50 000m^2 以上（含 50 000m^2）的住宅小区应设置监控中心。

三种类型住宅小区的安全防范工程设计标准比较见表 7-4。该标准中同时列出了三类安防系统的标准。在基本型住宅小区中，基本型安防系统的配置标准应符合表 7-5 的规定。在提高型住宅小区中，提高型安防系统的配置标准应符合表 7-6 的规定。在先进型住宅小区中，先进型安防系统的配置标准应符合表 7-7 的规定。

表7-4 三种类型住宅小区安全防范工程设计标准的比较

住宅小区类型	基 本 型	提 高 型	先 进 型
周界	1. 沿小区周界应设置实体防护设施（围栏、围墙等）或周界电子防护系统 2. 实体防护设施沿小区周界封闭设置，高度不应低于 1.8 m，围栏的竖杆间距不应大于 15 cm。围栏 1 m 以下不应有横撑 3. 周界电子防护系统沿小区周界封闭设置（小区出入口除外），应能在监控中心通过电子地图或模拟地形图显示周界报警的具体位置，应有声、光指示，应具备防拆和断路报警功能	1. 沿小区周界设置实体防护设施（围栏、围墙等）和周界电子防护系统 2. 小区出入口应设置视频安防监控系统 3. 应满足基本型的第 2、3 条规定	1. 沿小区周界设置实体防护设施（围栏、围墙等）和周界电子防护系统 2. 小区出入口应设置视频安防监控系统 3. 应满足基本型的第 2、3 条规定
公共区域	宜安装电子巡查系统	宜安装电子巡查系统	1. 安装电子巡查系统 2. 在重要部位和区域设置视频安防监控系统 3. 宜设置停车库（场）管理系统

（续）

住宅小区类型	基 本 型	提 高 型	先 进 型
家庭安全防护	1. 住宅一层宜安装内置式防护窗或高强度防护玻璃窗 2. 应安装访客对讲系统，并配置不间断电源装置。访客对讲系统主机安装在单元防护门上或墙体主机预埋盒内，应具有与分机对讲的功能。分机设置在住户室内，应具有门控功能，宜具有报警输出接口 3. 访客对讲系统应与消防系统互联，当发生火灾时，（单元门口的）防盗门锁应能自动打开 4. 宜在住户室内安装至少一处以上的紧急求助报警装置。紧急求助报警装置应具有防拆卸、防破坏报警功能，且有防误触发措施；安装位置应适宜，应考虑老年人和未成年人的使用要求，选用触发件接触面大、机械部件灵活、可靠的产品。求助信号应能及时报至监控中心（在设防状态下）	1. 住宅一层宜安装内置式防护窗或高强度防护玻璃窗 2. 应安装访客对讲系统，并配置不间断电源装置。访客对讲系统主机安装在单元防护门上或墙体主机预埋盒内，应具有与分机对讲的功能。分机设置在住户室内，应具有门控功能，宜具有报警输出接口 3. 访客对讲系统应与消防系统互联，当发生火灾时，（单元门口的）防盗门锁应能自动打开 4. 宜在住户室内安装至少一处以上的紧急求助报警装置。紧急求助报警装置应具有防拆卸、防破坏报警功能，且有防误触发措施；安装位置应适宜，应考虑老年人和未成年人的使用要求，选用触发件接触面大、机械部件灵活、可靠的产品。求助信号应能及时报至监控中心（在设防状态下）	1. 应符合基本型住宅小区的第1、3、4条的规定 2. 应安装访客可视对讲系统，可视对讲主机的内置摄像机宜具有逆光补偿功能或配置环境亮度处理装置，并应符合提高型住宅小区的第2条的相关规定 3. 宜在户门及阳台、外窗安装入侵报警系统，并符合提高型住宅小区的第3条的相关规定 4. 在户内安装可燃气体泄漏自动报警装置
监控中心的设计	1. 监控中心宜设在小区地理位置的中心，避开噪声、污染、振动和较强电磁场干扰的地方。可与住宅小区管理中心合建，使用面积应根据设备容量确定 2. 监控中心设在一层时，应设内置式防护窗（或高强度防护玻璃窗）及防盗门 3. 各子系统可单独设置，但由监控中心统一接收、处理来自各子系统的报警信息 4. 应留有与接处警中心联网的接口 5. 应配置可靠的通信工具，发生警情时，能及时向接处警中心报警	1. 监控中心宜设在小区地理位置的中心，避开噪声、污染、振动和较强电磁场干扰的地方。可与住宅小区管理中心合建，使用面积应根据设备容量确定 2. 监控中心设在一层时，应设内置式防护窗（或高强度防护玻璃窗）及防盗门 3. 各子系统可单独设置，但由监控中心统一接收、处理来自各子系统的报警信息 4. 应留有与接处警中心联网的接口 5. 应配置可靠的通信工具，发生警情时，能及时向接处警中心报警	1. 应符合基本型住宅小区的第1、2条的规定 2. 安全管理系统通过统一的管理软件实现监控中心对各子系统的联动管理与控制，统一接收、处理来自各子系统的报警信息等，且宜与小区综合管理系统联网 3. 应符合基本型住宅小区的第4、5条的规定

表 7-5　基本型安防系统的配置标准

序　号	系 统 名 称	安 防 设 施	基本设置标准
①	周界防护系统	实体周界防护系统 电子周界防护系统	两项中应设一项
②	公共区域安全防范系统	电子巡查系统 内置式防护窗（或高强度防护玻璃窗）	宜设置 一层设置

（续）

序　号	系统名称	安防设施	基本设置标准
③	家庭安全防范系统	访客对讲系统 紧急求助报警装置	设置 宜设置
④	监控中心	安全管理系统 有线通信工具	各子系统可单独设置 设置

表 7-6　提高型安防系统的配置标准

序　号	系统名称	安防设施	基本设置标准
①	周界防护系统	实体周界防护系统 电子周界防护系统	设置 设置
②	公共区域安全防范系统	电子巡查系统 视频安防监控系统 停车库（场）管理系统	设置 小区出入口、重要部位或区域设置 宜设置
③	家庭安全防范系统	内置式防护窗（或高强度防护玻璃窗） 紧急求助报警装置 联网型访客对讲系统 入侵报警系统	一层设置 设置 设置 可设置
④	监控中心	安全管理系统 有线和无线通信工具	各子系统宜联动设置 宜联动设置

表 7-7　先进型安防系统的配置标准

序　号	系统名称	安防设施	基本设置标准
①	周界防护系统	实体周界防护系统 电子周界防护系统	设置 设置
②	公共区域安全防范系统	在线式电子巡查系统 视频安防监控系统 停车库（场）管理系统	设置 小区出入口、重要部位或区域、通道、电梯轿厢等处设置 设置
③	家庭安全防范系统	内置式防护窗（或高强度防护玻璃窗） 紧急求助报警装置 访客对讲系统 入侵报警系统 可燃气体泄漏报警装置	一层设置 设置至少两处 设置 设置 设置
④	监控中心	安全管理系统 有线和无线通信工具	各子系统宜联动设置 设置

第8章 建筑设备监控

8.1 概述

8.1.1 建筑设备监控系统的组成

建筑设备监控系统（狭义 BAS）是建筑设备自动化（广义 BAS）的一个重要组成部分，建筑设备监控系统就是将建筑物或建筑群内的变配电、照明、电梯、空调、供热、给水排水等众多分散设备的运行、安全状况、能源使用状况及节能管理实行集中监视、管理和分散控制的建筑物管理与控制系统。

一般建筑设备监控系统主要包括子系统：

（1）供配电监控系统　对供配电系统中各设备的状态和有关参数进行实时的监控、测量，并将检测信号通过网络传到中央管理计算机，使 BAS 管理中心能够及时了解供配电系统运行的情况。

（2）照明监控系统　在智能大厦中照明系统是提供良好的舒适环境的重要手段。照明控制能提供良好的光环境并有节电效果，光环境就是按照不同的时间和用途对环境的光照进行控制，给以符合工作或娱乐休息所需要的照明，产生特定的视觉效果，通过改善工作环境来提高工作效率。

（3）暖通空调监控系统　随着目前智能楼宇的迅速发展，暖通空调监控系统的主要任务是在保证提供舒适环境的基础上，尽可能地降低能耗。其中暖通空调监控系统有多干扰性、调节对象的特性、温度和湿度相关性、多工况性和整体控制性等特点，空调监控系统主要控制冷、热源机组的运行，优化控制空调设备的工况，监视空调用电设备和监控空调房间的关键参数等。

（4）给水排水监控系统　智能建筑 BAS 系统的给水排水监控系统监控对象主要是水池、水箱的水位和各类水泵的工作状态，例如，水泵的启停状态，水泵故障报警以及水箱高低水位的报警等。这些信号可以用文字及图形在显示屏上显示及通过打印机把其记录打印出来。

（5）防排烟监控系统　高层建筑物中设有为火灾报警系统和机械防排烟设施的均要求设置消防控制室，由消防控制室接收信号、发出启停命令来控制机械防排烟系统工作。具体的控制点及控制要求一般由空调通风专业设计人员提出，由电气专业设计人员绘制到消防控制图上。

（6）交通监控系统　交通监控系统主要是对建筑物内的电梯、扶梯及停车场的监控管理。

8.1.2 建筑设备监控系统的管理功能

除了完成对建筑设备的监控任务外，建筑设备监控系统还要对大量的检测数据进行统计处理，实现设备的运行管理。系统的管理功能通常体现在利用计算机以图形方式给出各设备、装置甚至传感器在建筑物中的具体位置，为维护管理人员查找故障提供方便，记录有关设备、装置的运行维护情况，在计算机内部建立设备档案，打印各种报表，进行统计计算，为建筑物管理提供科学依据。

上述设备管理和子系统间的协调主要由 BAS 中央管理计算机承担。为此，中央管理计算机应具备数据库功能、显示功能、设备操作功能、定时控制功能、统计分析功能、设备管理功能及故障诊断功能。

8.1.3 建筑设备监控系统的体系结构

建筑设备监控系统的体系结构是指所有被控参数与中央管理计算机之间的连接方式。从智能建筑的发展历程来看，可分为三个阶段：集中式体系机构、集散式体系结构和分布式网络化体系结构。

8.2 供配电监控系统

8.2.1 建筑供配电系统

各类建筑为接收从电网送来的电能，需要一个内部的供配电系统，供配电是为建筑物提供能源。为保证供电可靠性，对一级负荷都设两路独立电源，自动切换、互为备用，并且装设应急备用发电机组，以便在 15s 内保证事故照明、消防用电等。配电部分也分为"工作"和"事故"两个独立系统，并在干线之间设有联络开关，故障、检修时能够互为备用。变电所只需定期巡视，不必设专人值班。

8.2.2 供配电系统的监测

供配电监控系统的主要任务不是对供配电系统的控制，而是对供配电系统中各设备的状态和有关参数进行实时的监控、测量，并将检测信号通过网络传到中央管理计算机，使 BAS 管理中心能够及时了解供配电系统运行的情况。供配电系统的检测内容如下：

1) 检测运行参数，如电压、电流、功率和变压器温度等，为正常运行时的计量管理、事故发生时的故障原因分析提供数据。

2) 监视电气设备运行状态，如高低压进线断路器、主线联络断路器等各种类型开关的当前分、合状态。

3) 对建筑物内所有用电设备的用电量进行统计及电费计算与管理，包括空调、电梯、给水排水和消防喷淋等动力用电和照明用电。

8.3 照明监控系统

8.3.1 照明监控系统的主要任务

照明监控系统的主要任务可以分为两个方面：一方面是监视照明配电系统的工作状态，以便对照明系统进行有效的管理，保证其正常工作，实现照明设计的要求；另一方面是根据一定的策略控制照明灯具的开启和关闭，从而达到节能的目的。

8.3.2　照明控制的方式

正确的控制方式是实现舒适照明的有效手段，也是节能的有效措施。目前设计中常用的控制方式有断路器控制方式、定时控制方式、波动开关控制方式和光电感应开关控制方式等，下面对各控制方式逐一加以介绍。

（1）断路器控制方式　该方式是以断路器控制一组灯具的控制方式。此方式控制简单并且投资小，但是由于控制的灯具较多，造成大量灯具同时开关，节能效果差并且很难满足特定环境下的照明要求。

（2）定时控制方式　利用 BAS 的接口，通过控制中心来实现，即按预定的时间表进行照明控制，不需要大量的硬件投入，但灵活性不够。

（3）波动开关控制方式　以波动开关控制一套或几套灯具的控制方式，这是采用得最多的控制方式，它可以配合设计者的要求随意布置，同一房间不同的出入口均需设置开关，单控开关用于在一处启闭照明。

（4）光电感应开关控制方式　通过测定工作面的照度与设定值比较，来控制照明开关，可以最大限度利用自然光，达到更节能的目的。

8.3.3　照明监控系统实例

照明监控系统将对整个建筑的照明系统进行集中控制和管理。

1. 走廊、楼梯照明

走廊、楼梯照明除保留部分值班照明外，其余的灯在下班后及夜间应关闭，以节约能源。因此可按预先设定的时间，编制程序进行开/关控制，并监视开关状态。例如，自然采光的走道，白天、夜间可以断开照明电源，但在清晨和傍晚上、下班前后应该接通。

2. 办公照明

办公室的工作环境也经历着一个功能上、组织上和技术上的改变。这种改变的发生是对应于两种要求：一个是应办公室人员对更舒适和更有利的办公条件的要求，另一个是工作更有效和更加条理性的要求。考虑到照明技术中美学的问题，照明不能作为一个单独的设计规定，而是作为一个整体的和谐的计划的一个重要部分，要求有周密的设计。我们对于一个房间的感觉方法是依靠身体的、生理的和心理的印象，当我们举步进入其中或者逗留于其中时，所有不同的形成那些印象的因素能够被精确地测量和定义，但是这是对各种各样的被渗透入个人感觉的特性的复杂反映，这些特性产生了决定空间特性或者氛围的视觉效果。照明作为内部设计的重要因素，千万不可在此设计中被孤立，而被视为整体协调的一部分。不同用途的房间在照明质量上有不同的视觉行为、视觉舒适、视觉环境，重要性的不同程度是与这三个参数相关联的，其中视觉行为是指主要与光线水平和眩目限制相关联；视觉舒适度主要是对色彩和和谐的发光强度分析；而视觉环境主要是指光线色度、照明方法以及它们之间相互反映的模式和方法。人们希望办公环境可以灵活，这需要正确的办公室环境计划。房间的条件和装修必须是生理上、环境上有效的，使用方便的办公室配置。对于一个合适的照明设计，参考设计师、室内设计师、空调工程师、声学工程师和照明工程师各方面的意见是非常必要的。

办公室主要是白天用，照明设计宜充分考虑自然光因素，平面布灯时应尽量采用局部控制方式，单灯单控。楼道和厕所也宜单设一条支路，方便管理。在视觉作业的附近及房间装修表面材料宜选用无光泽的装饰材料。办公房间的一般照明宜设计在工作区的两侧，采用荧光灯时宜使灯具纵轴与水平视线相平行，不宜将灯具布置在工作位置的正前方。大开间办公室宜采用与外窗平行的布灯形式。出租办公室的照明灯具和插座，宜按建筑开间或基本单元进行布置。在有计算机终端设备的办公用房，应避免在柜幕上出现人和杂物的映像，宜限制灯具下垂线 50°以上的亮度不应大于 200cd/m² 。宜在会议室、洽谈室照明设计时确定调光控制或设置集中控制系统，并设定不同照明方案。设有专用主席台或某一侧有明显背景墙的大型会议厅，宜采用顶灯配以台前安装的辅助照明，并应使台板上 1.5m 处平均垂直照度不小于 300lx。

8.4 暖通空调监控系统

8.4.1 空气调节的目的和意义

空气调节（简称空调）是用人为的方法处理室内空气的温度、湿度、清洁度、气流速度和空气压力梯度等参数的技术，可使某些场所获得具有一定温度和一定湿度的空气，以满足使用者及生产过程的要求和改善劳动卫生和室内气候条件。一般比较合理的流程是：先使外界空气与控制温度的水充分接触，达到相应的饱和湿度，然后将这饱和空气加热使其达到所需要的温度。当某些原始空气的温度和湿度过低时，可预先进行加热或直接通入蒸汽，以保证与水接触时能变为饱和空气。

一个特定空间内的空气环境，一般既要受到来自空间内部产生的热湿量和其他有害因素的干扰，同时还要受到来自空间外部的气候变化、太阳辐射和外部空气中有害因素的干扰。为了保证特定空间内空气的温度、湿度、洁净度、气流速度等处于限定的变化范围，必须对这些干扰采取技术的手段来消除它们的影响。通常采用的技术手段主要有：采用热湿交换技术以保证特定空间内的温湿度；采用气流组织技术以保证特定空间内的空气合理流动并有合适的流速。

8.4.2 暖通空调系统的基本组成

暖通空调由采暖、通风和空气调节三部分组成。缩写为 HVAC（Heating，Ventilating and AirConditioning）。由于控制对象与功能不同，它们分别定义如下：

1）采暖（Heating），又称供暖，是指向建筑物供给热量，保持室内一定温度。如火炕、火炉、火墙、火地等采暖方式及今天的采暖设备与系统。

2）通风（Ventilating），是用自然或机械的方法向某一房间或空间送入室外空气，从某一房间或空间排出空气的过程，送入的空气可以是处理的。换句话说，通风是利用室外空气（又称新鲜空气或新风）来置换建筑物内的空气（简称室内空气）以改善室内空气品质。

3）空气调节（Air Conditioning），是对某一房间或空间内的温度、湿度、洁净度和空气流动速度等进行调节与控制，并提供足够量的新鲜空气。空气调节简称空调。

8.4.3 制冷系统的监控

空调系统需要冷源，制冷是不可缺少的。常用的制冷方式有压缩式制冷、热力制冷和冰蓄冷。压缩式制冷是以消耗电能作为补偿，通常以氟利昂或氨为制冷剂。热力制冷包括溴化锂吸收式和蒸汽喷射式，溴化锂吸收式以消耗热能为补偿，以水为制冷剂，溴化锂溶液为吸收剂，可以利用低位热能和高温冷却水。冰蓄冷是让制冷设备在电网低负荷时工作，将冷量储存在蓄冷器中，供空调系统高峰负荷时使用。制冷系统主要包括制冷机组、冷冻水系统和冷却水系统，其作用是为空调机组提供所需的冷水。

1. 制冷机组的监控

对制冷机组监控是建筑设备监控系统的内容之一。根据制冷机组的形式不同，需要监测的参数和控制内容有所不同。

在压缩式制冷机组中，制冷剂蒸汽在压缩机内被压缩成高压蒸汽进入冷凝器，制冷剂和冷却水在冷凝器中进行热交换，制冷剂放热后变为高压液体，通过液力膨胀阀后，液态制冷剂压力急剧下降，变为低压液态制冷剂进入蒸发器。在蒸发器中，低压液态制冷剂通过与冷冻水的热交换而汽化，吸收冷冻水的热量成为低压蒸汽，再经过回气管重新吸入压缩机，开始新的循环。

对于压缩式制冷机组，需要监测的参数主要包括冷冻水的供回水温度、压力、流量、制冷量，以及冷却水的供回水温度、压力，机组运行时间和启停次数等。需要控制的内容包括启停控制、以节能为目标的机组运行台数控制、冷冻水旁通阀压差控制等，还应具有机组运行状态显示、过载报警、冷冻水温度再设定等辅助功能。

吸收式制冷机组与压缩式制冷机组一样，也是利用低压制冷剂蒸发产生的激化潜热进行制冷，区别是压缩式制冷以电为能源，而吸收式制冷以热为能源。吸收式制冷机组多采用溴化锂水溶液作为制冷冷媒，其中水为制冷剂，溴化锂为吸收剂。

对于吸收式制冷机组其控制功能和辅助功能与压缩式制冷机组的要求相似，需要检测的参数有：蒸发器、冷凝器的进出口水温，制冷剂、溶液蒸发器和冷凝器的温度及压力，溶液温度、压力、浓度及结晶温度等。

专业厂家生产的制冷机组，一般带有以计算机为核心的控制系统，可以完成本台设备的监控任务。但作为 BAS 的一个节点，制冷机组原有的控制装置应该能够与 BAS 中的其他智能化设备及上位监控计算机交换信息，因此应该留有数据通信接口，并且应采用开放的通信协议，以支持互操作性，从而便于把制冷机组的控制单元纳入 BAS 系统。

2. 冷却水系统的监控

冷却水系统由冷却水塔、冷却水循环泵及冷却水供、回水管道组成。冷却水进入制冷机组的冷凝器，与冷凝器内的高压、高温的制冷剂进行热交换，在冷却水泵的作用下，通过冷却水回水管道进入冷却塔进行冷却。冷却塔是冷源系统的重要组成部分，高温冷却水（37℃，冷水机组出口）经循环管道进入冷却塔上部喷淋，冷却塔风扇对喷淋下落的水体进行鼓风吹拂，使之与空气发生热交换后冷却，然后再送至冷水机组重复循环使用。

冷却水循环泵实现冷却水在冷冻机和冷却塔之间的循环，再通过冷却塔将冷冻机的冷却水的入口和出口的温度控制在设定值范围内。

冷却水系统监控内容主要有水流状态监测、冷却水泵过载报警、风机运行状态监测及过载报警、风机启停控制、冷却水泵启停控制及状态监测、冷却水温度控制及再设定等。

图 8-1 为冷却水系统监控点示意图。冷却塔内的通风机 F1 ~ F4 由控制装置进行启停控制，启停台数根据当前运行的冷冻机台数、室外温湿度、冷却水温度及冷却泵开启台数来确

定。冷却塔进水管上电动阀 YM1
~YM4 的作用是当冷却塔停止运
行时切断水路,预防短路,同时
可适当调节进入各冷却塔的水量,
以保证各冷却塔都能达到最大出
力。冷却塔出口安装水温传感器
T1~T4,可以确定各冷却塔的工
作情况,通过它们之间的温差调
节电动阀 YM1~YM4 的开度,以
改善进入各冷却塔的水流量分配。
两台冷却水循环泵 Q1、Q2 由计算
机进行启停控制,根据冷冻机开
启台数决定它们的运行台数。冷
凝器入口处安装两个电动阀 YM5、
YM6,进行通断控制,在冷冻机
停止运行时关闭,以防止冷却水
短路造成冷凝器中的冷却水量减
少。通过冷凝器入口水温测点 T5

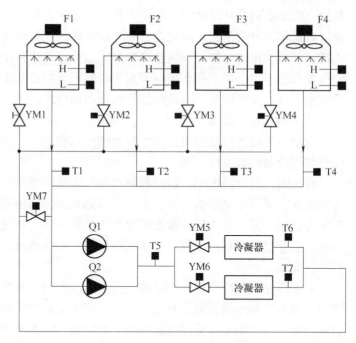

图 8-1 冷却水系统监控点示意图

可监测进入冷凝器的冷却水温度,依此作为启停冷却塔或调节冷却塔风机转速的依据,它是
冷却水系统最重要的测量参数。冷凝器出口水温由 T6、T7 两个温度传感器测得,用以确定
冷凝器的工作状态。

3. 冷冻水系统的监控

冷冻水系统主要由冷冻水泵、冷冻水供回水管道及相应阀门组成,其作用是把冷水机组
产生的冷冻水输送到各空调终端,并使冷冻回水返回蒸发器降温再循环利用。冷冻水系统监
控的主要目的是保证冷冻机蒸发器通过足够的水量以使蒸发器正常工作,防止冻坏;向空调
用户提供足够的冷冻水量以满足使用要求;在满足使用的前提下尽可能减少冷冻水循环泵的
能耗。

图 8-2 是冷冻水系统监控点
示意图。为保证蒸发器中通过要
求的水量,必须使蒸发器前后保
持一定的压差。当部分用户关小
或停止用水时,用户侧总流量减
小,使流过蒸发器的水量减小,
此时压差 $p_1 - p_2$ 也减小,为保证
蒸发器的流量,应控制旁通电动
阀 YM 的开度增大,从而增大经
过此阀的流量,直到压差恢复到
设定值。对蒸发器的进出口压力
p_1、p_2 的测量对冷冻水系统的控

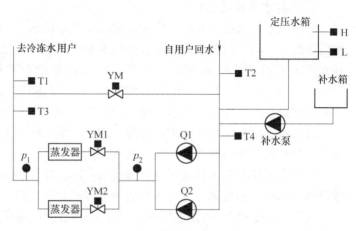

图 8-2 冷冻水系统监控点示意图

制有重要的作用。为了准确测量 p_1、p_2，除选用精度足够高的压力传感器外，传感器的安装位置也很重要，当多台制冷机蒸发器都并联于一个进水母管和出水母管上时，这两个压力测点可分别设在两个母管上，确保所测压差反映各台冷冻机蒸发器中通过的流量，而与冷冻机运行台数无关。

冷冻水循环泵 Q1、Q2 应根据冷冻机运行台数而相应启停，同时电动阀 YM1、YM2 也相应随冷冻机情况开闭，它们均由现场控制器进行控制。

定压水箱内通过两个水位状态开关或水位传感器监测水箱中的水位，并由控制系统控制补水泵的启停来维持压力。

4. 制冷系统监控实例

从制冷系统的基本构成及对各部分的监控要求来看，制冷系统的监控包括两个大的方面：一个是设备运行状态的监控，另一个是运行参数的监控。

设备运行状态监控应包括冷水机组运行状态、冷冻水泵启停状态、冷却水泵启停状态、冷却塔风机启停状态、水流开关状态等主要方面。

运行参数可依据水位、流量、温度和压力等，形成膨胀水箱水位、冷却塔水位、冷冻水供回水温度、冷冻水流量、冷冻水供回水压力、冷却水供回水温度等主要参数，并对冷水机组、冷冻水循环泵、冷却水循环泵、冷却塔风机进行启停控制，同时对相关的阀门进行控制。

图 8-3 为某制冷系统控制的原理图。

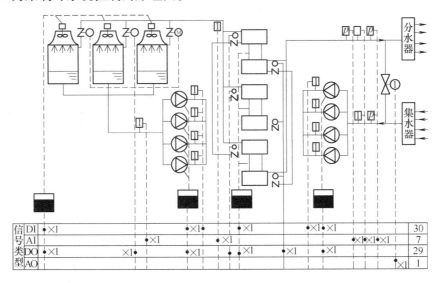

图 8-3　冷冻站控制原理图

该制冷系统由 3 台冷水机组、4 台冷却水循环泵、4 台冷冻水循环泵、3 台冷却塔以及分水器、集水器组成。控制系统的现场监测和控制设备包括 DDC、冷冻水供回水温度传感器、冷冻水供回水压力传感器、冷冻水供水流量传感器、水流开关、冷却水供回水温度传感器、冷水机组及相关电动蝶阀。

该制冷系统的主要功能如下：

1）对每台冷水机组的运行状态、故障状态、手动/自动状态反馈信号进行监测，由于冷水机组本身有较完善的控制和保护功能，DDC 只负责对冷水机组的启停控制，系统出现故障时可自动报警。

2）对冷冻水、冷却水的供回水温度进行监测，保证其在正常范围。

3）监测冷冻水流量，再根据供回水温差计算空调系统的冷负荷。监测冷冻水供回水压力，根据压差调节压差旁通阀门开度。

4）监测冷冻水循环泵、冷却水循环泵及冷却塔风机的运行状态，控制这些设备的启停，并能对故障进行自动报警。

系统中的水流开关用来监测水泵控制和反馈信号，当水泵启动后，水流开关会给出相应信号。

系统中的 DDC 负责制冷系统的群控和运行管理，通过 DDC 中的控制程序设定来控制冷水系统的启停顺序，对冷却水蝶阀、冷却塔进水蝶阀、冷却塔进水风机、冷却水循环泵、压差控制环路、冷水机组等进行控制。

通过计算可得出空调系统的实际冷负荷，根据实际冷负荷值确定冷水机组的启停台数，实现最佳的节能运行。当冷冻水供回水压差处于正常的设定值范围时，压差旁通阀关闭；当空调末端负荷减小时，供回水压差增大，旁通阀开度加大，一部分冷冻水直接流回回水管，当其流量达到一台冷水机的制冷量时，则自动关闭一台冷水机，并停止相应的循环水泵和冷却塔。

现场 DDC 还负责对系统内设备进行均衡运行控制。根据各冷水机、循环水泵和冷却塔的当前运行时间累计值，优先起动运行时间少的机组和设备。

8.4.4 空调系统的监控

空调机组主要由新风阀、回风阀、排风阀、过滤器、冷热盘管、送风机组成。控制系统中的现场设备由 DDC、送风温度传感器、送风湿度传感器、防冻开关、压差开关、电动调节阀、风阀执行器等组成。

为了节能运行，空调系统运行中要使用一部分回风，同时为满足对室内空气洁净度的要求，还要采用一定量的新风。空调机组的工作主要是对系统中的新风和回风混合后进行热湿处理，再送入到空调房间，调节室内的空气参数达到预定要求。所以，如何处理新风和回风的比例关系，使之满足室内空气洁净度、温度、湿度的要求，同时又能节约运行能源，是空调机组必须解决的问题。

新风机组工作时，仅考虑和处理室外空气参数变化对调节系统的干扰，空调机组也同样要受到这类外扰动，但除此之外，还有室内人员、设备散热、散湿量变化引起的干扰。调节系统必须有效地应对和处理这些系统的外干扰，使被调节房间满足预定的温湿度要求，并且合理地降低运行能耗。同时，空调机组通常承担若干个房间的空气调节任务，而不同房间的热湿特性可能不同，所以使得系统的控制过程更为复杂。

对于定风量空调机组，控制系统要对以下的运行参量及运行状态进行监控。

1）由室外的温度传感器和新风口上的风管式温度传感器检测室外和新风的温度。

2）由室外的湿度传感器和新风口上的风管式湿度传感器检测室外和新风的湿度。

3）由安装在过滤网上的压差开关监测过滤网两侧压差。

4）由安装在送风管和回风管上的风管空气温度传感器采集送风和回风温度。

5）由安装在送风管和回风管上的风管空气湿度传感器采集送风和回风湿度。

6）由安装在空调区域或回风管上的空气质量传感器对空气质量进行监测。

7）由送风管上的风速传感器监测送风风速。

8）由安装在送风管表冷器出风侧的防冻开关采集防冻开关状态信号。

9）通过送回风机配电柜热继电器辅助触点监测送回风机的运行状态和故障状态。

另外，由 DDC 输出的控制信号，控制调节各执行器，使输出参数保持在预定的给定值范围内。例如：从 DDC 的 DO 口到新风口风门驱动控制电路，调节新风口风门开度，以保证室内的空气洁净度。

对于定风量空调机组的运行控制与节能运行主要包括以下几个方面。

1）联锁控制。定风量空调机组起动时的联锁控制顺序为：新风风门—回风风门—排风风门开启—送风机起动—回风机起动—冷热水调节阀开启—加湿阀开启。定风量空调机组的停机顺序控制为：关闭加湿阀—关闭冷热水阀—送风机停机—送风风门关闭—排风风门关闭。

2）温度调节与节能运行。定风量空调机组中，用回风温度作为被调节器参数，由回风温度传感器测出的回风温度传给 DDC，DDC 计算回风温度与设定温度的差值，按 PID 调节规律处理并输出调节控制信号。通过调节空调机组冷热水阀门开度调节冷热水量，使被控区域的温度保持在设定值。室外温度变化通过新风温度来反映，新风温度值输入给 DDC，处理后控制相应调节阀的开度，进而达到空调区域的温度控制。

3）空调机组回风湿度控制。由回风湿度传感器测出的回风湿度信号送到 DDC，通过与给定值比较后产生一个偏差信号，经给定算法（一般为 PI 规律）后产生控制作用，调节加湿电动阀开度，使被调节区域的空气湿度值满足设计要求。

4）新风风门、回风风门及排风风门的控制。由新风温湿度传感器和回风温湿度传感器测出的温湿度信号送给 DDC，DDC 根据这些数据进行焓差计算，按回风和新风的焓值比例及新风量的需求，调节新风阀门和回风阀门开度，同时使系统在趋近较佳的新风、回风比例上节能运行。

5）过滤器压差报警及机组防冻。在过滤网出现堵塞严重的情况下，装置在过滤器上的压差开关报警。冬季时，还需要对机组进行防冻监测和控制。

另外，还包括空气质量控制以及空调机组的定时运行控制等。

定风量空调机组监测控制过程中，常见的监控点见表 8-1。

表 8-1　定风量空调机组监测控制过程常见监控点

监控点描述	AI	AO	DI	DO	接口位置
送风机运行状态			√		送风机动力柜主接触器辅助触点
送风机故障状态			√		送风机动力柜主电路热继电器辅助触点
送风机手/自动转换状态			√		送风机动力柜控制电路，可选
送风机开/关控制				√	DDC 数字输出接口到送风机动力柜主接触器
回风机运行状态			√		回风机动力柜主接触器辅助触点
回风机故障状态			√		回风机动力柜主电路热继电器辅助触点
回风机手/自动转换状态			√		回风机动力柜控制电路，可选

（续）

监控点描述	AI	AO	DI	DO	接口位置
回风机开/关控制				√	DDC 数字输出接口到回风机动力柜主接触器
空调冷冻水/热水阀门调节		√			DDC 模拟输出接口到冷热水电动阀驱动器
加湿阀门调节		√			DDC 模拟输出接口到加湿电动阀驱动器
新风口风门开度控制		√			DDC 模拟输出接口到新风门驱动器控制口
回风口风门开度控制		√			DDC 模拟输出接口到回风门驱动器控制口
排风口风门开度控制		√			DDC 模拟输出接口到排风门驱动器控制口
防冻报警			√		低温报警开关
过滤网压差报警			√		过滤网压差传感器
新风温度	√				风管式温度传感器，可选
新风湿度	√				风管式湿度传感器，可选
室外温度	√				室外温度传感器，可选
回风温度	√				风管式温度传感器
回风湿度	√				风管式湿度传感器
送风温度	√				风管式温度传感器，可选
送风风速	√				风管式风速传感器，可选
送风湿度	√				风管式湿度传感器，可选
空气质量	√				空气质量传感器（CO_2、CO 浓度）

图 8-4 是典型的四管制空调系统。其控制系统的各部分工作情况如下。

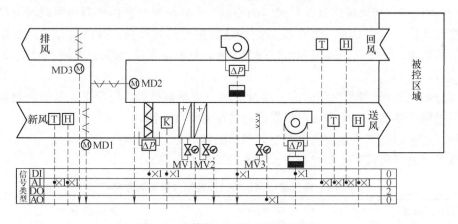

图 8-4　四管制空调机组控制原理图

1）电动风阀与送风机回风机的联锁控制。当送风机/回风机关闭时，新风阀、回风阀、排风阀都关闭。新风阀和排风阀同步动作，与回风阀运行相反。根据新风、回风及送风焓值的比较，调节新风阀和回风阀的开度。当风机起动时，新风阀打开；风机关闭时，新风阀关闭。

2）当过滤器两侧压差超过设定值，压差开关送出过滤器堵塞信号，并由监控工作站给出报警信号。

3）送风温度传感器检测出实际送风温度，送往 DDC 后与给定值比较，经 PID 计算后，输出相应模拟信号，控制水阀开度，直到实测温度接近给定温度。

4）送风湿度传感器检测送风实际湿度，送往 DDC 与设定值比较，经 PID 运算后，输出相应模拟信号，调节加湿阀开度，控制房间内的湿度。

5）由设定的时间表对风机起停进行控制，并自动对风机手动/自动状态、运行状态、故障状态进行监测，并对送风机、回风机的起停进行顺序控制。

6）在冬季低温时，防冻开关发出信号，风机和新风阀同时关闭，防止盘管冻裂。当防冻开关正常工作时，要重新起动风机，打开新风阀，恢复正常工作。

8.4.5　热力系统的监控

热力系统的作用是为用户提供采暖、空调及生活用热水，其功能是通过热力站来实现的。热力站根据规模、位置和功能的不同，可以分为用户热力站、集中热力站和区域性热力站三种。

用户热力站是指单幢建筑物热用户的内部供热系统与室外热力管网的连接点，位于建筑物的地沟入口处或是地下室内，仅为该建筑物的供热服务。集中热力站也称为二级供热网络，是通过一个集中热力进口引入热媒，根据用户的具体需要经过能量转换后分配给所在生活区的建筑物。区域性热力站指设置在城市供热网络、供热干线与分支干线连接点的大型热力站。

智能建筑一般使用前两种热力站，其主要任务是产生生活、供暖用热水，对这一系统监控的主要目的一方面是监测水力工况，以保证热水系统的正常循环；另一方面是控制热交换过程以保证要求的供热水参数。

1. 热交换系统的自动控制

在热力系统中，用以实现换热目的的设备称为换热设备。常用的有换热器、蒸汽加热器等。为保证被加热的流体出口温度满足供热的要求，必须采用自动控制对其传热量进行调节。

（1）换热器的自动控制　换热器是一种利用热流体放热，冷流体被加热的热设备。换热器的工作原理如图 8-5 所示。

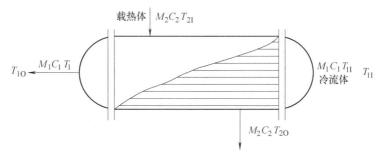

图 8-5　换热器工作原理示意图

（2）蒸汽加热器的自动控制　蒸汽加热器是利用蒸汽冷凝放热的一种加热器。它的工作原理是在蒸汽加热器内，蒸汽冷凝，由气态变为液态，放出热量，传给冷流体。蒸汽加热器的被控变量是冷流体的出口温度，常用的控制方法有两种：一种是将调节阀装在凝液出口管线上，改变冷凝的有效面积；另一种是将调节阀装在蒸汽入口管线上，改变进入加热器的蒸汽流量。其中，调节蒸汽进入流量是一种最常用的调节方案。

在采用调节蒸汽流量方法时，如果加热器的出口温度低于设定值，调节器根据偏差而动作，控制调节阀开大，加热的蒸汽流量增加，调节阀阀后压力增加，由于饱和蒸汽的压力和温度是一一对应的，所以温度会增加，使传热平均温差增大，结果传热量增加，从而使出口温度上升，并恢复到设定值。

2. 热力监控系统的主要功能

前已述及，热力系统监控的目的一方面是监测水力工况，以保证热水系统的正常循环；另一方面是控制热交换过程，以保证要求的供热水参数。为实现上述监控目的，热力系统的监控应具备以下功能：

1）蒸汽、热水出口温度、压力、流量的监测和显示。

2）各水泵运行状态的监测和启停控制。

3）供热量的自动计算。

4）水箱液位监视及上下限报警。

5）热交换器能按设定的出口水温自动控制蒸汽或热水进入量。

6）热交换器进汽或水阀与热水循环泵联锁控制。

图 8-6 为热力系统的监控原理图，采用 DDC 进行控制。

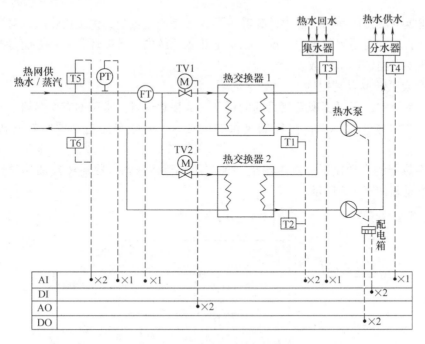

图 8-6　热力系统监控原理图

（1）**热交换器二次热水出口温度控制**　由温度传感器 T2 检测二次侧热水出口温度，送入 DDC，与设定值比较得到偏差信号，经过 PI 运算，DDC 输出相应的控制信号，调节热交换器一次侧电动调节 TV1 的阀门开度，改变一次侧热媒流量，使二次热水出口温度控制在设定范围内，从而保证空调采暖温度。

（2）供热量的自动计算　温度传感器 T5、T6 和流量传感器 FT 构成热量计量系统，DDC 装置通过测量这三个参数的瞬时值可以得到每个时刻从供热网输入的热量，再通过软件的累加计算即可得到总的耗热量。

（3）热水泵联锁控制　热水泵的起停由 DDC 控制，并随时监测其运行状态及故障情况。当热水泵停止运行时，一次侧热媒的电动调节阀自动完全关闭。同样，利用 DDC 的软件功能可以实现工作状态的显示与打印及启停时间控制等功能。

8.4.6　暖通空调系统节能

暖通空调系统消耗能量最大，占建筑物总动力用电的 50% 左右，有些建筑的耗能可能还要高，所以暖通空调的节能就变得尤为重要。目前在暖通空调系统常采用以下节能措施：

（1）充分利用回风的热量与冷量以节约能源　除采用一次回风外，还可以利用二次回风对冷却去湿后的空气进行再加热，以保证需要的送风温度。利用二次回风可以部分取代有时甚至可以完全取代二次加热，节约能源。

（2）变设定值控制　温度、湿度设定值随大气温、湿度变化而自动进行修正。季节不同，设定值不同，气候变化，设定值也随之变化。这样既可以避免由于室内外温差过大而导致冷热冲击，又可以达到显著的节能效果。

（3）焓值控制　根据焓值的变化，调节混风比，加大新风比例，充分利用新风冷量，节约能源。

（4）时间控制　包括正常运行时间、节假日及夜间运行时间、周期性间歇运行、最佳启停时间控制等，通过软件实现节能运转。

（5）设备容量与负荷匹配　冷水机组及其配套设备的投入台数，根据实际需要的冷负荷来决定，使设备容量与实际负荷相匹配。

（6）变风量控制　当热、湿负荷发生变化时，保持送风参数（温度、湿度）不变，通过改变送风量来维持室内所需温、湿度。这样，一方面可以避免冷却去湿后再加热，以提高送风温度这一冷热抵消过程所消耗的能源；另一方面由于被处理的空气量减少，相应地又减少了制冷机组的制冷量，因而节约了能源。

（7）总能系统　总能系统实质上是一种热电联产系统，由燃料产生的高位能量用于对建筑物的供电，低位能量则用于供热与制冷，从而实现对能源的综合利用。

8.5　给水排水监控系统

8.5.1　概述

智能建筑大都是多功能的高层建筑，其内部人数众多，用水量大，对生活及防火设施要求较为严格，在智能建筑中各种给水排水设施齐全，对给水排水系统科学有效的管理和节约水资源是建筑智能化的一个重要内容。

给水排水系统主要由各种水泵、水箱、水池、管道及阀门组成，对该系统进行监控的主要任务是监视各种储水装置的水位、各种水泵的工作状态，按照一定的要求控制各种水泵的运行和相应阀门的动作，并对该系统的设备进行集中管理，从而保证设备的正常运行，实现给水排水管网的合理调度,使给水排水系统工作在最佳状态。

1. 建筑内部给水系统的分类

建筑内部给水系统按用途基本上可分为三类:

1)生活给水系统。供民用、公共建筑和工业企业建筑内的饮用、烹调、盥洗、沐浴、洗涤等生活上的用水。要求水质必须严格符合国家规定的饮用水质标准。

2)生产给水系统。因各种生产的工艺不同,生产给水系统种类繁多,主要用于生产设备的冷却、原料洗涤、锅炉用水等。生产用水对水质、水量、水压以及安全方面的要求由于工艺不同,差异很大。

3)消防给水系统。供层数较多的民用建筑、大型公共建筑及某些生产车间的消防设备用水。消防用水对水质要求不高,但必须按建筑设计防火规范保证有足够的水量与水压。

2. 建筑内部给水系统的组成

建筑内部给水系统由下列各部分组成:

1)引入管。对一幢单独建筑物而言,引入管是室外给水管网与室内管网之间的联络管段,也称进户管。对于一个工厂、一个建筑群体、一个学校,引入管系指总进水管。

2)水表节点。水表节点是引入管上装设的水表及其前后设置的阀门及泄水装置等的总称。阀门用于关闭管网,以便维修和拆换水表;泄水装置的作用主要是在检修时放空管网,检测水表精度及测定进户点压力值。

3)管道系统。管道系统是指建筑内部给水水平干管、立管、支管等组成的供水管网系统。

4)给水附件。给水附件指管路上的闸阀、止回阀等各式阀类及各式配水龙头、仪表等。

5)升压和储水设备。在室外给水管网压力不足或建筑内部对安全供水、水压稳定有要求时,需设置各种附属设备,如水箱、水泵、气压装置、水池等升压和储水设备。

6)室内消防设备。按照建筑物的防火要求及规定需要设置消防给水时,一般应设消火栓消防设备。有特殊要求时,另专门装设自动喷水灭火或水幕灭火设备等。

3. 建筑内部给水系统的压力

建筑内部给水系统的压力,必须能将需要的水量输送到建筑物内最不利点的用水设备处,并保证有足够的流出水量。对于住宅的生活给水,在未进行精确的计算之前,为了选择给水方式,可按建筑物层数粗略估计自室外地面算起所需的最小保证压力值,一般一层建筑物为100kPa;二层建筑物为120kPa;三层及三层以上的建筑物,每增加一层增加40kPa。对于引入管或室内管道较长或层高超过3.5m时,上述值应适当增加。

8.5.2 给水系统的监控

1. 建筑给水系统的形式

根据建筑物给水要求、高度和分区压力等情况,进行合理分区,然后布置给水系统。高层建筑给水系统的形式主要有两种,即高位水箱给水系统和恒压给水系统。

(1)高位水箱给水系统 这种系统的特点是供水系统从原水池取水,通过水泵将水提升到高位水箱,再从高位水箱靠重力向给水管网配水。控制系统对高位水箱水位进行监测,当水箱中水位达到高水位时,水泵停止向水箱供水;当水箱中的水被用到低水位时,水泵再次起动向高位水箱供水。同时，系统监测给水泵的工作状态和故障，当工作泵出现故障时，备用泵自动投入运行。高位水箱给水系统用水是由水箱直接供应的，供水压力比较稳定，且有水箱储水，供水较为安全。

（2）恒压给水系统　高位水箱给水系统的优点是预储一定水量，供水直接可靠，尤其对消防系统是必要的。但水箱质量很大，增加了建筑物的负荷，占用建筑物面积且存在水源受二次污染的危险，因此有必要研究无水箱的水泵直接供水系统。早期的水泵直接供水系统，由于水泵的转速不能调节，水压随用水量的变化而急剧变化。当用水量很小时，水压很高，供水效率很低，既不节能，又使系统的水压不稳定。后来这种系统被采用自动控制的多台并联运行水泵所替代，这种系统能根据用水量的变化，开停不同水泵来满足用水的要求，以利节能。

随着计算机控制技术的迅速发展，变频调速装置得到了越来越广泛的应用。实现水泵恒压供水，理想的方式是采用计算机控制的水泵变频调速供水。变频调速供水方式由于减少了水箱储水环节，避免了水质的二次污染。泵组及控制设备集中设在泵房，占地面积小、安装快、投资省。采用闭环式供水控制方式，根据管网压力信号调节水泵转速，实现变量供水。该方式水压稳定、全自动运行、可无人值守，可靠性高。变频调速供水方式中，水泵的转速随着管网压力的变化而变化。由于轴功率与转速的三次方成正比，因此与恒速泵运行方式相比，明显节省电能。另外，变频调速为无级调速，水泵的起动为软起动，减小了起动时对水泵及电网的冲击，且多台泵组采用"先投入，先退出"的运行方式，确保每台泵的运行时间相同，能够有效延长泵组的使用寿命。变频调速闭环供水方式可以确保管网压力恒定，避免了水箱供水方式中可能产生的溢流或超压供水，减小了水能的损耗。变频调速恒压供水既节能，又节约建筑面积，且供水水质好，具有明显的优点。但变频调速装置价格昂贵，而且必须有可靠的电源，否则停电即停水，给人们的生活带来了不便。

2. 给水监控系统

目前高层建筑中的生活给水大多是采用高位（屋顶）水箱、生活给水泵和低位（或地下）蓄水池等构成的供水系统。

给水监控系统的功能包括：水泵运行状态显示、水流状态显示、水泵起停控制、水泵过载报警，以及水箱高低液位显示及报警。生活给水系统监控原理如图 8-7 所示。

（1）给水泵起停控制　给水泵起停由水箱和低位蓄水池水位自动控制。高位水箱设有 4 个水位信号（从上至下依次为 LT1、LT2、LT3、LT4），即溢流水位、最低报警水位、下限水位和上限水位；低位蓄水池也设有 4 个水位信号（从上至下依次为 LT5、LT6、LT7、LT8），即溢流水位、下限水位、最低报警水位和消防泵停泵水位，如图 8-7 所示，屋顶高位水箱液位计的 4 路水位信号通过 DI 通道送入现场 DDC，DDC 通过 1 路 DI 通道控制水泵的起停：当高位水箱液位降低到下限水位时，DDC 发出起泵信号使给水泵运行，将水由低位水池提升到高位水箱；当高位水箱液位升高至上限水位或蓄水池液位低到下限水位时，DDC 发出信号停止给水泵运行。将给水泵主电路上交流接触器的辅助触点作为开关量输入信号，接到 DDC 的 DI 输入通道上监测水泵运行状态；水泵主电路上热继电器的辅助触点信号（1 路 DI 信号），提供电动机水泵过载停机报警信号。当工作泵发生故障时，备用泵自动投入运行。

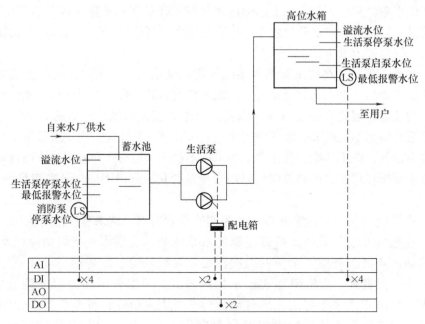

图 8-7　给水系统监控原理图

（2）检测及报警　当高位水箱液位达到溢流水位，以及低位蓄水池液位低至最低报警水位时，系统发出报警信号。蓄水池的最低报警水位并不意味着蓄水池无水。为了保障消防用水，蓄水池必须留有一定的消防用水量。发生火灾时，消防泵起动，如果蓄水池液面达到消防泵停泵水位，系统将报警。出水口于管上设水流开关 FS，水流信号通过 DI 通道送入现场 DDC，以监视供水系统的运行状况。

（3）设备运行时间累计、用电量累计　累计运行时间为定时维修提供依据，并根据每台泵的运行时间，自动确定作为运行泵或是备用泵。如采用变频调速恒压供水系统，则水泵由变频恒压控制装置控制其运转。其控制过程是在水泵出水口于管上设压力传感器，实时采集管网压力信号，通过 1 路 AI 通道送入现场 DDC，通过与设定水压值比较，按 PID 算法得出偏差量，控制电源频率变化，调节水泵的转速，从而达到恒压变量供水的目的。当系统用水量增加时，水压下降，DDC 使变频器的输出频率提高，水泵的转速提高，供水量增大，维持系统水压基本不变；当系统用水量减少时，过程相反，控制系统使水泵减速，仍维持系统水压。系统中设低水位控制器，其作用是当水池水位降至最低水位时（或消防水位时），系统自动停机。如有多台水泵，均采用同一台变频调速器由可编程序控制器实现多台泵的循环软起动。

8.5.3　排水系统的监控

排水系统的任务是接纳、汇集各种卫生器具和用水设备排放的污水、废水，以及屋面的雨雪水，并在满足排放要求的条件下，排入室外排水管网。根据其排除污水的性质，可分为生活污水排放系统、工业废水排放系统和雨水排放系统三类。智能建筑的排水系统主要针对生活用水，由于卫生条件要求较高，排水系统必须畅通。

对排水系统运行状态及运行参量的监控主要有以下几个方面：

1）通过水流开关状态输出信号对水流状态进行监控。

2）通过对排水配电箱接触器辅助触点的开/闭信号采集，对排水泵起停状态进行监控。

3）通过安装在集水坑的液位开关，对集水坑的水位进行监测。

4）通过对排水泵配电箱热继电器触点开启/闭合状态的信号采集，对排水泵故障发出报警。

5）由直接数字控制器的 DO 口输出到排水泵配电箱接触器控制回路，对排水泵进行起停控制。

生活污水排水系统监控原理图如图 8-8 所示。

（1）污水泵起停控制　污水泵的起停受污水池水位自动控制。污

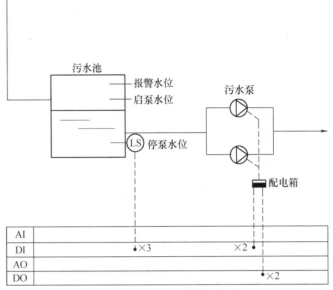

图 8-8　生活污水排水系统监控原理图

水池设有 3 个水位，即报警水位、污水泵起泵水位和污水泵停泵水位。当污水池液面高于起泵水位时，DDC 送出信号起动污水泵，当液面低于停泵水位时，自动停止污水泵。当液面高于报警水位时，自动起动备用泵。

（2）检测及报警　当污水池液面高于报警水位时，自动报警。水泵发生故障时自动报警。

8.5.4　水泵的节能运行

水泵节能技术在我国已应用多年，其途径有两类，一是改进水泵结构，这是水泵生产厂要研究的，目前我国的水泵制造技术在国际上不算落后，国产的大型水泵，在提高效率和降低噪声及功耗方面，有的甚至可以和进口水泵相抗衡。二是提高控制水平，这是使用单位经常应用的，最早的控制方法就是通过关闭阀门、降低输出来减少功耗，后来，也就是在 20 世纪 80 年代末，我国引进了"变频器"控制技术，此时水泵节电技术得到突破性进展，到 20 世纪 90 年代末，"水泵节电器"控制技术像雨后春笋遍布神州大地，鱼目混珠的产品也铺天盖地而来，例如干扰电表、降压运行等欺骗手段遍布大街小巷。进入新世纪以后，真正的"水泵智能控制系统"不再是"变频器"控制技术的演变。在有效利用变频器的同时，水泵节电控制技术还加入了 PLC、人机界面、滤波等，使水泵节电更具科学化、智能化。

（1）变频节能　由流体力学可知，P（功率）$= Q$（流量）$\times H$（压力），流量 Q 与转速 N 的一次方成正比，压力 H 与转速 N 的二次方成正比，功率 P 与转速 N 的三次方成正比，如果水泵的效率一定，当要求调节流量下降时，转速 N 可成比例地下降，而此时轴输出功率 P 成三次方关系下降。即水泵电动机的耗电功率与转速近似成三次方比的关系。例如：一台水泵电动机功率为 55kW，当转速下降到原转速的 4/5 时，其耗电量为 28.16kW，省电 48.8%；当转速下降到原转速的 1/2 时，其耗电量为 6.875kW，省电 87.5%。

（2）功率因数补偿节能　无功功率不但增加线损和设备的发热，更主要的是功率因数的降低导致电网有功功率的降低，大量的无功电能消耗在线路当中，设备使用效率低下，浪费严重，由公式 $P = S \times \cos\phi$，$Q = S \times \sin\phi$，其中 S 为视在功率，P 为有功功率，Q 为无功功率，$\cos\phi$ 为功率因数，可知 $\cos\phi$ 越大，有功功率 P 越大。普通水泵电动机的功率因数在 $0.6 \sim 0.7$ 之间，使用变频调速装置后，由于变频器内部滤波电容的作用，$\cos\phi \approx 1$，从而减少了无功损耗，增加了电网的有功功率。

（3）软起动节能　由于电动机为直接起动或 Y/D 起动，起动电流等于 $4 \sim 7$ 倍额定电流，这样会对机电设备和供电电网造成严重的冲击，而且还会对电网容量要求过高，起动时产生的大电流和振动时对挡板和阀门的损害极大，对设备、管路的使用寿命极为不利。而使用变频节能装置后，利用变频器的软起动功能将使起动电流从零开始，最大值也不超过额定电流，减轻了对电网的冲击和对供电容量的要求，延长了设备和阀门的使用寿命，节省了设备的维护费用。

8.6　防排烟监控系统

8.6.1　防排烟系统的组成

防排烟系统由送排风管道、管井、防火阀、门开关设备、送排风机等设备组成，其目的是及时排除火灾产生的大量烟气，阻止烟气向防烟分区外扩散，确保建筑物内人员的顺利疏散和安全避难，并为消防救援创造有利条件。

防排烟系统是防烟系统和排烟系统的总称。防烟系统是采用机械加压送风方式或自然通风方式，防止烟气进入疏散通道的系统；排烟系统是采用机械排烟方式或自然通风方式，将烟气排至建筑物外的系统。

当设置排烟设施的场所不具备自然排烟条件时，应设置机械排烟设施。

需设置机械排烟设施且室内净高小于等于 6m 的场所应划分防烟分区；每个防烟分区的建筑面积不宜超过 500m² ，防烟分区不应跨越防火分区。

防烟分区宜采用隔墙、顶棚下凸出不小于 500mm 的结构梁以及顶棚或吊顶下凸出不小于 500mm 的不燃烧体等进行分隔。

8.6.2　机械排烟监控系统

高层建筑物中没有火灾自动报警系统和机械防排烟设施的均要求设置消防控制室，由消防控制室接收信号、发出启停命令来控制机械防排烟系统工作。具体的控制点及控制要求一般由空调通风专业设计人员提出，由电气专业设计人员绘制到消防控制图上。

机械防排烟系统中需要控制的设备主要包括防火阀、排烟阀、加压送风口、排烟风机和加压风机。

火灾报警后应停止相关部位的风机，关闭需要电动关闭的防火阀，启动失火处的排烟阀并联锁起动对应的排烟风机，启动失火层及其上下层走道的排烟阀并联锁起动对应的排烟风机，起动楼梯间加压风机，启动失火层及其上一层楼梯间前室、消防电梯前室及合用前室的加压送风口，联锁起动对应的加压风机。以上动作均要求接收反馈信号。

当烟气温度超过 280℃ 时，排烟阀、排烟风机入口的排烟防火阀将自动关闭，此时应关停对应的排烟风机。

此外，风系统上的防火阀熔断关闭后应关停对应风机。这项控制可由空调自动控制系统完成，也可通过空调机和风机所配控制柜中的强电联锁完成，但都应向消防控制中心报警。采用数字式空调自动控制系统时，同一空调通风系统中的防火阀状态信号可合成一个 DI 点送入 DDC 中。

火灾时应向防排烟设备提供事故电源，对于平时通风火灾时兼做排烟或排烟补风的风机，则应提供平时和事故时的双路电源，并可及时切换。

8.7 交通监控系统

8.7.1 交通监控系统的组成

交通监控系统主要是对建筑物内的电梯、扶梯及停车场的监控管理。在智能建筑中，电梯已成为必不可少的垂直交通工具，包括普通电梯、观光电梯、运货电梯以及自动扶梯等。对电梯系统的基本要求是安全可靠、起制动平稳、平层准确、候梯时间短、感觉舒适、节约能源。

在智能建筑中，对电梯的控制性能要求较高，对电梯的起动加速、制动减速、正反转运行、调速精度、调速范围和动态响应都提出了较高的要求，故配用带计算机控制系统的电梯，并留有与 BAS 的相关环节进行通信的信息接口。

由于 PLC（可编程序控制器）具有较强的逻辑控制和顺序控制的能力，将 PLC 应用于电梯控制，使电梯控制系统的性能大大提高。由 PLC 构成的电梯控制系统具有结构简单、功能强、适用性强、故障率低等优点。可将电梯内外呼梯信号、层位检测信号、限位信号等开关量接到 PLC 的开关量的输入端，而 PLC 的输出点直接控制变频器，实现电动机的正反转、起停和多段速控制。

常见的电梯拖动系统有双速拖动方式、交流调压调速方式和变频调速拖动方式。变频调速拖动方式使电梯更高效，节能效果好，使梯内人员感到更舒适，控制系统体积小、动态品质及抗干扰性能优良。

由于人体的舒适度感觉与速度无关，而与加速度的变化率有很大的关联，电梯在上升且处于加速状态或减速下降时，对人体都会产生超重感，而在减速上升和加速下降时会产生失重感。所以要使乘坐人员感觉舒适，又要做到平层准确，同时缩短运行时间，提高运行效率，就要有一条接近最佳的电梯运行速度曲线，如图 8-9 所示。

由图 8-9 中可以看出，电梯的

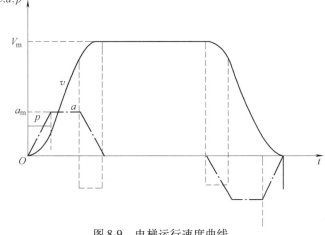

图 8-9　电梯运行速度曲线

起动加速和减速制动段的速度是抛物线，中间一段是一条平直直线，过渡处还是抛物线。要实现这样一条按特定速度曲线的运行控制，需要使用计算机控制系统来实现。

电梯系统的监控内容主要包括以下几个方面：

（1）按时间程序起停电梯、监视电梯运行状态、故障检测及紧急状态报警　所谓运行状态指电梯的起停状态、运行方向、所处楼层位置等；故障检测包括电动机、电磁制动器等各种装置出现故障后自动报警，并显示故障电梯的地点、发生故障时间、故障状态等；紧急状态报警包括火灾、地震状况检测，发生故障时是否关人等。

（2）多台电梯群控管理　对于办公大楼，在不同客流时期，自动进行调度控制。达到既能减少候梯时间、最大限度地利用现有交通能力，又能避免数台电梯同时响应同一召唤造成空载运行，浪费电力。在监视控制管理过程中，不断地对各层站点的召唤信号和轿厢内的选层信号进行循环扫描，根据轿厢所在的位置、上下方向停站数、轿厢内所载人数的实时数据分析电梯运行情况，自动生成控制策略和输送方式。如在上班时间，将电梯转入"上行客流方式"，而在下班时，转入"下行客流方式"。群控管理可大大缩短候梯时间，最大限度地发挥电梯的作用，使电梯系统具有理想的适应性的交通应变能力。

（3）配合消防系统协同工作　发生火灾时，普通电梯直驶首层、放客、切断电梯电源，消防电梯由应急电源供电，在首层待命。

（4）配合安全防范系统协同工作　接到报警信号后，交通监控应根据保安级别自动将电梯行驶到规定楼层，并对轿厢门实行监控。

8.7.2　PLC 在交通监控系统中的应用

在电梯 PLC 控制系统中，电梯是垂直方向的运输设备，是高层建筑中不可缺少的交通运输工具。它靠电力拖动一个可以载人或物的轿厢，在建筑的井道内导轨上做垂直升降运动，在人们的生活中起着举足轻重的作用。而对控制电梯运行的 PLC 系统也要求越来越高，要求达到电梯运行的"稳、准、快"的运行目的。该系统主要由 PLC、逻辑控制电路组成。其中包括交流异步电动机、继电器、接触器、行程开关、按钮、发光指示器和变频器组成为一体的控制系统。控制单元采用可编程序控制器（PLC）对机器进行全过程控制。整个系统通过 PLC、逻辑控制电路对电梯的升降、加减速、平层、起动、制动进行控制，其结构简单、运行效率高、平层精度高、易于理解与掌握。

第9章 智能建筑综合布线

9.1 概述

原信息产业部和有关部门根据原建设部于 2004 年 4 月颁发的《关于印发 2004 年工程建设国家标准制订、修订计划》的通知，由于各项标准或规范屡次进行修改，所以其内容有所变化和更新。但是应该看到各种标准或规范都是一本本单独地分别编制和颁布实施的，时间有早有晚，编写人员众多且变化频繁，标准本身或相互之间的内容因时间差等因素，有可能存在不够统一或互相脱节等缺陷。为此，必须对综合布线系统标准的基本概况有一个较全面的了解。本章以国家标准 GB50311—2007、GB50312—2007、GB/T 50314—2015 和通信行业标准 YD/T 926.1—2001 为主线，结合其他标准和资料编写，力求做到取材确凿可靠、数据翔实可信、表达简明扼要、叙述通俗易懂、内容协调一致，避免出现文字差错和互相矛盾、彼此脱节的现象，以起到补偏救弊的效果，防止以讹传讹以及不良影响和危害范围扩大等现象发生。

9.1.1 综合布线系统的基本概念

目前，国内外对于综合布线系统的定义比较混乱，出现了一些值得商榷的言论，甚至在标准中它们的解释也不完全相同，对此制定一个较为规范的定义和正确的解释是极为必要的，以免以讹传讹，造成错误影响。为此，本书试图予以正名和准确叙述。现将目前国内标准对综合布线系统的定义分别摘抄如下：

1）通信行业标准（YD/T 926.1—2009）对综合布线系统的定义是："能支持多种应用系统的结构化电信布线系统"。安装综合布线系统时，不必具有应用系统的准备知识。应用系统不是综合布线系统的组成部分。

2）《智能建筑设计标准》（GB/T 50314—2015）中没有对综合布线系统进行定义，在 GB/T 50314—2006 中的综合布线系统内容并入了信息设施系统，其定义简化为"建筑物信息通信网络的基础传输通道，能支持语音、数据、图像和多媒体等各种业务信息的传输"。

3）《综合布线系统工程设计规范》（GB 50311—2007）和《综合布线系统工程验收规范》（GB 50312—2007）中均没有对综合布线系统的定义，将以往 2000 年国家标准版本的定义删去，只在新标准的相关段落内作为不完整的内容予以零星分散叙述；失去完整定义的实质。

从上面几个标准的定义单独看都有些不足之处，有的过于简略或是明显不够全面甚至全部删除。为了便于理解，建议将上述几个定义予以合理组合，互为补充，本书对综合布线系统的定义就是：在建筑物与建筑群体（包括分散布置或组合联体两种）内部和对外进行综合信息传输的媒介系统，简称综合布线系统。它是将各种相同或相类似的缆线、接续设备和连接硬件，按一定秩序和内部关系连接和组合而成为整体。随着今后科技的发展、信息需求的不断增长，综合布线系统也会逐步完善和不断提高，以适应今后信息发展的客观要求。

由于综合布线系统可以支持各种应用，所以应用系统不在综合布线系统本身的范围之内，对于工作区布线不属于综合布线系统也就容易理解了。

9.1.2 综合布线系统的特性

目前，通常所说的建筑与建筑群综合布线系统就是简称的综合布线系统。它是在单幢建筑物内（包括多幢建筑物组成的联合群体）或多幢建筑物分散布置组成的建筑群体中的信息传输的通信系统，又称信息传输系统。综合布线系统是20世纪90年代进入我国的，它的发展和使用日新月异，已得到国内的高度关注。目前，综合布线系统是由高质量的布线部件组成的，主要由对（双）绞线对称电缆（又称平衡电缆）、同轴电缆和光纤光缆、配线接续设备（有时简称接续设备或配线设备，包括配线架等）和连接硬件（有时简称连接器件）等组成。因为至今尚无统一的产品标准，所以国内外的产品除个别连接硬件可以通用外，不少产品部件还不兼容。但是，它还是被国内外公认为目前科学技术先进、服务质量优良的一种布线系统，且正被广泛推广使用。它主要具有以下优点。

（1）综合性、兼容性好　在建筑物中传送语音、数据、图像及控制等信号，如采用传统的专业布线方式，需要使用不同的电缆、电线、配线接续设备和其他器材（包括通信引出端等）。所以，电话系统常用一般的对绞线市话通信电缆；计算机系统则采用同轴电缆和特殊的对绞线对称电缆；图像系统又需视频电缆等缆线和器材。安装和连接上述各个系统的接续设备更是五花八门，如插头、通信引出端（又称信息插座）、配线架和不同规格的端子板，技术性能差别极大，难以互相通用，彼此不能兼容。由于各种缆线敷设和接续设备安装时易产生各种矛盾，布置混乱无序，造成建筑物的内部环境条件恶化，直接影响美观和使用及维护管理。

综合布线系统的产品今后如采用统一的产品设计标准，使其技术性能和外形结构等都具有综合所有系统、互相兼容的特点，采用光缆或高质量的布线材料和配线接续设备，有可能满足不同生产厂家终端设备的需要，使语音、数据和图像等信号均能高质量地传送。

（2）灵活性、适应性强　过去在建筑物中采用传统的专业布线系统时，如果需要改变终端设备的位置和数量，必须敷设新的电缆或电线，安装新的接续设备。在施工过程中，对于正在使用的设备，有可能发生传送的语音、数据和图像信号中断或质量下降的事故。此外，在建筑物内因房间调整或其他要求，需要增加或更换通信缆线和接续设备时，都会增加工程建设投资和施工时间。因此，传统专业布线系统的灵活性和适应性均较差。

综合布线系统是根据语音、数据、视频和控制等不同信号的要求和特点，经过统一规划设计，将其综合在一套标准化的系统中，并备有适应各种终端设备和开放性网络结构的布线部件及连续设备（包括地板上或墙壁式的各种信息插座等），能完成各类不同带宽、不同速率和不同码型的信息传输任务。因此，综合布线系统中任何一个信息点都能够连接不同类型的终端设备。当终端设备的数量和位置发生变化时，只需将插头拔出，插入新的信息插座。在相关的配线连续设备上连接跳线式的装置就可以了，不需要新增电缆或信息插座。所以综合布线系统与传统的专业布线系统相比，其灵活性和适应性都比较强，实用方便，且节省基本建设投资和日常维护费用。

（3）便于后期扩建和维护管理　综合布线系统采用积木式的标准件和模块化设计，因此，设备更换容易，组合安装简单，排除障碍方便。其网络拓扑结构一般采用星形网络，工作站是由中心节点向外增设的，各条线路自成独立系统，互不影响，在改建或扩建时，也不会影响其他线路。因为综合布线系统是由建筑物配线架（BD）和楼层配线架（FD）及通信引出端（TO）组成三级配线网络，且采用集中管理方式，所以，对于分析和检查、测试和排除故障均极为简便，有利于维护管理，节约大量维护费用和提高工作效率。

综合布线系统各个部分都采用高质量材料和标准化部件，并经严格检查测试和安装施工，保证了整个系统在技术性能上的优良可靠，完全可以满足目前和今后的通信需要。综合布线系统将分散的专业布线系统综合到统一的标准化信息网络系统中，减少了布线系统的缆线品种和设备数量，简化信息网络结构，统一日常维护管理，大大减少维护工作量，节约了维护管理费用。因此，采用综合布线系统虽然初次投资较多，但从总体上看是符合技术先进、经济合理的要求的。

9.1.3　综合布线系统的发展与标准

1. 综合布线系统的发展

只有不断创新才会发展，只有不断发展才能进步。综合布线系统从提出到成熟一直到今天的广泛应用，虽然只有 20 多年的时间，但其发展同其他 IT 技术一样迅猛。随着网络在国民经济及社会生活各个领域的不断扩张，综合布线系统已成为 IT 行业炙手可热的新技术。由于计算机网络公司、宽带智能小区以及科研院所、高等院校的宽带管理、宽带科研、宽带教学等像雨后春笋般成长，导致通信网络充斥整个空间，因而综合布线系统的需求连年增长。尤其是随着信息社会与网络技术的高速发展，综合布线的发展目标、标准和技术理念，产品的研发都会随之而改变。

（1）综合布线标准不断完善　综合布线系统作为一种新兴产业，无论是技术还是市场发展都日新月异，有标准指导和规范才能有序进行。综合布线产品从 3 类到 5 类、5e 类，提升到 6 类和最近提出的 6c 类和 7 类，新产品、新技术飞速发展。因此，布线标准也在随之不断地更新完善。国际标准化委员会 ISO/IEC、欧洲标准化委员会 CENELEC 和北美的工业技术标准化委员会 ANSI/TIA/EIA 都一直在努力制定新的标准，使之达到系列化，以满足综合布线系统的技术要求。布线标准的不断完善将会使市场更加规范化、标准化，并朝着健康有序的方向发展。

随着综合布线技术的不断发展，与之相关的综合布线系统的国际标准也更加规范化和开放化。ISO/IEC 已经制定了 6e 类综合布线标准和 7 类连接器标准。

目前，我国的布线标准进入了一个新的发展阶段．这也是市场需求的必然趋势。原建设部、国家质量监督检验检疫总局于 2007 年 4 月 6 日联合发布了综合布线系统工程的国家标准。据最新公告，《综合布线系统工程设计规范》编号为 GB50311—2007，于 2007 年 10 月 1 日起实施。其中，第 7.0.9 条为强制性条文，必须严格执行。原《建筑与建筑群综合布线系统工程设计规范》GB/T 50311—2000 同时废止。同时，批准《综合布线系统工程验收规范》为国家标准，编号为 GB 50312—2007，自 2007 年 10 月 1 日起实施。其中，第 5.2.5 条为强制性条文，必须严格执行。也就是说，新标准增加了强制性条款。原《建筑与建筑群综合布线系统工程验收规范》GB/T 50312—2000 同时废止。

（2）综合布线系统的发展方向　目前全球智能建筑发展迅速，智能建筑是全球社会信息化发展的必然产物，而智能建筑的基础是综合布线。综合布线系统能为建筑提供电信服务、通信网络服务、安全报警服务、监控管理服务，是建筑物实现通信自动化、办公自动化和建筑自动化的基础。同时计算机网络传输速率在过去的 20 多年里增加了 100 倍，从 10Mbit/s 达到了 1000Mbit/s。这对承载其应用的传输介质提出了更高的要求，从而也促进了综合布线系统的快速发展。

显然，综合布线系统要解决的矛盾是现有技术怎样适应未来的需要。Moore 定律在推动 IT 产业的同时，也促使社会生活在飞速变革，但所有的基于 IT 技术的变化并不是完全不可预测和无法控制的。"百年大计，规划第一"，综合布线系统工程已经成为建筑设计施工的重要组成部分。那么，应当如何保证综合布线系统工程的生命力呢？这主要应考虑面向未来的开放性原则，即一方面要考虑到现在的应用，另一方面还要考虑到未来的需求。

一般的建筑物通常被划分为不同的耐久性，比如具有历史性、纪念性、代表性的建筑物属于 1 级建筑，其耐久年限通常可达 100 年，像埃及金字塔这样的"建筑"据说已经"使用"了几千年。大城市的火车站、航空港、大型体育场馆设施等重要公共建筑被定义为 2 级、其耐久年限一般可达 50 年甚至超过 50 年。对于大中型医院、高等院校及主要工业厂房等属于比较重要的公用工业与民用建筑，被划分为 3 级建筑，其耐久年限一般为 40 ~ 50 年；而一般普通建筑的耐久年限通常为 15 ~ 40 年。对于耐久年限在 15 年以内的通常称为简易建筑或临时建筑。那么，至于建筑物的综合布线系统通常也要求有一个相应配套的设计使用年限。但由于计算机技术与通信技术日新月异，很多信息产品实际上并不是因为不能使用了，而是因为升级换代被淘汰了。

因此，一个综合布线系统的设计流派倡导"开放性布线原则"和"预先的布线系统 (Premise Distributed System，PDS)"技术。这些技术在一定程度上能延续现在通信网络的使用寿命。通信网络应具有很好的伸缩性和适应能力，面对未来新的通信网络技术、这种前瞻性设计将起重要作用。对于 IT 的其他技术领域，用户可能只预测两三年后的情况，但对于综合布线系统，不得不将预测提高到 5 年，甚至更长。光纤技术的出现暂时给用户预留了足够的空间，相信以后还会有其他通信技术的新突破。

布线技术也是一样，用户不可能指望现在的缆线系统会使用到 20 年以后。因而一个重要的综合布线系统设计流派主张比"够用"略超前一些即可，但是其先进的、独立设计的线槽系统应当是便于更新的，适用于从对绞电缆到光缆的所有缆线系统，甚至可以适用于现在还没研制出或根本没有听说过的传输介质。

综上所述，各有所见。为适应 IT 技术快速发展的需要，未来的综合布线系统应该呈现以下几种特性：

1）开放性。为了延长布线系统与通信网络的使用寿命，在综合布线系统中要充分考虑到未来整个布线系统和应用系统的升级，为今后的技术发展留有扩展空间，使其具有良好的适应能力。综合布线系统的接口应全部采用相关的标准接口，其电气特性也应全部符合标准规定，部分改变应用系统设备不会影响布线结构。

2）集成性。集成性是指布线系统的功能和设备集成化，使其像计算机和电话一样任意插拔，成为即插即用的系统。

3）智能性。智能性是针对智能建筑和智能小区布线提出的。目前，对智能小区而言，布线系统既有标准可循，又被市场需求推动，而且房地产商也越来越看重建楼时对综合布线的考虑，用不到总投资 1% 的成本可以赢得几倍甚至十几倍的利润。

4）灵活性。综合布线在相当长的一段时间内还是要围绕有线传输介质展开。因此，布线系统的体系结构应相对固定，一般的线路也应通用，可以根据用户需要有限地移动设备位置。随着无线局域网和移动通信技术的迅速发展，综合布线系统将进一步呈现不受缆线约束限制的灵活性，适用于无线网络的互联。

5）兼容性。兼容性主要表现为综合布线系统的相对独立性。它不影响其上层的应用系统，上层应用系统的改变也不会从根本上改变现有的综合布线系统。

2. 综合布线标准的主要内容

无论是国际、国家或地区制定的综合布线系统标准，如 ISO/IEC 11801—2002、ANS/TIA/EIA 568-A、ANS/TIA/EIA 568-B、GB50311—2007、GB50312—2007，或是行业惯例，均包含有以下几个方面的内容。

1）目的。目的部分指出：①规范一个通用语音和数据传输的缆线布线标准，以支持多设备、多用户环境；②为服务于商业通信设备和缆线产品的设计提供方向；③能够对商用建筑中综合布线系统进行规划和组装，使之能够满足用户的多种通信需求；④为各种类型的缆线、连接器件以及综合布线系统的工程设计和安装建立性能和技术标准。

2）范围。指出适用范围，一般标准针对的是"商业办公"通信系统，同时要指出使用寿命。综合布线系统的使用寿命一般要求在 15 年以上。

3）内容。标准的内容主要说明所用传输介质、拓扑结构、布线距离、用户接口、缆线规格、连接器件性能、安装工艺等。

为便于读者准确把握缆线标准以及发展情况，现就有关布线标准的内容要点进行简单解释。

9.2 综合布线系统的结构

从功能上看，综合布线系统包括工作区子系统（Work Location Subsystem）、水平子系统（Horizontal Subsystem）、管理子系统（Administration Subsystem）、垂直干线子系统（Backbone Subsystem）、设备间子系统（Equipment Subsystem）、建筑群子系统（Campus Subsystem）六个系统。综合布线系统图如图 9-1 所示。

9.2.1 工作区子系统

工作区指从由水平系统而来的用户信息插座延伸至数据终端设备的连接线缆和适配器。工作区的 UTP/FTP 跳线为软线（Patch Cable）材料，即双绞线的芯线为多股细铜丝，最大长度不能超过 5m。工作区子系统示意图如图 9-2 所示。

一个独立的需要设置终端的区域，即一个工作区，工作区子系统应由配线（水平）布线系统的信息插座、延伸到工作站终端设备处的连接电缆及适配器组成。

9.2.2 水平子系统

水平子系统指从楼层配线间至工作区用户信息插座。水平子系统示意图如图 9-3 所示，由用户信息插座、水平电缆、配线设备等组成。综合布线中水平子系统是计算机网络信息传输的重要组成部分。采用星形拓扑结构，每个信息点均需连接到管理子系统，由 UTP 线缆构成。最大水平距离：90m（295ft），指从管理间子系统中的配线架的 JACK 端口至工作区的信息插座的电缆长度。工作区的跳线（patch cord）、连接设备的跳线（patch cord）、交叉连接（cross-connection）线的总长度不能超过 10m。水平布线系统施工是综合布线系统中最大量的工作，在建筑物施工完成后，不易变更。因此要施工严格，保证链路性能。

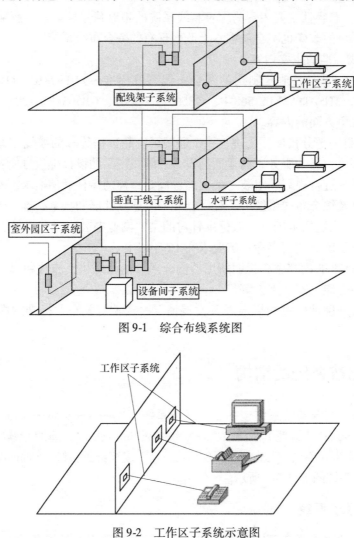

图 9-1　综合布线系统图

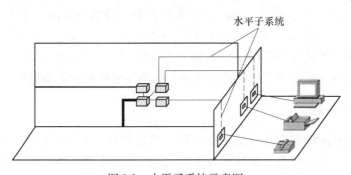

图 9-2　工作区子系统示意图

图 9-3　水平子系统示意图

综合布线的水平线缆可采用五类、超五类双绞线，也可采用屏蔽双绞线，甚至可以采用光纤到桌面。

配线子系统由工作区用的信息插座、每层配线设备至信息插座的配线电缆、楼层配线设备和跳线等组成。

9.2.3 管理子系统

在综合布线系统的六个系统中，对管理子系统的理解定义上各标准、厂商有所差异，单从布线的角度上看，称之为楼层配线间或电信间是合理的，而且也形象化；但从综合布线系统最终应用——数据、语音网络的角度去理解，称之为管理子系统更合理。它是综合布线系统区别于传统布线系统的一个重要方面，更是综合布线系统灵活性、可管理性的集中体现。因此在综合布线系统中称之为管理子系统。

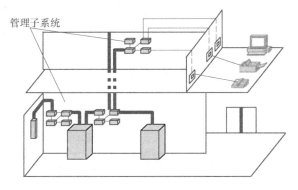

管理子系统设置在楼层配线房间、是水平系统电缆端接的场所，也是主干系统电缆端接的场所；由大楼主配线架、楼层分配线架、跳线、转换插座等组成。用户可以在管理子系统中更改、增加、交接、扩展线缆，用于改变线缆路由，建议采用合适的线缆路由和调整件组成管理子系统。管理子系统示意图如图 9-4 所示。

图 9-4 管理子系统示意图

管理子系统提供了与其他子系统连接的手段，使整个布线系统与其连接的设备和器件构成一个有机的整体。调整管理子系统的交接则可安排或重新安排线路路由，因而传输线路能够延伸到建筑物内部各个工作区。是综合布线系统灵活性的集中体现。

管理子系统的三种应用：水平/干线连接；主干线系统互相连接；入楼设备的连接。线路的色标标记管理可在管理子系统中实现。

管理子系统设置在每层配线设备的房间内。管理子系统应由交接间的配线设备、输入/输出设备等组成，管理子系统也可应用于设备间子系统。

9.2.4 垂直干线子系统

垂直干线子系统由连接主设备间至各楼层配线间之间的线缆构成。其功能主要是把各分层配线架与主配线架相连，用主干电缆提供楼层之间通信的通道，使整个布线系统组成一个有机的整体。垂直干线子系统 Topology 结构采用分层星形拓扑结构，每个楼层配线间均需采用垂直主干线缆连接到大楼主设备间。垂直主干线采用 25 对大对数线缆时，每条大对数线缆对于某个楼层而言是不可再分的单位。垂直主干线缆和水平系统线缆之间的连接需要通过楼层管理间的跳线来实现。

垂直主干线缆的安装原则：从大楼主设备间主配线架上至楼层分配线间各个管理分配线架的铜线缆安装路径要避开高 EMI 电磁干扰源区域（如电动机、变压器），并符合 ANSI TIA/EIA-569 的安装规定。

电缆安装性能原则：保证整个使用周期中电缆设施的初始性能和连续性能。

大楼垂直主干线缆长度小于 90m 时，建议按设计等级标准来计算主干电缆数量；但每个楼层至少配置一条 CAT5 UPT/FPT 做主干。

大楼垂直主干线缆长度大于 90m 时，则每个楼层配线间至少配置一条室内六芯多模光纤做主干。主配线架在现场中心附近，保持路由最短原则。

垂直干线示意图如图 9-5 所示。

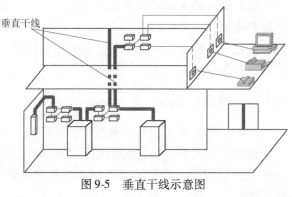

图 9-5　垂直干线示意图

干线子系统应由设备间的配线设备和跳线以及设备间至各楼层配线间的连接电缆组成。

9.2.5　设备间子系统

设备间子系统是一个集中化设备区，连接系统公共设备，如 PBX、局域网（LAN）、主机、建筑自动化和保安系统，及通过垂直干线子系统连接至管理子系统。

设备间子系统是大楼中数据、语音垂直主干线缆终接的场所；也是建筑群来的线缆进入建筑物终接的场所；更是各种数据语音主机设备及保护设施的安装场所。建议设备间子系统设在建筑物中部或在建筑物的一、二层，位置不应远离电梯，而且为以后的扩展留有余地，不建议设在顶层或地下室。建议建筑群来的线缆进入建筑物时应有相应的过电流、过电压保护设施。

设备间子系统空间要按 ANSI/TIA/EIA-569 要求设计。设备间子系统空间用于安装电信设备、连接硬件、接头套管等。为接地和连接设施、保护装置提供控制环境，是系统进行管理、控制、维护的场所。设备间子系统所在的空间还有对门窗、顶棚、电源、照明、接地的要求。设备间子系统示意图如图 9-6 所示。

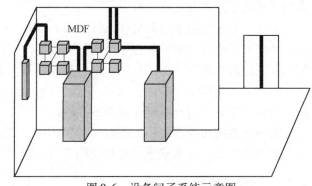

图 9-6　设备间子系统示意图

设备间是在每一幢大楼的适当地点设置进线设备、进行网络管理以及管理人员值班的场所。设备间子系统由综合布线系统的建筑物进线设备、电话、数据、计算机等各种主机设备及其保安配线设备等组成。

9.2.6　建筑群子系统

当学校、部队、政府机关、大院的建筑物之间有语音、数据、图像等互联的需要时，由两个及以上建筑物的数据、电话、视频系统电缆组成建筑群子系统，包括大楼设备间子系统配线设备、室外线缆等。可能的敷设方式：架空电缆、直埋电缆、地下管道穿电缆。

建筑群子系统介质选择原则：楼和楼之间在 2km 以内，传输介质为室外光纤，可采用埋入地下或架空（4m 以上）方式，需要避开动力线，注意光纤弯曲半径。建筑群子系统施

工要点，包括路由起点、终点线缆长度、入口位置、媒介类型、所需劳动费用以及材料成本
计算。建筑群子系统所在的空间还有对门窗、顶棚、电源、照明、接地的要求。建筑群子系
统示意图如图 9-7 所示。

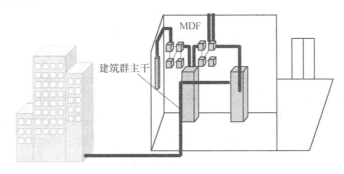

图 9-7　建筑群子系统示意图

建筑群子系统由两个及两个以上建筑物的电话、数据、电视系统组成一个建筑群综合布
线系统，包括连接各建筑物之间的缆线和配线设备（CD），组成建筑群子系统。

9.3　综合布线系统的组成硬件

9.3.1　传输介质

常用的传输介质有双绞线、同轴电缆、光导纤维、微波及卫星。微波及卫星传输均以空
气为传输介质，以电磁波为传输载体，联网方式较为灵活。

1. 双绞线（Twisted-Pair）

双绞线电缆的基本结构如图 9-8 所示。

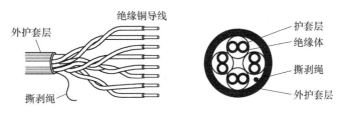

图 9-8　双绞线电缆的基本结构

双绞线是现在最普通的传输介质，它由两条相互绝缘的铜线组成，典型直径为 1mm。两
根线绞接在一起是为了防止其电磁感应在邻近线对中产生干扰信号。现行双绞线电缆中一般
包含 4 个双绞线对，具体为橙 1/橙 2、蓝 4/蓝 5、绿 6/绿 3、棕 3/棕白。计算机网络使用
1-2、3-6 两组线对分别来发送和接收数据。双绞线接头为具有国际标准的 RJ-45 插头和插
座。双绞线分为屏蔽（Shielded）双绞线 STP 和非屏蔽（Unshielded）双绞线 UTP，非屏蔽双
绞线有线缆外皮作为屏蔽层，适用于网络流量不大的场合中。屏蔽式双绞线具有一个金属套
（Sheath），对电磁干扰（Electromagnetic Interference，EMI）具有较强的抵抗能力，适用于网
络流量较大的高速网络协议应用。双绞线根据性能又可分为 5 类、6 类和 7 类，现在常用的

为 5 类非屏蔽双绞线，其频率带宽为 100MHz，能够可靠地运行 4MB、10MB 和 16MB 的网络系统。当运行 100MB 以太网时，可使用屏蔽双绞线以提高网络在高速传输时的抗干扰特性。6 类、7 类双绞线分别可工作于 200MHz 和 600MHz 的频率带宽之上，且采用特殊设计的 RJ-45 插头（座）。

值得注意的是，频率带宽（MHz）与线缆所传输的数据的传输速率（Mbit/s）是有区别的。Mbit/s 衡量的是单位时间内线路传输的二进制位的数量，Hz 衡量的则是单位时间内线路中电信号的振荡次数。双绞线最多应用于基于 CSMA/CD（Carrier Sense Multiple Access/Collision Detection，载波感应多路访问/冲突检测）技术，即 10BASE-T（10Mbit/s）和 100BASE-T（100Mbit/s）的以太网（Ethernet）中，具体规定有：

1）一段双绞线的最大长度为 100m，只能连接一台计算机。

2）双绞线的每端需要一个 RJ-45 插件（插头或插座）。

3）各段双绞线通过集线器（Hub 的 10BASE-T 重发器）互连，利用双绞线最多可以连接 64 个站点到重发器（Repeater）。

4）10BASE-T 重发器可以利用收发器电缆连到以太网同轴电缆上。

2. 同轴电缆（Coaxial Cable）

同轴电缆（Coaxial Cable）类似于 UTP、STP 对绞电缆，它的中心有一根单芯铜导体，铜导体外面是绝缘层，绝缘层的外面有一层导电金属层，最外面还有一层保护用的外部套管。同轴电缆与其他电缆的不同之处是只有一个中心导体，图 9-9 是同轴电缆的结构示意图。金属层可以是密集型的，也可以是网状的，金属层用来屏蔽电磁干扰，防止辐射。由于同轴

图 9-9　同轴电缆的结构示意图

电缆只有一个中心导体，通常被认为是非平衡传输介质。

广泛使用的同轴电缆有两种：一种为 50Ω（指沿电缆导体各点的电磁电压对电流之比）同轴电缆，用于数字信号的传输，即基带同轴电缆；另一种为 75Ω 同轴电缆，用于宽带模拟信号的传输，即宽带同轴电缆。同轴电缆以单根铜导线为内芯，外裹一层绝缘材料，外覆密集网状导体，最外面是一层保护性塑料。金属屏蔽层能将磁场反射回中心导体，同时也使中心导体免受外界干扰，故同轴电缆比双绞线具有更高的带宽和更好的噪声抑制特性。

现行以太网同轴电缆的接法有两种——直径为 0.4cm 的 RG-11 粗缆采用凿孔接头接法，直径为 0.2cm 的 RG-58 细缆采用 T 形头接法。粗缆要符合 10BASE5 介质标准，使用时需要一个外接收发器和收发器电缆，单根最大标准长度为 500m，可靠性强，最多可接 100 台计算机，两台计算机的最小间距为 2.5m。细缆按 10BASE2 介质标准直接连到网卡的 T 形头连接器（即 BNC 连接器）上，单段最大长度为 185m，最多可接 30 个工作站，最小站间距为 0.5m。

3. 光导纤维（Fiber Optic）

光导纤维是软而细的、利用内部全反射原理来传导光束的传输介质，有单模和多模之分。单模（模即 Mode 的音译，此处指入射角的数目）光纤多用于通信业。多模光纤多用于

网络布线系统。

光纤为圆柱状，由 3 个同心部分组成——纤芯、包层和护套，每一路光纤包括两根，一根接收，另一根发送。用光纤作为网络介质的 LAN 技术主要是光纤分布式数据接口（Fiber-optic Data Distributed Interface，FDDI）。与同轴电缆比较，光纤可提供极宽的频带且功率损耗小、传输距离长（2km 以上）、传输速率高（可达数千 Mbit/s）、抗干扰性强（不会受到电子监听），是构建安全性网络的理想选择。

9.3.2 配线设备

（1）配线架 配线架是对缆线进行端接和连接的装置，在配线架上可进行互连或交接操作。配线设备是综合布线常用设备，用配线架主要是为了布线美观好看，并便于以后维护。对绞电缆配线架如图 9-10 所示。DDF 数配主要处理 2 ~ 155Mbit/s 信号的输入、输出，ODF 光配处理光纤，VDF 音配处理音频线。

（2）跳接设备

1）110 型交连硬件系统。在缆线跳接设备中有多种方法可实现跳接目的，目前 110 型交连主要有 110A 和 110P 两种交连硬件系统及其交连方式。

2）110C 连接块。

3）110 型接插线。

4）缆线管理器（见图 9-11）。

5）电源配接线。

6）测试线。

（3）端子设备 端子设备主要包括各种类型的信息插座、缆线接头和插头。除了模块化插座之外，还有与之配套使用的多功能适配器（板）、面板与表面安装盒，以及多功能适配器等。

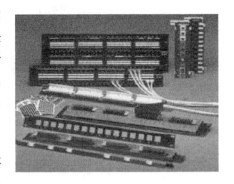

图 9-10 对绞电缆配线架

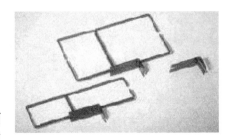

图 9-11 缆线管理器

9.3.3 传输介质与设备间的连接

传输介质与设备间的连接是通过接续设备实现的。接续设备是综合布线系统中各种连接器件的统称，意指用于连接电缆线对和光纤的一个器件或一组器件，常称为连接器件（Connecting Hardware）。

（1）对绞电缆连接器 对绞电缆与终端设备或网络连接设备连接时所用的连接器称为信息模块，常见的信息模块主要有两种形式，一种是 RJ-45，如图 9-12 所示；另一种是 RJ-11，如图 9-13 所示。RJ-45 信息模块插座一般用于工作区对绞电缆的端接，通常与跳线进行有效连接。

（2）光纤连接器 光纤活动连接器是连接两根光纤或光缆，使其成为光通路可以重复装拆的活接头。它能把光纤的两个端面精密对接起来，常用于光源到光纤、光纤到光纤以及光纤与探测器之间的连接。光纤连接器的基本结构如图 9-14 所示。

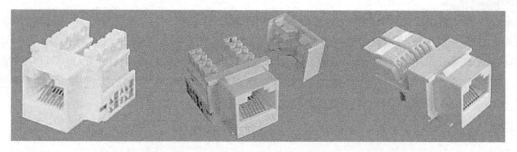

图 9-12　RJ-45 普通模块、紧凑式模块、免打模块

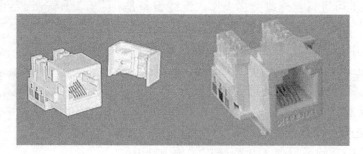

图 9-13　RJ-11 电话模块

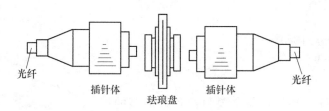

光纤　　插针体　　珐琅盘　　插针体　　光纤

图 9-14　光纤连接器的基本结构

（3）端接跳线　端接跳线简称跳线。跳线（Jumper）是指不带连接器件或带连接器件的电缆线对与带连接器件的光纤，用于配线设备之间进行连接。跳线主要有铜跳线（图 9-15，包括屏蔽/非屏蔽对绞电缆）和光纤跳线（图 9-16a，包括多模/单模光纤跳线）两种。

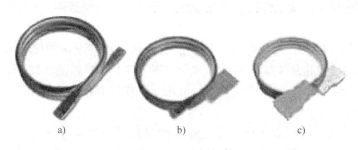

a)　　　　　　b)　　　　　　c)

图 9-15　铜跳线
a) RJ-45 ~ RJ-45　b) RJ-45 ~ 110（4 对）　c) 110 ~ 110

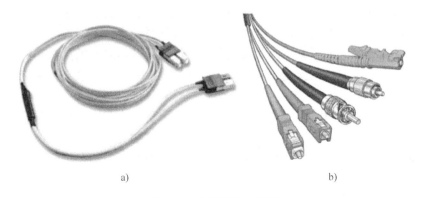

图 9-16 光纤跳线和尾纤

a）微分时延光纤跳线 b）尾纤

9.4 系统集成

9.4.1 系统集成简介

所谓系统集成（System Integration，SI），就是通过结构化的综合布线系统和计算机网络技术，将各个分离的设备（如个人计算机）、功能和信息等集成到相互关联的、统一和协调的系统之中，使资源达到充分共享，实现集中、高效、便利的管理。系统集成应采用功能集成、BSV 液晶拼接集成、综合布线、网络集成、软件界面集成等多种集成技术。系统集成实现的关键在于解决系统之间的互连和互操作性问题，它是一个多厂商、多协议和面向各种应用的体系结构。这需要解决各类设备、子系统间的接口、协议、系统平台、应用软件等与子系统、建筑环境、施工配合、组织管理和人员配备相关的一切面向集成的问题。

系统集成作为一种新兴的服务方式，是近年来国际信息服务业中发展势头最猛的一个行业。系统集成的本质就是最优化的综合统筹设计一个大型的综合计算机网络系统。系统集成包括计算机软件、硬件、操作系统技术、数据库技术、网络通信技术等的集成，以及不同厂家产品选型、搭配的集成。系统集成所要达到的目标是整体性能最优，即所有部件和成分合在一起后不但能工作，而且全系统是成本低、效率高、性能优良的，可扩充性和可维护好的系统，为了达到此目标，系统集成商的优劣是至关重要的。

智能建筑系统集成的定义：英文 Intelligent Building System Integration，指以搭建建筑主体内的建筑智能化管理系统为目的，利用综合布线技术、楼宇自控技术、通信技术、网络互联技术、多媒体应用技术、安全防范技术等将相关设备、软件进行集成设计、安装调试、界面定制开发和应用支持。

智能建筑系统集成实施的子系统包括综合布线、楼宇自控、电话交换机、机房工程、监控系统、防盗报警、公共广播、有线电视、门禁系统、楼宇对讲、一卡通、停车管理、消防系统、多媒体显示系统、远程会议系统。对于功能近似、统一管理的多幢住宅楼的智能建筑系统集成。

智能建筑的系统集成就是借助于综合布线系统和计算机网络技术，将构成智能建筑的

BA（建筑设施）、OA（管理设施）和 CA（设备设施）三大要素作为核心，将语音、数据和图像等信号经过统一的筹划设计综合在一套综合布线系统中，并通过贯穿于大楼内外的该布线系统和公共通信网络为桥梁，以及协调各类系统和局域网之间的接口和协议，把那些分离的设备、功能和信息有机地连成一个整体，从而构成一个完整的系统，使资源达到高度共享，管理高度集中。

需要高度智能化的建筑有航空港、火车站、江海客货运港区以及智能化居住小区等，而城市综合体等新兴建筑形式将越来越多地用到智能建筑系统集成中。但目前的智能建筑只体现在某一领域且程度深浅不一，而智能建筑系统集成将随着人们的要求和科学技术的发展而不断完善。

系统集成有以下几个显著特点：

1）系统集成要以满足用户的需求为根本出发点。

2）系统集成不是选择最好的产品的简单行为，而是要选择最适合用户的需求和投资规模的产品和技术。

3）系统集成不是简单的设备供货，它体现更多的是设计、调试与开发的技术和能力。

4）系统集成包含技术、管理和商务等方面，是一项综合性的系统工程。技术是系统集成工作的核心，管理和商务活动是系统集成项目成功实施的可靠保障。

5）性能价格比的高低是评价一个系统集成项目设计是否合理和实施是否成功的重要参考因素。

总而言之，系统集成是一种商业行为，也是一种管理行为，其本质是一种技术行为。

系统集成包括设备系统集成和应用系统集成。

1. 设备系统集成

设备系统集成也可称为硬件系统集成，在大多数场合简称系统集成，或称为弱电系统集成，以区分于机电设备安装类的强电集成。它指以搭建组织机构内的信息化管理支持平台为目的，利用综合布线技术、楼宇自控技术、通信技术、网络互联技术、多媒体应用技术、安全防范技术、网络安全技术等将相关设备、软件进行集成设计、安装调试、界面定制开发和应用支持。设备系统集成也可分为智能建筑系统集成、计算机网络系统集成、安防系统集成。

（1）智能建筑系统集成　英文 Intelligent Building System Integration，指以搭建建筑主体内的建筑智能化管理系统为目的，利用综合布线技术、楼宇自控技术、通信技术、网络互联技术、多媒体应用技术、安全防范技术等将相关设备、软件进行集成设计、安装调试、界面定制开发和应用支持。智能建筑系统集成实施的子系统包括综合布线、楼宇自控、电话交换机、机房工程、监控系统、防盗报警、公共广播、门禁系统、楼宇对讲、一卡通、停车管理、消防系统、多媒体显示系统、远程会议系统。对于功能近似、统一管理的多幢住宅楼的智能建筑系统集成，又称为智能小区系统集成。

（2）计算机网络系统集成　英文 Computer Net System Integration，指通过结构化的综合布线系统和计算机网络技术，将各个分离的设备（如个人计算机）、功能和信息等集成到相互关联、统一协调的系统之中，使系统达到充分共享，实现集中、高效、便利的管理。系统集成应采用功能集成、网络集成、软件集成等多种集成技术，其实现的关键在于解决系统间的互联和互操作问题，通常采用多厂家、多协议和面向各种应用的架构，需要解决各类设备、子系统间的接口、协议、系统平台、应用软件等与子系统、建筑环境、施工配合、组织管理和人员配备相关的一切面向集成的问题。

（3）安防系统集成　英文 Security System Integration，指以搭建组织机构内的安全防范管理平台为目的，利用综合布线技术、通信技术、网络互联技术、多媒体应用技术、安全防范技术、网络安全技术等将相关设备、软件进行集成设计、安装调试、界面定制开发和应用支持。安防系统集成实施的子系统包括门禁系统、楼宇对讲系统、监控系统、防盗报警、一卡通、停车管理、消防系统、多媒体显示系统、远程会议系统。安防系统集成既可作为一个独立的系统集成项目，也可作为一个子系统包含在智能建筑系统集成中。

2. 应用系统集成

应用系统集成（Application System Integration），以系统的高度为客户需求提供应用的系统模式，以及实现该系统模式的具体技术解决方案和运作方案，即为用户提供一个全面的系统解决方案。应用系统集成已经深入到用户具体业务和应用层面，在大多数场合，应用系统集成又称为行业信息化解决方案集成。应用系统集成可以说是系统集成的高级阶段，独立的应用软件供应商将成为核心。

系统集成还包括构建各种 Windows 和 Linux 的服务器，使各服务器间可以有效地通信，给客户提供高效的访问速度。

9.4.2　系统集成的目的和设计原则

系统集成追求的主要目标是使系统、结构、管理和服务有机地结合起来，其目的是使被集成的系统，更符合信息时代的要求，有助于发展知识经济，能给使用者和投资者带来明显的经济效益、社会效益，给人类带来良好的环保效益。

建筑智能化集成的总体目标是通过综合集成技术，对建筑物内所有信息资源的采集、监视和共享以及对这些信息的整理、优化、判断，给建筑物的各级管理者提供决策依据和执行控制与管理的自动化，给建筑物的使用者提供安全舒适、快捷的优质服务、一体化的综合控制与管理的实时智能系统，实现建筑物的多功能、高效率和高回报率。

系统集成主要有以下目的：

1）系统集成是高效物业管理的客观需求。系统集成可以使建筑物内各子系统采用同一操作系统的计算机平台和统一的监控和管理的界面环境，在同一监控室内进行控制操作，减少管理人员的人数，提高管理效率，降低了对管理者技能的要求以及人员培训的费用，使物业管理现代化。据统计集成管理系统应能达到以下效果：节约人员 20% ~ 30%，节省维护费 10% ~ 30%，提高工作效率 20% ~ 30%，节约培训费 20% ~ 30%。

2）在应急状态或其他涉及整体协调运作时，通过软件编程和功能模块设计，智能建筑集成管理软件提供弱电系统整体的联动逻辑，为管理者提供统一指挥协调能力。从而提高了全局事件的控制能力，以保证人身及设备安全。

3）开放的数据结构有利于共享信息资源。集成管理系统的建立提供了一个开放的平台，采集、转译各子系统的数据，建立统一的、开放的数据库，使信息系统自由地选择所需数据，充分发挥其强大的功能，提高这些信息的利用率，发挥增值服务的功能。

4）系统集成是智能建筑系统工程建设的需要。智能建筑是利用系统工程方法和技术使各厂家产品充分发挥它们的功能，集成一个具有有效服务、便于管理和使用的集成产品，充分发挥综合应用优势，有利于工程建设，适合工程总承包，减少了工程的承包商，便于工程实施和管理。同时，工程商的减少有效解决了各子系统间的界面协调，有利于系统正常开通。系统集成的设计原则是标准化、先进性、可靠性、合理性和经济性、结构化和可扩充性、安全性、方便性和舒适性、灵活性。

智能建筑集成的原则就是要追求整体效益，在智能建筑集成设计时，需要把握好以下原则：

1）综合性原则。智能楼宇的集成是多种技术的集成、多门学科的综合、多个子系统的有机联系，需要具备综合性视野、全局的思想来统筹和规划。综合性原则的把握主要表现在需要有资深的工程师来进行分项设计，保证系统的统一性。另外，整个系统的集成工程需要综合设计和统一管理。

2）满足用户需求原则。满足用户需求是智能建筑系统集成首要考虑的因素，即系统集成所要完成的功能是用户所需要和方便于用户使用的原则。

3）使用与管理原则。系统集成的设计必须本着方便于设计和管理的原则进行，一般可以考虑确定设计的深度，设计的实用性、可靠性、先进性、开放性以及规范性。

9.4.3 中央管理层与子系统的集成

智能建筑系统的集成技术就是要在各个子系统中搭建横向的桥梁。在系统中完成功能、技术、设备、工程上的集成，将各系统中的软硬件平台、网络平台、数据库信息系统、开发工具和应用操作系统按照建设方的需求组织成为一个功能完善的智能楼宇一体化管理系统。

9.5 智能建筑电器防护与接地

随着各种类型的电子信息系统在建筑物内的大量设置，各种干扰源将会影响到综合布线电缆的传输质量与安全。综合布线系统选择缆线和配线设备时，应根据用户要求，并结合建筑物的环境状况进行考虑。当建筑物在建或已建成但尚未投入使用时，为确定综合布线系统的选型，应测定建筑物周围环境的干扰场强度。对系统与其他干扰源之间的距离是否符合规范要求进行摸底，根据取得的数据和资料，用规范中规定的各项指标要求进行衡量，选择合适的器件和采取相应的措施。

中央管理层系统图如图 9-17 所示。

9.5.1 电器防护的保护器

电器保护器（Electrical Protective Devices），又称过电压保护器、高压保护器、家电保护器，是一款保护各类电器不被高压或低压烧坏的装置。当供电电源出现浪涌、电压不稳、电压过高、电压过低、雷击、人为偷盗电线等问题时，再也不用担心用电设备被烧毁。电器保护器实物图如图 9-18 所示。

综合布线系统的过电压保护宜选用气体放电管保护器。因为气体放电管保护器的陶瓷外壳内密封有两个电极，其间有放电间隙，并充有惰性气体。当两个电极之间的电位差超过250V 交流电压或 700V 雷电浪涌电压时，气体放电管开始出现电弧，为导体和地电极之间提供了一条导电通路。

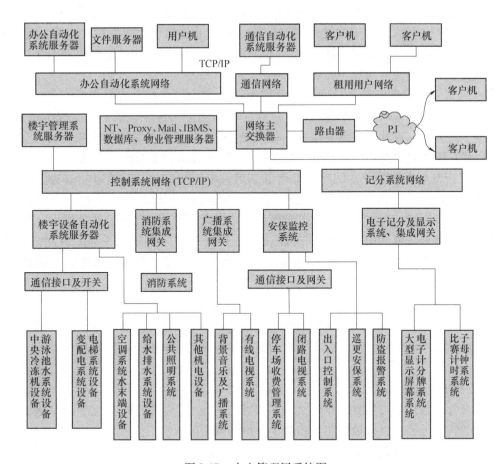

图 9-17　中央管理层系统图

综合布线系统的过电流保护宜选用能够自复的保护器。由于电缆上可能出现这样或那样的电压，如果连接设备为其提供了对地的低阻通路，则不足以使过电压保护器动作，而其产生的电流却可能损坏设备或引起着火。例如：20V 电力线可能不足以使过电压保护器放电，但有可能产生大电流进入设备内部造成破坏，因此在采用过电压保护的同时必须采用过电流保护。要求采用能自复的过电流保护器，主要是为了方便维护。

图 9-18　电器保护器

9.5.2　综合布线系统的防火问题

1. 选用防火阻燃电缆

目前，电缆行业习惯将阻燃（Flame Retardant）、低烟无卤（Low Smoke Halogen Free，LSOH）或低卤低烟（Low Smoke Fume，LSF）、耐火（Fire Resistant）等具有一定防火性能的电缆统称为防火电缆。

（1）阻燃电缆 阻燃电缆的特点是延缓火焰沿着电缆蔓延，使火灾不致扩大。由于其成本较低，因此是防火电缆中大量采用的电缆品种。无论是单根线缆还是成束敷设的条件下，电缆被燃烧时能将火焰的蔓延控制在一定范围内，因此可以避免因电缆着火延燃而造成的重大灾害，从而提高电缆线路的防火水平。

（2）低烟无卤阻燃电缆（LSZH） 低烟无卤电缆的特点是不仅具有优良的阻燃性能，而且构成低烟无卤电缆的材料不含卤素，燃烧时的腐蚀性和毒性较低，产生极少量的烟雾，从而减少了对人体、仪器及设备的损害，有利于发生火灾时的及时救援。低烟无卤阻燃电缆虽然具有优良阻燃性、耐腐蚀性及低烟浓度，但其机械和电气性能比普通电缆稍差。

（3）低卤低烟阻燃电缆（LSF） 低卤低烟阻燃电缆的氯化氢释放量和烟浓度指标介于阻燃电缆与低烟无卤阻燃电缆之间。低卤（Low Halogen）电缆的材料中也会含有卤素，但含量较低。这种电缆的特点是不仅具备阻燃性能，而且在燃烧时释放的烟量较少，氯化氢释放量较低。这种低卤低烟阻燃电缆一般以聚氯乙烯（PVC）为基材，再配以高效阻燃剂、HCL 吸收剂及抑烟剂加工而成。因此这种阻燃材料显著改善了普通阻燃聚氯乙烯材料的燃烧性能。

（4）耐火电缆 耐火电缆是在火焰燃烧情况下能保持一定时间的正常运行，可保持线路的完整性（Circuit Integrity）。耐火阻燃电缆燃烧时产生的酸气烟雾量少，耐火阻燃性能大大提高，特别是在燃烧时，伴随着水喷淋和机械打击振动的情况下，电缆仍可保持线路完整运行。

2. 采用防火套管、阻火圈

防火套管一般用于高层智能化建筑内，其管孔内径大于或等于明敷立管或穿越墙体等处水平敷设的管路外径。具体设置位置和数量由设计确定。

阻火圈是由阻火材料制成的短管，其两端带有法兰盘形状的挡板，安装时套在管路上，管路外壁与阻火圈的上口内壁接触处需用黏结剂粘接，固定密封。

在施工时，应按综合布线系统工程设计要求或规范规定预埋套管。当管路穿过墙壁或楼板时，应设置普通套管；当管路穿过地下室或建筑物外墙或有严格要求防水设施时，应设置防水套管；高层建筑的电缆竖井内的管路在穿越楼板处应设置防火套管或阻火圈设施。

9.5.3 电磁干扰考虑

在综合布线系统的周围环境中，不可避免地存在着这样或那样的干扰源，如荧光灯、氩灯、电子启动器或交感性设备，电梯、变压器、无线电发射设备、开关电源、电磁感应炉、雷达设备和 500V 电压以下的电力线路和电力设备等，其中危害最大的莫过于电磁干扰和电磁辐射。电磁干扰是电子系统辐射的寄生电能，这里的电子系统也包括电缆。这种寄生电能在附近的其他电缆或系统上影响综合布线系统的正常工作，降低数据传输的可靠性，增加误码率，使图像扭曲变形、控制信号误动作等。电磁辐射则涉及信息在正常传输中被无关人员窃取的安全问题，或者造成电磁污染。为了抑制电磁干扰，必须采取保护措施。

1. 加强布线系统内在的结构及材料的抗干扰性

对计算机设备和通信、电子设备，在产品外形结构上应该采用金属材料制成的箱、盒、柜、架，使其成为法拉第笼形式，加上接地端子作为良好的接地，一定程度上加强了设备抗干扰和防辐射的能力。

对综合布线系统电缆的材料及性能选择上，应结合建筑物的周围环境状况进行考虑，一般采取以抗干扰能力和传输性能为主，经济因素次之的原则。目前常用的各种电缆和配线设备的抗干扰能力参考值如下：UTP 电缆（无屏蔽层），40dB；FTP 电缆（纵包铝箔），85dB；SFTP 电缆（纵包铝箔，加铜编织网），90dB；STP 电缆（每对芯线和电缆线包铝箔、加铜编织网）98dB 配线设备插入后恶化≤30dB。

对综合布线系统的链路上，通常采用双绞线，双绞线具有吸收和发射电磁场的能力。测试显示，如果双绞线的绞距同电磁波的波长相比很小，可以认为电磁场在第一个绞节内产生的电流与第二个绞节内产生的电流相同，这样，电磁场对双绞线中产生的影响可以抵消。而另一方面，电缆中的电流产生电磁场，按照电磁感应的原理，可以确定电磁场的方向。第一个绞节内的电缆产生的电磁场与第二个绞节内产生的电磁场大小相等、方向相反、相加为零。但是，这种情况只有在理想的平衡电缆中才能发生，实际上理想的平衡电缆是不存在的。首先，弯曲会造成绞节的松散，另一方面，电缆附近的任何金属物体都会形成与双绞线的电容耦合，使相邻绞节内的电磁场方向不再完全相反。如果上述情况发生，电缆就会发射电磁波。

因此，当周围环境的干扰场强度或综合布线系统的噪声电平高时，应遵循《建筑与建筑群综合布线系统工程设计规范》CECS72：97 第 12.2.1 条第 3 款规定："干扰源信号或计算机网络信号频率大于或等于 30MHz 时，应根据其超过标准的量级大小，分别选用 FTP、SFTP、STP 等不同的屏蔽电缆系统和屏蔽配线设备"。

屏蔽电缆的屏蔽层通常用一定厚度的金属箔包裹制成。它具有以下三个方面的因素：

1）反射损耗：一部分电磁干扰被屏蔽层的外层反射；另一部分射入屏蔽层的电磁干扰被屏蔽的内层反射。

2）吸收损耗：射入屏蔽层的电磁干扰由于传播损耗而被吸收。

3）趋肤效应：电磁干扰会由于趋肤效应沿屏蔽层的外层传导。

因此，对电缆和配线设备采用屏蔽系统，可以增强抗干扰、防辐射的能力。

2. 注重设备传输线路离不同干扰源间距的影响

如果局部地段与电力线等平行敷设，或接近电动机、电力变压器等干扰源，且不能满足最小净距要求时，可采用钢管或金属线槽等局部措施加以屏蔽处理。

9.5.4　综合布线系统接地考虑

综合布线系统作为建筑智能化不可缺少的基础设施，其接地系统的好坏将直接影响到综合布线系统的运行质量，故而显得尤为重要。

综合布线系统接地的结构包括接地线、接地母线（层接地端子）、接地干线、主接地母线（总接地端子）、接地引入线和接地体六部分。

对于屏蔽布线系统的接地做法，一般在配线设备（FD、BD、CD）的安装机柜（机架）内设有接地端子，接地端子与屏蔽模块的屏蔽罩相连通，机柜（机架）接地端子则经过接地导体连至大楼等电位接地体。为了保证全程屏蔽效果，终端设备的屏蔽金属罩可通过相应的方式与 TN—S 系统的 PE 线接地，但不属于综合布线系统接地的设计范围。

第10章　智能建筑工程实例

10.1　高层建筑综合布线系统的工程实例设计

10.1.1　项目简介

××大厦位于北京 CBD 核心地段，总占地面积约 19 万 m^2，建筑面积为 15.1 万 m^2。由两座国际甲级写字楼及北侧商业配楼和商业裙楼组成，其中中楼为主体建筑。该大厦智能化系统主要包含的子系统有：综合布线系统、视频安防监控系统、入侵报警系统、无线巡更系统、门禁控制系统、光栅门（快速通道闸）、停车库管理系统、有线电视及卫星电视系统、无线对讲系统、楼宇自动控制系统、背景音乐及紧急广播系统、远传计量系统等系统。

10.1.2　使用产品简介

综合布线系统——COMSCOPE；

楼宇自控系统——HONEYWELL；

安防监控系统——视频监控：华为，入侵报警系统：HONEYWELL，门禁控制系统：DELL，无线巡更：LANDWELL 及 DELL；

光栅门（快速通道闸）——GUNNEBO（固力保）；

停车库管理系统——鼎伦；

有线电视及卫星电视系统——鑫迈威；

无线对讲系统——MOTO；

背景音乐及紧急广播系统——TOA；

远传计量系统——成星；

UPS 不间断电源系统——山特。

10.1.3　系统介绍

(1) 楼宇设备自控系统　本系统将该大厦楼内各种机电设备的信息进行分析、归类、处理、判断，并采用集散型控制系统和最优化的控制手段对各系统设备进行集中监控和管理，使各子系统设备始终处于有条不紊、协同一致的高效、有序状态。同时降低各系统造价，尽量节省能耗和日常管理的各项费用，保证系统充分运行。

总监控点数约 2566 点，主要监控对象包括空调及通风系统（包括空调机组、新风机组、送风机、排风机等）、给水排水系统、电梯系统、变配电系统、冷冻站与热交换系统、照明系统、发电机等。

采用 BACtalk 系统，各级别设备都可独立完成操作，楼层分别设置现场控制器，通过全局控制器将每个区域的 DDC 控制器所监视的设备状态、控制信息等经以太网传送给设备监控中心，使得整个系统的结构完善、性能可靠。

（2）综合布线系统　由工作区子系统、水平干线子系统、管理子系统、主干子系统、设备间子系统及建筑群子系统六个子系统构成，提供 5860 个信息点。水平子系统话音及数据信息均采用六类 4 对非屏蔽双绞线敷设至各 CP 箱，要求中心十字架隔离；垂直子系统话音信息采用三类大对数非屏蔽双绞铜缆，数据信息采用室内 6 芯多模光纤。

（3）综合保安系统

1）闭路监控系统。本系统采用数字集中监控的管理方式；共计 457 个点位，前端设备由吸顶半球摄像机、电梯半球、一体化半球、枪式摄像机、编码器等组成。监控中心拥有最高权限，监控中心的控制部分采用磁盘阵列、解码器、服务器、工作站等组成；以数字软件控制系统为核心可实现安防系统联动功能。

① 系统存储设备选用（HP 品牌）磁盘阵列进行 30 天 24 小时不间断录像。

② 系统提供完善的用户权限管理功能。

③ 系统提供灵活的录像及录像查询模式。

④ 系统具有开放性，可以与其他系统通过网络互联。

⑤ 提供电子地图功能，将视频、地图、报警联系起来综合处理。

2）门禁、报警系统。本系统采用非接触 IC 卡技术，对大厦门禁进行管理。系统基于 TCP/IP 网络传输技术，采用"一卡一密"的专利技术，主要是对大楼的重要部位进行出入口控制，持卡人刷卡时，系统自动记录该卡的卡号、持卡人姓名、出入时间、消费数据等相关信息，并通过网络传至计算机，由计算机完成各应用系统的查询、统计、报表等管理功能，实现入侵报警紧急联动。

（4）公共广播及背景音乐系统　系统采用 TOA 产品进行控制和管理。系统要求将自动消防广播和背景音乐广播合为一体，设不同的音源，系统平时可同时对不同的分区播放音乐节目或进行广播通知业务，能够与消防报警系统联动，遇火灾等紧急情况时，自动强行切换至紧急广播状态。

（5）智能停车场管理系统　系统选用了"鼎伦"公司推出的"CDMA 卡 + IC 卡"停车场管理系统，设计为二进一出停车场管理。

（6）无线巡更、对讲系统　系统选用了"MOTO"公司推出的巡更及对讲融合一体的无线巡更对讲系统，设置为 222 个巡更点；20 部巡更对讲主机。

（7）卫星及有线电视系统　系统采用卫星及有线电视系统相融合的方式进行安装连接。

（8）远传计量系统　系统采用脉冲信号对北京中海大厦楼内的冷水表、热水表、电表等进行数据传输连接。

（9）快速通道闸　快速通道闸主要安装于北京中海大厦一层大厅内，设置为 9 个通道 11 个箱体（含 2 个残疾人通道），对大厦的出入安全起到有效的管理。

本案例的项目外观图如图 10-1 所示，BA 系统图如图 10-2 所示（见全文后插页），新风机组监视原理图如图 10-3 所示，监控系统图如图 10-4 所示。

图 10-1　项目外观图

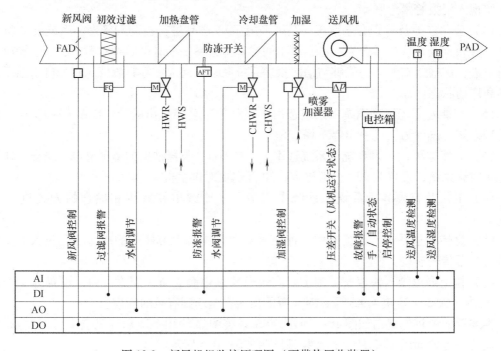

图 10-3　新风机组监控原理图（不带热回收装置）

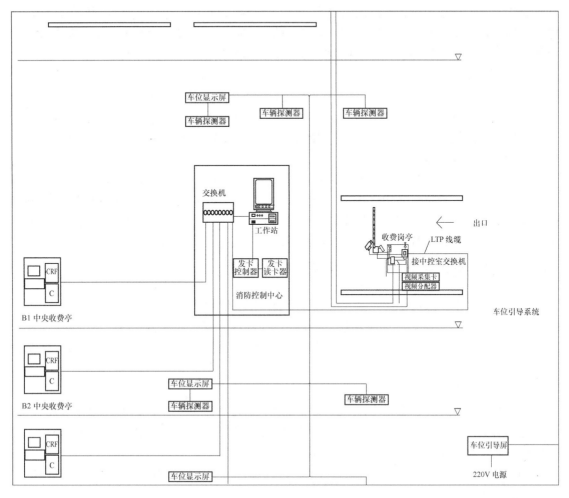

图 10-4 监控系统图

10.2 地铁工程综合布线系统的工程实例设计

10.2.1 地铁综合布线系统工程概况及分析

1. 工程概况

×××地铁全长 23.265km，全线共设车站 20 座，控制中心设在一号线公园前站控制中心内。×××地铁车辆段占地面积二十多万平方米，建筑面积八万平方米，是地铁的设备维修基地和列车车库，共有二十六座建筑物。

车辆段内主要布线建筑物包括：综合办公楼、维修中心综合检修楼、维修中心综合检修班组楼、车辆段控制中心及设备检修综合楼、检修库、材料总库办公楼，共计信息点 673 个。

根据地下铁道管理决策的现状和未来发展的需要，充分考虑国内外信息技术最新动态和发展趋势，在满足实用性要求的前提下，应用计算机网络技术、计算机软件技术，完成地铁计算机管理系统工程建设，使其技术水平整体达到国内领先水平。×××车辆段的网络用户将统一使用×××地铁总公司的企业管理信息系统（EMIS）。如使用 MAXIMO 系统进行设备维修管理，使用 ORACLE FM 系统进行财务管理，使用 OA 进行办公，以及邮件、上网等应用。

2. 需求分析

企业管理信息系统（EMIS）的中心机房是位于地铁控制中心五楼的地铁信息中心机房。地铁网络主干线路采用千兆以太网体系，园区中心交换机到主要楼层交换机之间的连接以及与信息中心交换机之间采用千兆连接，楼层交换机提供 10/100Mbit/s 到桌面的连接，各个大楼之间通过光纤连接。

本工程项目的总体目标为：建立一整套先进、完善的通信、网络布线系统，包括为数据、语音、图像、控制等应用系统提供接入方式、配线和各楼层间、各大楼间网络互连方案，既要满足×××地铁当前的使用需要，又要考虑将来网络发展的需要，使系统达到配置灵活、易于管理、易于维护、易于扩充的目的。

10.2.2 地铁综合布线系统设计方案

根据地铁目前及以后的应用需求，考虑到最优化的性能价格比，推荐采用美国"Net-connect Open Cabling System"结构化综合布线产品。本方案主要根据 EIA/TIA 568B 商业建筑电信布线标准、ISO/IEC11801—2002 布线标准等所说明的要求和《综合大楼布线系统设计指南》来设计。

1. 设计指导思想

布线系统的设计必须有一个正确的设计思想，通过合理的技术分析和用户的投资分析，科学选择所需产品设备、系统，设计出合理的结构，才能构成一个完善的网络布线系统。根据应用需求，本系统的设计将按照下述原则进行：

1）实用性。充分满足×××地铁对信息系统现在及未来的各种需求，真正为网络的应用系统提供强有力的支持。

2）标准选用。本系统的所有设计均遵循国际上现行的标准进行，以符合系统的开放性要求。

3）高可靠性。一个实用的系统同时必须是可靠的。本设计通过合理而先进的设计及优化选型，以保证系统的可靠性和容错性，避免灾难性事故发生。

4）高性能、先进性。本综合布线系统将充分应用现有成熟的先进技术，可满足宽带网络、语音、数据、多媒体信息传输、VOD 视频点播、计算机管理、办公自动化等需求。

5）可维护性。布线系统开通后，维护工作将是一个长期的工作，本设计将充分考虑维护工作的需求，通过相应的技术降低工作量及难度，从而达到保证运行可靠及节省费用的目的。

6）可扩展性及灵活性。计算机通信技术是不停地发展的，用户的应用需求也是发展和变化的。在设计中，将充分考虑系统扩展升级的要求，以及对各种不同结构、不同协议的网络及设备的支持，保证系统能适应网络扩展和升级。

7）经济性。在满足功能要求的前提下，使客户以尽可能少的投资，获得尽可能优越的应用。

2. 总体设计结构论述

×××地铁段网络综合布线系统采用星形拓扑结构，从结构上分析，整个布线系统由工作区子系统、水平布线子系统、管理子系统、垂直主干子系统、设备间子系统、建筑群子系统共六个子系统构成。

网络中心机房位于车辆段控制中心及设备检修综合楼，建筑群主干采用 6 芯室外单膜光纤与位于地铁控制中心五楼的地铁信息中心机房及其他五栋建筑物分别相连，可满足主干千兆比特的传输需求。

楼内垂直主干采用 4 芯室内多模光纤，即在车辆段控制中心及设备检修综合楼、综合办公楼两栋建筑物内部通过多模光纤连接主配线间和分配线间 BD-04/CD-01，BD-06/IDF-07。

水平子系统及工作区全部采用 6 类非屏蔽布线系统，足以满足地铁控制中心目前及未来的网络带宽需求。

3. 各结构化子系统的详细设计

(1) 工作区子系统（Work Location System）

1) 工作区设备选型。

① 工作区子系统由终端设备连接到信息插座的连线和信息插座所组成，通过插座既可以引出电话也可以连接数据终端或其他传感器及弱电设备。信息插座采用模块化设计，这种插座具有 NEXT 性能高、尺寸小、安装简便等特点，安装时可以采用垂直或水平安装角度。

② 工作区表面安装面板选择采用符合国家标准的 86 型表面安装面板，插座面板采用高品质聚乙烯材料制成，硬度、弹性适中，采用弧线形边框，带防尘盖，采用 45°内置式斜角设计，可最大程度上保护插入的 RJ-45 接头。

③ 工作区设备连接线则建议采用原装跳线，以便使整个布线系统达到最好的性能匹配。跳线提供了超强的性能，并通过了所有室外测试，跳线有十种颜色，最长达到 50ft（1ft = 0.3048m）的十八种不同长度可供选择。

2) 开放式办公室解决方案。现代化的建筑物经常采用大开间的设计方法，对于大开间而言，由于办公家具的布局不能确定，或家具布局需要经常变动的情况，针对开放式办公楼有两种设计方案：

① 多用户信息插座（MUO）方案。根据开放式办公室区电缆连接附加规范 TIA/EIA TSB-75 关于开放办公环境下布线的建议，采用在家具附近的永久墙或柱子上设置一个多用户信息插座，通过跳线将多用户信息插座与用户终端设备相连接。按照此建议，同一个多用户信息插座的服务范围不宜超过 12 个工作区，每个工作区信息点数量应限制在 6 个以内。

② 合并点（Consolidation Point）方案。根据开放式办公室区电缆连接附加规范 TIA/EIA TSB-75 中关于开放办公环境下布线的建议，采用在家具附近的永久墙或柱子上设置合并点，合并点将水平布线延伸至工作区的信息插座。对于非光纤网络，为了减少最近多重接线对 NEXT 性能的影响，合并点应至少布置在离配线间 15m 的地方。

开放式办公区解决方案将使布线系统保持最大的灵活性，为日后的使用和维护带来方便，并节约维护费用。

(2) 水平布线子系统（Horizontal System）

1) 水平布线子系统设备选型。水平子干线系统的作用是将主干子系统的线路延伸到用户工作区子系统，水平子系统的数据、图形图像等电子信息交换服务和话音传输服务将采用六类四对非屏蔽双绞线（UTP）布线。六类非屏蔽双绞线是目前性能价格比较好的高品质传输介质，其性能指标达到并超过 ANSI/EIA/TIA-568 标准和 ISO/IEC 11801（2002）Class E 标准，能确保在 100m 范围内传输介质频宽达到 250MHz。双绞线均经过 UL、ETL 等独立测试机构的检验和认证，有 CM（普遍使用）、CMR（垂直主干）或 CMP（阻燃）多种规格可供选择，根据需要还可提供 2000ft 和 3000ft 长每卷的线缆。

2）水平布线子系统电缆计算。水平系统电缆的计算按照《开放式布线系统设计总则》标准的方法进行计算，其中：

平均长度 P_1 =（最短长度 + 最长长度 + 4 × 楼高）÷ 2

总平均长度 P_2 = 平均长度 + 15% 余量 + 线架预留 + 工作区预留

每箱可布电缆数 N = 最大可定购长度（305m）÷ 总平均长度

线缆箱数 = 信息端口数目 ÷ 每箱可布线电缆数

由于大楼内外墙装修已完成，线管线槽必须敷设 PVC 明槽。水平支干线敷设采用轻型装配式槽形电缆桥架，该桥架是一种开放式结构，可十分灵活地进行放线、检查等，同时为了确保线路的安全，应使槽体有良好的接地端。支管采用阻燃型可冷弯 PVC 管，利于与大楼内其他各专业安装工程交叉施工。PVC 管内表面光滑，穿线时不会划破线缆，有利于保障安装质量。

（3）管理子系统（Administration Subsystem）　管理子系统定义了水平分布子系统与垂直干线子系统（主干）之间的交接。根据 ××× 地铁综合布线系统涉及范围的设计及建筑结构的特点，每栋建筑物弱电竖井旁都设立一个主配线间 MDF，用来集中管理该栋建筑物内信息点。考虑到车辆段控制中心及设备检修综合楼、综合办公楼建筑物的特点，有部分信息点线长超过 90m，因此在车辆段控制中心及设备检修综合楼、综合办公楼分别增设一分配线间 IDF，以达到节省成本及方便管理的目的。

管理子系统设备选型：

1）电缆配线架。非屏蔽配线架选用先进、实用的快接式模块化配线架，便于日后维护。6 类配线架满足系统连接和信道的性能要求，采用了新设计的 SL 模块，每个模块都可以单独更换；配线架采用 9mm 和 12mm 两种标签，有 12、24、48 和 96 口可供选择，其中 24、48 和 96 口配线架为标准 19in 部件，分别为 1.75in、3.5in 和 7in 高。

2）光纤配线架。光纤配线架选用体积小、安装简便、便于维护的机架式配线架。同时考虑到综合布线系统的通用性和灵活性，采用 Netconnect 的结构化、模块化的机架式配线和 ST 或 SC 光纤适配条。

（4）垂直干线子系统（Backbone Subsystem）　垂直干线子系统是提供建筑物中主配线架（MDF）与各管理子系统中分配线架（IDF）连接的路由，根据综合布线系统的物理星形的设计原则，并考虑到系统中数据、图形图像、语音和视频信号的电子信息交换的需求，主配线间（MDF）与分配线间（IDF）通过室内多模光纤连接。推荐采用 4 芯 50/125 多模光缆，50/125 多模光缆相对传统的 62.5/125 多模光缆具有在同等带宽的情况下传输距离远的特点，可很好地满足千兆传输的需要，同时 50/125 多模光缆相对价格要低廉。在光纤连接方面选择采用特有的压接式光纤连接方式，采用陶瓷型的 ST 接头方式。

（5）设备间子系统（Equipment System）　设备间子系统由主配线架（MDF）以及跳线组成，它将中心计算机和网络设备或弱电主控设备的输出线与干线子系统相连接，构成系统计算机网络的重要环节；同时通过配线架的跳线控制所有主配线架（MDF）的路由。本系统中，设备间设于车辆段控制中心及设备检修综合楼中心机房。

铜配线架采用六类 24 口配线架将分别来自各配线路间的数据主干连接起来，通过服务器、网络设备和程控交换机控制各个建筑物之间的数据传输。

参 考 文 献

[1] 谭炳华．火灾自动报警及消防联动系统［M］．北京：机械工业出版社，2007.

[2] 魏立明．智能建筑消防与安防［M］．北京：化学工业出版社，2010.

[3] 赵乃卓．楼宇自动化工程［M］．北京：机械工业出版社，2011.

[4] 王可崇．智能建筑自动化系统［M］．北京：中国电力出版社，2008.

[5] 沈晔．楼宇自动化技术与工程［M］．北京：机械工业出版社，2009.

[6] 董惠．智能建筑［M］．武汉：华中科技大学出版社，2008.

[7] 陈虹．楼宇自动化技术与应用［M］．北京：机械工业出版社，2011.

[8] 刘国林．建筑物自动化系统［M］．北京：机械工业出版社，2002.

[9] 孙增圻，邓志东，张再兴．智能控制理论与技术［M］．北京：清华大学出版社，2011.

[10] 薛颂石．智能建筑与综合布线系统［M］．北京：人民邮电出版社，2002.

[11] 余永权，曾碧．单片机模糊逻辑控制［M］．北京：北京航空航天大学出版社，1995.

[12] 黎连业，刘占全，袁林．智能大厦网络实施指南［M］．北京：清华大学出版社，1999.

[13] 李界家．智能建筑办公网络与通信技术［M］．北京：北京交通大学出版社，2004.

[14] 赵乱成．智能建筑设备自动化技术［M］．西安：西安电子科技大学出版社，2002.

[15] 公安部消防局．消防安全技术实务［M］．北京：机械工业出版社，2014.

[16] 公安部消防局．消防安全技术综合能力［M］．北京：机械工业出版社，2014.

[17] 公安部消防局．消防安全案例分析［M］．北京：机械工业出版社，2014.

[18] 《中国电力百科全书》编辑委员会．中国电力出版社《中国电力百科全书》编辑部．中国电力百科全书·电工技术基础卷［M］．北京：中国电力出版社，2001：2-3.

[19] 柳克勋，金光熙．工业工程实用手册［M］．北京：冶金工业出版社，1993：585-586.

[20] 芮静康．智能建筑电工电路技术［M］．北京：中国计划出版社，2001.

[21] 芮静康．实用电气手册［M］．北京：中国电力出版社，2004：308-315.

[22] 梁华，梁晨．智能建筑弱电工程设计与安装［M］．北京：中国建筑工业出版社，2011.

[23] 杜明芳．智能建筑系统集成［M］．北京：中国建筑工业出版社，2009.

[24] 高安邦，孙社文，单洪，等．LonWorks技术开发与应用［M］．北京：机械工业出版社，2009.

[25] 曹晴峰．建筑设备控制工程［M］．北京：中国电力出版社，2007.

[26] 沈瑞珠．楼宇智能化技术［M］．北京：中国建筑工业出版社，2008.

[27] 杨绍胤．智能建筑工程及其设计［M］．北京：电子工业出版社，2009.

[28] 杨绍胤．智能建筑实用技术［M］．北京：机械工业出版社，2002.

[29] 程大章．智能建筑理论与工程实践［M］．北京：机械工业出版社，2009.

[30] 张永坚，周培祥，高鹤，等．智能建筑技术［M］．北京：中国水利水电出版社，2007.

[31] 刘光辉．智能建筑概论［M］．北京：机械工业出版社，2006.

[32] 张少军．建筑智能化系统技术［M］．北京：中国电力出版社，2006.

[33] 张九根，丁玉林．智能建筑工程设计［M］．北京：中国电力出版社，2007.

[34] 陈龙，李仲男，彭喜东，等．智能建筑安全防范系统及应用［M］．北京：机械工业出版社，2007.

[35] 陈志新．智能建筑概论［M］．北京：机械工业出版社，2007.

[36] 王波．智能建筑办公自动化系统［M］．北京：人民交通出版社，2002.

[37] 张言荣，高红，花铁森，等．智能建筑消防自动化技术［M］．北京：机械工业出版社，2009.

[38] 戴瑜兴．建筑智能化系统工程设计［M］．北京：中国建筑工业出版社，2006.

[39] 赵英然．智能建筑火灾自动报警系统设计与实施［M］．北京：知识产权出版社，2005.

[40] 段振刚．智能建筑安保与消防［M］．北京：中国电力出版社，2005.

[41] 中华人民共和国住房和城乡建设部．GB 50314—2015 智能建筑设计标准［S］．北京：中国计划出版社，2015.